Principle of Quantum Entangled Fiber Optic Gyroscope

量子纠缠光纤陀螺仪原理

张桂才 杨晔 冯菁 著

国防工业出版社
·北京·

内 容 简 介

量子纠缠光纤陀螺仪基于非经典量子(光子)之间的内在纠缠特性,实现对载体角运动引起的 Sagnac 相位变化的超高分辨率测量,有可能突破传统光纤陀螺的理论精度极限。本书基于传统光纤陀螺的研制经验,从量子光学的基础理论和量子测量的实验技术出发,构建了较完备的量子纠缠光纤陀螺仪态矢量、算符的动力学演变模型和输出特性分析的理论体系,对量子纠缠光纤陀螺仪的光学结构和工作原理、光强关联符合探测技术、相位灵敏度估计方法和光子源制备等基本问题进行了探讨。尤其是,本书对各类非经典光量子态在所构建的分析模型中的每一步推导,都给出薛定谔和海森堡两种图像下的详细过程,同时还考虑了经典光学与量子光学两种角度的对比,并引入传统光纤陀螺仪的互易性理论对量子纠缠光纤陀螺仪的光路结构和非易性误差进行理论分析,寻求实现海森堡极限相位测量精度的工程实用化途径。全书对量子纠缠光纤陀螺仪概念和原理的论述既有相当的理论深度,又兼顾了面向惯性技术专业读者的实用性,理论推导翔实、严谨。

本书可供量子精密测量和光电惯性技术专业及相关前沿技术研发的科研人员和工程师,高校相关专业的研究生、本科生,以及从事惯导系统研究的技术人员参阅。

图书在版编目(CIP)数据

量子纠缠光纤陀螺仪原理 / 张桂才,杨晔,冯菁著.
北京:国防工业出版社,2025.1. -- ISBN 978-7-118-13155-0
Ⅰ.TN965
中国国家版本馆 CIP 数据核字第 2025TQ7748 号

※

国防工业出版社出版发行
(北京市海淀区紫竹院南路 23 号 邮政编码 100048)
三河市天利华印刷装订有限公司印刷
新华书店经售

*

开本 710×1000 1/16 印张 17½ 字数 311 千字
2025 年 1 月第 1 版第 1 次印刷 印数 1—1500 册 定价 99.00 元

(本书如有印装错误,我社负责调换)

国防书店:(010)88540777 书店传真:(010)88540776
发行业务:(010)88540717 发行传真:(010)88540762

前　言

　　随着人类在量子力学或量子光学基础研究方面的突破和相关实验技术的进步,人们操控量子态的能力得到了显著提升,已经可以开展基于量子态的信息测量、处理和通信等种种技术的探索。其中,量子精密测量是根据量子力学规律,利用传感过程的量子效应对一些重要物理量进行高精度观测和辨识。理论分析和初步试验结果表明,应用该特殊技术,对时间(时钟)、频率、加速度、电磁场、重力场、引力波等物理量的测量能够达到前所未有的精度。目前,量子精密测量已成为我国量子科技发展战略的重要组成部分。本书论述的量子纠缠光纤陀螺仪便是量子精密测量技术的一种重要尝试,它基于非经典量子态光子之间的内在纠缠特性,实现对载体角运动引起的 Sagnac 相移进行超高灵敏度测量,这有可能超越传统光学陀螺的理论精度极限,对惯性导航系统的超长航时、超高精度能力突破具有重要意义。

　　传统的干涉型光纤陀螺技术基于经典波动光学理论,干涉测量通过观察两个叠加光波之间相对相位(相位差)变化引起的光强变化(干涉条纹)来实现。就像双缝干涉实验那样,一束光通过双缝被分成两路,在狭缝后面放置一个屏幕,可以在屏幕上观察到干涉条纹。干涉条纹的清晰度与光的相干性以及两束光波之间的叠加程度有关。原理上,这种经典处理可以以任意精度测量光强,进而能够检测到任意小的相移(相位差变化)。

　　在半经典理论中,光学干涉测量是存在精度限制的。按照半经典理论,光仍按经典(波动)处理,但探测过程被量子化,被探测的光子数(光强)服从泊松统计,光子数的标准偏差 ΔN 等于被探测光子数的平方根,$\Delta N = \sqrt{N}$。由于相对相位(相位差)的变化基于干涉输出的光强即被探测的光子数,这导致相位检测受相位相对不确定性($\Delta \phi = \Delta N / N = 1/\sqrt{N}$)的影响,称为散粒噪声。实验证明,散粒噪声限制了经典干涉中的相位检测灵敏度。

　　而在本书引入的量子理论中,如果采用光的非经典量子态进行干涉测量,这种光源的某些组成光子之间存在内在相关性,其集合行为构成德布罗意粒子,导致被探测光子的光子数涨落服从亚泊松统计,即 $\Delta N = \sqrt{N/N'} < \sqrt{N}$,其中,$N/N'$ 是光子内在相关性形成的德布罗意粒子数,同时,量子干涉条纹的频率是经典干

涉的 N' 倍,因而减小了相位测量的不确定性,$\Delta\phi = \sqrt{N/N'}/[N' \cdot (N/N')] = 1/\sqrt{NN'}$,这突破了经典干涉中的散粒噪声极限。尤其是,当全部 N 个被探测光子之间具有纠缠特性时,德布罗意粒子数 $N/N' = 1$,进而有 $\Delta\phi = 1/N$。因此,理论上这种量子增强干涉测量技术甚至可以实现海森堡极限的相位检测灵敏度,是物理学手段所能达到的相位测量的终极性能。

光的非经典态通常由自发参量向下转换(Spontaneous Parametric Down-Conversion,SPDC)等非线性光学过程产生。典型 SPDC 的过程是,向非线性介质发射泵浦光束,在满足特定相位匹配条件下,非线性光学相互作用导致一个高频泵浦光子湮灭的同时,生成一个较低频率的、呈现纠缠态的信号-闲置光子对。如果信号光子和闲置光子的偏振方向相同,称为 I 类 SPDC 过程;如果偏振方向正交,称为 II 类 SPDC 过程。如果 SPDC 光子对具有相同的波长,称为简并 SPDC 过程,否则称为非简并 SPDC 过程。参量增益较高时,自发参量向下转换产生的光子对流量很大,不同光子对在辐射时间上重叠,形成压缩态。压缩态的非经典性在宏观上表现为其量子化光场的 90°相差场分量的一个分量存在噪声压缩,另一个则噪声增大,这是经典光场所不具备的特性。

目前,量子增强光学干涉测量方面最成功和最重要的应用是激光干涉引力探测仪(Laser Interferometer Gravitational-Wave Observatory,LIGO)。激光干涉引力探测仪由巨型迈克尔逊干涉仪构成(干涉臂长度达 4km),用来研究爱因斯坦广义相对论所预言的宇宙天体的引力波。引力波引起的物体宏观位移比真空涨落的等效位移还要小,这要求引力探测仪非常精密,必须消除各种经典噪声源,能够测量 10^{-18}m 量级以下的微小位移,该尺度比质子的直径还小 3 个数量级。众所周知,激光器发射的相干态 $|\alpha\rangle$ 被认为是一种经典态,激光干涉引力探测仪的最终检测灵敏度与激光干涉仪的空置端口有关,受真空场的电磁涨落也即散粒噪声的限制。即便仍然用激光注入该空置端口,由于激光是一种经典光场,测量结果还是散粒噪声极限。1980 年,Caves 首次指出,将非经典光(如压缩态)注入该空置端口,理论上可以突破散粒噪声极限。限于目前的压缩水平,引力探测仪的精度提升潜力约为 1 个数量级,介于散粒噪声极限和海森堡极限之间,尽管如此,这对非常微弱的引力波探测仍具有至关重要的意义。

1996 年,Bollinger 等指出,采用量子纠缠 NOON 态可使光学干涉测量的相位灵敏度相对于散粒噪声极限提高 $\sqrt{N}$ 倍,达到海森堡极限。

当前,国际上量子纠缠光纤陀螺仪的相关研究虽然有限,但是已经引起了各国科技人员的关注,并取得了一些进展。其中,Kolkiran 和 Agarwal 于 2007 年首次建立量子 Sagnac 干涉仪的动力学分析模型,理论证明参量向下转换产生的纠缠光子对可以提高 Sagnac 干涉仪的相位检测灵敏度。这两位学者声称,两光子和四光子符合计数的相位灵敏度的提高因子可以达到两倍和四倍,其文章题目名为《海森堡极限的 Sagnac 干涉仪》。我们通过仔细研究发现,所谓"海森堡极限"的 Sagnac 干涉仪仅对 $N=2$ 的非经典光子数成立,对于大光子数而言,二阶符合计数和四阶符合计数探测方案,仅能实现干涉条纹加倍(分别为 2 倍和 4 倍),这在许多文献中称为超相位分辨率,而实际远未达到该光子数的海森堡极限。尤其是对于高阶符合探测,由于生成概率低,一般情况下只能实现干涉条纹加倍,无法实现超相位灵敏度(突破散粒噪声极限)。

2019 年,Fink 等首次报道了量子纠缠光纤陀螺仪的实验测量结果。文章采用共线 II 型简并 SPDC 过程产生的正交偏振纠缠光子对作为非经典光源实现了突破散粒噪声极限的相位测量精度。该项研究工作在惯性技术领域引起较大反响,对于量子纠缠光纤陀螺仪这一前沿技术的探索具有里程碑意义。

尽管量子纠缠光纤陀螺仪相比于传统的光纤陀螺仪具有非常大的精度潜力,但仍处于概念论证和技术原理探索阶段。大功率非经典光子源的制备、光强关联符合探测方案的优化、退相干引起的性能劣化等一些基础问题尚未得到有效解决,距离工程实用化还有很长的路要走。随着量子通信技术、量子探测技术、量子器件技术等前沿科学的发展,对量子纠缠光纤陀螺仪理论和技术的研究会进一步深入,量子纠缠光纤陀螺仪在未来高精度惯性导航和测量系统中必将发挥重要作用。

本书基于量子光学和量子测量的基础理论和实验技术,对量子纠缠光纤陀螺仪的工作原理、光学结构及其互易性,光子源制备和光强关联符合探测技术,相位灵敏度估计方法等基本理论问题和技术可行性进行了探讨,寻求实现海森堡极限相位测量精度的工程实用化途径。全书共有 8 章。第 1、2 章介绍理解量子纠缠光纤陀螺仪所需的量子光学基础知识和光量子态的基本性质;第 3 章通过建立量子纠缠光纤陀螺仪的态矢量和算符的演变模型,分析了量子纠缠光纤陀螺仪的结构特性和动力学特性;第 4 章利用第 3 章的模型,针对各种经典和非经典光量子态,推导了基于二阶符合探测方案的量子纠缠光纤陀螺仪的量子干涉公式。第 5 章探讨量子纠缠光纤陀螺仪的相位检测灵敏度评估方法。第 6 章参照经典光纤陀螺仪的光学互易性理论,讨论了输入态对量子纠缠光纤陀螺仪光路互易性的影响。第 7 章则运用第 3、4、5 章阐述的理论和方法,对偏振纠缠光纤陀螺仪的工作原理和偏振互易性进行了分析。最后,第 8 章简要评述了量子纠缠光纤陀螺仪技术的发展现状以及面临的诸多技术挑战。

本书是首次系统探讨量子纠缠光纤陀螺仪概念、原理和技术实现途径的一本专著,为使本书浅显易懂,作者避免引用较抽象或深奥的量子光学术语或理论,公式推导也尽可能完整、系统,期望能对这种新型角运动量子测量技术的进一步研究起到抛砖引玉的推动作用。

在本书撰写过程中,北京航空航天大学杨功流教授、宋凝芳教授,中国人民解放军国防科技大学罗晖教授,中国科学技术大学陈帅教授对书稿提出了宝贵的修改意见;天津航海仪器研究所罗巍研究员、于浩研究员、赵小明研究员和颜苗研究员对本书的出版自始至终予以大力支持。马林研究员不仅热心支持作者对光纤陀螺前沿技术的探索,还指导和参与了书中许多重要理论和技术问题的研讨,对书稿的内容完善和顺利出版发挥了特殊的作用。王玥泽研究员、李德春研究员、王周祥博士、林毅高级工程师等也对本书工作给予了热情帮助。在此,谨向支持和帮助本书工作的所有领导、专家和同事表示衷心感谢!

另外,还要特别感谢国防工业出版社牛旭东编辑的诚挚关心和支持!

最后,需要说明的是,由于作者知识和水平有限,书中疏漏、错误和不当之处在所难免,恳请读者批评指正。

作 者

2024 年 4 月 15 日

目 录

第1章 量子光学基础 ... 1
1.1 量子力学的狄拉克公式 ... 1
1.1.1 算符和态矢量 ... 1
1.1.2 态矢量的标量积 ... 2
1.1.3 算符和态矢量的运算 ... 4
1.1.4 厄密算符的本征矢和本征值 ... 6
1.1.5 态矢量的本征矢展开 ... 7
1.1.6 对易算符、逆算符和幺正算符 ... 8
1.1.7 单位算符的本征矢表示 ... 9
1.1.8 态矢量和算符的表象 ... 10
1.2 量子系统的演变 ... 12
1.2.1 量子理论的基本公设 ... 12
1.2.2 量子系统演变的海森堡图像和薛定谔图像 ... 13
1.2.3 量子系统演变的相互作用图像 ... 16
1.2.4 薛定谔方程的波动力学形式 ... 19
1.2.5 由薛定谔方程求解波函数:自由电子的例子 ... 22
1.2.6 海森堡不确定性原理 ... 24
1.3 光场的量子化 ... 26
1.3.1 单模辐射场的量子化:谐振子模型 ... 26
1.3.2 谐振子能量本征值方程的求解 ... 28
1.3.3 湮灭算符和产生算符的物理涵义 ... 31
1.3.4 湮灭算符和产生算符表示的量子化光场 ... 32
参考文献 ... 36

第2章 光量子态 ... 37
2.1 相干态 ... 37
2.1.1 相干态的定义及其光子数态表征 ... 37
2.1.2 相干态的生成和位移算符 ... 38

2.1.3 最小不确定态和真空涨落 ·· 41
   2.1.4 相干态的非正交性和完备性 ····································· 44
   2.1.5 相干态的时间演变 ·· 46
 2.2 压缩态 ·· 48
   2.2.1 压缩态的物理机制 ·· 48
   2.2.2 单模压缩态(压缩真空态) ······································ 49
   2.2.3 压缩相干态 ··· 56
   2.2.4 相干压缩态 ··· 61
   2.2.5 双模压缩态 ··· 62
   2.2.6 平衡零差探测原理 ·· 71
 参考文献 ·· 74

第3章 量子纠缠光纤陀螺仪的光路结构和动力学分析 ················ 75
 3.1 分束器的量子特性 ··· 75
   3.1.1 分束器的经典描述 ·· 75
   3.1.2 分束器的量子描述 ·· 77
   3.1.3 理想50:50分束器的相位特性 ·································· 79
   3.1.4 理想50:50分束器的广义传输矩阵模型 ····················· 80
   3.1.5 薛定谔图像和海森堡图像中的分束器变换 ················ 81
   3.1.6 分束器变换的角动量表征 ······································· 85
 3.2 量子纠缠Sagnac干涉仪的光路结构和分析模型 ················ 88
   3.2.1 Sagnac效应 ·· 88
   3.2.2 经典输入的Sagnac干涉仪 ······································· 90
   3.2.3 量子输入的Sagnac干涉仪 ······································· 91
   3.2.4 Sagnac干涉仪中的单光子干涉 ································· 95
 参考文献 ·· 99

第4章 量子纠缠光纤陀螺仪的输出特性 ···································· 100
 4.1 基于二阶符合探测的量子纠缠光纤陀螺仪 ······················· 100
   4.1.1 量子纠缠Sagnac干涉仪的输出公式 ·························· 100
   4.1.2 量子纠缠Sagnac干涉仪的相位检测灵敏度及与
       经典干涉的类比 ·· 102
   4.1.3 量子纠缠光纤陀螺仪突破散粒噪声极限的判据 ········· 104
 4.2 各种输入态的量子纠缠光纤陀螺仪的二阶符合干涉输出 ···· 104
   4.2.1 相干态输入 ··· 104
   4.2.2 光子数态输入 ·· 109

		4.2.3 NOON 态输入 ···	115
		4.2.4 压缩态输入 ··	121
		4.2.5 高阶符合计数的量子干涉 ··	128
	4.3	基于零差探测的量子增强 Sagnac 干涉仪 ··	129
		4.3.1 量子增强 Sagnac 干涉仪的典型光路结构和输入态 ·······················	130
		4.3.2 量子增强 Sagnac 干涉仪中算符和态矢量的演变 ··························	131
		4.3.3 量子增强 Sagnac 干涉仪的经典形式干涉输出 ·····························	140
		4.3.4 量子增强 Sagnac 干涉仪输出场 b_{out} 的零差探测 ························	148
	参考文献 ··		152

第 5 章 量子纠缠光纤陀螺仪相位检测灵敏度的评估方法 ································ 153

5.1	基于菲舍尔信息的 CRB 估计方法 ··	153
	5.1.1 基于输出态和输入态的量子菲舍尔信息 ······································	154
	5.1.2 利用输入态 $|\psi_{in}\rangle$ 和哈密顿算符 H_{SI} 估计相位检测灵敏度 ············	155
	5.1.3 利用输出态 $|\psi_{out}(\phi)\rangle$ 估计相位检测灵敏度 ······························	164
	5.1.4 利用输出概率或量子干涉公式估计相位检测灵敏度 ·······················	169
5.2	基于抽象角动量理论的相位检测灵敏度评估方法 ·····································	172
	5.2.1 湮灭算符和产生算符定义的抽象角动量算符 ·······························	172
	5.2.2 采用角动量评估 Sagnac 干涉仪相位灵敏度的理论依据 ··················	176
	5.2.3 Sagnac 干涉仪的角动量演变模型 ··	179
	5.2.4 量子纠缠 Sagnac 干涉仪输入态的角动量表征 ······························	189
	5.2.5 单端口输入 Sagnac 干涉仪的相位检测灵敏度估计 ·······················	190
	5.2.6 双端口输入 Sagnac 干涉仪的相位检测灵敏度估计 ·······················	197
	5.2.7 对称输入态 Sagnac 干涉仪的相位检测灵敏度估计 ·······················	204
5.3	极性算符在评估相位检测灵敏度中的应用 ···	209
	5.3.1 极性算符的定义和性质 ··	210
	5.3.2 利用极性算符估计 NOON 态量子纠缠光纤陀螺仪的相位检测灵敏度 ···	210
参考文献 ··		212

第 6 章 量子纠缠光纤陀螺仪的光路互易性 ·· 214

6.1	非理想分束器相位特性的散射矩阵分析 ···	214
	6.1.1 分束器的散射矩阵模型 ··	214
	6.1.2 分光比不理想对分束器相位特性的影响 ······································	215
	6.1.3 插入损耗对分束器相位特性的影响 ···	217
6.2	量子纠缠光纤陀螺仪的光学互易性 ···	219

  6.2.1 经典 Sagnac 干涉仪的光学互易性 ················· 219
  6.2.2 量子纠缠 Sagnac 干涉仪的光学互易性 ············· 220
  6.2.3 NOON 态 Sagnac 干涉仪的光学互易性 ············· 224
 参考文献 ····························· 227

第 7 章 偏振纠缠光纤陀螺仪原理分析 ················· 229
 7.1 偏振纠缠光子源的制备 ····················· 229
  7.1.1 I 型自发参量向下转换过程 ··················· 229
  7.1.2 II 型自发参量向下转换过程 ·················· 232
 7.2 偏振纠缠光纤陀螺仪的原理和偏振互易性分析 ············ 236
  7.2.1 采用频率简并共线 II 型 SPDC 光子源的光纤陀螺光路结构 ······ 236
  7.2.2 采用频率简并共线 II 型 SPDC 光子源的光纤陀螺中态
      矢量和算符的演变 ······················ 237
  7.2.3 采用频率简并共线 II 型 SPDC 光子源的光纤陀螺的
      偏振互易性分析 ······················· 248
  7.2.4 采用频率简并非共线 II 型 SPDC 光子源的光纤陀螺中态矢量
      和算符的演变 ························ 252
  7.2.5 采用频率简并非共线 II 型 SPDC 光子源的光纤陀螺的
      偏振互易性分析 ······················· 256
  7.2.6 量子纠缠光纤陀螺的偏振互易性光路设计 ············· 259
 参考文献 ····························· 264

第 8 章 量子纠缠光纤陀螺仪发展前景和面临的技术挑战 ·········· 265
 8.1 非经典光子源的制备 ······················ 265
 8.2 量子干涉探测方案的优化 ···················· 267
 8.3 相位偏置以及与被测相位无关的量子增强干涉测量 ·········· 267
 8.4 量子纠缠 Sagnac 光纤干涉仪退相干模型的研究 ············ 268
 参考文献 ····························· 268

第 1 章　量子光学基础

量子光学是一门运用量子力学理论研究光以及光与物质相互作用中的量子效应的物理学科,是在量子力学的理论基础上发展建立的,内容包括光场的量子化、光场的量子统计性质和量子相干性质、量子化光场与原子的相互作用以及非经典光子源和量子纠缠现象等。狄拉克符号是量子力学的数学工具,狄拉克在其经典著作《量子力学原理》中,借助于一些简单的物理公式和数学符号,描述了量子力学的完整图像,形成了与物理系统的经典公式对应的量子化描述公式[1-2]。这些公式同样适用于量子光学的相关论述。

1.1　量子力学的狄拉克公式

1.1.1　算符和态矢量

在量子力学中,一个物理系统的量子描述,首先是用算符取代物理系统的相应变量,只有时间 t 这个变量仍按经典的意义处理。算符有其自身的运算法则。算符与经典变量的运算方式大体上相同,但存在一个区别。两个经典变量 A 和 B 的乘积是可以互换顺序的,即

$$AB = BA \tag{1.1}$$

而两个量子力学算符 A、B 通常不能互换位置,即

$$AB \neq BA \tag{1.2}$$

此时称算符 A、B 不对易。

算符仅当作用于某物时才认为具有物理意义。算符施加作用的量称为态矢量或态函数。为了说明算符与态矢量或态函数之间的关系,考虑一个连续函数的混合二次偏微分,在量子描述中,定义其为两个微分算符 $\partial/\partial x$ 和 $\partial/\partial y$ 的乘积。在这种特殊情形下,算符 $\partial/\partial x$、$\partial/\partial y$ 是对易的,即

$$\frac{\partial}{\partial x}\frac{\partial}{\partial y} = \frac{\partial}{\partial y}\frac{\partial}{\partial x} \tag{1.3}$$

式(1.3)表明两个算符交换位置后作用于一个态矢量或态函数的结果与未交换位置前的作用结果相同。如果我们把坐标 x 看成一个特殊情形的算符,则有

$$x\frac{\partial}{\partial x} \neq \frac{\partial}{\partial x}x \tag{1.4}$$

在这种特殊情形下,算符 x、$\partial/\partial x$ 是不对易的,也即算符 x、$\partial/\partial x$ 交换位置后作用于一个态矢量或态函数的结果不同。

在量子力学和量子光学中,物理系统的状态用态矢量表示,物理系统的可观测量用算符表示(后面还要讲到,表示可观测量的算符通常是一类特殊算符——厄密算符)。数学上,某个算符作用于态矢量,相当于对物理系统的某个可观测量进行一次测量。

态函数和态矢量具有相同的物理涵义,也就是说,可以把一个函数处理成一个矢量。众所周知,在给定的坐标系中,三维空间中的一个普通矢量由 3 个数字(坐标值)完全定义。一个函数同样可以用一个数字集合定义。当然,与 3 个数字定义一个三维矢量不同,需要 1 个无限的数字集合来定义 1 个函数。例如,这些数字是函数 $f(x)$ 的傅里叶级数的展开系数 c_n:

$$f(x) = \sum_{n=-\infty}^{\infty} c_n \mathrm{e}^{in(2\pi/L)x} \quad 0 \leq x \leq L \tag{1.5}$$

数字 c_n 的集合 $\{c_n\}$ 可以看成无限维度空间中的一个矢量,而且集合 $\{c_n\}$ 与级数展开所用的函数选择有关。例如按指数函数展开和按贝塞尔函数展开的集合 $\{c_n\}$ 将完全不同。这与坐标系的不同选择非常类似:在不同坐标系中,代表该矢量的一组坐标值是有变化的。

把一个函数用级数展开而其展开系数的集合构成一个矢量的概念,可以进一步推广到函数不是按照傅里叶级数展开而是按照傅里叶积分展开。这种抽象使一个无限维度矢量(如函数 $f(x)$)的概念摆脱了"坐标系"的特定应用。矢量按照傅里叶积分展开而形成的集合 $\{c_n\}$ 不再是分立的数值,而是变成一个连续函数。

态矢量是一种抽象,量子力学算符所施加作用的态矢量可以用狄拉克符号写成 $|a\rangle$,称为右矢(ket)。右矢与波动力学中的波函数对应,因而右矢通常(必定)是复数矢量。

1.1.2　态矢量的标量积

在普通矢量代数中,两个复数矢量的标量积通常由一个矢量的复数共轭与另一个矢量相乘得到。如果两个矢量是实矢量,则标量积是个实数。比较熟悉的例子是电场矢量 $\boldsymbol{E}$ 与电位移矢量 $\boldsymbol{D}$ 的标量积:

$$\boldsymbol{E}^* \cdot \boldsymbol{D}$$

式中:星号 $*$ 表示复数共轭矢量。这里,标量积 $\boldsymbol{E}^* \cdot \boldsymbol{D}$ 的物理含义是正比于存储在电场中的(时间平均)电学能量。

类似地,态矢量的标量积定义为一个态矢量的复数共轭与另一个态矢量相乘。其中,右矢$|a\rangle$的复数共轭不用星号*标记,而是表示为$\langle a|$,称为左矢(bra)。左矢和右矢具有同样的物理意义。由于复数共轭定义为在给定的表达式中用虚数单位$-i$取代i,而虚数单位i与抽象矢量之间的关系没有定义,因此暂且不能在严格的意义上定义一个复数共轭态矢量。尽管如此,因为右矢对应波动力学的波函数,而左矢自然可以理解为对应波函数的复数共轭。

用符号$|\ \rangle$和$\langle\ |$标记右矢和左矢时,插入括号中的字母仅是一个特定右矢或左矢的标识,用于区分不同的右矢或左矢,如$|a\rangle$和$|b\rangle$。态矢量$|a\rangle$和态矢量$|b\rangle$的标量积表示为

$$a' = \langle a | b \rangle \tag{1.6}$$

式中:态矢量$|a\rangle$取其复数共轭态矢量$\langle a|$。或者也可以写成

$$a'' = \langle b | a \rangle \tag{1.7}$$

式中:态矢量$|b\rangle$取其复数共轭态矢量$\langle b|$。标量积是一个数,在通常意义上假定a'和a''是复数。两种形式的标量积a'、a''必定有某种联系。与普通矢量的标量积$(\boldsymbol{E}^* \cdot \boldsymbol{D})^* = \boldsymbol{D}^* \cdot \boldsymbol{E}$类似,态矢量两种形式的标量积定义为下列形式:

$$a' = (a'')^* \tag{1.8}$$

式中:星号*仍表示复数共轭。也即

$$\langle a | b \rangle = \langle b | a \rangle^* \tag{1.9}$$

式(1.9)明确说明,$\langle a | b \rangle$的复数共轭$\langle a | b \rangle^*$是$\langle b | a \rangle$。

左矢和右矢的英文缩写联合形成一个英文单词bracket,这是左矢(bra)和右矢(ket)名称的由来。

标量积$\langle a | b \rangle$产生一个确定的复数。假定$|b\rangle$为所有可能的右矢,标量积$\langle a | b \rangle$产生与同一个左矢$\langle a |$有关的无限复数集合,这个复数集合定义了左矢$\langle a |$。这与普通矢量代数中的情形类似:一个任意三维矢量与沿3个坐标轴方向的3个单位矢量的标量积产生3个确定的数,这3个数完全规定了该三维矢量。

综上所述,左矢和右矢是处于不同矢量空间中的矢量,其标量积定义了两者之间的对应关系。量子力学理论还假设:每个右矢必须以唯一的方式与单个左矢发生联系,右矢和左矢之间存在一一对应的关系。因而,左矢与存在联系的右矢用相同的字母标记是合理的,也即$\langle a|$是与右矢$|a\rangle$对应的左矢。

两个右矢$|a\rangle$、$|b\rangle$以及对应的左矢$\langle a|$、$\langle b|$,其标量积可以构成4个数:$\langle a | b \rangle$、$\langle b | a \rangle$、$\langle a | a \rangle$和$\langle b | b \rangle$。由式(1.9)可知,当$|b\rangle = |a\rangle$时,得到:

$$\langle a | a \rangle = \langle a | a \rangle^* \tag{1.10}$$

由于标量积通常为复数,式(1.10)意味着,$\langle a | a \rangle$是一个实数。与经典物理中$E^* E = |E|^2$被认为是光场E的强度度量类似,在量子力学中,通常将$|a\rangle$的尺度或范定义为$\langle a | a \rangle$,并进一步假设一个态矢量的长度必须为正或为零,也即有

$$\langle a | a \rangle \geq 0 \tag{1.11}$$

仅当$|a\rangle = 0$时,式(1.11)中的等式成立。

1.1.3 算符和态矢量的运算

一个算符A作用于左矢和右矢,将产生新的矢量。向右作用于右矢,得到:

$$A | a \rangle = | c \rangle \tag{1.12}$$

向左作用于左矢,得到:

$$\langle a | A = \langle d | \tag{1.13}$$

注意,A作用于左矢$\langle a |$并不产生左矢$\langle c |$。但我们可以定义一个新的算符$A^\dagger$,假定其作用于$\langle a |$能够获得$\langle c |$,即

$$\langle c | = \langle a | A^\dagger \tag{1.14}$$

式中:$A^\dagger$称为A的伴随算符。伴随算符由其作用于左矢$\langle a |$的结果产生左矢$\langle c |$(对应着右矢$|c\rangle$)的特性定义。如果式(1.15)关系成立,称A是自伴随算符或厄密算符,即

$$A^\dagger = A \tag{1.15}$$

式(1.15)也是厄密算符(或自伴随算符)的定义。不是每个算符都是厄密算符,但厄密算符在量子力学中具有非常重要的作用。

为了理解伴随算符$A^\dagger$在标量积中扮演的角色,考察标量积$\langle b | c \rangle$。由式(1.12)得到:

$$\langle b | c \rangle = \langle b | A | a \rangle \tag{1.16}$$

又由式(1.14),得到标量积$\langle c | b \rangle$,即

$$\langle c | b \rangle = \langle a | A^\dagger | b \rangle \tag{1.17}$$

再利用式(1.9),有

$$\langle b | A | a \rangle^* = \langle a | A^\dagger | b \rangle \tag{1.18}$$

式(1.18)是含有一个算符A的标量积的复数共轭定则,也可以作为$A^\dagger$的定义。式(1.18)中取$|b\rangle = |a\rangle$,有

$$\langle a | A | a \rangle^* = \langle a | A^\dagger | a \rangle \tag{1.19}$$

式(1.19)表明,如果$A^\dagger = A$,即如果A是一个厄密算符,则$\langle a | A | a \rangle$是一个实数。后面将会说明,这是厄密算符的一个重要特性。

在式(1.18)中以$A^\dagger$取代A,$|a\rangle$和$|b\rangle$互换,得到:

$$\langle a | A^\dagger | b \rangle^* = \langle b | A^{\dagger\dagger} | a \rangle \tag{1.20}$$

对式(1.18)的等号两边取复数共轭,有

$$\langle b | A | a \rangle = \langle a | A^\dagger | b \rangle^* \tag{1.21}$$

比较式(1.20)和式(1.21),得到:

$$\langle b | A | a \rangle = \langle b | A^{\dagger\dagger} | a \rangle \tag{1.22}$$

由于式(1.22)对任意$|a\rangle$和$|b\rangle$成立,因而有

$$A = A^{\dagger\dagger} \tag{1.23}$$

量子理论进一步假设,态矢量空间是一个线性矢量空间,态矢量和算符的叠加通常是线性的。这意味着,如果$|a\rangle$和$|b\rangle$是两个右矢,与$|a\rangle$和$|b\rangle$的叠加存在联系的一个数是与$|a\rangle$和$|b\rangle$分别有联系的数的和;该数若与$c|a\rangle$有联系(其中c是一个复数),则是与$|a\rangle$发生联系的数的c倍,也即

$$f(|a\rangle + |b\rangle) = f(|a\rangle) + f(|b\rangle); \quad f(c|a\rangle) = cf(|a\rangle) \tag{1.24}$$

相应地,线性算符A、B满足:

$$A(|a\rangle + |b\rangle) = A|a\rangle + A|b\rangle; \quad (A+B)|a\rangle = A|a\rangle + B|a\rangle \tag{1.25}$$

由此,在A只是一个复数c的特殊情形下,有下列关系:

$$\langle b | c | a \rangle = c \langle b | a \rangle \tag{1.26}$$

以及

$$\langle b | c | a \rangle^* = c^* \langle b | a \rangle^* = c^* \langle a | b \rangle = \langle a | c^* | b \rangle \tag{1.27}$$

结合式(1.18),如果A只是一个复数c:

$$A = c \tag{1.28}$$

则其等效伴随算符$A^\dagger$是c的复数共轭:

$$A^\dagger = c^* \tag{1.29}$$

由式(1.12)、式(1.14)和式(1.29),$A|a\rangle = c|a\rangle$对应的左矢为

$$\langle a | A^\dagger = c^* \langle a | \tag{1.30}$$

考虑算符乘积AB的伴随算符。令

$$D = AB \tag{1.31}$$

设矢量$|b\rangle = B|a\rangle$,则矢量$|d\rangle = D|a\rangle$为

$$|d\rangle = D|a\rangle = AB|a\rangle = A|b\rangle \tag{1.32}$$

由式(1.12)和式(1.14)的定义,左矢

$$\langle d | = \langle a | D^\dagger = \langle b | A^\dagger = \langle a | B^\dagger A^\dagger \tag{1.33}$$

这表明$D^\dagger = B^\dagger A^\dagger$,也即

$$(AB)^\dagger = B^\dagger A^\dagger \tag{1.34}$$

或更一般地,如果算符乘积E为

$$E = A \cdot B \cdots F \cdot G \tag{1.35}$$

则 E 的伴随 $E^{\dagger}$ 为

$$E^{\dagger} = G^{\dagger}F^{\dagger}\cdots B^{\dagger}A^{\dagger} \tag{1.36}$$

1.1.4 厄密算符的本征矢和本征值

量子力学主要涉及厄密算符,本节也将讨论限制在厄密算符(即 $A = A^{\dagger}$)。本征矢是一种特殊的矢量。本征矢 $|a_n\rangle$ 由式(1.37)定义:

$$A|a_n\rangle = a_n|a_n\rangle \tag{1.37}$$

式(1.37)意味着,$|a_n\rangle$ 具有下列性质:如果算符 A 作用于态矢量 $|a_n\rangle$,没有将其变成一个新矢量,产生的矢量只是原矢量乘上一个数字 a_n,a_n 也称为本征值。

由式(1.37)可知,$|a_n\rangle$ 与 $A|a_n\rangle$ 的标量积为

$$\langle a_n|A|a_n\rangle = a_n\langle a_n|a_n\rangle \tag{1.38}$$

根据式(1.10),$\langle a_n|a_n\rangle$ 是实数。又因为是厄密算符,$A^{\dagger} = A$,由式(1.19)可得:

$$\langle a_n|A|a_n\rangle^* = \langle a_n|A|a_n\rangle \tag{1.39}$$

这说明 $\langle a_n|A|a_n\rangle$ 同样是一个实数,因而 a_n 必须是实数。本征值为实数是厄密算符的一个重要特性,在量子力学中非常重要。

厄密算符属于不同本征值的本征矢是正交的,设 $a_n \neq a_m$ 是属于不同本征矢的两个不同的本征值,则存在下列关系:

$$A|a_n\rangle = a_n|a_n\rangle \tag{1.40}$$

$$A|a_m\rangle = a_m|a_m\rangle \tag{1.41}$$

取 $A|a_m\rangle = a_m|a_m\rangle$ 的共轭关系,根据 A 的厄密性质和本征值 a_m 必须是实数的事实,由式(1.20)可得:

$$\langle a_m|A^{\dagger} = a_m^*\langle a_m| = a_m\langle a_m| \tag{1.42}$$

求式(1.42)与 $|a_n\rangle$ 的标量积和式(1.40)与 $\langle a_m|$ 的标量积,生成的两式相减得到:

$$(a_n - a_m)\langle a_m|a_n\rangle = 0 \tag{1.43}$$

因为已经假定 $a_n \neq a_m$,必定有

$$\langle a_m|a_n\rangle = 0 \tag{1.44}$$

换句话说,$|a_n\rangle$ 和 $|a_m\rangle$ 是正交的。

如果几个不同的本征矢都拥有同一个本征值,则称这种情形为简并。非简并的厄密算符的本征矢形成一个正交集。即使存在简并,不管简并度如何,采用拥有相同本征值的本征矢的子集建构本征矢新的线性组合,总能使这些线性组合彼此相互正交。

本征矢正交化处理的意义在普通矢量代数中可以更直观地理解:假定三维

空间中的3个单位矢量,其中不存在其中两个矢量指向同一方向或垂直,在该空间用这3个单位矢量展开任意矢量是可能的。同样存在着另一种可能,选择3个彼此正交的单位矢量,该正交的每个矢量都可以表示成前面3个单位矢量的线性组合。任意矢量用这新的一组相互正交的单位矢量展开比用同一空间的一组其他单位矢量展开要简洁方便。

后面的所有处理只采用相互正交的本征矢集合,并用本征值来标记本征矢,如前所述,可以将本征值为 a_n 的本征矢写为 $|a_n\rangle$。

1.1.5 态矢量的本征矢展开

在量子力学中,假定厄密算符的本征矢集合是完备的,可以存在无限多个本征矢,这意味着任何一个矢量 $|\psi\rangle$ 可以表示为正交本征矢的和,即

$$|\psi\rangle = \sum_{n=0}^{\infty} c_n |a_n\rangle \tag{1.45}$$

展开系数 c_n 通过形成标量积 $\langle a_m | \psi \rangle$ 并运用本征矢构成一个正交集的事实($\langle a_m | a_n \rangle = 0$)很容易确定。得到:

$$c_m = \frac{\langle a_m | \psi \rangle}{\langle a_m | a_m \rangle} \tag{1.46}$$

根据式(1.11)的量子力学假设,$\langle a_m | a_m \rangle \geq 0$。进一步假设本征矢是归一化的,则有 $\langle a_m | a_m \rangle = 1$。这样,本征矢的正交性和归一化可以用 δ_{nm} (δ_{nm} 是克罗内可尔 δ 符号)表示:

$$\langle a_n | a_m \rangle = \delta_{nm} = \begin{cases} 1, n = m \\ 0, n \neq m \end{cases} \tag{1.47}$$

式(1.46)进而简化为

$$c_m = \langle a_m | \psi \rangle \tag{1.48}$$

当本征值形成一个连续统 $\varphi(a)$ 时,必须用下列积分式取代式(1.45)的求和:

$$|\psi\rangle = \int_{-\infty}^{\infty} \varphi(a) |a\rangle da \tag{1.49}$$

具有连续统本征值的本征矢不能按离散本征矢集合的式(1.47)归一化。具有连续本征值集合的本征矢必须借助于狄拉克 δ 函数归一化。δ 函数定义为

$$\delta(x) = 0 (x \neq 0); \int_{-\infty}^{\infty} \delta(x) dx = 1 \tag{1.50}$$

连续本征矢继而归一化为一个 δ 函数:

$$\langle a | a' \rangle = \delta(a - a') \tag{1.51}$$

由式(1.49)形成标量积 $\langle a' | \psi \rangle$:

$$\langle a' | \psi \rangle = \int_{-\infty}^{\infty} \varphi(a) \langle a' | a \rangle \mathrm{d}a = \int_{-\infty}^{\infty} \varphi(a) \delta(a' - a) \mathrm{d}a = \varphi(a') \quad (1.52)$$

其中利用了

$$f(x) = \int_{-\infty}^{\infty} f(y) \delta(x - y) \mathrm{d}y \quad (1.53)$$

因而得到式(1.49)的展开系数：

$$\varphi(a') = \langle a' | \psi \rangle \quad (1.54)$$

在混合本征值的情形下，也即本征值由离散集合加连续统组成，态矢量的本征矢展开必须理解为求和加积分。在通常的意义上，态矢量的本征矢展开仅写成式(1.45)的求和形式，不过，如果存在本征值的连续统，求和符号也意味着积分。

1.1.6 对易算符、逆算符和幺正算符

两个任意算符 A 和 B 的对易关系可以写成 $[A,B]$，定义为

$$[A, B] \equiv AB - BA \quad (1.55)$$

$[A,B]$ 也可以看成一个新的算符。通常 $AB \neq BA$，称算符 A、B 不对易。如果 $AB = BA$，称算符 A、B 对易。如果把一个常数 c 看成一个算符，任何算符 A 都与 c 对易：$[A, c] \equiv Ac - cA = 0$。

下面证明：具有共同的完备本征矢集合的两个厄密算符 A 和 B 对易。

作为一个共同的本征矢，对于算符 A 和 B，分别具有本征值 a_n 和 b_n，该本征矢可以写为 $|a_n, b_n\rangle$，且有

$$A|a_n, b_n\rangle = a_n |a_n, b_n\rangle; B|a_n, b_n\rangle = b_n |a_n, b_n\rangle \quad (1.56)$$

式(1.56)中 $A|a_n, b_n\rangle$ 乘以 B，$B|a_n, b_n\rangle$ 乘以 A，两式相减，得

$$(AB - BA)|a_n, b_n\rangle = (a_n b_n - b_n a_n)|a_n, b_n\rangle = 0 \quad (1.57)$$

如果算符 A 和 B 的这个共同本征矢 $|a_n, b_n\rangle$ 形成一个完备集合，则任意一个态矢量 $|\psi\rangle$ 都可以用 $|a_n, b_n\rangle$ 集合展开，式(1.57)显然得到更一般的表达式，即

$$(AB - BA)|\psi\rangle = (AB - BA)\sum_{n=0}^{\infty} c_n |a_n, b_n\rangle = \sum_{n=0}^{\infty} c_n (AB - BA)|a_n, b_n\rangle = 0$$

$$(1.58)$$

由于 $|\psi\rangle$ 是一个任意矢量，必定有

$$AB - BA = 0 \quad (1.59)$$

因此，得到一个定理：具有共同的完备本征矢集合的两个厄密算符对易。这个定理可以推广到两个算符以上。其逆定理同样成立：两个或多个对易算符具有共同的本征矢集合。

后面还要讲到,若两个可观测量对应的算符 A 和 B 对易,则 A 和 B 具有共同的本征态,可以同时具有确定值;若算符 A 和 B 不对易,则 A 和 B 不具有共同的本征态,不能同时具有确定值,测量结果满足海森堡不确定性原理。这是算符对易性所呈现的物理意义。

如果算符 A 和 B 是一对对易厄密算符,也即满足 $AB = BA$、$A = A^\dagger$、$B = B^\dagger$,则其乘积 AB 也是一个厄密算符:

$$(AB)^\dagger = B^\dagger A^\dagger = BA = AB \tag{1.60}$$

两个不对易厄密算符的乘积不是一个厄密算符。

如果两个算符 A 和 B 对易,且满足

$$AB = BA = I \tag{1.61}$$

式中:I 是单位算符,当逆算符存在时,则称 B 是 A 的逆(算符),A 是 B 的逆(算符)。这可以写为

$$B = A^{-1}; A = B^{-1} \tag{1.62}$$

因而式(1.61)变为

$$AA^{-1} = A^{-1}A = I \tag{1.63}$$

算符乘积 AB 的逆为

$$(AB)^{-1} = B^{-1}A^{-1} \tag{1.64}$$

幺正算符定义为使任意算符 $|a\rangle$ 的幅值 $\langle a|a\rangle$ 不变的算符。设 U 是一个算符,可以把态矢量 $|a\rangle$、$\langle a|$ 转化成态矢量 $|b\rangle$、$\langle b|$:

$$|b\rangle = U|a\rangle; \langle b| = \langle a|U^\dagger \tag{1.65}$$

由式(1.65)可得

$$\langle b|b\rangle = \langle a|U^\dagger U|a\rangle \tag{1.66}$$

如果 $\langle b|b\rangle = \langle a|a\rangle$ 对任意一个矢量 $|a\rangle$ 成立,则必须有

$$U^\dagger U = I \tag{1.67}$$

式中:I 是单位算符。利用式(1.67),可以将式(1.65)写成:

$$U^\dagger|b\rangle = |a\rangle; \langle b|U = \langle a| \tag{1.68}$$

由式(1.68)可得

$$\langle b|UU^\dagger|b\rangle = \langle a|a\rangle \tag{1.69}$$

和前面的推理一样,有

$$UU^\dagger = I \tag{1.70}$$

式(1.67)和式(1.70)定义了幺正算符。根据式(1.63)逆算符的定义,幺正算符 U 还可以定义为其伴随算符 $U^\dagger$ 等于其逆算符 U^{-1},即 $U^\dagger = U^{-1}$。

1.1.7 单位算符的本征矢表示

除了态矢量的标量积 $\langle a|b\rangle$ 外,还可以定义另一个乘积:$|a\rangle\langle b|$。态矢量

的这个乘积是一个算符。将$|a\rangle\langle b|$右边乘上矢量$|c\rangle$,得到正比于$|a\rangle$的另一个矢量:

$$(|a\rangle\langle b|)|c\rangle = |a\rangle(\langle b|c\rangle) \tag{1.71}$$

从左边乘上$\langle c|$,得到一个正比于$\langle b|$的矢量:

$$\langle c|(|a\rangle\langle b|) = (\langle c|a\rangle)\langle b| \tag{1.72}$$

由一个完备的本征矢集合可以形成一个非常重要的算符。根据式(1.45)和式(1.48),任意一个矢量$|\psi\rangle$可以展成为

$$|\psi\rangle = \sum_n (\langle a_n|\psi\rangle)|a_n\rangle \tag{1.73}$$

或者写为

$$|\psi\rangle = \left(\sum_n |a_n\rangle\langle a_n|\right)|\psi\rangle \tag{1.74}$$

由于$|\psi\rangle$可以是任意矢量,可以看到,式(1.74)定义了一个单位算符:

$$I = \sum_n |a_n\rangle\langle a_n| \tag{1.75}$$

算符I的性质是作用于任何矢量时,该矢量不变,即

$$I|\psi\rangle = |\psi\rangle \tag{1.76}$$

这个单位算符I对于寻求算符和矢量之积的级数展开式非常有用,如:

$$|\psi\rangle = AB|\varphi\rangle = AIBI|\varphi\rangle \tag{1.77}$$

然后,可以选择任何算符的本征矢写出I,得到$|\psi\rangle$的级数展开式:

$$|\psi\rangle = \sum_n \sum_m A|a_n\rangle\langle a_n|B|a_m\rangle\langle a_m|\varphi\rangle \tag{1.78}$$

1.1.8 态矢量和算符的表象

算符和矢量是抽象的量,可以进行代数处理,但是不能完成数值计算。为了能够把算符和矢量还原为数字,采用与普通矢量代数相同的方法处理矢量:引入坐标。

在普通矢量代数中,一个矢量r的分量通过用r与适当选择的单位矢量的标量积来建立。如果在三个坐标轴x、y、z的方向引入单位矢量e_x、e_y、e_z,发现矢量r的分量为

$$r_x = \boldsymbol{r}\cdot\boldsymbol{e}_x; r_y = \boldsymbol{r}\cdot\boldsymbol{e}_y; r_z = \boldsymbol{r}\cdot\boldsymbol{e}_z \tag{1.79}$$

这样,可以用一组数值(r_x, r_y, r_z)表示矢量r。

用同样的方式,可以得到一个矩阵$\boldsymbol{A}$的元素:

$$A_{xy} = \boldsymbol{e}_x \cdot \boldsymbol{A} \cdot \boldsymbol{e}_y \tag{1.80}$$
$$\vdots$$

式中:将标量积右边的矢量表示成列矢量,将标量积左边的矢量表示成行矢量。

在量子力学理论中,可以采用类似的方式将抽象态矢量和算符用任意一个厄密算符完备的归一化本征矢集合表征。考虑态矢量 $|\psi\rangle = A|a\rangle$,选择某厄密算符 S 的任意一个归一化本征矢集合 $\{|s_n\rangle\}$,将 $|a\rangle$ 和 $|\psi\rangle$ 按式(1.45)展开:

$$|a\rangle = \sum_{m=0}^{\infty} a_m |s_m\rangle ; \quad |\psi\rangle = \sum_{n=0}^{\infty} \psi_n |s_n\rangle \tag{1.81}$$

则展开系数 a_m、ψ_n(也即生成的 $|a\rangle$ 和 $|\psi\rangle$ 分量)为

$$a_m = \langle s_m | a \rangle ; \quad \psi_n = \langle s_n | \psi \rangle \tag{1.82}$$

进而 $|\psi\rangle = A|a\rangle$ 可以写成:

$$|\psi\rangle = A \sum_{m=0}^{\infty} a_m |s_m\rangle = \sum_{m=0}^{\infty} a_m A |s_m\rangle \tag{1.83}$$

ψ_n 还可以表示为

$$\psi_n = \langle s_n | \psi \rangle = \sum_{m=0}^{\infty} a_m \langle s_n | A | s_m \rangle = \sum_{m=0}^{\infty} A_{nm} a_m \tag{1.84}$$

这样,算符 A 的矩阵分量 A_{nm} 在归一化本征矢集合 $|s_n\rangle$ 上表示为

$$A_{nm} = \langle s_n | A | s_m \rangle \tag{1.85}$$

也可以根据式(1.75)定义一个单位算符

$$I = \sum_m |s_m\rangle\langle s_m| \tag{1.86}$$

则

$$\psi_n = \langle s_n | \psi \rangle = \langle s_n | AI | a \rangle = \sum_{m=0}^{\infty} \langle s_n | A | s_m \rangle \langle s_m | a \rangle = \sum_{m=0}^{\infty} A_{nm} a_m \tag{1.87}$$

可以看出,一个归一化正交本征矢集合 $\{|s_n\rangle\}$ 相当于一个正交坐标系,式(1.82)的标量积相当于任意态矢量在该正交坐标系上的分量,而式(1.85)将一个任意算符转化为一个由该正交坐标系定义的矩阵。式(1.82)和式(1.85)的方程,称为 S 表象。式(1.82)是任意态矢量 $|\psi\rangle$ 在 S 表象中的表示,可以看成由 s_n 构成的列矢量;式(1.85)是任意算符 A 在 S 表象中的表示,表现为一个矩阵。量子理论中的表象类似几何中的坐标系。

上面只是简单讨论了离散表象。后面还会讲到,实际中,表象分为离散表象(如能量表象和角动量表象)和连续表象(如位置表象和动量表象)。态矢量在离散表象中是一个(列)矢量,在连续表象中是一个函数(即波函数);算符在离散表象中是一个矩阵,在连续表象中是一个经典微分算符或普通函数。算符只有作用于态矢量才有意义,在离散表象中,矩阵作用于(列)矢量,构成海森堡矩阵力学;在连续表象中,哈密顿函数作为一个时间微分算符作用于连续变化的波函数,构成薛定谔波动力学。利用表象可以很方便地将量子力学的狄拉克公式转换为薛定谔波动力学公式或海森堡矩阵力学公式。

1.2 量子系统的演变

1.2.1 量子理论的基本公设

1.2.1 节给抽象的算符和态矢量赋予物理涵义。在经典力学中,把任何实际上或原理上可以测量的量统称为"可观测量"。

量子力学的第一个量子公设描述为:每一个物理可观测量在数学上都可以用一个厄密算符来表示,物理可观测量的每一次精确测量将产生相应厄密算符的一个本征值。因为只有厄密算符具有实数本征值,才是物理意义上的"可观测量"。

假定把一个物理系统中的能量作为正在讨论的可观测量。用厄密算符 H 表示能量,这个算符具有本征值 E_n,假定 E_n 形成一个离散集合。第一个量子公设表示测量能量的任何尝试将产生其中一个本征值 E_n。如果 H 的本征值形成一个离散谱,根据公设发现,只能测量某些离散的能量值,而不能测量其间的值。如果本征值正好形成一个连续谱,则 H 的测量将不限于一些离散值,而可能落在连续本征值所允许的取值范围内的任何地方。

对应每一个本征值,有一个本征矢。本征矢用于表征物理系统的状态。如果物理系统只存在于厄密算符的本征态中,那么采用该算符的本征矢表征系统的状态最方便。而量子力学假定,物理系统的任何一个状态由一个态矢量 $|\psi\rangle$ 表征,而不必是厄密算符的本征矢;仅当进行 H 测量后产生一个本征值 E_n,描述系统状态的态矢量 $|\psi\rangle$ 才可专门指明处于本征矢 $|E_n\rangle$。测量后经过一些时间,系统的状态可能改变,此时可由本征态的叠加给出:

$$|\psi\rangle = \sum_n |E_n\rangle\langle E_n|\psi\rangle;\ \langle\psi| = \sum_n \langle E_n|\langle\psi|E_n\rangle \tag{1.88}$$

但是,$|\psi\rangle$ 如何与可能的 H 测量联系起来而测量结果必是其中一个 E_n?回答这个问题的是第二个量子公设:量 $\langle\psi|H|\psi\rangle$ 表示在所有由态矢量 $|\psi\rangle$ 描述的系统的系综上多次测量的平均值。果真如此的话,则每一次 H 测量,将产生其中一个本征值 E_n,但具体每次进行测量时,这个本征值可能不同。所有这些测量的平均值由 $\langle\psi|H|\psi\rangle$ 给出。如果假定 $|\psi\rangle$ 用 H 的本征矢式(1.88)展开,则有

$$\langle\psi|H|\psi\rangle = \left(\sum_m \langle E_m|\langle\psi|E_m\rangle\right) H \left(\sum_n |E_n\rangle\langle E_n|\psi\rangle\right)$$

$$= \sum_n \sum_m \langle E_m|H|E_n\rangle\langle E_n|\psi\rangle\langle\psi|E_m\rangle \tag{1.89}$$

由于 $|E_n\rangle$ 是 H 的本征矢:

$$H|E_n\rangle = E_n|E_n\rangle \tag{1.90}$$

又由于本征矢是正交的并假定是归一化的:
$$\langle E_m | H | E_n \rangle = E_n \delta_{nm} \tag{1.91}$$
利用 $\langle a | b \rangle = \langle b | a \rangle^*$,式(1.89)变为
$$\langle \psi | H | \psi \rangle = \sum_n |\langle E_n | \psi \rangle|^2 E_n \tag{1.92}$$
根据定义,$\langle \psi | H | \psi \rangle$ 是态矢量 $|\psi\rangle$ 描述的系统中 H 的期望值或平均值。另一方面,求和符号内出现的值 E_n 是作为每次单独测量的结果而必定出现的值。根据平均值的定义,可以把式(1.93)解释为测量结果为值 E_n 的概率:
$$P_n = |\langle E_n | \psi \rangle|^2 \tag{1.93}$$
同样描述的一种等效说法是:P_n 是发现态矢量 $|\psi\rangle$ 描述的系统处于本征态 $|E_n\rangle$ 的概率。

上述结论适合于其他任何厄密算符,概括如下:设 $|\psi\rangle$ 是描述任意一个物理系统状态的态矢量,令 $|A_n\rangle$ 是算符 A 的本征矢。表达式为
$$P_n = |\langle A_n | \psi \rangle|^2 \tag{1.94}$$
给出在测量与算符 A 对应的量时,作为测量结果,系统处于 $|A_n\rangle$ 态的概率。如果本征值的谱是连续的,则
$$P\mathrm{d}A = |\langle A | \psi \rangle|^2 \mathrm{d}A \tag{1.95}$$
是测量时在区间 $\mathrm{d}A$ 上得到值 A 的概率。

可以看到,量子理论是一个统计理论,得到的结果可解释为平均值或几率。上述的量子公设和概率性结果详尽阐述了量子力学的物理解释。

1.2.2 量子系统演变的海森堡图像和薛定谔图像

量子力学算符 A 的时间导数,也可视为一个算符,可以表示为
$$\frac{\mathrm{d}A}{\mathrm{d}t} = \frac{\partial A}{\partial t} + \frac{1}{\mathrm{i}\hbar}[A, H] \tag{1.96}$$
式中:$[A, H] = AH - HA$,H 是哈密顿能量算符。对于守恒的物理量 A,不含显时间依赖性,偏微分 $\partial A / \partial t = 0$,则有
$$\frac{\mathrm{d}A}{\mathrm{d}t} = \frac{1}{\mathrm{i}\hbar}[A, H] \tag{1.97}$$
式(1.96)和式(1.97)称为海森堡方程。

量子力学图像是描述量子系统随时间演变的数学表征。在海森堡图像中,量子系统随时间的演变表现为算符随时间的变化,遵守海森堡方程,而态矢量与时间无关。而在薛定谔图像中,作用于态矢量的算符是常数,量子系统随时间的演变表现为态矢量的演变,遵守的是薛定谔方程。海森堡图像和薛定谔图像是等价的,可以彼此通过幺正变换得出。

需要指出的是,体现量子系统演变的海森堡方程和薛定谔方程不只限于随时间的演变。后面将会看到,任何导致态矢量演变的物理过程,例如,激光辐射产生相干态的过程;泵浦非线性光学介质产生压缩光的过程;态矢量经过分束器、相移器等量子器件的演变等,都可以用海森堡方程和薛定谔方程来表征,问题的关键是寻求这些物理演变过程的动力学参数哈密顿算符。下面仍以系统的时间演变为例,从海森堡图像出发推导薛定谔方程。

要忠实于理论的物理学解释,必定要求具有物理含义的表达式在任何量子力学图像中都相同。这意味着无论用于表示量子力学算符和态矢量的图像如何,任意量子力学算符 A 的平均值必须严格相同:

$$\langle \psi_H | A_H(t) | \psi_H \rangle = \langle \psi_S(t) | A_S | \psi_S(t) \rangle \tag{1.98}$$

式中:下标 H 和 S 分别表示海森堡图像和薛定谔图像,算符 $A_H(t)$ 应满足式(1.96)的海森堡方程。

假定初始时刻 t_0 的态矢量为 $|\psi_S(t_0)\rangle$,从初始时刻的 $|\psi_S(t_0)\rangle$ 到任意 $t > t_0$ 时刻的态矢量 $|\psi(t)\rangle$ 是一种线性变化,因而存在一个线性演变算符 $U(t)$,它使得 $|\psi(t)\rangle = U(t)|\psi_S(t_0)\rangle$。这是薛定谔图像中系统随时间的演变。$|\psi(t)\rangle$ 可以进一步表示为 $|\psi_S(t)\rangle$,即

$$|\psi_S(t)\rangle = U(t)|\psi_S(t_0)\rangle \tag{1.99}$$

式中:$t = t_0$ 时,$U(t_0) = 1$。

在海森堡图像中,态矢量随时间不变,这意味着:$|\psi_H\rangle = |\psi_S(t_0)\rangle$,也即

$$\langle \psi_H | A_H(t) | \psi_H \rangle = \langle \psi_S(t_0) | A_H(t) | \psi_S(t_0) \rangle \tag{1.100}$$

由式(1.99)和式(1.100),将式(1.98)重新写为

$$\langle \psi_S(t_0) | A_H(t) | \psi_S(t_0) \rangle = \langle \psi_S(t_0) | U^\dagger(t) A_S U(t) | \psi_S(t_0) \rangle \tag{1.101}$$

其中可观测算符 A 在海森堡图像和薛定谔图像中的变换为

$$A_H(t) = U^\dagger(t) A_S U(t) \tag{1.102}$$

下面证明线性演变算符 $U(t)$ 是一个幺正算符。对式(1.102)求时间微分,得到:

$$\frac{dA_H(t)}{dt} = \frac{dU^\dagger(t)}{dt} A_S U(t) + U^\dagger(t) A_S \frac{dU(t)}{dt} \tag{1.103}$$

其中利用了薛定谔图像中的 A_S 与时间无关:

$$\frac{dA_S}{dt} = 0 \tag{1.104}$$

将海森堡方程式(1.97)代入式(1.103),整理得到

$$\left(\frac{dU^\dagger(t)}{dt} + \frac{1}{i\hbar} H_H(t) U^\dagger(t) \right) A_S U(t) + U^\dagger(t) A_S \left(\frac{dU(t)}{dt} - \frac{1}{i\hbar} U(t) H_H(t) \right) = 0 \tag{1.105}$$

令算符：
$$\mathcal{P} = \left(\frac{\mathrm{d}U^\dagger(t)}{\mathrm{d}t} + \frac{1}{\mathrm{i}\hbar}H_\mathrm{H}(t)U^\dagger(t)\right), \mathcal{Q} = A_\mathrm{S}U(t), \mathcal{R} = \mathcal{P}\mathcal{Q} \tag{1.106}$$

利用厄密算符的性质：$H_\mathrm{H}^\dagger = H_\mathrm{H}, A_\mathrm{S}^\dagger = A_\mathrm{S}$，则式(1.105)变为 $\mathcal{R} + \mathcal{R}^\dagger = 0$，这要求 $\mathcal{R} = 0$ 或 $\mathcal{R}^\dagger = 0$，也即

$$U^\dagger(t)A_\mathrm{S}\left(\frac{\mathrm{d}U(t)}{\mathrm{d}t} - \frac{1}{\mathrm{i}\hbar}U(t)H_\mathrm{H}(t)\right) = 0 \tag{1.107}$$

由于 $U^\dagger(t)A_\mathrm{S} \neq 0$，则有

$$\frac{\mathrm{d}U(t)}{\mathrm{d}t} - \frac{1}{\mathrm{i}\hbar}U(t)H_\mathrm{H}(t) = 0 \tag{1.108}$$

哈密顿算符 H 和可观测算符 A 一样，在两种图像中的平均值相同，参照式(1.101)，有

$$\langle\psi_\mathrm{S}(t_0)|H_\mathrm{H}(t)|\psi_\mathrm{S}(t_0)\rangle = \langle\psi_\mathrm{S}(t_0)|U^\dagger(t)H_\mathrm{S}U(t)|\psi_\mathrm{S}(t_0)\rangle \tag{1.109}$$

其中，在薛定谔图像中，算符 H_S 不变，是一个常数，因而得到：

$$H_\mathrm{H}(t) = U^\dagger(t)H_\mathrm{S}U(t) \tag{1.110}$$

将式(1.110)代入式(1.108)，有

$$\frac{\mathrm{d}U(t)}{\mathrm{d}t} - \frac{1}{\mathrm{i}\hbar}U(t)U^\dagger(t)H_\mathrm{S}U(t) = 0 \tag{1.111}$$

只有 $U(t)U^\dagger(t) = I$，也即 $U^\dagger(t) = U^{-1}(t)$ 时，式(1.111)简化为

$$\frac{\mathrm{d}U(t)}{\mathrm{d}t} - \frac{1}{\mathrm{i}\hbar}H_\mathrm{S}U(t) = 0 \tag{1.112}$$

考虑初始条件 $U(t_0) = 1$，$U(t)$ 的解析解为

$$U(t) = \mathrm{e}^{-\mathrm{i}H_\mathrm{S}(t-t_0)/\hbar} \tag{1.113}$$

这个解必然满足幺正算符的条件：$U^\dagger(t)U(t) = U(t)U^\dagger(t) = I$。由式(1.113)还可以看出，$U(t)$ 与 H_S 对易：$U(t)H_\mathrm{S} = H_\mathrm{S}U(t)$。这导致式(1.110)可变为

$$H_\mathrm{H}(t) = U^\dagger(t)U(t)H_\mathrm{S} = H_\mathrm{S} \tag{1.114}$$

说明在海森堡图像和薛定谔图像中，哈密顿算符 H 不发生变化。

如果一个物理系统的哈密顿算符 H 不依赖于时间，称该系统是保守系统。在经典力学中，保守系统在运动以及变化过程中，机械能始终守恒。由式(1.99)和式(1.113)可知，$|\psi_\mathrm{S}\rangle$ 和 $|\psi_\mathrm{S}(t_0)\rangle$ 只是差一个相位因子 $\mathrm{e}^{-\mathrm{i}E(t-t_0)/\hbar}$，其中，$E$ 是初始态 $|\psi_\mathrm{S}(t_0)\rangle$ 的能量本征值，这两个态在物理上是不可区分的。可以说，处于 H 本征态的系统，物理性质不随时间而变，因此，H 的本征态也称为定态。在量子力学中，保守系统的能量守恒可以解释为：在时刻 t_0 测量系统的能量，得到 E，此时系统处于 H 的本征值为 E 的本征态；在第一次测量之后，系统的态不再演变，在任意时刻 t 进行第二次测量，必将得到与第一次相同的结果 E。

对式(1.99)求时间微分：

$$i\hbar \frac{d}{dt}|\psi_S(t)\rangle = i\hbar \frac{d}{dt}[U(t)|\psi_S(t_0)\rangle] = i\hbar \frac{dU(t)}{dt}|\psi_S(t_0)\rangle \quad (1.115)$$

将式(1.112)代入式(1.115)，得到

$$i\hbar \frac{d}{dt}|\psi_S(t)\rangle = H_S U(t)|\psi_S(t_0)\rangle = H_S|\psi_S(t)\rangle \quad (1.116)$$

式(1.116)是态矢量随时间演变的薛定谔方程。薛定谔方程是量子力学最基本的方程，其地位如同牛顿运动定律在经典力学中的地位。薛定谔方程又是一个基本的量子力学假设，其正确性不是靠理论证明，而是靠实验检验且已被大量实验证实。

1.2.3 量子系统演变的相互作用图像

除了海森堡图像和薛定谔图像，还有一个具有重要实用意义的量子力学图像：相互作用图像。在讨论非经典态如压缩态的产生等物理过程时，经常要用到这个图像。

利用薛定谔图像的运动方程来讨论相互作用图像。相互作用图像假定薛定谔图像中的哈密顿算符 H_S 由两部分组成：

$$H_S = H_{S0} + H_{S-int} \quad (1.117)$$

式中：H_{S0} 是物理系统各个孤立部分的哈密顿算符；H_{S-int} 表示各个孤立的哈密顿算符之间的相互作用部分。H_{S0}、H_{S-int} 均为厄密算符，满足 $H_{S0}^\dagger = H_{S0}$、$H_{S-int}^\dagger = H_{S-int}$。$H_S$ 作用于初始态矢量 $|\psi_S(t_0)\rangle$ 引起的态矢量的时间变化假定在相互作用图像中仅归因于哈密顿算符的相互作用部分 H_{S-int}。事实上，在许多物理过程的海森堡方程中，起作用的正是相互作用哈密顿算符。如前所述，任意量子力学算符 A 的平均值在任何量子力学图像中都相同：

$$\langle \psi_H|A_H(t)|\psi_H\rangle = \langle \psi_S(t)|A_S|\psi_S(t)\rangle = \langle \psi_i|A_i|\psi_i\rangle \quad (1.118)$$

式中：$|\psi_i\rangle$ 是相互作用图像中的态矢量；A_i 是相互作用图像中的量子力学算符 A。令

$$|\psi_i\rangle = V|\psi_S(t)\rangle \quad (1.119)$$

式中：V 为薛定谔图像和相互作用图像之间的幺正变换算符，则有

$$|\psi_S(t)\rangle = V^\dagger|\psi_i\rangle \quad (1.120)$$

因而代入式(1.118)，有

$$A_i = V A_S V^\dagger \quad (1.121)$$

对式(1.119)求时间微分，并利用式(1.120)和式(1.116)，有

$$\begin{cases} i\hbar \dfrac{d}{dt}|\psi_i\rangle = i\hbar \dfrac{dV}{dt}|\psi_S(t)\rangle + V\left(i\hbar \dfrac{d}{dt}|\psi_S(t)\rangle\right) \\ \qquad\qquad = i\hbar \dfrac{dV}{dt}V^\dagger |\psi_i\rangle + V(H_{S0}+H_{S-int})V^\dagger |\psi_i\rangle \end{cases} \tag{1.122}$$

如果

$$i\hbar \frac{dV}{dt} = -VH_{S0} \text{ 或 } i\hbar \frac{dV^\dagger}{dt} = H_{S0}V^\dagger \tag{1.123}$$

式(1.122)化为

$$i\hbar \frac{d}{dt}|\psi_i\rangle = (VH_{S-int}V^\dagger)|\psi_i\rangle = H_{i-int}|\psi_i\rangle \tag{1.124}$$

式中：

$$H_{i-int} = VH_{S-int}V^\dagger \tag{1.125}$$

式(1.124)即为相互作用图像中态矢量的演变方程，它具有薛定谔方程的形式，只是薛定谔方程中的 H_S 用表征相互作用部分的算符 H_{i-int} 取代。算符演变方程由对式(1.121)求导得到：

$$\frac{dA_i}{dt} = \frac{dV}{dt}A_S V^\dagger + VA_S \frac{dV^\dagger}{dt} \tag{1.126}$$

其中利用了式(1.104)。将式(1.123)代入上式，利用 V 的幺正性质，有

$$i\hbar \frac{dA_i}{dt} = -VH_{S0}A_S V^\dagger + VA_S H_{S0}V^\dagger = VA_S V^\dagger VH_{S0}V^\dagger - VH_{S0}V^\dagger VA_S V^\dagger$$

$$= A_i H_{i0} - H_{i0}A_i = [A_i, H_{i0}] \tag{1.127}$$

式中：A_i 满足式(1.121)，H_{i0} 为

$$H_{i0} = VH_{S0}V^\dagger \tag{1.128}$$

在相互作用图像的大多数应用中，薛定谔图像中与相互作用无关的哈密顿算符 H_{S0} 同样与时间无关。在这种情形，式(1.123)可以积分，给出其解：

$$V = e^{iH_{S0}(t-t_0)/\hbar} \tag{1.129}$$

因而，式(1.125)和式(1.128)变为

$$\begin{cases} H_{i0} = e^{iH_{S0}(t-t_0)/\hbar} H_{S0} e^{-iH_{S0}(t-t_0)/\hbar} \\ H_{i-int} = e^{iH_{S0}(t-t_0)/\hbar} H_{S-int} e^{-iH_{S0}(t-t_0)/\hbar} \end{cases} \tag{1.130}$$

这样，薛定谔图像中的 H_{S0}、H_{S-int} 在相互作用图像中分别对应 H_{i0}、H_{i-int}。由式(1.121)可知，任意量子力学算符 A 的演变在相互作用图像中表示为

$$A_i = e^{iH_{S0}(t-t_0)/\hbar} A_S e^{-iH_{S0}(t-t_0)/\hbar} \tag{1.131}$$

注意，由式(1.129)还可以看出，$V(t)$ 与 H_{S0} 对易：$VH_{S0}=H_{S0}V$。这导致式(1.128)变为

$$H_{i0} = H_{S0} \tag{1.132}$$

相互作用图像在获得海森堡图像中算符的扰动解方面非常有用[3]。考虑一个保守的物理系统,哈密顿算符 H 不依赖于时间,也即在海森堡图像和薛定谔图像中,哈密顿算符不发生变化:$H_H = H_S = H_{S0} + H_{S-int}$。对于海森堡图像中的任意算符 A_H,由式(1.97)可得:

$$\frac{dA_H(t)}{dt} = \frac{1}{i\hbar}[A_H(t), H_H] = \frac{1}{i\hbar}[A_H(t), H_S] = \frac{1}{i\hbar}[A_H(t), H_{S0} + H_{S-int}] \tag{1.133}$$

现在设

$$A_H(t) = VX(t)V^\dagger \tag{1.134}$$

式中:$V = e^{iH_{S0}(t-t_0)/\hbar}$。对式(1.134)求 t 的微分,利用式(1.123),有

$$\begin{aligned}
\frac{dA_H(t)}{dt} &= VX\frac{dV^\dagger}{dt} + \frac{dV}{dt}XV^\dagger + V\frac{dX}{dt}V^\dagger = \frac{1}{i\hbar}VXH_{S0}V^\dagger - \frac{1}{i\hbar}VH_{S0}XV^\dagger + V\frac{dX}{dt}V^\dagger \\
&= \frac{1}{i\hbar}VXV^\dagger VH_{S0}V^\dagger - \frac{1}{i\hbar}VH_{S0}V^\dagger VXV^\dagger + V\frac{dX}{dt}V^\dagger = \frac{1}{i\hbar}[VXV^\dagger, H_{i0}] + V\frac{dX}{dt}V^\dagger \\
&= \frac{1}{i\hbar}[A_H(t), H_{i0}] + V\frac{dX}{dt}V^\dagger
\end{aligned} \tag{1.135}$$

将式(1.135)与式(1.133)比较,利用式(1.134),有

$$\begin{aligned}
V\frac{dX}{dt}V^\dagger &= \frac{1}{i\hbar}[A_H(t), H_{S0} + H_{S-int}] - \frac{1}{i\hbar}[A_H(t), H_{i0}] \\
&= \frac{1}{i\hbar}[VX(t)V^\dagger, H_{S-int}]
\end{aligned} \tag{1.136}$$

如果两边左乘 $V^\dagger$,右乘 V,利用 $V^\dagger V = VV^\dagger = 1$ 的事实,有

$$\frac{dX}{dt} = \frac{1}{i\hbar}[X(t), V^\dagger H_{S-int} V] \tag{1.137}$$

由式(1.130)可得:

$$H_{i-int}(t - t_0) = V(t, t_0) H_{S-int} V^\dagger(t, t_0) \tag{1.138}$$

很容易得到:

$$H_{i-int}(t_0 - t) = H_{i-int}^\dagger = V^\dagger(t, t_0) H_{S-int} V(t, t_0) \tag{1.139}$$

利用这一符号,对式(1.137)两边积分,得到:

$$X(t) = X(t_0) + \frac{1}{i\hbar}\int_{t_0}^{t}[X(t'), H_{i-int}(t_0 - t')]dt' \tag{1.140}$$

又 $V(t_0) = 1$,所以由式(1.134)得到:

$$X(t_0) = A_H(t_0) = A_S \tag{1.141}$$

以同样的方式继续迭代式(1.140),得到:

$$X(t) = A_S + \frac{1}{i\hbar}\int_{t_0}^{t}[A_S, H_{i-int}(t_0 - t_1)]dt_1$$

$$+ \left(\frac{1}{i\hbar}\right)^2 \int_{t_0}^t dt_1 \int_{t_0}^t dt_2 \{[A_S, H_{i-int}(t_0 - t_2)],$$
$$H_{i-int}(t_0 - t_1)\} + \cdots \tag{1.142}$$

接着利用式(1.134)将 X 变换回海森堡算符 A_H：

$$A_H(t) = VA_SV^\dagger + \frac{1}{i\hbar}\int_{t_0}^t V[A_S, H_{i-int}(t_0 - t_1)]V^\dagger dt_1 + \cdots \tag{1.143}$$

如果利用式(1.121)和式(1.138)，并在适当的地方插入 $V^\dagger V = VV^\dagger = 1$，则变为

$$A_H(t) = A_i(t) + \frac{1}{i\hbar}\int_{t_0}^t [A_i(t), H_{i-int}(t - t_1)] dt_1 +$$
$$\left(\frac{1}{i\hbar}\right)^2 \int_{t_0}^t dt_1 \int_{t_0}^t dt_2 \{[A_i(t), H_{i-int}(t - t_2)], H_{i-int}(t - t_1)\} + \cdots$$
$$\tag{1.144}$$

这是一个海森堡算符的扰动展开式。

1.2.4 薛定谔方程的波动力学形式

前面已经讲到，可以用表象将抽象算符和态矢量代数转换为更方便的坐标表示。最常用到三种表象：海森堡表象，采用哈密顿算符的本征矢的完备集合形成表象；薛定谔表象，采用位置算符的本征矢的完备集合形成表象；动量表象，采用动量算符的本征矢的完备集合形成表象。其中，薛定谔表象是运用最广泛的一种，产生的体系称为波动力学。

在经典力学中，粒子的运动可以用位置 q 和动量 p 两个动态变量完全描述。在量子力学理论中这两个动态变量分别对应两个线性厄密算符 q 和 p。根据量子理论的假设，q 和 p 的对易关系满足：

$$[q, p] = qp - pq = i\hbar \tag{1.145}$$

式中：$\hbar = h/2\pi$，h 为普朗克常数。

这里只讨论一维的薛定谔表象，考虑位置算符 q 的本征值 q' 的连续集合，相应的本征矢 $|q'\rangle$ 形成一个完备正交集合，算符 q 的本征值 q' 是数值，假定为从 $-\infty$ 到 $+\infty$ 的所有值。由本征矢 $|q'\rangle$ 形成薛定谔表象。任意一个态矢量 $|\psi\rangle$ 在薛定谔表象中表示为

$$\psi(q') = \langle q' | \psi \rangle \tag{1.146}$$

$\psi(q')$ 中的符号 q' 作为一个标记，表示 $\psi(q')$ 是 $\langle q'|$ 与 $|\psi\rangle$ 的标量积。当然，q' 是 q 的连续本征值，每个 $\langle q'|$ 拥有一个给定值 q'。标量积 $\psi(q')$ 随 $\langle q'|$ 连续变化，因而 q' 是变化的，$\psi(q')$ 实际上是 q' 的函数。当 q' 是三维空间的坐标时，$\psi(q')$ 是态矢量 $|\psi\rangle$ 在空间坐标系中的表征。后面还要讲到，函数 $\psi(q')$ 即波动

力学中所熟悉的波函数。

接着,推导动量算符 p 在薛定谔表象中的表示。考虑矢量 $p|\psi\rangle$ 的表象,首先证明对于任意矢量 $|\psi\rangle$,下列关系存在:

$$\langle q'|p|\psi\rangle = -i\hbar\frac{\partial}{\partial q'}\langle q'|\psi\rangle = -i\hbar\frac{\partial}{\partial q'}\psi(q') \quad (1.147)$$

证明过程如下。利用对易关系式(1.145),对于任意一个态矢量 $|\psi\rangle$,可以写成:

$$(qp - pq)|\psi\rangle = i\hbar|\psi\rangle \quad (1.148)$$

然后将上式等号两侧左乘 $\langle q'|$,形成式(1.120)的薛定谔表象:

$$\langle q'|(qp - pq)|\psi\rangle = i\hbar\langle q'|\psi\rangle \quad (1.149)$$

位置算符 q 的左矢本征值方程满足:

$$\langle q'|q = q'\langle q'| \quad (1.150)$$

代入式(1.149),得到:

$$q'\langle q'|p|\psi\rangle - \langle q'|pq|\psi\rangle = i\hbar\langle q'|\psi\rangle \quad (1.151)$$

利用式(1.147),式(1.151)左边为

$$q'\langle q'|p|\psi\rangle - \langle q'|pq|\psi\rangle = -i\hbar q'\frac{\partial}{\partial q'}\langle q'|\psi\rangle - \left[-i\hbar\frac{\partial}{\partial q'}[q'\psi(q')]\right]$$

$$= -i\hbar q'\frac{\partial}{\partial q'}\psi(q') + i\hbar\left[\psi(q') + q'\frac{\partial}{\partial q'}\psi(q')\right]$$

$$= i\hbar\psi(q') \quad (1.152)$$

而式(1.151)右边为

$$i\hbar\langle q'|\psi\rangle = i\hbar\psi(q') \quad (1.153)$$

可见,式(1.149)的等式暗含了式(1.147)的关系式成立。

利用式(1.147)和式(1.51),动量算符 p 的薛定谔表象为

$$\langle q'|p|q''\rangle = -i\hbar\frac{\partial}{\partial q'}\langle q'|q''\rangle = -i\hbar\frac{\partial}{\partial q'}\delta(q' - q'') \quad (1.154)$$

动量算符 p 的薛定谔表象是 δ 函数的微分。

利用薛定谔表象,可以将量子力学中的狄拉克公式变换为波动力学中的波函数形式。例如,考虑两个态矢量的标量积 $\langle \Phi|\psi\rangle$:

$$\langle \Phi|\psi\rangle = \langle \Phi|I|\psi\rangle = \int_{-\infty}^{\infty}\langle \Phi|q\rangle\langle q|\psi\rangle dq \quad (1.155)$$

引入 $|\psi\rangle$ 和 $|\Phi\rangle$ 的薛定谔表象,为

$$\langle q|\psi\rangle = \psi(q), \langle q|\Phi\rangle = \Phi(q) \quad (1.156)$$

得到:

$$\langle \Phi|\psi\rangle = \int_{-\infty}^{\infty}\Phi^*(q)\psi(q)dq \quad (1.157)$$

再考虑$\langle\Phi|p|\psi\rangle$，可以看成$|\Phi\rangle$与$p|\psi\rangle$的标量积：

$$\langle\Phi|p|\psi\rangle = \langle\Phi|Ip|\psi\rangle = \int_{-\infty}^{\infty}\langle\Phi|q\rangle\langle q|p|\psi\rangle dq \qquad (1.158)$$

如果运用式(1.147)，有

$$\langle\Phi|p|\psi\rangle = \int_{-\infty}^{\infty}\langle\Phi|q\rangle\langle q|p|\psi\rangle dq = -i\hbar\int_{-\infty}^{\infty}\langle\Phi|q\rangle\frac{\partial}{\partial q}\langle q|\psi\rangle dq$$

$$= -i\hbar\int_{-\infty}^{\infty}\Phi^*(q)\frac{\partial}{\partial q}\psi(q)dq \qquad (1.159)$$

式(1.157)和式(1.159)清楚说明了量子力学中抽象的狄拉克公式如何变换为波函数形式。

最后，考虑将式(1.116)态矢量演变的薛定谔方程变换为波动力学形式的薛定谔方程。哈密顿算符通常是位置算符q和动量算符p的高阶(二阶)函数。为一般性起见，考虑$q^n|\psi\rangle$和$p^n|\psi\rangle$的薛定谔表象。$q^n|\psi\rangle$的薛定谔表象为

$$\langle q'|q^n|\psi\rangle = (q')^n\langle q'|\psi\rangle = (q')^n\psi(q') \qquad (1.160)$$

而$p^n|\psi\rangle$的薛定谔表象通过重复应用式(1.147)很容易得到：

$$\langle q'|p^n|\psi\rangle = -i\hbar\frac{\partial}{\partial q'}\langle q'|p^{n-1}|\psi\rangle = (-i\hbar)^n\frac{\partial^n}{\partial q'^n}\psi(q') \qquad (1.161)$$

这种关系表明，对于任何可以展开成指数级数的函数，有

$$\langle q'|f(q)|\psi\rangle = f(q')\psi(q'),\quad \langle q'|f(p)|\psi\rangle = f\left(-i\hbar\frac{\partial}{\partial q'}\right)\psi(q')$$

$$(1.162)$$

进一步将这些概念推广到哈密顿算符，$H(q,p)|\psi\rangle$的薛定谔表象可以写成：

$$\langle q'|H(q,p)|\psi\rangle = H\left(q',-i\hbar\frac{\partial}{\partial q'}\right)\psi(q') \qquad (1.163)$$

式(1.116)的薛定谔方程变为

$$i\hbar\langle q'|\frac{d}{dt}|\psi_S(t)\rangle = \langle q'|H_S|\psi_S(t)\rangle \qquad (1.164)$$

可以写出：

$$\langle q'|\frac{d}{dt}|\psi_S(t)\rangle = \frac{\partial}{\partial t}\langle q'|\psi_S(t)\rangle \qquad (1.165)$$

偏微分方程表明，只有$|\psi(t)\rangle$的显时间依赖性而非$\langle q'|$被微分。令$\psi(q',t) = \langle q'|\psi_S(t)\rangle$，利用式(1.165)，式(1.164)变为

$$i\hbar\frac{\partial\psi(q',t)}{\partial t} = H_S\psi(q',t) \qquad (1.166)$$

式(1.166)是以波函数形式表示的薛定谔方程。由于薛定谔方程只含对时间的

一次微分,当给定系统的初始态 $\psi(q',t_0)$ 后,求解该方程,原则上可以确定 $t>t_0$ 的任意时刻的波函数 $\psi(q',t)$,也就是说,薛定谔方程给出了态矢量(波函数)随时间演变的确定性规律。

1.2.5　由薛定谔方程求解波函数:自由电子的例子

考虑在空间各点势能都为零的一个自由电子的情形,这是由薛定谔方程可以求得波函数精确解的一个典型例子[4]。在这种情况下,哈密顿函数为

$$H_S = \frac{p^2}{2m} \tag{1.167}$$

由式(1.99),能量本征值方程为

$$H_S U(t)|\psi_S(t_0)\rangle = H_S|\psi_S(t)\rangle E e^{-\frac{iE(t-t_0)}{\hbar}}|\psi_S(t_0)\rangle \tag{1.168}$$

式中:$U(t)$ 满足式(1.113)。$U(t)$ 是一个幺正算符,H_S 与 $U(t)$ 对易。$H_S|\psi_S(t_0)\rangle = E|\psi_S(t_0)\rangle$,$E$ 可以看成 t_0 时刻态 $|\psi_S(t_0)\rangle$ 的能量本征值(初始值)。

只考虑一维(x)情形,式(1.166)的波函数 $\psi(q',t)=\langle q'|\psi_S(t)\rangle$ 可以表示为

$$\psi(q',t)\equiv\psi(x,t)=\langle x|U(t)|\psi_S(t_0)\rangle = e^{-\frac{iE(t-t_0)}{\hbar}}\langle x|\psi_S(t_0)\rangle = e^{-\frac{iE(t-t_0)}{\hbar}}\psi(x,t_0) \tag{1.169}$$

式(1.168)中 $H_S|\psi_S(t)\rangle$ 的薛定谔表象可以写成:

$$\langle x|H_S U(t)|\psi_S(t_0)\rangle = \langle x|E e^{-\frac{iE(t-t_0)}{\hbar}}|\psi_S(t_0)\rangle = E e^{-\frac{iE(t-t_0)}{\hbar}}\psi(x,t_0) \tag{1.170}$$

由式(1.161),又有

$$\langle x|H_S U(t)|\psi_S(t_0)\rangle = e^{-\frac{iE(t-t_0)}{\hbar}}\langle x|\frac{p^2}{2m}|\psi_S(t_0)\rangle = e^{-\frac{iE(t-t_0)}{\hbar}}\left(-\frac{\hbar^2}{2m}\right)\frac{\partial^2 \psi(x,t_0)}{\partial x^2} \tag{1.171}$$

所以,由式(1.170)和式(1.171)得到:

$$\left(-\frac{\hbar^2}{2m}\right)\frac{\partial^2 \psi(x,t_0)}{\partial x^2} = E\psi(x,t_0) \tag{1.172}$$

其解为

$$\psi(x,t_0) = \psi_0 e^{i\sqrt{\frac{2mE}{\hbar^2}}x} \tag{1.173}$$

由于 p^2 与 p 对易,因此 H 和 p 是对易算符,两者具有共同的本征矢。由式(1.167)可知,能量本征值 E 与动量本征值 p' 之间的下列关系:

$$E = \frac{p'^2}{2m} \tag{1.174}$$

在 t_0 时刻,能量本征值为 E,因而动量本征值方程为

$$p|\psi_S(t_0)\rangle = p'|\psi_S(t_0)\rangle = p'|p'\rangle \tag{1.175}$$

将式(1.174)代入式(1.173),得到:

$$\psi(x,t_0) = \psi_0 e^{i(p'/\hbar)x} \tag{1.176}$$

下面对函数 $\psi(x,t_0)$ 归一化。属于一个连续本征值集合的本征矢 $|p'\rangle$ 的归一化由式(1.51)给出为

$$\langle p''|p'\rangle = \delta(p''-p') \tag{1.177}$$

利用式(1.75)的单位算符,在连续本征矢 $|x\rangle$ 的情形下,假定形式为

$$I = \int_{-\infty}^{\infty} |x\rangle\langle x| dx \tag{1.178}$$

式(1.177)可以写成下列形式:

$$\langle p''|I|p'\rangle = \int_{-\infty}^{\infty} \langle p''|x\rangle\langle x|p'\rangle dx = \delta(p''-p') \tag{1.179}$$

将式(1.176)代入上式,允许写出:

$$|\psi_0|^2 \hbar \int_{-\infty}^{\infty} e^{i(1/\hbar)(p'-p'')x} d\left(\frac{x}{\hbar}\right) = \delta(p''-p') \tag{1.180}$$

一个函数的傅里叶展开为

$$f(y) = \frac{1}{2\pi} \int_{-\infty}^{\infty} \psi(x) e^{-iyx} dx \tag{1.181}$$

及其逆变换为

$$\psi(x) = \int_{-\infty}^{\infty} f(y) e^{iyx} dy \tag{1.182}$$

如果应用于函数 $f(y) = \delta(y)$,得到 δ 函数的重要表示:

$$\delta(y) = \frac{1}{2\pi} \int_{-\infty}^{\infty} e^{-iyx} dx \tag{1.183}$$

将式(1.180)与式(1.183)比较,确定常数 ψ_0:

$$|\psi_0|^2 = \frac{1}{2\pi\hbar} \tag{1.184}$$

假定 ψ_0 是相位为零的正实数,式(1.173)归一化后可以写成:

$$\psi(x,t_0) = \frac{1}{\sqrt{2\pi}} e^{i(p'/\hbar)x} \tag{1.185}$$

因而,由式(1.169)可知:

$$\psi(x,t) = \frac{1}{\sqrt{2\pi\hbar}} e^{i[p'x-E(t-t_0)]/\hbar} \tag{1.186}$$

根据量子理论对波函数的统计诠释,波函数给出的是一种概率波。也就是说,自由电子的波函数的模方 $|\psi(x,t_0)|^2$ 与在该点找到电子的概率成正比。

1.2.6 海森堡不确定性原理

测量过程提供了有关系统的信息,我们指定一个态矢量 $|\psi\rangle$ 来描述物理系统的状态,它既不是测量变量 A 的本征值,也不是测量变量 B 的本征值。一次精密测量,产生给定算符 A 的一个本征值,使系统处于被测本征值所属的本征矢描述的相应本征态中。如果这个本征矢同时也是另一个算符 B 的本征态,由那个算符 B 表示的动态变量必定同样可以实现精密测量,因为根据定义,系统此时也处于其本征态中。两个对易算符具有相同的本征矢集合。因而算符对易的动态变量可以被同时测量;反之,算符不对易的变量不能被同时测量。所以,在量子理论中,一个变量的测量对其他变量的测量结果产生干扰发生在算符不对易的变量之间。

根据量子公设,A 和 B 的量子平均或系综平均为

$$\langle A \rangle = \langle \psi | A | \psi \rangle ; \langle B \rangle = \langle \psi | B | \psi \rangle \tag{1.187}$$

式中:$\langle \psi | \psi \rangle = 1$。同样可以定义 A 和 B 的均方值为

$$\langle A^2 \rangle = \langle \psi | A^2 | \psi \rangle ; \langle B^2 \rangle = \langle \psi | B^2 | \psi \rangle \tag{1.188}$$

一般来说,A 和 B 的测量存在围绕平均值 $\langle A \rangle$ 和 $\langle B \rangle$ 的涨落。假定不存在测量仪器引起的涨落,同时测量 A 和 B 时,由于一个变量的测量对其他变量的测量结果产生干扰,这种量子性引起的 A 和 B 的均方偏差或均方涨落可以表示为

$$\begin{cases} (\Delta A)^2 = \langle \psi | (A^2 - \langle A \rangle^2) | \psi \rangle = \langle \psi | A^2 | \psi \rangle - \langle \psi | A | \psi \rangle^2 \\ (\Delta B)^2 = \langle \psi | (B^2 - \langle B \rangle^2) | \psi \rangle = \langle \psi | B^2 | \psi \rangle - \langle \psi | B | \psi \rangle^2 \end{cases} \tag{1.189}$$

当且仅当物理系统的态 $|\psi\rangle$ 是 A、B 或两者的本征态时,这些涨落将为零,即每一次测量总是给出没有涨落的相同本征值。事实上,这一点可以用来定义一个可观测量的本征态。

考虑两个厄密算符 A 和 B 满足对易关系:

$$[A, B] = iC \tag{1.190}$$

式中:C 或是一个实数,或是另一个厄密算符。定义两个新的算符:

$$\alpha = A - \langle A \rangle ; \beta = B - \langle B \rangle \tag{1.191}$$

由于 A、B 是厄密算符,显然 α、β 也是厄密算符。容易证明,α 和 β 的对易关系与 A 和 B 的对易关系相同:

$$[\alpha, \beta] = iC \tag{1.192}$$

$(\Delta \alpha)^2$ 和 $(\Delta \beta)^2$ 的定义与 $(\Delta A)^2$、$(\Delta B)^2$ 相同,可以得到:

$$\begin{cases} (\Delta \alpha)^2 = \langle \psi | (\alpha^2 - \langle \alpha \rangle^2) | \psi \rangle = \langle \psi | \alpha^2 | \psi \rangle = (\Delta A)^2 \\ (\Delta \beta)^2 = \langle \psi | (\beta^2 - \langle \beta \rangle^2) | \psi \rangle = \langle \psi | \beta^2 | \psi \rangle = (\Delta B)^2 \end{cases} \tag{1.193}$$

因此,乘积 $(\Delta A)^2 (\Delta B)^2$ 给出为

$$(\Delta A)^2(\Delta B)^2 = \langle\psi|\alpha^2|\psi\rangle\langle\psi|\beta^2|\psi\rangle \tag{1.194}$$

根据柯西-施瓦兹不等式,对于任意两个矢量$|\varphi\rangle$和$|\chi\rangle$,下列关系成立:

$$|\langle\varphi|\chi\rangle|^2 \leq \langle\varphi|\varphi\rangle\langle\chi|\chi\rangle \tag{1.195}$$

仅当两个矢量$|\varphi\rangle$和$|\chi\rangle$彼此成正比(线性相关)时,等式才成立。

设$|\varphi\rangle = \alpha|\psi\rangle$,$|\chi\rangle = \beta|\psi\rangle$,因为$\alpha$和$\beta$是厄密算符,有

$$\begin{cases} \langle\varphi|\varphi\rangle = \langle\psi|\alpha^\dagger\alpha|\psi\rangle = \langle\psi|\alpha^2|\psi\rangle \\ \langle\chi|\chi\rangle = \langle\psi|\beta^\dagger\beta|\psi\rangle = \langle\psi|\beta^2|\psi\rangle \\ \langle\varphi|\chi\rangle = \langle\psi|\alpha\beta|\psi\rangle \end{cases} \tag{1.196}$$

由式(1.194)、式(1.195)和式(1.196),形成不等式:

$$(\Delta A)^2(\Delta B)^2 \geq |\langle\psi|\alpha\beta|\psi\rangle|^2 \tag{1.197}$$

由式(1.192),有

$$\alpha\beta \equiv \frac{1}{2}(\alpha\beta + \beta\alpha) + \frac{1}{2}(\alpha\beta - \beta\alpha) = \frac{1}{2}(\alpha\beta + \beta\alpha) + \frac{1}{2}\mathrm{i}C \tag{1.198}$$

因而,$\alpha\beta$的系综平均的幅值的平方变为

$$|\langle\psi|\alpha\beta|\psi\rangle|^2 = \frac{1}{4}|\langle\psi|(\alpha\beta+\beta\alpha)|\psi\rangle + \mathrm{i}\langle\psi|C|\psi\rangle|^2 \tag{1.199}$$

又由于$\alpha\beta + \beta\alpha$和$C$是厄密算符,它们的期望值是实数,得到:

$$|\langle\psi|\alpha\beta|\psi\rangle|^2 = \frac{1}{4}[\langle\psi|(\alpha\beta+\beta\alpha)|\psi\rangle]^2 + \frac{1}{4}[\langle\psi|C|\psi\rangle]^2 \tag{1.200}$$

这样,式(1.197)变为

$$(\Delta A)^2(\Delta B)^2 \geq \frac{1}{4}[\langle\psi|(\alpha\beta+\beta\alpha)|\psi\rangle]^2 + \frac{1}{4}[\langle\psi|C|\psi\rangle]^2 \tag{1.201}$$

省略式(1.201)等号右边的一个正项,更有

$$(\Delta A)^2(\Delta B)^2 \geq \frac{1}{4}[\langle\psi|C|\psi\rangle]^2 \tag{1.202}$$

或最终为

$$\Delta A \cdot \Delta B \geq \frac{1}{2}|\langle\psi|C|\psi\rangle| \tag{1.203}$$

式(1.203)是著名的海森堡不确定性原理。对应任何两个非对易算符的测量服从海森堡不确定性原理。

海森堡不确定性原理意味着:每一个物理系统都由态矢量$|\psi\rangle$描述,这个态矢量代表以相同的方式制备的系统的一个统计系综;如果在态矢量$|\psi\rangle$描述的系综上测量A这个量,可以计算出A的期望值或其均方根偏差ΔA;还可以用测量B代替测量A,得到B的均方根偏差ΔB;A和B的均方根偏差的乘积$\Delta A \cdot \Delta B$必定满足式(1.203)。

海森堡不确定性原理是量子力学的核心概念之一。海森堡不确定性原理表明,非对易的可观测量 A 和 B 的独立测量的标准偏差将受到限制。这一限制并不依赖于任何特定的测量,它反映的是给定态矢量 $|\psi\rangle$ 自身的不确定性[5]。这种限制在宏观领域可以忽略,但在微观尺度上却具有决定性的意义。

1.3 光场的量子化

1.3.1 单模辐射场的量子化:谐振子模型

考虑体积 V 中单色平面波的真空电磁模式,假定该模式沿 x 方向偏振、沿 z 方向传播,电场 $E(z,t)$ 满足标量波动方程:

$$\frac{\partial^2 E(z,t)}{\partial z^2} - \frac{1}{c^2}\frac{\partial^2 E(z,t)}{\partial t^2} = 0 \tag{1.204}$$

式中: $c = 1/\sqrt{\varepsilon_0 \mu_0}$ 为真空中的光速, ε_0 和 μ_0 分别为真空中的介电常数和磁导率。式(1.204)的指数解可以表示为

$$E(z,t) = E_x e^{-\mathrm{i}(k_z z - 2\pi \nu t)} \tag{1.205}$$

式中: E_x 是场的复振幅(含初始相位); k_z 是 z 向波矢分量: $k_z = 2\pi/\lambda = 2\pi\nu/c$; ν 是单色平面波的光频率, $\nu = \omega/2\pi$; ω 是场的角(圆)频率。

根据经典电磁场理论,该模式的电场能量给定为 $\varepsilon_0|E_x|^2 V/2$, V 为模式体积。定义一个复数变量 a,使之满足:

$$\frac{1}{2}\varepsilon_0|E_x|^2 V = h\nu|a|^2 \tag{1.206}$$

式中: h 是普朗克常数。这样, $|a|^2$ 可以解释为模式的能量,单位为光子数。电场 $E(z,t)$ 于是可以写成:

$$E(z,t) = \left(\frac{2h\nu}{\varepsilon_0 V}\right)^{1/2} a \cdot e^{-\mathrm{i}(k_z z - \omega t)} \tag{1.207}$$

式中:复数变量 a 决定了场的复振幅。

如图 1.1 所示,在经典电磁理论中, $a \cdot e^{\mathrm{i}\omega t}$ 是一个(逆时针)旋转相矢,其在实轴 $\mathrm{Re}\{a \cdot e^{\mathrm{i}\omega t}\}$ 上的投影形成一个随时间余弦变化的电场。从数学描述来看,这个单色经典电磁模式和经典谐振子的行为相同。因此,谐振子的量子力学处理也适用于电磁波。将电磁场模式按谐振子进行量子化,就实现了电磁场的量子化。

最简单的谐振子模型是附着在弹簧上的质量块。弹簧提供了一个回复力 Kx,正比于质量块离开其平衡位置的距离(位置坐标) x。谐振子的经典方程可以表示为

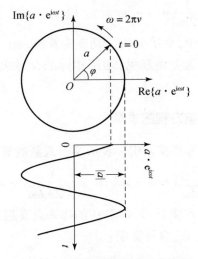

图 1.1 经典单色平面波的相矢图

$$m\ddot{x} + Kx = 0 \tag{1.208}$$

众所周知,其解为

$$x = x_0 e^{i\omega t} = |x_0| e^{i\varphi} e^{i\omega t} \tag{1.209}$$

式中:x_0 是一个复数,与振荡的振幅 $|x_0|$ 和初始相位 φ 有关。角频率(或圆频率)ω 给出为

$$\omega = \sqrt{\frac{K}{m}} \tag{1.210}$$

质量块的势能为 $Kx^2/2$,动能为 $m\dot{x}^2/2$。根据经典分析力学,拉格朗日函数是动能和势能之差:

$$L = \frac{1}{2}m\dot{x}^2 - \frac{1}{2}Kx^2 \tag{1.211}$$

正如所料,动量 $p = m\dot{x}$ 与坐标 x 正则共轭,可以写为

$$p = \frac{\partial L}{\partial \dot{x}} = m\dot{x} \tag{1.212}$$

哈密顿算符 H 现在可以写成:

$$H = \frac{1}{2}m\dot{x}^2 + \frac{1}{2}Kx^2 = \frac{1}{2m}p^2 + \frac{1}{2}m\omega^2 x^2 = \frac{1}{2m}(p^2 + m^2\omega^2 x^2) \tag{1.213}$$

能量本征值方程为

$$H|E\rangle = E|E\rangle \tag{1.214}$$

用 m 和 ω 表示 K,可以写出谐振子能量本征值方程:

$$\frac{1}{2m}(p^2 + m^2\omega^2 x^2)\,|E\rangle = E\,|E\rangle \qquad (1.215)$$

式(1.213)~式(1.215)中,变量 H、x、p 均变为算符。由于本书中的变量和相应算符代表相同的物理量,为方便起见,均用相同的符号表示,读者可以根据讨论的内容做出相应的区分。

1.3.2 谐振子能量本征值方程的求解

考虑一维的情形,位置算符 q 用 x 表示。引入新的算符:

$$a = \frac{1}{\sqrt{2m\hbar\omega}}(m\omega x + \mathrm{i}p)\,;\,a^\dagger = \frac{1}{\sqrt{2m\hbar\omega}}(m\omega x - \mathrm{i}p) \qquad (1.216)$$

式中:a 为湮灭算符;$a^\dagger$ 为产生算符,其名称的物理含义后面将会解释。算符 a 和 $a^\dagger$ 具有非常简单的对易关系,容易证明:

$$[a, a^\dagger] = aa^\dagger - a^\dagger a = \frac{\mathrm{i}}{\hbar}(px - xp) = 1 \qquad (1.217)$$

其中利用了式(1.145)。

a(和 $a^\dagger$)不是厄密算符,意味着不是一个可观测量。式(1.216)改写为

$$x = \sqrt{\frac{\hbar}{2m\omega}}(a^\dagger + a)\,;\,p = \mathrm{i}\sqrt{\frac{m\hbar\omega}{2}}(a^\dagger - a) \qquad (1.218)$$

代入式(1.213),得到哈密顿算符 H:

$$H = -\frac{\hbar\omega}{4}(a^\dagger - a)^2 + \frac{\hbar\omega}{4}(a^\dagger + a)^2 = \frac{1}{2}\hbar\omega(a^\dagger a + aa^\dagger) = \hbar\omega\left(a^\dagger a + \frac{1}{2}\right)$$

$$(1.219)$$

其中利用了式(1.217)。将式(1.219)代入谐振子能量本征值方程式(1.214),得到:

$$\hbar\omega\left(a^\dagger a + \frac{1}{2}\right)|E\rangle = E\,|E\rangle \qquad (1.220)$$

为了得到可能的能量本征值和本征矢,从一个特殊的本征值 E' 和本征矢 $|E'\rangle$ 着手。式(1.214)两侧左乘 a:

$$aH\,|E'\rangle = E'a\,|E'\rangle \qquad (1.221)$$

由 $[a, a^\dagger] = aa^\dagger - a^\dagger a = 1$,得到:

$$aH - Ha = \hbar\omega\left[\left(aa^\dagger a + \frac{1}{2}a\right) - \left(a^\dagger aa + \frac{1}{2}a\right)\right] = \hbar\omega a \qquad (1.222)$$

则

$$aH = Ha + \hbar\omega a \qquad (1.223)$$

将式(1.223)代入式(1.221),得到:

$$H(a|E'\rangle) = (E' - \hbar\omega)(a|E'\rangle) \tag{1.224}$$

如果$|E'\rangle$是H的一个本征矢,则$a|E'\rangle$也是H的一个本征矢,本征值为$E' - \hbar\omega$。将式(1.224)两侧左乘a:

$$aH(a|E'\rangle) = a(E' - \hbar\omega)(a|E'\rangle) = (E' - \hbar\omega)(a^2|E'\rangle) \tag{1.225}$$

再次应用式(1.223),这导致:

$$\begin{cases} H(a^2|E'\rangle) = (E' - 2\hbar\omega)(a^2|E'\rangle) \\ \quad\quad\quad \vdots \\ H(a^n|E'\rangle) = (E' - n\hbar\omega)(a^n|E'\rangle) \end{cases} \tag{1.226}$$

我们发现,$a^n|E'\rangle$是H的一个本征矢,本征值为$E' - n\hbar\omega$。在H的一个本征矢上施加算符a产生一个新的本征矢,其本征值减小了$\hbar\omega$。如果初始值E'大于零,并重复这个过程,势必得到负的本征值。由式(1.214),我们又有

$$\langle E|H|E\rangle = \hbar\omega\left(\langle E|a^\dagger a|E\rangle + \frac{1}{2}\langle E|E\rangle\right) = E\langle E|E\rangle \tag{1.227}$$

根据式(1.11)的量子力学假设,表达式$\langle E|E\rangle$是矢量$|E\rangle$的尺度,并假定$\langle E|E\rangle \geq 0$。通过采用表象$|q\rangle$和单位算符可以看到这个假设是正确的:

$$\langle E|E\rangle = \int \langle E|q\rangle\langle q|E\rangle \mathrm{d}q = \int |\langle q|E\rangle|^2 \mathrm{d}q \geq 0 \tag{1.228}$$

这证明谐振子的能量本征值E不能为负。当然,对$|E\rangle$应用算符a越来越降低了本征值E'。如果存在一个本征矢$|E_0\rangle$,具有下列性质,本征值的降低只能终结:

$$a|E_0\rangle = 0 \tag{1.229}$$

一旦有一个具备上述性质的矢量,应用算符a就不再产生附加的本征矢,式(1.229)意味着:

$$a^n|E_0\rangle = 0 \tag{1.230}$$

这个最低本征矢的本征值E_0可通过将$E = E_0$和$|E\rangle = |E_0\rangle$代入式(1.227)并利用式(1.229)得到:

$$E_0 = \frac{1}{2}\hbar\omega \tag{1.231}$$

再考察算符$a^\dagger$作用于$|E'\rangle$的效果,式(1.214)两侧左乘$a^\dagger$:

$$a^\dagger H|E'\rangle = E'a^\dagger|E'\rangle \tag{1.232}$$

由$[a, a^\dagger] = aa^\dagger - a^\dagger a = 1$,得到:

$$a^\dagger H - Ha^\dagger = \hbar\omega\left[\left(a^\dagger a^\dagger a + \frac{1}{2}a^\dagger\right) - \left(a^\dagger a a^\dagger + \frac{1}{2}a^\dagger\right)\right] = -\hbar\omega a^\dagger \tag{1.233}$$

将式(1.233)代入式(1.232),得到:

$$H(a^\dagger|E'\rangle) = (E' + \hbar\omega)(a^\dagger|E'\rangle) \tag{1.234}$$

这证明 $a^\dagger|E'\rangle$ 是 H 的本征矢,本征值为 $E'+\hbar\omega$。

重复式(1.232)的左乘 $a^\dagger$,再次应用式(1.233),这导致:

$$\begin{cases} H(a^{\dagger 2}|E'\rangle) = (E'+2\hbar\omega)(a^{\dagger 2}|E'\rangle) \\ \vdots \\ H(a^{\dagger n}|E'\rangle) = (E'+n\hbar\omega)(a^{\dagger n}|E'\rangle) \end{cases} \quad (1.235)$$

我们发现,$a^{\dagger n}|E'\rangle$ 是 H 的一个本征值为 $E'+n\hbar\omega$ 的本征矢。从最低的本征矢 $|E_0\rangle$ 着手,令 $E'=E_0$,则 $a^{\dagger n}|E_0\rangle$ 是 H 的一个本征值为 $E_0+n\hbar\omega$ 的本征矢。令

$$|E_n\rangle = a^{\dagger n}|E_0\rangle \quad (1.236)$$

则

$$H|E_n\rangle = E_n|E_n\rangle = H(a^{\dagger n}|E_0\rangle) = (E_0+n\hbar\omega)|E_n\rangle \quad (1.237)$$

因此有

$$E_n = E_0 + n\hbar\omega = \hbar\omega\left(n+\frac{1}{2}\right) \quad (1.238)$$

图1.2给出了频率为 ω 的谐波子的能量本征值(能级)E_n[6]。上述逻辑处理得到的 H 的本征值集合只能是 $\{E_n\}$,不可能有其他的本征值和本征矢。

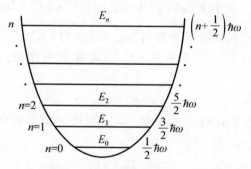

图1.2 频率为 ω 的谐波子的能量本征值(能级)E_n

本征矢 $|E_n\rangle$ 还没有归一化。我们假定 $\langle E_0|E_0\rangle = 1$,并设

$$|E_n\rangle = A_n a^{\dagger n}|E_0\rangle \quad (1.239)$$

归一化常数 A_n 可以由下列条件决定:

$$\langle E_n|E_n\rangle = 1 \quad (1.240)$$

因而有

$$\langle E_n|E_n\rangle = A_n^2\langle E_0|a^n a^{\dagger n}|E_0\rangle \quad (1.241)$$

利用 $[a,a^\dagger]=1$,我们发现:

$$aa^{\dagger n} = (aa^\dagger)a^{\dagger(n-1)} = a^\dagger a a^{\dagger(n-1)} + a^{\dagger(n-1)} = a^\dagger(aa^\dagger)a^{\dagger(n-2)} + a^{\dagger(n-1)}$$
$$= a^{\dagger 2}aa^{\dagger n-2} + 2a^{\dagger n-1} = \cdots = a^{\dagger n}a + na^{\dagger(n-1)} \quad (1.242)$$

所以

$$a^n a^{\dagger n} = a^{n-1}(aa^{\dagger n}) = a^{n-1}(a^{\dagger}a + na^{\dagger(n-1)})$$
$$= a^{n-1}a^{\dagger n}a + na^{n-1}a^{\dagger n-1} \tag{1.243}$$

利用式(1.229)，有

$$\langle E_0 | a^n a^{\dagger n} | E_0 \rangle = n \langle E_0 | a^{n-1} a^{\dagger n-1} | E_0 \rangle = \cdots = n! \langle E_0 | E_0 \rangle \tag{1.244}$$

因而归一化常数为

$$A_n = \frac{1}{\sqrt{n!}} \tag{1.245}$$

完全归一化的能量本征态为

$$|E_n\rangle = \frac{1}{\sqrt{n!}} a^{\dagger n} | E_0 \rangle \tag{1.246}$$

1.3.3 湮灭算符和产生算符的物理涵义

由式(1.238)的能量本征值 E_n，式(1.220)的哈密顿算符 H 的本征值方程可以表示为

$$\hbar\omega\left(a^{\dagger}a + \frac{1}{2}\right)|E_n\rangle = \hbar\omega\left(n + \frac{1}{2}\right)|E_n\rangle \tag{1.247}$$

因此可以定义一个光子数算符 $n = a^{\dagger}a$，其本征值由非负的整数 n 构成。用 $|n\rangle$ 标记与之有关的本征态，则有 $a^{\dagger}a|n\rangle = n|n\rangle$。算符 n 与 a、$a^{\dagger}$ 的对易关系为

$$\begin{cases} [a, n] = aa^{\dagger}a - a^{\dagger}aa = (a^{\dagger}a + 1)a - a^{\dagger}aa = a \\ [a^{\dagger}, n] = a^{\dagger}a^{\dagger}a - a^{\dagger}aa^{\dagger} = a^{\dagger}a^{\dagger}a - a^{\dagger}(a^{\dagger}a + 1) = -a^{\dagger} \end{cases} \tag{1.248}$$

态 $|n\rangle$ 的能量是 $E_n = n\hbar\omega$，是 n 个量子 $\hbar\omega$ 的能量。这些量子在这里也称为"光子"，因此 $|n\rangle$ 称为光子数态。光子数态又称为 Fock 态。

考虑算符 a 和 $a^{\dagger}$ 对光子数态 $|n\rangle$ 施加的作用：$a|n\rangle$ 和 $a^{\dagger}|n\rangle$。对于 $a|n\rangle$，左乘算符 n 则有

$$na|n\rangle = (a^{\dagger}a)a|n\rangle = (aa^{\dagger} - 1)a|n\rangle = (aa^{\dagger}a - a)|n\rangle$$
$$= a(a^{\dagger}a - 1)|n\rangle = a(n-1)|n\rangle = (n-1)a|n\rangle \tag{1.249}$$

式(1.249)利用了 $[a, a^{\dagger}] = 1$。可以看出，$a|n\rangle$ 必定也是算符 n 一个本征态，其本征值为 $n-1$。另一方面，算符 n 的本征值为 $n-1$ 的本征态又可以写成 $|n-1\rangle$。根据量子力学的基本假设，在不考虑简并的情况下，一个本征值只对应一个本征态。因而，$a|n\rangle$ 和 $|n-1\rangle$ 是算符 n 的同一个本征态，两者之间只能存在一个系数。可以设：$a|n\rangle = c_n|n-1\rangle$，其中，$c_n$ 是一个待确定的常数。则 $a|n\rangle$ 与自身的内积为

$$(\langle n|a^\dagger)(a|n\rangle) = \langle n|a^\dagger a|n\rangle = n = \langle n-1|c_n^* c_n|n-1\rangle = |c_n|^2 \tag{1.250}$$

因而 $|c_n|^2 = n$,所以我们可以取 $c_n = \sqrt{n}$,得到:

$$a|n\rangle = \sqrt{n}|n-1\rangle \tag{1.251}$$

同理,对于 $a^\dagger|n\rangle$,可以证明:

$$a^\dagger|n\rangle = \sqrt{n+1}|n+1\rangle \tag{1.252}$$

算符 a 作用于光子数态的效果是移走一个光子,称为光子"湮灭算符",而 $a^\dagger$ 作用于光子数态的效果是产生一个光子,称为光子"产生算符"。这是算符 a、$a^\dagger$ 名称的由来和物理涵义。通过重复施加产生算符,所有的光子数态都可以由基态(真空态)$|0\rangle$ 产生:

$$|n\rangle = \frac{a^\dagger}{\sqrt{n}}|n-1\rangle = \frac{a^{\dagger 2}}{\sqrt{n}\sqrt{n-1}}|n-2\rangle = \cdots = \frac{a^{\dagger n}}{\sqrt{n!}}|0\rangle \tag{1.253}$$

1.3.4 湮灭算符和产生算符表示的量子化光场

真空中的麦克斯韦方程可以表示为

$$\begin{cases} \nabla \cdot \boldsymbol{H} = 0; \nabla \cdot \boldsymbol{E} = 0 \\ \nabla \times \boldsymbol{H} = \varepsilon_0 \frac{\partial \boldsymbol{E}}{\partial t}; \nabla \times \boldsymbol{E} = -\mu_0 \frac{\partial \boldsymbol{H}}{\partial t} \end{cases} \tag{1.254}$$

由于 $\boldsymbol{H}$ 由矢量势 $\boldsymbol{A}$ 导出:

$$\boldsymbol{H} = \frac{1}{\mu_0}\nabla \times \boldsymbol{A} \tag{1.255}$$

将式(1.255)代入式(1.254),有

$$\nabla \times \left(\boldsymbol{E} + \frac{\partial \boldsymbol{A}}{\partial t}\right) = 0 \tag{1.256}$$

然后,定义一个标量势 V:

$$\boldsymbol{E} + \frac{\partial \boldsymbol{A}}{\partial t} = -\operatorname{grad} V \text{ 或 } \boldsymbol{E} = -\operatorname{grad} V - \frac{\partial \boldsymbol{A}}{\partial t} \tag{1.257}$$

则式(1.256)变为:$\nabla \times (\operatorname{grad} V) = 0$。可以证明,在式(1.258)变换下,$\boldsymbol{E}$ 和 $\boldsymbol{H}$ 不发生变化:

$$\begin{cases} \boldsymbol{A}(\boldsymbol{r},t) \to \boldsymbol{A}(\boldsymbol{r},t) + \nabla F(\boldsymbol{r},t) \\ V(\boldsymbol{r},t) \to V(\boldsymbol{r},t) - \frac{\partial F(\boldsymbol{r},t)}{\partial t} \end{cases} \tag{1.258}$$

式中:$F(\boldsymbol{r},t)$ 是空间坐标和时间的任意函数。因为

$$\boldsymbol{H} = \frac{1}{\mu_0}\nabla \times [\boldsymbol{A}(\boldsymbol{r},t) + \nabla F(\boldsymbol{r},t)] = \frac{1}{\mu_0}\nabla \times \boldsymbol{A} + \frac{1}{\mu_0}\nabla \times [\nabla F(\boldsymbol{r},t)] = \frac{1}{\mu_0}\nabla \times \boldsymbol{A}$$

$$E = -\text{grad}\left[V(\boldsymbol{r},t) - \frac{\partial F(\boldsymbol{r},t)}{\partial t}\right] - \frac{\partial}{\partial t}[\boldsymbol{A}(\boldsymbol{r},t) + \nabla F(\boldsymbol{r},t)]$$

$$= -\text{grad}V + \text{grad}\left(\frac{\partial F}{\partial t}\right) - \frac{\partial \boldsymbol{A}}{\partial t} - \nabla\left(\frac{\partial F}{\partial t}\right) = -\text{grad}V - \frac{\partial \boldsymbol{A}}{\partial t}$$

其中：

$$\nabla \times [\nabla F] = 0 ; \text{grad}\left(\frac{\partial F}{\partial t}\right) - \nabla\left(\frac{\partial F}{\partial t}\right) = 0 \tag{1.259}$$

为了消除矢量势 $\boldsymbol{A}$ 和标量势 V 的任意性，我们应选择规范条件。本文采用库仑规范，定义为：$\nabla \cdot \boldsymbol{A} = 0$。同时，设 $\text{grad}V = 0$。因而：

$$E = -\frac{\partial \boldsymbol{A}}{\partial t}$$

$$\nabla \times \boldsymbol{H} = \frac{1}{\mu_0}\nabla \times (\nabla \times \boldsymbol{A}) = \frac{1}{\mu_0}\nabla(\nabla \cdot \boldsymbol{A}) - \frac{1}{\mu_0}(\nabla \cdot \nabla)\boldsymbol{A} = \frac{1}{\mu_0}\nabla(\nabla \cdot \boldsymbol{A}) - \frac{1}{\mu_0}\nabla^2\boldsymbol{A}$$

$$= -\frac{1}{\mu_0}\nabla^2\boldsymbol{A} = \varepsilon_0\frac{\partial \boldsymbol{E}}{\partial t} = -\varepsilon_0\frac{\partial^2 \boldsymbol{A}}{\partial t^2}$$

也即有

$$\nabla^2\boldsymbol{A} + \frac{1}{c^2}\frac{\partial^2 \boldsymbol{A}}{\partial t^2} = 0 \tag{1.260}$$

为简单起见，考虑尺寸为 $L(0 \leqslant x,y,z \leqslant L)$ 的腔并施加周期性条件，式(1.260)的解给出为

$$\boldsymbol{A}(\boldsymbol{r},t) = \boldsymbol{A}_0 e^{i(\boldsymbol{k} \cdot \boldsymbol{r} - \omega t)} ; \boldsymbol{k} \equiv (k_x, k_y, k_z) = \frac{2\pi}{\lambda}(n_x, n_y, n_z) \tag{1.261}$$

式中：$n_x \text{、} n_y \text{、} n_z$ 是与腔内模式有关的任意整数。角频率 ω 与波矢 $\boldsymbol{k}$ 的关系为 $\omega = c|\boldsymbol{k}| = ck$。由库仑规范 $\nabla \cdot \boldsymbol{A} = 0$ 可以得到 $\boldsymbol{A}_0 \cdot \boldsymbol{k} = 0$，矢量势 $\boldsymbol{A}$ 是一个横波。通过定义平行于偏振方向的单位矢量 $\boldsymbol{u}$，可以写成 $\boldsymbol{A} = A_0\boldsymbol{u}$，$\boldsymbol{E}$ 和 $\boldsymbol{H}$ 可以表示为

$$\begin{cases} \boldsymbol{E} = -\frac{\partial \boldsymbol{A}}{\partial t} = i\omega A_0 \boldsymbol{u} e^{i(\boldsymbol{k} \cdot \boldsymbol{r} - \omega t)} = i\omega \boldsymbol{A} \\ \boldsymbol{H} = \frac{1}{\mu_0}\nabla \times \boldsymbol{A} = i\frac{1}{\mu_0}A_0[\boldsymbol{k} \times \boldsymbol{u}]e^{i(\boldsymbol{k} \cdot \boldsymbol{r} - \omega t)} = i\frac{1}{\mu_0}[\boldsymbol{k} \times \boldsymbol{u}]\boldsymbol{A} \end{cases} \tag{1.262}$$

一般情形下，矢量势 $\boldsymbol{A}$ 是式(1.261)给出的单个模式的叠加，为使可观测量 $\boldsymbol{E}$ 和 $\boldsymbol{H}$ 取实数，$\boldsymbol{A}(\boldsymbol{r},t)$ 表示为[7]

$$\boldsymbol{A}(\boldsymbol{r},t) = \frac{1}{\sqrt{V}}\sum_{\boldsymbol{k}}\sum_{\gamma=1}^{2}\boldsymbol{u}_{\boldsymbol{k},\gamma}[q_{\boldsymbol{k},\gamma}(t)e^{i\boldsymbol{k} \cdot \boldsymbol{r}} + q_{\boldsymbol{k},\gamma}^{*}(t)e^{-i\boldsymbol{k} \cdot \boldsymbol{r}}] \tag{1.263}$$

式中：$V = L^3$ 为腔的体积；$\gamma = 1,2$ 表示两个独立的偏振方向，时间相关性均包含在 $q_{\boldsymbol{k},\gamma}(t)$ 中。如果用波长 λ 表示 $(\boldsymbol{k},\gamma)$ 对应的模式，式(1.263)还可以表示为

$$A_\lambda(r,t) = u_\lambda \frac{1}{\sqrt{V}}[q_\lambda e^{ik\cdot r} + q_\lambda^* e^{-ik\cdot r}] \qquad (1.264)$$

或

$$A(r,t) = \sum_\lambda u_\lambda \frac{1}{\sqrt{V}}[q_\lambda e^{ik\cdot r} + q_\lambda^* e^{-ik\cdot r}] \qquad (1.265)$$

相应的电场可以表示为

$$E = -\frac{\partial A}{\partial t} = i\omega_\lambda \sum_\lambda u_\lambda \frac{1}{\sqrt{V}}[q_\lambda e^{ik\cdot r} - q_\lambda^* e^{-ik\cdot r}] \qquad (1.266)$$

电磁场的能量密度 $U(r,t)$ 给出为

$$\begin{aligned} U(r,t) &= \frac{1}{2}\sum_\lambda(\varepsilon_0 |E_\lambda|^2 + \mu_0 |H_\lambda|^2) \\ &= \frac{1}{2}\sum_\lambda\left(\varepsilon_0 \omega_\lambda^2 |A_\lambda|^2 + \frac{k_\lambda^2}{\mu_0}|A_\lambda|^2\right) \\ &= \sum_\lambda \varepsilon_0 \omega_\lambda^2 |A_\lambda|^2 \end{aligned} \qquad (1.267)$$

因而,腔 V 内电磁场的能量记为

$$H = \int U(r,t)\mathrm{d}V = 2\varepsilon_0 \sum_\lambda \omega_\lambda^2 (q_\lambda^* q_\lambda) \qquad (1.268)$$

利用实数变量 Q_λ 取代 q_λ、q_λ^*,则有

$$\begin{cases} Q_\lambda = q_\lambda(t) + q_\lambda^*(t) \\ \dot{Q}_\lambda = -i\omega_\lambda q_\lambda(t) + i\omega_\lambda q_\lambda^*(t) \end{cases} \Rightarrow \begin{cases} q_\lambda(t) = \frac{1}{2}\left(Q_\lambda + \frac{i}{\omega_\lambda}\dot{Q}_\lambda\right) \\ q_\lambda^*(t) = \frac{1}{2}\left(Q_\lambda - \frac{i}{\omega_\lambda}\dot{Q}_\lambda\right) \end{cases} \qquad (1.269)$$

H 可以表示为

$$H = \frac{\varepsilon_0}{2}\sum_\lambda(\dot{Q}_\lambda^2 + \omega_\lambda^2 Q_\lambda^2) \qquad (1.270)$$

将 Q_λ 视为广义位置坐标,引入广义动量 $P_\lambda = \varepsilon_0 \dot{Q}_\lambda$,则 H 变为

$$H = \frac{\varepsilon_0}{2}\sum_\lambda\left(\frac{P_\lambda^2}{\varepsilon_0^2} + \omega_\lambda^2 Q_\lambda^2\right) = \frac{1}{2}\sum_\lambda\left(\frac{P_\lambda^2}{\varepsilon_0} + \varepsilon_0 \omega_\lambda^2 Q_\lambda^2\right) \qquad (1.271)$$

由于

$$\dot{P}_\lambda = \varepsilon_0 \ddot{Q}_\lambda = -\varepsilon_0 \omega_\lambda^2 q_\lambda(t) - \varepsilon_0 \omega_\lambda^2 q_\lambda^*(t) = -\varepsilon_0 \omega_\lambda^2 Q_\lambda \qquad (1.272)$$

Q_λ 和 P_λ 满足广义动量和坐标的正则运动方程:

$$\frac{\partial H}{\partial P_\lambda} = \frac{P_\lambda}{\varepsilon_0} = \frac{\varepsilon_0 \dot{Q}_\lambda}{\varepsilon_0} = \dot{Q}_\lambda \,;\quad -\frac{\partial H}{\partial Q_\lambda} = -\varepsilon_0 \omega_\lambda^2 Q_\lambda = \dot{P}_\lambda \qquad (1.273)$$

为了使式(1.271)哈密顿函数化为哈密顿算符,我们用关于正则共轭坐标 Q_λ 的微分算符取代动量 P_λ:

$$P_\lambda = -i\hbar \frac{\partial}{\partial Q_\lambda} \quad (1.274)$$

则哈密顿算符具有下列形式:

$$H = \sum_\lambda \left(-\frac{\hbar^2}{2\varepsilon_0} \frac{\partial^2}{\partial Q_\lambda^2} + \frac{\varepsilon_0}{2}\omega_\lambda^2 Q_\lambda^2 \right) \quad (1.275)$$

这个形式与谐振子的哈密顿算符相同,其本征能量值给出为

$$E_{\{n_\lambda\}} = \sum_\lambda \hbar\omega_\lambda \left(n_\lambda + \frac{1}{2} \right) \quad (1.276)$$

式中:$n_\lambda = 0、1、2、\cdots$,$\{n_\lambda\}$ 表示所有模式上的光子数分布。

参照式(1.216)定义湮灭算符 a_λ 和产生算符 $a_\lambda^\dagger$:

$$a_\lambda = \frac{1}{\sqrt{2\varepsilon_0 \hbar\omega_\lambda}}(\varepsilon_0 \omega_\lambda Q_\lambda + iP_\lambda); a_\lambda^\dagger = \frac{1}{\sqrt{2\varepsilon_0 \hbar\omega_\lambda}}(\varepsilon_0 \omega_\lambda Q_\lambda - iP_\lambda) \quad (1.277)$$

或者

$$Q_\lambda = \sqrt{\frac{\hbar}{2\varepsilon_0 \omega_\lambda}}(a_\lambda + a_\lambda^\dagger); P_\lambda = -i\sqrt{\frac{\varepsilon_0 \hbar\omega_\lambda}{2}}(a_\lambda - a_\lambda^\dagger) \quad (1.278)$$

Q_λ 和 P_λ 显然满足对易关系:$[Q_\lambda, P_\lambda] = i\hbar$。

哈密顿算符 H 可以用湮灭算符 a_λ 和产生算符 $a_\lambda^\dagger$ 表示为

$$H = \sum_\lambda \hbar\omega_\lambda \left(a_\lambda^\dagger a_\lambda + \frac{1}{2} \right) \quad (1.279)$$

由式(1.278),得到:

$$\dot{Q}_\lambda = \frac{P_\lambda}{\varepsilon_0} = -i\sqrt{\frac{\hbar\omega_\lambda}{2\varepsilon_0}}(a_\lambda - a_\lambda^\dagger) \quad (1.280)$$

所以

$$\begin{cases} q_\lambda(t) = \frac{1}{2}\left(Q_\lambda + \frac{i}{\omega_\lambda}\dot{Q}_\lambda \right) = \sqrt{\frac{\hbar}{2\varepsilon_0 \omega_\lambda}} a_\lambda \\ q_\lambda^*(t) = \frac{1}{2}\left(Q_\lambda - \frac{i}{\omega_\lambda}\dot{Q}_\lambda \right) = \sqrt{\frac{\hbar}{2\varepsilon_0 \omega_\lambda}} a_\lambda^\dagger \end{cases} \quad (1.281)$$

由式(1.266),实数电场 E 作为场算符 E 用湮灭算符 a_λ 和产生算符 $a_\lambda^\dagger$ 表示为

$$E = \frac{i}{\sqrt{2V}} \sum_\lambda \sqrt{\frac{\hbar\omega_\lambda}{\varepsilon_0}} u_\lambda [e^{ik\cdot r} a_\lambda - e^{-ik\cdot r} a_\lambda^\dagger] \quad (1.282)$$

式(1.282)是与式(1.266)的实数场 E 对应的场算符 E,E 还可表示为 $E = E^+ + E^-$,其中 E^+ 和 E^- 与复数经典场 E 及其复数共轭 E^* 对应:

$$E^+ = \frac{\mathrm{i}}{\sqrt{2V}} \sum_\lambda \sqrt{\frac{\hbar\omega_\lambda}{\varepsilon_0}} u_\lambda \mathrm{e}^{\mathrm{i}k\cdot r} a_\lambda ; E^- = -\frac{\mathrm{i}}{\sqrt{2V}} \sum_\lambda \sqrt{\frac{\hbar\omega_\lambda}{\varepsilon_0}} u_\lambda \mathrm{e}^{-\mathrm{i}k\cdot r} a_\lambda^\dagger \quad (1.283)$$

考虑单模光场,将场的时间相关性从算符中提取出,式(1.283)变为

$$E^+ = \frac{\mathrm{i}}{\sqrt{2V}} \sqrt{\frac{\hbar\omega}{\varepsilon_0}} \mathrm{e}^{\mathrm{i}(k\cdot r - \omega t)} a ; E^- = -\frac{\mathrm{i}}{\sqrt{2V}} \sqrt{\frac{\hbar\omega}{\varepsilon_0}} \mathrm{e}^{-\mathrm{i}(k\cdot r - \omega t)} a^\dagger \quad (1.284)$$

式中

$$a = \frac{1}{\sqrt{2\varepsilon_0 \hbar\omega}} (\varepsilon_0 \omega Q + \mathrm{i}P) ; a^\dagger = \frac{1}{\sqrt{2\varepsilon_0 \hbar\omega}} (\varepsilon_0 \omega Q - \mathrm{i}P) \quad (1.285)$$

参考文献

[1] DIRAC P A M. The principles of quantum mechanics [M]. London: Oxford University Press, 1958.

[2] ANDERSON B P. Field guide to quantum mechanics [M]. Washington: SPIE Press, 2019.

[3] MARCUSE M. Principles of quantum electronics [M]. New York: Academic Press, 1980.

[4] LOUISELL W H. Quantum statistical properties of radiation [M]. New York: John Wiley & Sons, INC., 1990.

[5] 曾谨言. 量子力学卷 I [M]. 北京: 科学出版社, 2018.

[6] GERRY C C, KNIGHT P L. Introductory quantum optics [M]. New York: Cambridge University Press, 2005.

[7] HANAMURA E, KAWABE Y, YAMANAKA A. Quantum nonlinear optics [M]. Berlin: Springer, 2007.

第 2 章　光量子态

如第 1 章所述，在量子光学中，物理系统的状态用态矢量表示。本章介绍两类在量子干涉测量中广泛应用并具有实际物理意义的光量子态：相干态和压缩态。相干态即激光辐射对应的光量子态，是一种经典态；而压缩态通常由非线性光学过程产生，是一种非经典态，其非经典性体现在输出光子之间存在纠缠，在干涉测量中呈现德布罗意波，可以实现量子增强的干涉测量，达到海森堡极限的相位检测灵敏度。而相干态在量子干涉测量实验中，通常作为一个经典态基准，用来比较其他非经典态可能实现的量子增强程度。

2.1　相干态

2.1.1　相干态的定义及其光子数态表征

用湮灭算符 a 和产生算符 $a^\dagger$ 表征的光场是实数场。当用复数场 E 表示场算符 E 时，由式(1.284)，单模复数场的场算符 E 可以直接用湮灭算符 a 表征：

$$E = \frac{\mathrm{i}}{\sqrt{2V}}\sqrt{\frac{\hbar\omega}{\varepsilon_0}}\mathrm{e}^{\mathrm{i}(k\cdot r-\omega t)}a \tag{2.1}$$

因此，光场的量子态可以定义为湮灭算符 a 的本征态，称为相干态。众所周知，湮灭算符 a 不是一个厄密算符，这意味着光场算符 a 不是一个可观测量。历史上，Glauber 首先对相干态进行了量子光学描述，进而建立了光学相干的量子理论，奠定了量子光学的基础，因此相干态有时也称为 Glauber 态[1]。

相干态用 $|\alpha\rangle$ 表示，本征值方程为

$$a|\alpha\rangle = \alpha|\alpha\rangle \tag{2.2}$$

式中：α 对应光场的复数振幅，因而相干态的本征值是任意复数。

需要指出的是，相干态不是产生算符 $a^\dagger$ 的本征态。这很容易证明：对于任意一个相干态 $|\beta\rangle$，假定存在 $a^\dagger|\beta\rangle=\beta|\beta\rangle$，考虑标量积结果 $\langle n|a^{\dagger(n+1)}|\beta\rangle = \beta^{n+1}\langle n|\beta\rangle$ 和 $\langle n|a^{\dagger(n+1)}|\beta\rangle = \sqrt{n!}\langle 0|a^\dagger|\beta\rangle = 0$ 对任何光子数都成立，则必有 $\beta=0$。显然，满足 $a^\dagger|\beta\rangle=\beta|\beta\rangle$ 的 $|\beta\rangle$ 不是一个任意相干态。

光子数态$|n\rangle$是光量子态的一个正交基，相干态可以用光子数态$|n\rangle$的叠加来表征：

$$|\alpha\rangle = \sum_{n=0}^{\infty} c_n |n\rangle \qquad (2.3)$$

由式(2.2)相干态的定义，有

$$a|\alpha\rangle = \alpha|\alpha\rangle = \sum_{n=0}^{\infty} \alpha c_n |n\rangle \qquad (2.4)$$

又由式(1.251)，有

$$a|\alpha\rangle = \sum_{n=1}^{\infty} c_n \sqrt{n} |n-1\rangle \qquad (2.5)$$

比较式(2.4)和式(2.5)的$|n\rangle$的本征值(系数)，存在递推关系：

$$\alpha c_{n-1} = c_n \sqrt{n} \qquad (2.6)$$

因而：

$$c_n = \frac{\alpha}{\sqrt{n}} c_{n-1} = \frac{\alpha}{\sqrt{n}} \frac{\alpha}{\sqrt{n-1}} \cdots \frac{\alpha}{\sqrt{1}} c_0 = \frac{\alpha^n}{\sqrt{n!}} c_0 \qquad (2.7)$$

对$|\alpha\rangle$归一化，利用式(2.3)和式(2.7)，得到：

$$1 = \langle\alpha|\alpha\rangle = \sum_{n=0}^{\infty} |c_n|^2 = \sum_{n=0}^{\infty} \frac{|\alpha|^{2n}}{n!} |c_0|^2 = e^{|\alpha|^2} |c_0|^2 \qquad (2.8)$$

其中利用了：$e^x = 1 + x + x^2/2! + x^3/3! + \cdots$。因而：

$$|c_0|^2 = e^{-|\alpha|^2} \text{ 或取 } c_0 = e^{-\frac{|\alpha|^2}{2}} \qquad (2.9)$$

由上面的推导，相干态$|\alpha\rangle$可以用光子数表征为

$$|\alpha\rangle = e^{-\frac{|\alpha|^2}{2}} \sum_{n=0}^{\infty} \frac{\alpha^n}{\sqrt{n!}} |n\rangle \qquad (2.10)$$

2.1.2 相干态的生成和位移算符

原理上，光相干态可由一个激光器产生。通过激光材料的自发辐射放大(ASE)产生激光振荡，激光材料对应着一个真空态$|0\rangle$。理论上，这个物理过程对应一个哈密顿演变算符H_α，在相空间中表现为对真空态施加一种位移运算：

$$|\alpha\rangle = D(\alpha)|0\rangle \qquad (2.11)$$

式中：$D(\alpha)$为位移算符，是对激光辐射过程中态矢量演变的数学抽象。式(2.11)还可以写成：

$$|\alpha\rangle = e^{-\frac{|\alpha|^2}{2}} \sum_{n=0}^{\infty} \frac{(\alpha a^\dagger)^n}{n!} |0\rangle = e^{\alpha a^\dagger} e^{-\frac{|\alpha|^2}{2}} |0\rangle \qquad (2.12)$$

这里再次利用了：$e^x = 1 + x + x^2/2! + x^3/3! + \cdots$。比较式(2.11)和式(2.12)，得到：

$$D(\alpha) = e^{\alpha a^\dagger} e^{-\frac{|\alpha|^2}{2}} \tag{2.13}$$

光场的所有物理可观测量都可以用湮灭算符 a 和产生算符 $a^\dagger$ 写出。相干态的演变在海森堡图像中等效为湮灭算符 a 的演变。由于 a 和 $a^\dagger$ 不对易且满足 $[a,a^\dagger]=1$,算符 a 和 $a^\dagger$ 必然同时发生演变。因而,位移算符 $D(\alpha)$ 作为一个位移运算的演变算符应是算符 a 和 $a^\dagger$ 的函数。非对易算符的所有函数需要算符排序的规定,如光子数算符 n 是两个非对易算符 a 和 $a^\dagger$ 的乘积,n 的定义首先必须对这两个算符的排序有一个规定,即 $n=a^\dagger a$ 而不是 $aa^\dagger$,也即湮灭算符 a 从不会在产生算符 $a^\dagger$ 前面,称为正序。下面基于式(2.13)写出位移算符 $D(\alpha)$ 的正序形式。

根据 Baker-Campbell-Haussdor 定理[2],对于两个非对易算符 A、B,满足 $[A,[A,B]]=[B,[A,B]]=0$ 时,则有

$$e^{A+B} = e^A e^B e^{-[A,B]/2} = e^B e^A e^{[A,B]/2} \tag{2.14}$$

对照式(2.13),设 $A=\alpha a^\dagger$,若 $[A,B]=|\alpha|^2$,则很容易得到:$B=-\alpha^* a$。$e^{-\alpha^* a}$ 应用于光子真空态 $|0\rangle$ 导致:

$$e^{-\alpha^* a}|0\rangle = \left\{1-\alpha^* a + \frac{(\alpha^* a)^2}{2!} - \frac{(\alpha^* a)^3}{3!} + \cdots\right\}|0\rangle = |0\rangle \tag{2.15}$$

因此,位移算符 $D(\alpha)$ 的正序形式为

$$D(\alpha) = e^{\alpha a^\dagger - \alpha^* a} = e^{\alpha a^\dagger} e^{-\alpha^* a} e^{-\frac{|\alpha|^2}{2}} \tag{2.16}$$

很容易证明,$D(\alpha)$ 是一个幺正算符:$D^{-1}(\alpha)=D^\dagger(\alpha)$。

利用另一个量子力学公式[2]:

$$e^B A e^{-B} = A + [B,A] + \frac{1}{2!}[B,[B,A]] + \frac{1}{3!}[B,[B,[B,A]]] + \cdots \tag{2.17}$$

可以计算海森堡图像中场算符 a 经过位移运算后的演变 b_D:

$$b_D = D^\dagger(\alpha) a D(\alpha) = e^{-(\alpha a^\dagger - \alpha^* a)} a e^{\alpha a^\dagger - \alpha^* a}$$
$$= a - [-(\alpha a^\dagger - \alpha^* a), a] + \frac{1}{2!}[-(\alpha a^\dagger - \alpha^* a),$$
$$[-(\alpha a^\dagger - \alpha^* a), a]] + \cdots = a + \alpha \tag{2.18}$$

同理可得,$a^\dagger$ 经过位移运算后的演变 $b_D^\dagger$ 为

$$b_D^\dagger = D^\dagger(\alpha) a^\dagger D(\alpha) = e^{-(\alpha a^\dagger - \alpha^* a)} a^\dagger e^{\alpha a^\dagger - \alpha^* a} = a^\dagger + \alpha^* \tag{2.19}$$

演变后的算符 b_D、$b_D^\dagger$ 显然仍满足对易关系:

$$[b_D, b_D^\dagger] = (a+\alpha)(a^\dagger+\alpha^*) - (a^\dagger+\alpha^*)(a+\alpha) = [a,a^\dagger] = 1 \tag{2.20}$$

现在,来确定位移运算 $D(\alpha)$ 对应的哈密顿算符 H_α。施加 k 次位移运算 $D(\alpha)$,则位移算符可以表示为 $D_k = e^{(\alpha a^\dagger - \alpha^* a)k}$,当 k 为连续的实数时,表示连续施

加位移运算。在海森堡图像中,湮灭算符 a 的连续幺正演变可以表示 $b_D = D_k^\dagger a D_k$。将 b_D 对 k 求导,则有

$$\frac{db_D}{dk} = \frac{dD_k^\dagger}{dk} a D_k + D_k^\dagger a \frac{dD_k}{dk} = -(\alpha a^\dagger - \alpha^* a) D_k^\dagger a D_k + D_k^\dagger a (\alpha a^\dagger - \alpha^* a) D_k \tag{2.21}$$

考虑到 $(\alpha a^\dagger - \alpha^* a)$ 与 D_k 对易,也即 $[\alpha a^\dagger - \alpha^* a, D_k] = 0$,式(2.21)化为

$$\frac{db_D}{dk} = \frac{1}{i\hbar}[D_k^\dagger a D_k i\hbar(\alpha a^\dagger - \alpha^* a) - i\hbar(\alpha a^\dagger - \alpha^* a) D_k^\dagger a D_k]$$

$$= \frac{1}{i\hbar}[D_k^\dagger a D_k, i\hbar(\alpha a^\dagger - \alpha^* a)] = \frac{1}{i\hbar}[b_D, i\hbar(\alpha a^\dagger - \alpha^* a)] \tag{2.22}$$

对照式(1.97)的海森堡方程,位移运算 D_k 对应的哈密顿算符 H_α 应为

$$H_\alpha = i\hbar(\alpha a^\dagger - \alpha^* a) \tag{2.23}$$

式中:$\alpha a^\dagger$ 和 $\alpha^* a$ 分别对应激光辐射和吸收。可以看出,H_α 与 k 无关,即 $k=1$ 时同样成立,因此位移运算 $D(\alpha)$ 与式(2.23)的哈密顿演变算符 H_α 有对应关系,也即

$$D(\alpha) = e^{-i\frac{H_\alpha}{\hbar}k}\bigg|_{k=1} = e^{(\alpha a^\dagger - \alpha^* a)} \tag{2.24}$$

由式(2.22)海森堡方程的正规解同样可以得到式(2.18),即

$$b_D = e^{i\frac{H_\alpha}{\hbar}k} a e^{-i\frac{H_\alpha}{\hbar}k}\bigg|_{k=1} = e^{-(\alpha a^\dagger - \alpha^* a)} a e^{(\alpha a^\dagger - \alpha^* a)} = D^\dagger(\alpha) a D(\alpha) = a + \alpha \tag{2.25}$$

相干态的平均光子数 $\langle n \rangle$ 为

$$\langle n \rangle = \langle \alpha | a^\dagger a | \alpha \rangle = \langle 0 | D^\dagger(\alpha) a^\dagger a D(\alpha) | 0 \rangle$$

$$= \langle 0 | D^\dagger(\alpha) a^\dagger D(\alpha) D^\dagger(\alpha) a D(\alpha) | 0 \rangle$$

$$= \langle 0 | b_D^\dagger b_D | 0 \rangle = \langle 0 | (a^\dagger + \alpha^*)(a + \alpha) | 0 \rangle = |\alpha|^2 \tag{2.26}$$

式(2.26)诠释了相干态复数参数 α 的物理意义:$|\alpha|^2$ 即相干态的平均光子数 $\langle n \rangle$。

相干态不具有确定的光子数,测得光子数为 n 的概率分布遵循泊松统计:

$$|\langle n | \alpha \rangle|^2 = \frac{(|\alpha|^2)^n}{n!} e^{-|\alpha|^2} \tag{2.27}$$

$\alpha = 0$ 的相干态等同于 $n=0$ 的光子数态(也即真空态 $|0\rangle$)。

泊松分布的一个重要特征是,光子数的方差等于其平均光子数,也即

$$(\Delta n)^2 = \langle n^2 \rangle - \langle n \rangle^2 = \langle 0 | (b_D^\dagger b_D)^2 | 0 \rangle - \langle 0 | b_D^\dagger b_D | 0 \rangle^2$$

$$= \langle 0 | (a^\dagger + \alpha^*)(a + \alpha)(a^\dagger + \alpha^*)(a + \alpha) | 0 \rangle -$$

$$\langle 0 | (a^\dagger + \alpha^*)(a + \alpha) | 0 \rangle^2$$

$$= |\alpha|^4 \langle 0 | 0 \rangle + |\alpha|^2 \langle 0 | a a^\dagger | 0 \rangle - |\alpha|^4 = |\alpha|^2 = \langle n \rangle \tag{2.28}$$

这正是光子散粒噪声的统计特性,体现的是一种经典性。

还可以计算场算符 b_D、$b_D^\dagger$ 的统计特性 $\langle b_D \rangle$、$\langle b_D^\dagger \rangle$:

$$\langle b_D \rangle = \langle 0 | (a+\alpha) | 0 \rangle = \alpha, \langle b_D^\dagger \rangle = \langle 0 | (a^\dagger + \alpha^*) | 0 \rangle = \alpha^* \quad (2.29)$$

以及 $\langle b_D^2 \rangle$、$\langle b_D^{\dagger 2} \rangle$:

$$\langle b_D^2 \rangle = \langle 0 | (a+\alpha)(a+\alpha) | 0 \rangle = \alpha^2;$$
$$\langle b_D^{\dagger 2} \rangle = \langle 0 | (a^\dagger + \alpha^*)(a^\dagger + \alpha^*) | 0 \rangle = \alpha^{*2} \quad (2.30)$$

算符 b_D、$b_D^\dagger$ 的方差分别为

$$D_\alpha(b_D) = \langle b_D^2 \rangle - \langle b_D \rangle^2 = 0; D_\alpha(b_D^\dagger) = \langle b_D^{\dagger 2} \rangle - \langle b_D^\dagger \rangle^2 = 0 \quad (2.31)$$

场算符 b_D、$b_D^\dagger$ 的方差 $D_\alpha(b_D)$、$D_\alpha(b_D^\dagger)$ 与位移运算参数 α 无关,这一性质非常重要,同样意味着位移运算生成的相干态是一种经典光。

2.1.3 最小不确定态和真空涨落

将式(1.285)代入式(1.284),由式(1.282)可知,单模光场的算符 E 为

$$\begin{aligned}
E &= \frac{i}{2\sqrt{V\varepsilon_0}} e^{i(\boldsymbol{k}\cdot\boldsymbol{r}-\omega t)}(\varepsilon_0 \omega Q + iP) - \frac{i}{2\sqrt{V\varepsilon_0}} e^{-i(\boldsymbol{k}\cdot\boldsymbol{r}-\omega t)}(\varepsilon_0 \omega Q - iP) \\
&= \frac{1}{2\sqrt{V\varepsilon_0}} e^{i(\boldsymbol{k}\cdot\boldsymbol{r}-\omega t+\frac{\pi}{2})}(\varepsilon_0 \omega Q + iP) + \frac{1}{2\sqrt{V\varepsilon_0}} e^{-i(\boldsymbol{k}\cdot\boldsymbol{r}-\omega t+\frac{\pi}{2})}(\varepsilon_0 \omega Q - iP) \\
&= \omega\sqrt{\frac{\varepsilon_0}{V}} Q \cdot \cos\left(\boldsymbol{k}\cdot\boldsymbol{r} - \omega t + \frac{\pi}{2}\right) - \frac{1}{\sqrt{V\varepsilon_0}} P \cdot \sin\left(\boldsymbol{k}\cdot\boldsymbol{r} - \omega t + \frac{\pi}{2}\right) \\
&= X \cdot \cos\left(\boldsymbol{k}\cdot\boldsymbol{r} - \omega t + \frac{\pi}{2}\right) - Y \cdot \sin\left(\boldsymbol{k}\cdot\boldsymbol{r} - \omega t + \frac{\pi}{2}\right) \quad (2.32)
\end{aligned}$$

式中

$$X = \omega\sqrt{\frac{\varepsilon_0}{V}} Q; Y = \frac{1}{\sqrt{V\varepsilon_0}} P \quad (2.33)$$

由式(1.285),单模光场的广义坐标(位置) Q 和动量 P 分别为

$$Q = \sqrt{\frac{\hbar}{2\varepsilon_0 \omega}} (a + a^\dagger); P = \frac{1}{i}\sqrt{\frac{\varepsilon_0 \hbar \omega}{2}} (a - a^\dagger) \quad (2.34)$$

式中:Q 和 P 满足对易关系 $[Q, P] = i\hbar$。

对于用虚拟谐振子描述的单模光场,位置算符 Q 和动量算符 P 没有直接的物理含义。但光场可以按正交相位分解成两个分量:$\cos(\omega t)$ 项和 $\sin(\omega t)$ 项,分别用算符 X、Y 表示,称为90°相差算符。式(2.33)是 X、Y 两个90°相差算符与 Q、P 的对应关系。由于 Q、P 是厄密算符,90°相差算符 X、Y 必定也是厄密算符,

表明它们都是可观测量。

量子化单模光场的90°相差算符 X、Y 的对易关系满足：

$$[X,Y] = XY - YX = \frac{\omega}{V}[Q,P] = i\frac{\hbar\omega}{V} \qquad (2.35)$$

可观测量 X、Y 的标准偏差的乘积应满足式（1.203）的海森堡最小不确定性原理：

$$\Delta X \cdot \Delta Y \geq \frac{\hbar\omega}{2V} \qquad (2.36)$$

下面具体计算相干态中两个90°相差可观测量 X、Y 的不确定性乘积 $\Delta X \cdot \Delta Y$。首先计算 X、Y 两个可观测量在相干态中的平均值 $\langle X \rangle$、$\langle Y \rangle$。由式（2.33）和式（2.34），有

$$X = \sqrt{\frac{\hbar\omega}{2V}}(a + a^\dagger); \quad Y = \frac{1}{i}\sqrt{\frac{\hbar\omega}{2V}}(a - a^\dagger) \qquad (2.37)$$

或者表示为

$$a = \sqrt{\frac{V}{2\hbar\omega}}(X + iY); \quad a^\dagger = \sqrt{\frac{V}{2\hbar\omega}}(X - iY) \qquad (2.38)$$

因此，平均值 $\langle X \rangle$、$\langle Y \rangle$ 为

$$\langle \alpha | X | \alpha \rangle = \sqrt{\frac{\hbar\omega}{2V}}(\alpha + \alpha^*); \quad \langle \alpha | Y | \alpha \rangle = \frac{1}{i}\sqrt{\frac{\hbar\omega}{2V}}(\alpha - \alpha^*) \qquad (2.39)$$

而均方值 $\langle X^2 \rangle$、$\langle Y^2 \rangle$ 给出为

$$\langle \alpha | X^2 | \alpha \rangle = \frac{\hbar\omega}{2V}[(\alpha + \alpha^*)^2 + 1];$$

$$\langle \alpha | Y^2 | \alpha \rangle = \frac{\hbar\omega}{2V}[1 - (\alpha - \alpha^*)^2] \qquad (2.40)$$

这很容易得到：

$$(\Delta X)^2 = \langle \alpha | X^2 | \alpha \rangle - \langle \alpha | X | \alpha \rangle^2 = \frac{\hbar\omega}{2V};$$

$$(\Delta Y)^2 = \langle \alpha | Y^2 | \alpha \rangle - \langle \alpha | Y | \alpha \rangle^2 = \frac{\hbar\omega}{2V} \qquad (2.41)$$

也即

$$\Delta X \cdot \Delta Y = \frac{\hbar\omega}{2V} \qquad (2.42)$$

得到式（2.36）中取等号的结果，是海森堡不确定性原理的最小值。

任意相位角度 θ 的90°相差算符 X_θ、Y_θ 定义为

$$X_\theta = X\cos\theta + Y\sin\theta; \quad Y_\theta = X_{\theta + \frac{\pi}{2}} = -X\sin\theta + Y\cos\theta \qquad (2.43)$$

由式(2.38)可知，a_θ、$a_\theta^\dagger$ 相应的定义为

$$a_\theta = \sqrt{\frac{V}{2\hbar\omega}}(X_\theta + iY_\theta); a_\theta^\dagger = \sqrt{\frac{V}{2\hbar\omega}}(X_\theta - iY_\theta) \tag{2.44}$$

将式(2.43)代入式(2.44)，有

$$a_\theta = e^{-i\theta}a; a_\theta^\dagger = e^{i\theta}a^\dagger \tag{2.45}$$

进而有

$$X_\theta = \sqrt{\frac{\hbar\omega}{2V}}(a_\theta + a_\theta^\dagger); Y_\theta = \frac{1}{i}\sqrt{\frac{\hbar\omega}{2V}}(a_\theta - a_\theta^\dagger) \tag{2.46}$$

很容易证明，a_θ、$a_\theta^\dagger$ 以及 X_θ、Y_θ 的对易关系与 a、$a^\dagger$ 以及 X、Y 的对易关系相同，即

$$[a_\theta, a_\theta^\dagger] = [a, a^\dagger] = 1; [X_\theta, Y_\theta] = [X, Y] = i\frac{\hbar\omega}{V} \tag{2.47}$$

由此得到：

$$\langle \alpha | X_\theta | \alpha \rangle = \sqrt{\frac{\hbar\omega}{2V}}\langle \alpha | (e^{-i\theta}a + e^{i\theta}a^\dagger) | \alpha \rangle = \sqrt{\frac{\hbar\omega}{2V}}(\alpha e^{-i\theta} + \alpha^* e^{i\theta}) \tag{2.48}$$

同理：

$$\langle \alpha | Y_\theta | \alpha \rangle = \frac{1}{i}\sqrt{\frac{\hbar\omega}{2V}}\langle \alpha | (e^{-i\theta}a - e^{i\theta}a^\dagger) | \alpha \rangle = \frac{1}{i}\sqrt{\frac{\hbar\omega}{2V}}(\alpha e^{-i\theta} - \alpha^* e^{i\theta}) \tag{2.49}$$

再求均方值 $\langle X_\theta^2 \rangle$、$\langle Y_\theta^2 \rangle$。利用式(2.46)和式(2.45)，$\langle \alpha | X_\theta^2 | \alpha \rangle$ 给出为

$$\langle \alpha | X_\theta^2 | \alpha \rangle = \frac{\hbar\omega}{2V}\langle \alpha | (a_\theta + a_\theta^\dagger)^2 | \alpha \rangle = \frac{\hbar\omega}{2V}\langle \alpha | (e^{-i\theta}a + e^{i\theta}a^\dagger)^2 | \alpha \rangle$$

$$= \frac{\hbar\omega}{2V}\langle \alpha | (e^{-2i\theta}a^2 + e^{2i\theta}a^{\dagger 2} + aa^\dagger + a^\dagger a) | \alpha \rangle$$

$$= \frac{\hbar\omega}{2V}[(\alpha e^{-i\theta} + \alpha^* e^{i\theta})^2 + 1] \tag{2.50}$$

进而：

$$\langle \Delta X_\theta^2 \rangle = \langle \alpha | X_\theta^2 | \alpha \rangle - \langle \alpha | X_\theta | \alpha \rangle^2$$

$$= \frac{\hbar\omega}{2V}[(\alpha e^{-i\theta} + \alpha^* e^{i\theta})^2 + 1] - \left[\sqrt{\frac{\hbar\omega}{2V}}(\alpha e^{-i\theta} + \alpha^* e^{i\theta})\right]^2$$

$$= \frac{\hbar\omega}{2V} \tag{2.51}$$

同理可证：

$$\langle \Delta Y_\theta^2 \rangle = \frac{\hbar\omega}{2V} \tag{2.52}$$

任意相位角度 θ 的 90°相差算符对应物理可观测量的最小不确定性乘积为

$$\Delta X_\theta \cdot \Delta Y_\theta = \frac{\hbar\omega}{2V} \tag{2.53}$$

式(2.53)的结果与相位角度 θ 和相干态本征值 α 无关,也即在相空间,沿任何方向的一对 90°相差算符对应物理可观测量的最小不确定性乘积都是相同的。将式(2.42)和式(2.53)与式(2.36)比较,可以看出,相干态是最小不确定性态,取海森堡不确定性原理的最小值。

由式(2.38),归一化后的 90°相差物理可观测量 X_α、Y_α 及其对易关系为

$$\begin{cases} X_\alpha = \sqrt{\dfrac{V}{2\hbar\omega}} \cdot X_\theta = \dfrac{1}{2}(a_\theta + a_\theta^\dagger) ; Y_\alpha = \sqrt{\dfrac{V}{2\hbar\omega}} \cdot Y_\theta = \dfrac{1}{2i}(a_\theta - a_\theta^\dagger) \\ [X_\alpha, Y_\alpha] = \dfrac{V}{2\hbar\omega}[X_\theta, Y_\theta] = \dfrac{i}{2} \end{cases} \tag{2.54}$$

式中:X_α、Y_α 分别对应相干态本征值 α 的实部和虚部。$|\alpha\rangle$ 在相空间中如图 2.1 所示,从原点到圆心的方向表示该态矢量,相干态的各向同性不确定性可以用一个圆表示,圆的半径为

$$\Delta X_\alpha = \Delta Y_\alpha = \sqrt{\frac{V}{2\hbar\omega}}\Delta X_\theta = \sqrt{\frac{V}{2\hbar\omega}}\Delta Y_\theta = \frac{1}{2} \tag{2.55}$$

也即归一化 90°相差可观测量的最小不确定性关系为

$$\Delta X_\alpha \cdot \Delta Y_\alpha = \frac{1}{4} \tag{2.56}$$

$\alpha = 0$ 的相干态对应着真空态 $|0\rangle$。在相空间,真空态对应原点位于圆心的一个圆,由于最小不确定性与相干态本征值 α 无关,这个圆的尺寸仍满足式(2.55)。这表明真空场也存在涨落,称为真空涨落或真空噪声。在经典电磁场理论中,真空什么也没有,所以,真空涨落是电磁场量子化的结果,是一种量子噪声。由图 2.1 还可以看出,数学上,相干态 $|\alpha\rangle$ 可由真空态 $|0\rangle$ 沿某个方向的位移产生,这个过程对应着位移算符 $D(\alpha)$。

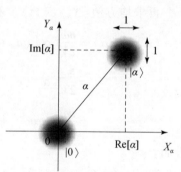

图 2.1 相空间中的相干态表示

2.1.4 相干态的非正交性和完备性

由于相干态不是厄密算符的本征态,不同的相干态彼此是不正交的。这由计算两个不同相干态 $|\alpha\rangle$ 和 $|\beta\rangle$ 的标量积可以看出:

$$\langle\beta|\alpha\rangle = e^{-\frac{|\beta|^2}{2}}e^{-\frac{|\alpha|^2}{2}}\sum_{m=0}^{\infty}\sum_{n=0}^{\infty}\frac{\alpha^n\beta^{*m}}{\sqrt{m!}\sqrt{n!}}\langle m|n\rangle = e^{-\frac{|\beta|^2}{2}}e^{-\frac{|\alpha|^2}{2}}\sum_{n=0}^{\infty}\frac{(\alpha\beta^*)^n}{n!}$$

$$= e^{-\frac{|\beta|^2}{2}-\frac{|\alpha|^2}{2}+\alpha\beta^*} = e^{\frac{1}{2}(\alpha\beta^*-\alpha^*\beta)}e^{-\frac{|\alpha-\beta|^2}{2}} \tag{2.57}$$

式(2.57)第一项 $e^{(\alpha\beta^*+\alpha^*\beta)/2}$ 是相位项,而第二项满足:

$$|\langle\beta|\alpha\rangle|^2 = e^{-|\alpha-\beta|^2} \neq 0 \tag{2.58}$$

仅当 $|\alpha-\beta|$ 很大时, $|\langle\beta|\alpha\rangle|^2 \to 0$, 可以认为相干态 $|\alpha\rangle$ 和 $|\beta\rangle$ 近似正交。两个不同相干态之间正交性的缺失意味着, $|\langle\alpha|\psi\rangle|^2$ 不能解释为给定制备的态 $|\psi\rangle$, 发现场处于相干态 $|\alpha\rangle$ 的概率。

尽管相干态彼此不正交,相干态是完备的。相干态完备性的充要条件是,对于所有 α, 满足 $\langle\psi|\alpha\rangle = 0$ 的态矢量只能是零矢量 $|\psi\rangle = 0$。零矢量 $|\psi\rangle = 0$ 和真空态 $|0\rangle$ 的区别:真空态 $|0\rangle$ 是光子数态正交本征矢集合的一个基矢;而零矢量 $|\psi\rangle = 0$ 在光子数态正交本征矢集合的所有基矢上(包括在 $|0\rangle$ 基矢上)的投影(标量积)都恒为零。由式(2.10), $\langle\psi|\alpha\rangle \equiv 0$ 使得:

$$\langle\psi|\alpha\rangle \equiv e^{-\frac{|\alpha|^2}{2}}\sum_{n=0}^{\infty}\frac{\alpha^n}{\sqrt{n!}}\langle\psi|n\rangle = e^{-\frac{|\alpha|^2}{2}}\sum_{n=0}^{\infty}\frac{\alpha^n}{\sqrt{n!}}c_n^* \equiv 0 \tag{2.59}$$

式中: $c_n^* = \langle\psi|n\rangle$。由于 $e^{-|\alpha|^2/2} \neq 0$, 这意味着:

$$F(\alpha) = \sum_{n=0}^{\infty}\frac{\alpha^n}{\sqrt{n!}}c_n^* \equiv 0 \tag{2.60}$$

式中: $F(\alpha)$ 是关于 α 的恒等式,对所有 α 都成立。 $F(\alpha) \equiv 0$ 意味着 $F(\alpha)$ 对 α 的所有导数都为零:

$$\frac{d^n F(\alpha)}{d\alpha^n} = \sqrt{n!}c_n^* = 0 \tag{2.61}$$

式(2.61)对 $\alpha = 0$ 也成立,因而,对所有 $n \geq 0$, 有

$$c_n^* = 0 \text{ 或 } c_n = 0 \tag{2.62}$$

根据 c_n^* 的定义, $c_n^* = 0$ 即意味着矢量 $|\psi\rangle$ 在光子数态正交本征矢集合的所有基矢上的投影(标量积)都为零,因此,满足(2.59)式 $|\psi\rangle$ 的只能是零矢量: $|\psi\rangle = 0$。这样,可以由光子数的完备性证实相干态的完备性。

下面证明,相干态的完备性关系在复数空间表示为

$$\frac{1}{\pi}\int d^2\alpha\,|\alpha\rangle\langle\alpha| = 1 \tag{2.63}$$

将复数 α 表示为 $\alpha = |\alpha|e^{i\vartheta}$, 设圆坐标系半径 $r = |\alpha|$ (r 与后面的压缩参数无关),则

$$\int d^2\alpha\,|\alpha\rangle\langle\alpha| = \int_0^{\infty}r dr\int_0^{2\pi}d\vartheta\,e^{-r^2}\sum_{m=0}^{\infty}\sum_{n=0}^{\infty}\frac{r^m}{\sqrt{m!}}e^{im\vartheta}\frac{r^n}{\sqrt{n!}}e^{-in\vartheta}|m\rangle\langle n|$$

$$= \sum_{m=0}^{\infty}\sum_{n=0}^{\infty}\frac{|m\rangle\langle n|}{\sqrt{m!n!}}\int_0^{\infty}r^{m+n+1}e^{-r^2}dr\int_0^{2\pi}e^{i(m-n)\vartheta}d\vartheta \qquad (2.64)$$

利用

$$\int_0^{2\pi}e^{i(m-n)\vartheta}d\vartheta = 2\pi\delta_{mn};\sum_{n=0}^{\infty}|n\rangle\langle n| = I;\int_0^{\infty}x^n e^{-x}dx = n! \qquad (2.65)$$

因而有

$$\int d^2\alpha|\alpha\rangle\langle\alpha| = \frac{2\pi}{n!}\int_0^{\infty}r^{2n+1}e^{-r^2}dr = \pi \qquad (2.66)$$

于是式(2.63)成立。相干态形成一个完备集合，但由于不同相干态之间的非正交性，任何一个相干态 $|\beta\rangle$ 都可以用其他相干态展开为

$$|\beta\rangle = \frac{1}{\pi}\int d^2\alpha|\alpha\rangle\langle\alpha|\beta\rangle = \frac{1}{\pi}\int d^2\alpha|\alpha\rangle e^{-\frac{|\alpha|^2}{2}-\frac{|\beta|^2}{2}+\beta\alpha^*} \qquad (2.67)$$

这种独特罕见的现象称为过度完备性：相干态不是线性独立的态矢量。而正交完备集如光子数态集合，则不具有这样的特征，例如，$|m\rangle$ 不能用 $n \neq m$ 的其他光子数态 $|n\rangle$ 展开，即

$$|m\rangle = \left(\sum_{n=0}^{\infty}|n\rangle\langle n|\right)|m\rangle = \sum_{n=0}^{\infty}|n\rangle\langle n|m\rangle$$
$$= \sum_{n=0}^{\infty}|n\rangle\delta_{nm} = |m\rangle \qquad (2.68)$$

2.1.5 相干态的时间演变

由式(1.279)可知，单模光场的哈密顿算符 H 可以表示为

$$H = \hbar\omega\left(a^{\dagger}a + \frac{1}{2}\right) \qquad (2.69)$$

求解态矢量随时间演变的薛定谔方程式(1.116)，相干态的时间演变 $|\alpha(t)\rangle$ 为

$$|\alpha(t)\rangle = U(t)|\alpha\rangle = e^{-i\frac{H}{\hbar}t}|\alpha\rangle \qquad (2.70)$$

式中：$U(t) = e^{-iHt/\hbar}$ 即相干态随时间的幺正演变算符。将式(2.10)代入式(2.70)，进一步推导，得到：

$$|\alpha(t)\rangle = e^{-\frac{|\alpha|^2}{2}}\sum_{n=0}^{\infty}\frac{\alpha^n}{\sqrt{n!}}e^{-i\frac{H}{\hbar}t}|n\rangle = e^{-\frac{|\alpha|^2}{2}}\sum_{n=0}^{\infty}\frac{\alpha^n}{\sqrt{n!}}e^{-i\omega\left(n+\frac{1}{2}\right)t}|n\rangle$$
$$= e^{-i\omega t/2}e^{-\frac{|\alpha|^2}{2}}\sum_{n=0}^{\infty}\frac{(\alpha e^{-i\omega t})^n}{\sqrt{n!}}|n\rangle = e^{-i\omega t/2}|\alpha e^{-i\omega t}\rangle \qquad (2.71)$$

可以看出，忽略全局相位因子 $e^{-i\omega t/2}$，相干态随时间的演变仍是相干态，只是相位发生了变化：$\alpha(t) = \alpha e^{-i\omega t}$。图2.2(a)显示出了相干态随时间在相空间的变化，图2.2(b)是相干态的实部和虚部也即其两个90°相差分量随时间的变化，

这正是一个经典意义上的单色波波形,振荡频率 ω 与光场的物理波长 λ 有关,即

$$\omega = \frac{2\pi c}{\lambda} \tag{2.72}$$

需要指出的是,其他量子态不具有上述相干态的时间演变特征。由式(1.45)可知,任意态矢量 $|\psi\rangle$ 可以表示为光子数态的叠加:

$$|\psi\rangle = \sum_{n=0}^{\infty} c_n |n\rangle \tag{2.73}$$

式中:$c_n = \langle n|\psi\rangle$。假定初始态矢量 $|\psi(0)\rangle = |\psi\rangle$,则 $|\psi\rangle$ 随时间的演变为

$$|\psi(t)\rangle = e^{-i\frac{H}{\hbar}t} \sum_{n=0}^{\infty} c_n |n\rangle = e^{-i\omega\left(a^\dagger a + \frac{1}{2}\right)t} \sum_{n=0}^{\infty} c_n |n\rangle$$

$$= e^{-i\omega t/2} \sum_{n=0}^{\infty} c_n e^{-in\omega t} |n\rangle \tag{2.74}$$

忽略全局相位因子 $e^{-i\omega t/2}$,式(2.74)表明,任意态矢量 $|\psi\rangle$ 都可以表示为光子数态的叠加,$|\psi\rangle$ 随时间演变的相频率正比于光子数 n。$n=0$ 分量的相位不发生变化,$n=1$ 分量以相频率 ω 变化,$n=2$ 分量以相频率 2ω 变化,以此类推,光子数为 n 的分量以相频率 $n\omega$ 变化。这是一种完全不同于相干态的时间演变进程。以固定光子数态 $|\psi(0)\rangle = |N\rangle$ 为例,由式(2.74)可知,$|\psi(t)\rangle = e^{-iN\omega t}|N\rangle$,随时间的演变仍是一个光子数态,但相位变化的相频率为 $N\omega$,比图2.2所示的相干态快 N 倍。这体现了光子数态相较于相干态的非经典性:随时间演变的相位变化频率 N 个光子的集合行为,也即与光子的德布罗意波长 $\lambda_D = \lambda/N$ 有关:

$$N\omega = N\frac{2\pi c}{\lambda} = \frac{2\pi c}{\lambda/N} = \frac{2\pi c}{\lambda_D} \tag{2.75}$$

显示出光子数态 $|N\rangle$ 随时间演变中 N 个光子的纠缠特性。

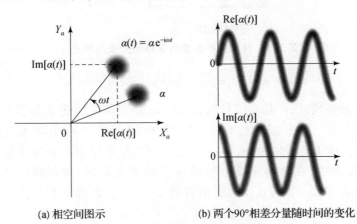

(a) 相空间图示　　　　(b) 两个90°相差分量随时间的变化

图2.2　相干态随时间的演变

2.2 压缩态

2.2.1 压缩态的物理机制

一般来说,光的压缩态是指在相空间中,一个归一化 90°相差变量的量子涨落降低到式(2.56)的最小不确定性(也即标准量子极限或真空态的最小噪声水平)以下(如 $\Delta X_r < 1/2$),其代价是相应的共轭变量的不确定性增加($\Delta Y_r > 1/2$),而不确定性乘积 $\Delta X_r \cdot \Delta Y_r$ 仍满足海森堡不确定性原理。产生光的压缩态的方案有许多,均基于各类非线性光学器件的某些参量过程,只不过采用的光学非线性不同。最常用的方法是采用 $\chi^{(2)}$ 非线性。较高的非线性如 $\chi^{(3)}$ 通常相当弱,因而需要较高的泵浦光场强度。

考虑一个简并参量向下转换器件,结构示意见图 2.3。非线性介质被频率为 ω_p 的光场泵浦,其中该泵浦场中的一些光子被转换成成对传播的光子(通常不共线,也即每对光子沿两个不同方向传播),由于历史原因,这两个方向的光子分别称为信号光子和闲置光子,每个光子的频率为 $\omega_p/2$,这个过程称为简并参量向下转换。该过程的哈密顿算符给出为

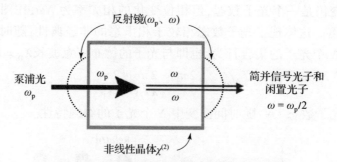

图 2.3 利用简并参量向下转换产生压缩光

$$H = \hbar \omega a^{\dagger} a + \hbar \omega_p a_p^{\dagger} a_p + \frac{1}{2} i \hbar \chi^{(2)} (a^2 a_p^{\dagger} - a^{\dagger 2} a_p) \quad (2.76)$$

式中:a_p 表示泵浦模式;a 表示信号模式;ω_p、ω 分别是泵浦光子和信号光子的频率;$\chi^{(2)}$ 是介质的二阶非线性极化率,因子"1/2"意味着哈密顿相互作用算符 H_{int} 的能量单位由 $\hbar \omega_p$ 转化为 $\hbar \omega = \hbar \omega_p/2$。考虑"参量近似",假定泵浦场是在一个强相干经典场中,在时间尺度上足以保持光子未衰减,该泵浦场处于相干态 $|\beta e^{-i\omega_p t}\rangle$,分别用 $\beta e^{-i\omega_p t}$ 和 $\beta^* e^{i\omega_p t}$ 近似算符 a_p 和 $a_p^{\dagger}$。抛弃不相关常数项 $a_p^{\dagger} a_p = |\beta|^2$,哈密顿算符 H 的参量近似为

$$H \approx \hbar \omega a^{\dagger} a + \frac{1}{2} i \hbar [\xi^* a^2 e^{i\omega_p t} - \xi a^{\dagger 2} e^{-i\omega_p t}] = H_0 + H_{int} \quad (2.77)$$

式中:$\xi = \chi^{(2)}\beta$。压缩过程只与相互作用图像的哈密顿算符 H_{int} 有关,得到:

$$H_{\text{int}}(t) = \frac{1}{2}i\hbar[\xi^* a^2 e^{i(\omega_p - 2\omega)t} - \xi a^{\dagger 2} e^{-i(\omega_p - 2\omega)t}] \tag{2.78}$$

式中:$H_{\text{int}}(t)$ 通常是与时间有关的。但是如果选择 $\omega_p = 2\omega$,得到一个与时间无关的相互作用哈密顿算符 H_{int}:

$$H_{\text{int}} = i\hbar\frac{1}{2}(\xi^* a^2 - \xi a^{\dagger 2}) \tag{2.79}$$

相互作用哈密顿算符 H_{int} 是压缩光场模式的湮灭算符 a 和产生算符 $a^\dagger$ 的二项式。

还存在产生压缩光的另一种非线性过程,称为简并四波混频,其中两个泵浦光子转换为两个同频的信号光子。这一过程的完全量子化的哈密顿算符为

$$H = \hbar\omega a^\dagger a + \hbar\omega a_p^\dagger a_p + i\hbar\chi^{(3)}(a^2 a_p^{\dagger 2} - a^{\dagger 2} a_p^2) \tag{2.80}$$

式中:$\chi^{(3)}$ 是介质的三阶非线性极化率。进一步的参量近似过程和前面一样,其中,有 $\xi = \chi^{(3)}\beta^2$。

2.2.2 单模压缩态(压缩真空态)

2.2.2.1 单模压缩态的量子模型

设 $\xi = re^{i\varphi}$,其中,r 是压缩振幅,φ 是压缩相位,此时式(2.79)的哈密顿算符 H_{int} 可以化为单位压缩($r=1$)的哈密顿算符 H_r:

$$H_r = i\hbar\frac{1}{2}(e^{-i\varphi}a^2 - e^{i\varphi}a^{\dagger 2}) \tag{2.81}$$

湮灭算符随压缩振幅 r 的演变 $b(r)$ 满足海森堡方程:

$$\frac{d}{dr}b(r) = \frac{1}{i\hbar}[b(r), H_r] \tag{2.82}$$

初始条件为 $b(0) = a$,式(2.82)正规解形式为

$$b(r) = e^{\frac{H_r}{\hbar}r} a e^{-\frac{H_r}{\hbar}r} = S^\dagger(r) a S(r) \tag{2.83}$$

式中,压缩算符 $S(r)$ 定义为

$$S(r) = e^{-i\frac{H_r}{\hbar}r} = e^{r(e^{-i\varphi}a^2 - e^{i\varphi}a^{\dagger 2})/2} \tag{2.84}$$

$S(r)$ 显然是一个幺正算符,满足 $S^\dagger(r) = S^{-1}(r) = S(-r)$。

$S(r)$ 的正序形式可以写为[3]

$$S(r) = \exp\left[-\frac{1}{2}a^{\dagger 2}e^{i\varphi}\tanh r\right] \cdot \exp\left[-\frac{1}{2}(a^\dagger a + aa^\dagger)\ln(\cosh r)\right]$$

$$\exp\left[-\frac{1}{2}a^2 e^{-i\varphi}\tanh r\right] \tag{2.85}$$

利用量子力学公式,即式(2.17),令 $A = a, B = iH_r r/\hbar$,则

$$[B,A] = -re^{i\varphi}a^{\dagger};\ [B,[B,A]] = r^2 a;\ [B,[B,[B,A]]] = -e^{i\varphi}r^3 a^{\dagger};\cdots \tag{2.86}$$

因而得到：
$$\begin{aligned}b(r) &= a - re^{i\varphi}a^{\dagger} + \frac{1}{2!}r^2 a - \frac{1}{3!}e^{i\varphi}r^3 a^{\dagger} + \cdots \\ &= a\left\{1 + \frac{r^2}{2!} + \frac{r^4}{4!} + \cdots\right\} - e^{i\varphi}a^{\dagger}\left\{r + \frac{r^3}{3!} + \frac{r^5}{5!} + \cdots\right\} \\ &= a\cosh r - a^{\dagger}e^{i\varphi}\sinh r\end{aligned} \tag{2.87}$$

同理：
$$b^{\dagger}(r) = S^{\dagger}(r)a^{\dagger}S(r) = a^{\dagger}\cosh r - ae^{-i\varphi}\sinh r \tag{2.88}$$

很容易证明，算符 $b(r)$、$b^{\dagger}(r)$ 满足对易关系：
$$[b(r),b^{\dagger}(r)] = \cosh^2 r - \sinh^2 r = 1 \tag{2.89}$$

这是幺正演变的自然结果。

非线性介质对应着真空态 $|0\rangle$，单模压缩态 $|r\rangle$ 是指对真空态 $|0\rangle$ 进行单模压缩运算：
$$|r\rangle = S(r)|0\rangle \tag{2.90}$$

将式(2.85)的正序 $S(r)$ 中的指数因子进行泰勒级数展开，有
$$\exp\left[-\frac{1}{2}a^2 e^{-i\varphi}\tanh r\right] = 1 + \frac{-\frac{1}{2}a^2 e^{-i\varphi}\tanh r}{1!} + \frac{\left[-\frac{1}{2}a^2 e^{-i\varphi}\tanh r\right]^2}{2!} + \cdots \tag{2.91}$$

式(2.91)作用于真空态 $|0\rangle$，得到：
$$\exp\left[-\frac{1}{2}a^2 e^{-i\varphi}\tanh r\right]|0\rangle = |0\rangle \tag{2.92}$$

又
$$\begin{aligned}&\exp\left[-\frac{1}{2}(a^{\dagger}a + aa^{\dagger})\ln(\cosh r)\right] \\ &= 1 + \frac{-\frac{1}{2}(a^{\dagger}a + aa^{\dagger})\ln(\cosh r)}{1!} + \frac{\left[-\frac{1}{2}(a^{\dagger}a + aa^{\dagger})\ln(\cosh r)\right]^2}{2!} + \cdots\end{aligned} \tag{2.93}$$

所以有
$$\begin{aligned}&\exp\left[-\frac{1}{2}(a^{\dagger}a + aa^{\dagger})\ln(\cosh r)\right]\exp\left[-\frac{1}{2}a^2 e^{-i\varphi}\tanh r\right]|0\rangle \\ &= \left\{1 + \frac{-\frac{1}{2}\ln(\cosh r)}{1!} + \frac{\left[-\frac{1}{2}\ln(\cosh r)\right]^2}{2!} + \cdots\right\}|0\rangle = \frac{1}{\sqrt{\cosh r}}|0\rangle\end{aligned} \tag{2.94}$$

最后：

$$\exp\left[-\frac{1}{2}a^{\dagger 2}e^{i\varphi}\tanh r\right] = 1 + \frac{-\frac{1}{2}a^{\dagger 2}e^{i\varphi}\tanh r}{1!} + \frac{\left[-\frac{1}{2}a^{\dagger 2}e^{i\varphi}\tanh r\right]^2}{2!} + \cdots \tag{2.95}$$

因此得到单模压缩态的光子数表征：

$$\begin{aligned}
|r\rangle &= \exp\left[-\frac{1}{2}a^{\dagger 2}e^{i\varphi}\tanh r\right] \cdot \frac{1}{\sqrt{\cosh r}}|0\rangle \\
&= \frac{1}{\sqrt{\cosh r}}\sum_{n=0}^{\infty}\frac{1}{n!}\left[-\frac{1}{2}a^{\dagger 2}e^{i\varphi}\tanh r\right]^n|0\rangle \\
&= \frac{1}{\sqrt{\cosh r}}\sum_{n=0}^{\infty}\frac{1}{n!}\left[-\frac{1}{2}e^{i\varphi}\tanh r\right]^n a^{\dagger 2n}|0\rangle \\
&= \frac{1}{\sqrt{\cosh r}}\sum_{n=0}^{\infty}\frac{\sqrt{(2n)!}}{n!}\left[-\frac{1}{2}e^{i\varphi}\tanh r\right]^n|2n\rangle
\end{aligned} \tag{2.96}$$

可以看出，$|r\rangle$ 仅是偶光子数态的叠加。由于 $S(r)$ 的幺正性质，单模压缩态 $|r\rangle$ 是归一化的。由式(2.96)可知，单模压缩态的光子数概率分布 $P(n)$ 为

$$P(2n) = \frac{1}{\cosh r}\frac{(2n)!}{(n!)^2 2^{2n}}(\tanh r)^{2n}; P(2n+1) = 0 \tag{2.97}$$

单模压缩态与所有奇光子数态正交，奇光子数态不能用单模压缩态展开，所以单模压缩态是不完备的。

单模压缩态的平均光子数 $\langle n \rangle$ 可以直接由 $\langle b^\dagger(r)b(r)\rangle$ 得到：

$$\begin{aligned}
\langle n \rangle = \langle b^\dagger(r)b(r)\rangle &= \langle 0|(a^\dagger\cosh r - ae^{-i\varphi}\sinh r)(a\cosh r - a^\dagger e^{i\varphi}\sinh r)|0\rangle \\
&= \langle 0|aa^\dagger\sinh^2 r|0\rangle = \sinh^2 r
\end{aligned} \tag{2.98}$$

单模压缩态的光子数的方差为

$$\begin{aligned}
(\Delta n)^2 &= \langle 0|[b^\dagger(r)b(r)]^2|0\rangle - \langle 0|b^\dagger(r)b(r)|0\rangle^2 \\
&= \langle 0|b^\dagger(r)b^\dagger(r)b(r)b(r)|0\rangle + \langle 0|b^\dagger(r)b(r)|0\rangle - \langle 0|b^\dagger(r)b(r)|0\rangle^2 \\
&= \sinh^2 r \cosh^2 r + 2\sinh^4 r + \sinh^2 r - \sinh^4 r = 2(\sinh^4 r + \sinh^2 r) \\
&= 2(\langle n\rangle^2 + \langle n\rangle) = 2\langle n\rangle(\langle n\rangle + 1)
\end{aligned} \tag{2.99}$$

式中：

$$\begin{aligned}
\langle 0|b^\dagger(r)b^\dagger(r)b(r)b(r)|0\rangle &= \langle 0|aa^\dagger aa^\dagger\sinh^2 r\cosh^2 r + a^2 a^{\dagger 2}\sinh^4 r|0\rangle \\
&= \sinh^2 r\cosh^2 r + 2\sinh^4 r
\end{aligned} \tag{2.100}$$

与相干态式(2.28)相比，单模压缩态输出光子数的光子统计显然具有较大的不确定性，且与压缩相位 φ 无关。

由式(1.116)的薛定谔方程,能量算符 H 可以用微分算符 $i\hbar(d/dt)$ 表示,考虑关系式:

$$\left(i\hbar\frac{d}{dt}\right)t|\psi\rangle = \left[\left(i\hbar\frac{d}{dt}\right)t\right]|\psi\rangle + \left[t\left(i\hbar\frac{d}{dt}\right)\right]|\psi\rangle = i\hbar|\psi\rangle + \left[t\left(i\hbar\frac{d}{dt}\right)\right]|\psi\rangle$$
(2.101)

上式可进一步简化为

$$Ht|\psi\rangle = i\hbar|\psi\rangle + tH|\psi\rangle \quad (2.102)$$

进而得到能量算符 H 与时间 t 的对易关系为

$$[H,t] = Ht - tH = i\hbar \quad (2.103)$$

根据海森堡不确定性原理,式(2.103)的能量和时间的不确定性关系则为

$$\Delta E \cdot \Delta t \geq \frac{1}{2}\hbar \quad (2.104)$$

由于 $E = n\hbar\omega$,$\Delta E = \Delta n \cdot \hbar\omega$;$\phi = \omega t$,$\Delta\phi = \omega\Delta t$,由式(2.104)得到光子数与相位的不确定性关系:

$$\Delta n \cdot \Delta\phi = \frac{\Delta E}{\hbar\omega}\omega\Delta t = \frac{\Delta E \cdot \Delta t}{\hbar} \geq \frac{1}{2} \quad (2.105)$$

对于单模压缩态,由式(2.99),$\Delta n = \sqrt{2\langle n\rangle(\langle n\rangle+1)} \geq \langle n\rangle$,则有

$$\Delta\phi \geq \frac{1}{2\sqrt{2\langle n\rangle(\langle n\rangle+1)}} \propto \frac{1}{\langle n\rangle} \quad (2.106)$$

这是一种海森堡极限的相位测量精度。

到目前为止的大量实验已经证明,达到海森堡极限相位检测精度的量子干涉测量均利用的是满足 $\Delta n \geq \langle n\rangle$ 的光量子态。

2.2.2.2 单模压缩态的非经典性和90°相差变量的不确定性

由式(2.96)可知,单模压缩态是不同概率的偶光子数态 $|2n\rangle$ 的叠加,偶光子数态 $|2n\rangle$ 源于参量向下转换等非线性光学过程(高参量增益)中 n 个信号光子和 n 个闲置光子的共线传播。图 2.4 是单模压缩态的粒子(光子)构成,每个偶光子数态 $|2n\rangle$ 的 n 个信号光子和 n 个闲置光子之间存在粒子纠缠,这使得单模压缩态的统计性质不同于经典态如相干态。由于单模压缩过程由式(2.87)湮灭算符 a 的演变 $b(r)$ 表征,单模压缩态的非经典性也必将由 $b(r)$ 的统计性质体现。由式(2.87)和式(2.88)可以进一步得到单模压缩态的算符 $b(r)$ 及其伴随 $b^\dagger(r)$ 的统计平均 $\langle b(r)\rangle$、$\langle b^\dagger(r)\rangle$:

$$\begin{cases}\langle b(r)\rangle = \langle 0|(a\cosh r - a^\dagger e^{i\varphi}\sinh r)|0\rangle = 0\\ \langle b^\dagger(r)\rangle = \langle 0|(a^\dagger\cosh r - ae^{-i\varphi}\sinh r)|0\rangle = 0\end{cases} \quad (2.107)$$

第 2 章 光量子态

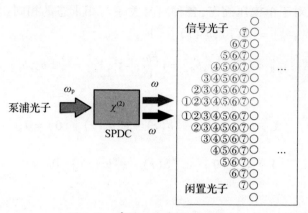

图 2.4 单模压缩态的粒子构成

以及均方值 $\langle b^2(r)\rangle$、$\langle b^{\dagger 2}(r)\rangle$：

$$\begin{cases} \langle b^2(r)\rangle = \langle 0 | (a\cosh r - a^{\dagger}\mathrm{e}^{\mathrm{i}\varphi}\sinh r)^2 | 0\rangle = -\mathrm{e}^{\mathrm{i}\varphi}\sinh r\cosh r \\ \langle b^{\dagger 2}(r)\rangle = \langle 0 | (a^{\dagger}\cosh r - a\mathrm{e}^{-\mathrm{i}\varphi}\sinh r)^2 | 0\rangle = -\mathrm{e}^{-\mathrm{i}\varphi}\sinh r\cosh r \end{cases} \quad (2.108)$$

因而，算符 $b(r)$、$b^{\dagger}(r)$ 的方差 $D_S(b)$、$D_S(b^{\dagger})$ 为

$$\begin{cases} D_S(b) = \langle b^2(r)\rangle - \langle b(r)\rangle^2 = -\mathrm{e}^{\mathrm{i}\varphi}\sinh r\cosh r \\ D_S(b^{\dagger}) = \langle b^{\dagger 2}(r)\rangle - \langle b^{\dagger}(r)\rangle^2 = -\mathrm{e}^{-\mathrm{i}\varphi}\sinh r\cosh r \end{cases} \quad (2.109)$$

对比式(2.31)相干态的情形，单模压缩态算符 $b(r)$、$b^{\dagger}(r)$ 的方差 $D_S(b)$、$D_S(b^{\dagger})$ 与压缩振幅 r 和压缩相位 φ 有关，体现的是一种非经典性。

下面考察单模压缩态光场的任意角度 θ 的两个 90°相差变量的统计特性，也即单模压缩态 90°相差变量的量子涨落 ΔX_θ、ΔY_θ。由于在相空间中，单模压缩光场沿任意 θ 方向的归一化 90°相差变量 X_r 和 Y_r 是 $b(r)$ 及其伴随 $b^{\dagger}(r)$ 的线性叠加，这导致两个 90°相差变量的统计特性也与压缩参数有关。参照式(2.46)，对于单模压缩态，任意 θ 方向的 90°相差变量 X_θ、Y_θ 有

$$X_\theta = \sqrt{\frac{\hbar\omega}{V}}\left(\frac{b_\theta + b_\theta^{\dagger}}{\sqrt{2}}\right); \quad Y_\theta = \frac{1}{\mathrm{i}}\sqrt{\frac{\hbar\omega}{V}}\left(\frac{b_\theta - b_\theta^{\dagger}}{\sqrt{2}}\right) \quad (2.110)$$

为了与相干态 $|\alpha\rangle$ 和真空态 $|0\rangle$ 比较，采用下列归一化的 90°相差变量 X_r、Y_r：

$$\begin{cases} X_r = \sqrt{\frac{V}{2\hbar\omega}} \cdot X_\theta = \frac{1}{2}(b_\theta + b_\theta^{\dagger}) = \frac{1}{2}[\mathrm{e}^{-\mathrm{i}\theta}b(r) + \mathrm{e}^{\mathrm{i}\theta}b^{\dagger}(r)] \\ Y_r = \sqrt{\frac{V}{2\hbar\omega}} \cdot Y_\theta = \frac{1}{2\mathrm{i}}(b_\theta - b_\theta^{\dagger}) = \frac{1}{2\mathrm{i}}[\mathrm{e}^{-\mathrm{i}\theta}b(r) - \mathrm{e}^{\mathrm{i}\theta}b^{\dagger}(r)] \end{cases} \quad (2.111)$$

式中：

$$b_\theta = \mathrm{e}^{-\mathrm{i}\theta}b(r); \quad b_\theta^{\dagger} = \mathrm{e}^{\mathrm{i}\theta}b^{\dagger}(r) \quad (2.112)$$

可以证明,对于单模压缩态,各种对易关系与相干态的相同:

$$\begin{cases} [b_\theta, b_\theta^\dagger] = [b(r), b^\dagger(r)] = 1 \\ [X_\theta, Y_\theta] = i\frac{\hbar\omega}{V}[b_\theta, b_\theta^\dagger] = i\frac{\hbar\omega}{V}; [X_r, Y_r] = \frac{i}{2}[b_\theta, b_\theta^\dagger] = \frac{i}{2} \end{cases} \quad (2.113)$$

由此得到:

$$\langle X_r \rangle = \frac{1}{2}\langle 0 | [e^{-i\theta}b(r) + e^{i\theta}b^\dagger(r)] | 0 \rangle = 0;$$

$$\langle Y_r \rangle = \frac{1}{2i}\langle 0 | [e^{-i\theta}b(r) - e^{i\theta}b^\dagger(r)] | 0 \rangle = 0 \quad (2.114)$$

因而:

$$(\Delta X_r)^2 = \langle X_r^2 \rangle - \langle X_r \rangle^2$$

$$= \frac{1}{4}\langle 0 | [e^{-i\theta}b(r) + e^{i\theta}b^\dagger(r)]^2 | 0 \rangle - \langle 0 | [e^{-i\theta}b(r) + e^{i\theta}b^\dagger(r)] | 0 \rangle^2$$

$$= \frac{1}{4}e^{-2i\theta}[\langle b^2(r) \rangle - \langle b(r) \rangle^2] + \frac{1}{4}e^{2i\theta}[\langle b^{\dagger 2}(r) \rangle - \langle b^\dagger(r) \rangle^2] +$$

$$\frac{1}{4}[b(r)b^\dagger(r) + b^\dagger(r)b(r)]$$

$$= \frac{1}{4} + \frac{1}{2}\sinh^2 r + \frac{1}{4}e^{-2i\theta}D_S(b) + \frac{1}{4}e^{2i\theta}D_S(b^\dagger)$$

$$= \frac{1}{4}[\cosh^2 r + \sinh^2 r - e^{i(\varphi-2\theta)}\sinh r\cosh r - e^{-i(\varphi-2\theta)}\sinh r\cosh r]$$

$$= \frac{1}{4}\left[e^{2r}\sin^2\left(\frac{\varphi-2\theta}{2}\right) + e^{-2r}\cos^2\left(\frac{\varphi-2\theta}{2}\right)\right] \quad (2.115)$$

同理可得:

$$(\Delta Y_r)^2 = \frac{1}{4}\left[e^{2r}\cos^2\left(\frac{\varphi-2\theta}{2}\right) + e^{-2r}\sin^2\left(\frac{\varphi-2\theta}{2}\right)\right] \quad (2.116)$$

在相空间 $\theta = \varphi/2$ 的方向,单模压缩态是最小不确定性态,满足:

$$\Delta X_r = \frac{1}{2}e^{-r}; \Delta Y_r = \frac{1}{2}e^r; \Delta X_r \cdot \Delta Y_r = \frac{1}{4} \quad (2.117)$$

$r = 0$ 时(不存在压缩):

$$\Delta X_r \to \Delta X_0 = \frac{1}{2}; \Delta Y_r \to \Delta Y_0 = \frac{1}{2}; \Delta X_0 \cdot \Delta Y_0 = \frac{1}{4} \quad (2.118)$$

这正是真空态的情形。

由式(2.115)和式(2.116)可以看到,单模压缩态的非经典性正是源于压缩运算导致演变算符 $b(r)$ 的方差 $D_S(b) \neq 0$。$D_S(b) \neq 0$ 反映了单模压缩态的粒子纠缠特性。图2.5给出了相空间中的真空态和单模压缩态的90°相差变量的不确定性。真空态是直径为 1 的圆(不确定性 $\Delta X_0 = \Delta Y_0 = 1/2$),单模压缩态是椭圆,在 $\theta = \varphi/2 = 0$ 的方向(图中假定为 90°相差量的 X 分量),其不确定性 $\Delta X_r = e^{-r}/2 < 1/2$,而与其正交的 Y 分量,不确定性 $\Delta Y_r = e^r/2 > 1/2$。这意味着,一个方向的噪声降低是以另一个正交方向的噪声增加为代价的,不违背海森堡不确定性原理。注意,图 2.5 的相空间只能显示压缩真空态的误差椭圆,压缩真空态的平均光子数仍由式(2.98)决定。

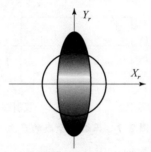

图 2.5 相空间中的真空态(圆)和压缩真空态(椭圆)

图 2.6 是单模压缩态的 90°相差变量的噪声压缩示意图。图 2.6 中阴影边缘 $\theta = \varphi/2$ 和 $\theta = (\varphi + \pi)/2$ 的曲线是最小不确定性乘积 $\Delta X_r \cdot \Delta Y_r = 1/4$,曲线上不同位置的点代表了不同的压缩参数 r。图 2.6 中阴影区域表示 ΔX_r 或 ΔY_r 存在压缩。曲线上的黑点表示最小不确定性态相干态(真空态),在此点上 $r = 0$,$\Delta X_r = \Delta Y_r = 1/2$,不存在噪声压缩。阴影关于相干态的点对称,其中上面的阴影部分是偏离 $\theta = \varphi/2$ 方向时,尽管已经不是最小压缩,但 X 变量仍存在噪声压缩 $\Delta X_r < 1/2$;下面的阴影部分是偏离 $\theta = (\varphi + \pi)/2$ 方向时其变量 Y 的噪声压缩情况。

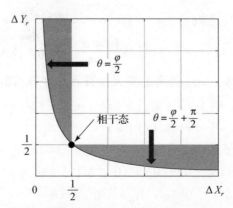

图 2.6 单模压缩态 90°相差变量的噪声压缩

2.2.3 压缩相干态

如前所述,压缩真空态是向非线性介质注入泵浦光,通过参量向下转换等参量过程产生压缩光。而压缩相干态可以通过同时注入泵浦光束和与压缩模式匹配的激光光束而获得(图2.7)。在薛定谔图像中,压缩相干态 $|r\alpha\rangle$ 可以表示为

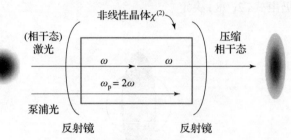

图 2.7 压缩相干态的产生

$$|r\alpha\rangle \equiv S(r)|\alpha\rangle = S(r)D(\alpha)|0\rangle \tag{2.119}$$

式中:$S(r)$ 和 $D(\alpha)$ 分别由式(2.84)和式(2.16)给出。

在海森堡图像中,压缩相干态的算符演变 $b_{SD}(r\alpha)$、$b_{SD}^{\dagger}(r\alpha)$ 为

$$\begin{cases} b_{SD}(r\alpha) = \cosh r(D^{\dagger}aD) - e^{i\varphi}\sinh r(D^{\dagger}a^{\dagger}D) = b(r) + \alpha_r \\ b_{SD}^{\dagger}(r\alpha) = \cosh r(D^{\dagger}a^{\dagger}D) - e^{-i\varphi}\sinh r(D^{\dagger}aD) = b^{\dagger}(r) + \alpha_r^* \end{cases} \tag{2.120}$$

式中:$b(r)$、$b^{\dagger}(r)$ 分别见式(2.87)和式(2.88),α_r、α_r^* 可以表示为

$$\alpha_r = \alpha\cosh r - \alpha^* e^{i\varphi}\sinh r; \alpha_r^* = \alpha^*\cosh r - \alpha e^{-i\varphi}\sinh r \tag{2.121}$$

对于固定值的压缩参数 r,压缩相干态具有与相干态相同的正交性和完备性:

$$\langle r\beta | r\alpha \rangle = \langle \beta | S^{\dagger}(r)S(r) | \alpha \rangle = \langle \beta | \alpha \rangle = e^{(\alpha\beta^* - \alpha^*\beta)/2} e^{-\frac{|\alpha-\beta|^2}{2}} \tag{2.122}$$

$$\int \frac{d^2\alpha}{\pi}|r,\alpha\rangle\langle r,\alpha| = S(r)\left[\int \frac{d^2\alpha}{\pi}|\alpha\rangle\langle\alpha|\right]S^{\dagger}(r) = 1 \tag{2.123}$$

压缩相干态的场算符 $b_{SD}(r\alpha)$ 仍满足湮灭算符和产生算符的基本对易关系:

$$[b_{SD}(r\alpha), b_{SD}^{\dagger}(r\alpha)] = [b(r) + \alpha_r][b^{\dagger}(r) + \alpha_r^*] - [b^{\dagger}(r) + \alpha_r^*][b(r) + \alpha_r]$$
$$= [b(r), b^{\dagger}(r)] = 1 \tag{2.124}$$

压缩相干态的平均光子数 $\langle n \rangle$ 为

$$\langle n \rangle = \langle 0 | b_{SD}^{\dagger}(r\alpha)b_{SD}(r\alpha) | 0 \rangle = \langle 0 | [b^{\dagger}(r) + \alpha_r^*] \cdot [b(r) + \alpha_r] | 0 \rangle$$
$$= \langle 0 | b^{\dagger}(r)b(r) | 0 \rangle + \alpha_r^*\alpha_r = \sinh^2 r + |\alpha_r|^2 \tag{2.125}$$

图2.8给出了相空间中的压缩相干态的结构示意图。注意,考虑 $\alpha = |\alpha|e^{i\vartheta}$,则有

$$|\alpha_r|^2 = |\alpha\cosh r - \alpha^* e^{i\varphi}\sinh r|^2$$
$$= |\alpha|^2(\cosh^2 r + \sinh^2 r) - |\alpha|^2(e^{-i(\varphi-2\vartheta)} + e^{i(\varphi-2\vartheta)})\sinh r\cosh r$$
$$= |\alpha|^2(\cosh^2 r + \sinh^2 r) - 2|\alpha|^2 \sinh r \cosh r \cos(\varphi - 2\vartheta)$$
$$= \begin{cases} |\alpha|^2 e^{-2r}, & \varphi - 2\vartheta = 0 \\ |\alpha|^2 e^{2r}, & \varphi - 2\vartheta = \pi \end{cases} \quad (2.126)$$

可以看出,压缩相干态的输出光由经典光和非经典光两部分组成,经典光的光子数(也即光功率)为 $|\alpha_r|^2$,非经典光的光子数(光功率)为 $\sinh^2 r$,而 $|\alpha|^2$ 是输入的经典光子数,$|\alpha_r|^2/|\alpha|^2 = e^{-2r}$ 或 e^{2r},也就是说,输出光的经典光部分 $|\alpha_r|^2$ 可能被单模压缩过程压缩,也可能被放大,与相干态的相位 ϑ 和压缩相位 φ 有关。

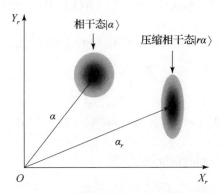

图 2.8 相空间中的压缩干态 $|r\alpha\rangle$

压缩相干态的算符的统计平均 $\langle b_{SD}(r\alpha)\rangle$、$\langle b_{SD}^\dagger(r\alpha)\rangle$ 为

$$\begin{cases} \langle b_{SD}(r\alpha)\rangle = \langle 0|b(r)|0\rangle + (\alpha\cosh r - \alpha^* e^{i\varphi}\sinh r) = \alpha_r \\ \langle b_{SD}^\dagger(r\alpha)\rangle = \langle 0|b^\dagger(r)|0\rangle + (\alpha^*\cosh r - \alpha e^{-i\varphi}\sinh r) = \alpha_r^* \end{cases} \quad (2.127)$$

以及均方值 $\langle b_{SD}^2(r\alpha)\rangle$、$\langle b_{SD}^{\dagger 2}(r\alpha)\rangle$ 为

$$\begin{cases} \langle b_{SD}^2(r\alpha)\rangle = -e^{i\varphi}\sinh r\cosh r + \alpha_r^2 \\ \langle b_{SD}^{\dagger 2}(r\alpha)\rangle = -e^{-i\varphi}\sinh r\cosh r + \alpha_r^{*2} \end{cases} \quad (2.128)$$

进而,算符 $b_{SD}(r\alpha)$、$b_{SD}^\dagger(r\alpha)$ 的方差 D_{SD} 分别为

$$\begin{cases} D_{SD}(b_{SD}) = \langle b_{SD}^2(r\alpha)\rangle - \langle b_{SD}(r\alpha)\rangle^2 = -e^{i\varphi}\sinh r\cosh r \\ D_{SD}(b_{SD}^\dagger) = \langle b_{SD}^{\dagger 2}(r\alpha)\rangle - \langle b_{SD}^\dagger(r\alpha)\rangle^2 = -e^{-i\varphi}\sinh r\cosh r \end{cases} \quad (2.129)$$

式(2.129)的方差 D_{SD} 与单模压缩态的式(2.109)的方差 D_S 相同,说明给定相同的压缩参数,压缩相干态具有与单模压缩态相同的非经典性。

由于在相空间中,压缩相干态光场的沿任意 θ 方向的归一化 90°相差变量 X_r 和 Y_r 是 $b_{SD}(r\alpha)$ 及其伴随 $b_{SD}^\dagger(r\alpha)$ 的线性叠加,这导致两个 90°相差变量的噪声统计特性也与压缩参数有关。参照单模压缩态90°相差变量的量子涨落 ΔX_r、ΔY_r，由式（2.111），对于压缩相干态，沿任意 θ 方向的两个90°相差变量 X_r、Y_r，有

$$X_r = \frac{1}{2}[e^{-i\theta}b_{SD}(r\alpha) + e^{i\theta}b_{SD}^\dagger(r\alpha)]; Y_r = \frac{1}{2i}[e^{-i\theta}b_{SD}(r\alpha) - e^{i\theta}b_{SD}^\dagger(r\alpha)]$$

(2.130)

可以证明，对于压缩相干态 $|r\alpha\rangle$，X_r、Y_r 的对易关系不变：

$$[X_r, Y_r] = \frac{i}{2}[b_{SD}(r\alpha), b_{SD}^\dagger(r\alpha)] = \frac{i}{2}$$

(2.131)

并有

$$\begin{cases} \langle X_r \rangle = \frac{1}{2}\langle 0|[e^{-i\theta}b_{SD}(r\alpha) + e^{i\theta}b_{SD}^\dagger(r\alpha)]|0\rangle = \frac{1}{2}(e^{-i\theta}\alpha_r + e^{i\theta}\alpha_r^*) \\ \langle Y_r \rangle = \frac{1}{2i}\langle 0|[e^{-i\theta}b_{SD}(r\alpha) - e^{i\theta}b_{SD}^\dagger(r\alpha)]|0\rangle = \frac{1}{2i}(e^{-i\theta}\alpha_r - e^{i\theta}\alpha_r^*) \end{cases}$$

(2.132)

以及

$$\langle X_r^2 \rangle = \frac{1}{4}\langle 0|[e^{-i\theta}b_{SD}(r\alpha) + e^{i\theta}b_{SD}^\dagger(r\alpha)]^2|0\rangle$$

$$= -\frac{1}{4}\sinh r\cosh r[e^{i(\varphi-2\theta)} + e^{-i(\varphi-2\theta)}] + \frac{1}{4}(e^{-2i\theta}\alpha_r^2 + e^{2i\theta}\alpha_r^{*2}) +$$

$$\frac{1}{4}(\cosh^2 r + \sinh^2 r + 2|\alpha_r|^2)$$

(2.133)

进而得到：

$$(\Delta X_r)^2 = \langle X_r^2 \rangle - \langle X_r \rangle^2 = \frac{1}{4}\left[e^{2r}\sin^2\left(\frac{\varphi-2\theta}{2}\right) + e^{-2r}\cos^2\left(\frac{\varphi-2\theta}{2}\right)\right]$$

(2.134)

同理，有

$$(\Delta Y_r)^2 = \frac{1}{4}\left[e^{2r}\cos^2\left(\frac{\varphi-2\theta}{2}\right) + e^{-2r}\sin^2\left(\frac{\varphi-2\theta}{2}\right)\right]$$

(2.135)

压缩相干态90°相差变量的方差，式（2.134）、式（2.135）与单模压缩态（压缩真空态）的式（2.115）、式（2.116）完全相同，压缩相干态的90°相差变量的不确定性乘积也与单模压缩态的相同。这种基础分析表明，采用压缩相干态作为光学干涉相位测量的光源，起量子增强作用的除了非经典光部分 $\sinh^2 r$，被单模压缩过程放大的经典光部分 $|\alpha_r|^2$ 也有贡献。下面对压缩相干态的光子数方差 $(\Delta n)^2$ 的计算也证明了这一点。

压缩相干态的光子数方差 $(\Delta n)^2$ 为

$$(\Delta n)^2 = \langle 0 | [b_{SD}^{\dagger}(r\alpha)b_{SD}(r\alpha)]^2 | 0 \rangle - \langle 0 | b_{SD}^{\dagger}(r\alpha)b_{SD}(r\alpha) | 0 \rangle^2$$
$$= \langle 0 | [b^{\dagger}(r) + \alpha_r^*][b(r) + \alpha_r][b^{\dagger}(r) + \alpha_r^*]$$
$$[b(r) + \alpha_r] | 0 \rangle - (\sinh^2 r + |\alpha_r|^2)^2$$
$$= 2\sinh^2 r \cosh^2 r - (e^{-i\varphi}\alpha_r^2 + e^{i\varphi}\alpha_r^{*2})\sinh r \cosh r + |\alpha_r|^2(1 + 2\sinh^2 r) \tag{2.136}$$

式中

$$\langle 0 | [b^{\dagger}(r) + \alpha_r^*][b(r) + \alpha_r][b^{\dagger}(r) + \alpha_r^*][b(r) + \alpha_r] | 0 \rangle$$
$$= 2\sinh^2 r + 3\sinh^4 r + 4|\alpha_r|^2\sinh^2 r + |\alpha_r|^2 + |\alpha_r|^4 -$$
$$(e^{-i\varphi}\alpha_r^2 + e^{i\varphi}\alpha_r^{*2})\sinh r \cosh r \tag{2.137}$$

考虑到 $\alpha = |\alpha|e^{i\vartheta}$,则有

$$e^{-i\varphi}\alpha_r^2 + e^{i\varphi}\alpha_r^{*2}$$
$$= |\alpha|^2\{e^{-i\varphi}[e^{i\vartheta}\cosh r - e^{-i(\vartheta-\varphi)}\sinh r]^2 + e^{i\varphi}[e^{-i\vartheta}\cosh r - e^{i(\vartheta-\varphi)}\sinh r]^2\}$$
$$= |\alpha|^2\left\{\begin{array}{l}[e^{-i(\varphi-2\vartheta)}\cosh^2 r + e^{i(\varphi-2\vartheta)}\sinh^2 r - 2\sinh r \cosh r] \\ + [e^{i(\varphi-2\vartheta)}\cosh^2 r + e^{-i(\varphi-2\vartheta)}\sinh^2 r - 2\sinh r \cosh r]\end{array}\right\}$$
$$= 2|\alpha|^2[(\cosh^2 r + \sinh^2 r)\cos(\varphi - 2\vartheta) - 2\sinh r \cosh r] \tag{2.138}$$

将式(2.126)和式(2.138)代入式(2.136),得到压缩相干态输出光子的方差:

$$(\Delta n)^2 = 2\sinh^2 r(1 + \sinh^2 r) + |\alpha|^2[\cosh(4r) - \sinh(4r)\cos(\varphi - 2\vartheta)] \tag{2.139}$$

式(2.139)中第一部分是非经典光部分对压缩相干态输出光子数的统计涨落(方差)的贡献,第二部分是被单模压缩过程放大的经典光部分的贡献。显然,$r = 0$ 时,没有压缩运算,压缩相干态蜕变为相干态,$(\Delta n)^2 = |\alpha|^2$,正是经典光的散粒噪声极限;$\alpha = 0$ 时,没有位移运算,压缩相干态蜕变为单模压缩态,$(\Delta n)^2 = 2\sinh^2 r(1 + \sinh^2 r)$,这正是非经典光的海森堡极限的噪声统计特征。

下面研究压缩相干态 90°相差变量的噪声压缩与光子数涨落 Δn 的关系。已经注意到,对于压缩相干态,相空间中 90°相差变量 X_r 和 Y_r 的噪声压缩取最小不确定性乘积的方向,只与压缩相位 φ 有关,而压缩过程中光子数方差取最大和最小值的方向,不仅与压缩相位 φ 有关,还与输入相干态的相位 ϑ 有关。

考虑两种最简单的情形。$\varphi - 2\vartheta = 0$ 时,光子数方差取最小值:

$$(\Delta n)^2 = 2\sinh^2 r(1 + \sinh^2 r) + |\alpha|^2 e^{-4r} \tag{2.140}$$

而当 $\varphi - 2\vartheta = \pi$ 时,光子数方差取最大值:

$$(\Delta n)^2 = 2\sinh^2 r(1 + \sinh^2 r) + |\alpha|^2 e^{4r} \tag{2.141}$$

也就是说,通过调节压缩相干态中输入相干态的相位 ϑ 满足相位匹配条件式(2.141),可以使压缩相干态输出的光子数方差最大,也即可以提高压缩相干态的非经典性。

当 $\varphi - 2\vartheta = \pi$ 时,由式(2.125)和式(2.126)可知,压缩相干态的输出平均光子数 $\langle n \rangle = \sinh^2 r + |\alpha|^2 e^{2r}$,此时将式(2.142)代入光子数与相位的不确定性关系式(2.105),得到压缩相干态的最小相位不确定性:

$$(\Delta\phi)_{\min} = \frac{1}{2\sqrt{2\sinh^2 r(1+\sinh^2 r) + (\langle n \rangle - \sinh^2 r)e^{2r}}} \quad (2.142)$$

图2.9给出了相同平均光子数 $\langle n \rangle$ 的相干态(散粒噪声极限)、单模压缩态(海森堡极限)和压缩相干态($r=1.5$、$r=3$)的相位测量不确定性。$\langle n \rangle$ 很大时,$\langle n \rangle \gg \sinh^2 r$,总光子数主要由经典光子(相干态)组成,此时有

$$(\Delta\phi)_{\min} = \frac{e^{-r}}{2\sqrt{\langle n \rangle}} \quad (2.143)$$

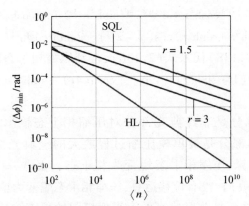

图2.9 相同平均光子数 $\langle n \rangle$ 的相干态(散粒噪声极限SQL)、单模压缩态(海森堡极限HL)和压缩相干态($r=1.5$、$r=3$)的最小相位不确定性 $(\Delta\phi)_{\min}$

相位测量的最小不确定性介于散粒噪声极限和海森堡极限之间,以被单模压缩过程放大的经典光部分的贡献为主,这种亚泊松统计的噪声特征源自于相干态输入被非线性过程的放大。

图2.10给出了 $\langle n \rangle = 10^6$ 时最小相位不确定性 $(\Delta\phi)_{\min}$ 与压缩参数 r 的关系曲线,压缩参数 r 越大,越靠近海森堡极限($r=7.5$ 时,平均总光子数 $\langle n \rangle = 10^6$ 中,非经典光子数占比已接近99%),这为海森堡极限相位精度的测量提供了一种可能性。

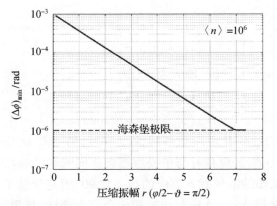

图 2.10 $\langle n \rangle = 10^6$ 时最小相位不确定性 $(\Delta\phi)_{min}$ 与压缩参数 r 的关系

2.2.4 相干压缩态

相干压缩态的理想物理模型是将压缩真空态的输出注入压缩模式的激光放大器中。相干压缩态 $|\alpha r\rangle$ 可以表示为

$$|\alpha r\rangle = D(\alpha)S(r)|0\rangle \tag{2.144}$$

式中：$S(r)$ 和 $D(\alpha)$ 分别由式(2.84)和式(2.16)给出。由于压缩算符 $S(r)$ 和位移 $D(\alpha)$ 不对易，压缩相干态 $|r\alpha\rangle$ 和相干压缩态 $|\alpha r\rangle$ 是完全不同的。在海森堡图像中，相干压缩态的算符演变 $b_{DS}(\alpha r)$、$b_{DS}^\dagger(\alpha r)$ 分别为

$$\begin{cases} b_{DS}(\alpha r) = S^\dagger D^\dagger a DS = S^\dagger(a+\alpha)S = b(r) + \alpha \\ b_{DS}^\dagger(\alpha r) = S^\dagger D^\dagger a^\dagger DS = S^\dagger(a^\dagger + \alpha^*)S = b^\dagger(r) + \alpha^* \end{cases} \tag{2.145}$$

利用式(2.98)，相干压缩态的平均光子数 $\langle n \rangle$ 为

$$\langle n \rangle = \langle 0|b_{DS}^\dagger(\alpha r)b_{DS}(\alpha r)|0\rangle = \langle 0|b^\dagger(r)b(r)|0\rangle + |\alpha|^2 = \sinh^2 r + |\alpha|^2 \tag{2.146}$$

将式(2.120)和式(2.145)、式(2.125)和式(2.146)进行比较可以看出,压缩相干态和相干压缩态在相空间中的区别仅仅在于施加的位移运算的效果不同。图 2.11 给出了相干压缩态在相空间中的结构示意图。

相干压缩态的其他统计性质为

$$\begin{cases} \langle b_{DS}(\alpha r)\rangle = \langle 0|[b(r)+\alpha]|0\rangle = \alpha \\ \langle b_{DS}^\dagger(\alpha r)\rangle = \langle 0|[b^\dagger(r)+\alpha^*]|0\rangle = \alpha^* \end{cases} \tag{2.147}$$

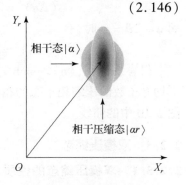

图 2.11 相空间中的相干压缩态 $|\alpha r\rangle$

以及

$$\begin{cases} \langle b_{DS}^2(\alpha r)\rangle = -e^{i\varphi}\sinh r\cosh r + \alpha^2 \\ \langle b_{DS}^{\dagger 2}(\alpha r)\rangle = -e^{-i\varphi}\sinh r\cosh r + \alpha^{*2} \end{cases} \quad (2.148)$$

进而,场算符 $b_{DS}(\alpha r)$、$b_{DS}^\dagger(\alpha r)$ 的方差 D_{DS} 为

$$\begin{cases} D_{DS}(b_{DS}) = -e^{i\varphi}\sinh r\cosh r \\ D_{DS}(b_{DS}^\dagger) = -e^{-i\varphi}\sinh r\cosh r \end{cases} \quad (2.149)$$

式(2.149)的方差 D_{DS} 与单模压缩态的式(2.109)的方差 D_S 相同,说明给定相同的压缩参数,相干压缩态应具有与单模压缩态相同的非经典性。

相干压缩态光场的沿任意 θ 方向的归一化 90° 相差变量 X_r 和 Y_r 的推导过程和最小不确定性乘积 $\Delta X_r \cdot \Delta Y_r$ 与压缩相干态完全相同,这里不再重复。

相干压缩态的光子数方差 $(\Delta n)^2$ 为

$$\begin{aligned}
(\Delta n)^2 &= \langle 0|[b_{DS}^\dagger(\alpha r)b_{DS}(\alpha r)]^2|0\rangle - \langle 0|b_{DS}^\dagger(\alpha r)b_{DS}(\alpha r)|0\rangle^2 \\
&= \langle 0|[b^\dagger(r)+\alpha^*][b(r)+\alpha][b^\dagger(r)+\alpha^*][b(r)+\alpha]|0\rangle - \\
&\quad (\sinh^2 r + |\alpha|^2)^2 \\
&= 2\sinh^2 r(1+\sinh^2 r) + |\alpha|^2[\cosh(2r)-\sinh(2r)\cos(\varphi-2\vartheta)]
\end{aligned}$$
$$(2.150)$$

式中:考虑了 $\alpha = |\alpha|e^{i\vartheta}$,且有

$$\begin{aligned}
&\langle 0|[b^\dagger(r)+\alpha^*][b(r)+\alpha][b^\dagger(r)+\alpha^*][b(r)+\alpha]|0\rangle \\
&= 2\sinh^2 r(1+\sinh^2 r) + (\sinh^2 r + |\alpha|^2)^2 + |\alpha|^2 \\
&\quad [\cosh(2r)-\sinh(2r)\cos(\varphi-2\vartheta)]
\end{aligned} \quad (2.151)$$

式(2.150)中第一部分是非经典光部分对相干压缩态输出光子数的统计涨落(方差)的贡献,第二部分是被单模压缩过程放大的经典光部分的贡献。

考虑两种最简单的情形。$\varphi-2\vartheta=0$ 时,有

$$(\Delta n)^2 = 2\sinh^2 r(1+\sinh^2 r) + |\alpha|^2 e^{-2r} \quad (2.152)$$

而 $\varphi-2\vartheta=\pi$ 时,有

$$(\Delta n)^2 = 2\sinh^2 r(1+\sinh^2 r) + |\alpha|^2 e^{2r} \quad (2.153)$$

很容易证明,$\langle n\rangle \gg \sinh^2 r$ 时,相干压缩态的相位测量不确定性与具有相同平均光子数的压缩相干态的相位测量不确定性完全相同,见式(2.143)和图 2.9、图 2.10 中的曲线。

2.2.5 双模压缩态

2.2.5.1 双模压缩态的性质

双模压缩态是非共线简并 SPDC 过程的信号光子和闲置光子沿不同方向传播而形成的两个空间模式。理论上通过对双模真空态 $|00\rangle$ 施加双模压缩运算

$S(r)$ 产生双模压缩态[4]：
$$S(r) = e^{r(e^{-i\varphi}a_1a_2 - e^{i\varphi}a_1^\dagger a_2^\dagger)} \tag{2.154}$$
式中：r 为压缩振幅，φ 为压缩相位。双模压缩态 $|r\rangle$ 可以表示为
$$|r\rangle = S(r)|00\rangle \tag{2.155}$$
双模压缩算符 $S(r)$ 采用与单模压缩态相同的符号，通过公式形式可以很清楚压缩态所指是单模还是双模。利用正序公式[4]：
$$S(r) = e^{-e^{i\varphi}\tanh r a_1^\dagger a_2^\dagger} e^{-(\ln\cosh r)(a_1^\dagger a_1 + a_2^\dagger a_2 + 1)} e^{-e^{-i\varphi}\tanh r a_1 a_2} \tag{2.156}$$
式中：$e^{-e^{-i\varphi}\tanh r a_1 a_2}$ 的泰勒展开式为
$$e^{-e^{-i\varphi}\tanh r a_1 a_2} = 1 + \frac{-e^{-i\varphi}\tanh r a_1 a_2}{1!} + \frac{[-e^{-i\varphi}\tanh r a_1 a_2]^2}{2!} +$$
$$\frac{[-e^{-i\varphi}\tanh r a_1 a_2]^3}{3!} + \cdots \tag{2.157}$$
所以有
$$e^{-e^{-i\varphi}\tanh r a_1 a_2}|00\rangle = |00\rangle \tag{2.158}$$
而 $e^{-(\ln\cosh r)(a_1^\dagger a_1 + a_2^\dagger a_2 + 1)}$ 的泰勒展开式为
$$e^{-(\ln\cosh r)(a_1^\dagger a_1 + a_2^\dagger a_2 + 1)} = 1 + \frac{-(\ln\cosh r)(a_1^\dagger a_1 + a_2^\dagger a_2 + 1)}{1!} +$$
$$\frac{[-(\ln\cosh r)(a_1^\dagger a_1 + a_2^\dagger a_2 + 1)]^2}{2!} + \cdots \tag{2.159}$$
进而有
$$e^{-(\ln\cosh r)(a_1^\dagger a_1 + a_2^\dagger a_2 + 1)} e^{-e^{-i\varphi}\tanh r a_1 a_2}|00\rangle = e^{-(\ln\cosh r)(a_1^\dagger a_1 + a_2^\dagger a_2 + 1)}|00\rangle$$
$$= \left\{1 + \frac{-(\ln\cosh r)}{1!} + \frac{[-(\ln\cosh r)]^2}{2!} + \frac{[-(\ln\cosh r)]^3}{3!} + \cdots\right\}|00\rangle$$
$$= e^{-(\ln\cosh r)}|00\rangle = \frac{1}{\cosh r}|00\rangle \tag{2.160}$$

将式(2.157)、式(2.160)代入式(2.155)，并利用真空态的性质，有
$$S(r)|00\rangle = \frac{1}{\cosh r} e^{-e^{i\varphi}\tanh r a_1^\dagger a_2^\dagger}|00\rangle \tag{2.161}$$
$e^{-e^{i\varphi}\tanh r a_1^\dagger a_2^\dagger}$ 的泰勒展开为
$$e^{-e^{i\varphi}\tanh r a_1^\dagger a_2^\dagger} = 1 + \frac{(-e^{i\varphi}\tanh r a_1^\dagger a_2^\dagger)}{1!} + \frac{(-e^{i\varphi}\tanh r a_1^\dagger a_2^\dagger)^2}{2!} + \frac{(-e^{i\varphi}\tanh r a_1^\dagger a_2^\dagger)^3}{3!} + \cdots$$
$$\tag{2.162}$$
代入式(2.161)，给出双模压缩真空态的光子数态表征：
$$|r\rangle = \frac{1}{\cosh r} \sum_{n=0}^{\infty} e^{in\varphi}(-\tanh r)^n |nn\rangle \tag{2.163}$$

式(2.163)存在一个很有趣的结果,发现模式 a_1 中 n 个光子、模式 a_2 中 m 个光子的概率 P_{nm} 为

$$P_{nm} = \delta_{nm} \frac{1}{\cosh^2 r}(-\tanh r)^{2n} \tag{2.164}$$

因而,如果知道模式 a_1 中有 n 个光子,无须对模式 a_2 进行实验探测,也能得出结论,模式 a_2 中同样有 n 个光子,这是一种对称非经典光量子态。

双模压缩算符 $S(r)$ 是一个幺正算符,满足 $S^\dagger(r) = S^{-1}(r)$。可以将压缩算符 $S(r)$ 写为

$$S(r) = e^{r(e^{-i\varphi} a_1 a_2 - e^{i\varphi} a_1^\dagger a_2^\dagger)} = \exp\left(-i \frac{H_r}{\hbar} r\right) \tag{2.165}$$

式中:$H_r = i\hbar(e^{-i\varphi} a_1 a_2 - e^{i\varphi} a_1^\dagger a_2^\dagger)$ 为双模压缩运算的哈密顿算符。$S(r)$ 与 H_r 显然对易:$S(r)H_r = H_r S(r)$。在海森堡图像中,双模压缩引起湮灭算符 a_1、a_2 的演变用 $b_1(r)$、$b_2(r)$ 表示。可以证明,$b_1(r)$、$b_2(r)$ 必定满足海森堡方程:

$$\frac{\mathrm{d}}{\mathrm{d}r} b_1(r) = \frac{1}{i\hbar}[b_1(r), H_r]; \quad \frac{\mathrm{d}}{\mathrm{d}r} b_2(r) = \frac{1}{i\hbar}[b_2(r), H_r] \tag{2.166}$$

以及初始条件:

$$b_1(0) = a_1; \quad b_2(0) = a_2 \tag{2.167}$$

其正规解形式为

$$\begin{cases} b_1(r) = \exp\left(i \frac{H_r}{\hbar} r\right) a_1 \exp\left(-i \frac{H_r}{\hbar} r\right) = S^\dagger(r) a_1 S(r) \\ b_2(r) = \exp\left(i \frac{H_r}{\hbar} r\right) a_2 \exp\left(-i \frac{H_r}{\hbar} r\right) = S^\dagger(r) a_2 S(r) \end{cases} \tag{2.168}$$

利用式(2.17)的量子力学公式,令 $A = a_1$,$B = iH_r r/\hbar$,则有

$$\begin{cases} [B, A] = i \frac{r}{\hbar}(H_r a_1 - a_1 H_r) = -r e^{i\varphi} a_2^\dagger \\ [B, [B, A]] = i \frac{r}{\hbar}(H_r a_2 - a_2 H_r) = r^2 a_1 \\ [B, [B, [B, A]]] = i \frac{r}{\hbar}(r e^{i\varphi})^2 (H_r a_1 - a_1 H_r) = -r^3 e^{i\varphi} a_2^\dagger \\ \vdots \end{cases} \tag{2.169}$$

因而

$$\begin{aligned} b_1(r) &= a_1 - r e^{i\varphi} a_2^\dagger + \frac{1}{2!} r^2 a_1 - \frac{1}{3!} e^{i\varphi} r^3 a_2^\dagger + \frac{1}{4!} r^4 a_1 + \cdots \\ &= a_1 \left\{ 1 + \frac{1}{2!} r^2 + \frac{1}{4!} r^4 + \cdots \right\} - e^{i\varphi} a_2^\dagger \left\{ r + \frac{1}{3!} r^3 + \frac{1}{5!} r^5 + \cdots \right\} \\ &= a_1 \cosh r - e^{i\varphi} a_2^\dagger \sinh r \end{aligned} \tag{2.170}$$

同理可得：
$$b_2(r) = a_2\cosh r - a_1^\dagger e^{i\varphi}\sinh r \qquad (2.171)$$

以及
$$b_1^\dagger(r) = a_1^\dagger\cosh r - e^{-i\varphi}a_2\sinh r; \quad b_2^\dagger(r) = a_2^\dagger\cosh r - e^{-i\varphi}a_1\sinh r \qquad (2.172)$$

双模压缩场算符 $b_1(r)$、$b_2(r)$ 同样满足对易关系：
$$[b_1(r), b_1^\dagger(r)] = [b_2(r), b_2^\dagger(r)] = 1; \quad [b_1(r), b_2(r)] = [b_1(r), b_2^\dagger(r)] = 0 \qquad (2.173)$$

$b_1(r)$、$b_2(r)$ 任一模式中的平均光子数为
$$\langle b_1^\dagger(r)b_1(r)\rangle = \langle b_2^\dagger(r)b_2(r)\rangle = \sinh^2 r \qquad (2.174)$$

以 $\langle b_1^\dagger(r)b_1(r)\rangle$ 为例，式(2.174)证明如下：
$$\langle b_1^\dagger(r)b_1(r)\rangle = \langle 00|(a_1^\dagger\cosh r - e^{-i\varphi}a_2\sinh r)(a_1\cosh r - e^{i\varphi}a_2^\dagger\sinh r)|00\rangle$$
$$= \langle 00|a_2 a_2^\dagger \sinh^2 r|00\rangle = \sinh^2 r \qquad (2.175)$$

因而，双模压缩态的总光子数为 $\langle b_1^\dagger(r)b_1(r)\rangle + \langle b_2^\dagger(r)b_2(r)\rangle = 2\sinh^2 r$。

2.2.5.2 双模压缩态的90°相差变量的不确定性

考虑双模压缩光场，将场的时间相关性从算符中提取出，式(1.283)的场算符变为

$$\begin{cases} E^+ = \dfrac{i}{\sqrt{2V}}\sqrt{\dfrac{\hbar\omega}{\varepsilon_0}}e^{i(\boldsymbol{k}_1\cdot\boldsymbol{r}-\omega_1 t)}b_1 + \dfrac{i}{\sqrt{2V}}\sqrt{\dfrac{\hbar\omega}{\varepsilon_0}}e^{i(\boldsymbol{k}_2\cdot\boldsymbol{r}-\omega_2 t)}b_2 \\ E^- = -\dfrac{i}{\sqrt{2V}}\sqrt{\dfrac{\hbar\omega}{\varepsilon_0}}e^{-i(\boldsymbol{k}_1\cdot\boldsymbol{r}-\omega_1 t)}b_1^\dagger - \dfrac{i}{\sqrt{2V}}\sqrt{\dfrac{\hbar\omega}{\varepsilon_0}}e^{-i(\boldsymbol{k}_2\cdot\boldsymbol{r}-\omega_2 t)}b_2^\dagger \end{cases} \qquad (2.176)$$

式中：下标"1"可以表示信号光子，则下标"2"表示闲置光子。其中为方便讨论，假定双模场 b_1、b_2 指的是频率简并、波矢沿不同方向的两个模式(非共线的信号光子和闲置光子)，则有 $\omega_1 = \omega_2 = \omega = \omega_p/2$，$\boldsymbol{k}_1 + \boldsymbol{k}_2 = \boldsymbol{k}_p$，其中，$\omega_p$ 为泵浦频率，$\boldsymbol{k}_p$ 为泵浦波矢(方向)。参照式(1.277)定义湮灭算符 $b_{1,2}$ 和产生算符 $b_{1,2}^\dagger$：

$$b_{1,2} = \frac{1}{\sqrt{2\varepsilon_0\hbar\omega}}(\varepsilon_0\omega Q_{1,2} + iP_{1,2}); \quad b_{1,2}^\dagger = \frac{1}{\sqrt{2\varepsilon_0\hbar\omega}}(\varepsilon_0\omega Q_{1,2} - iP_{1,2}) \qquad (2.177)$$

或者
$$Q_{1,2} = \sqrt{\frac{\hbar}{2\varepsilon_0\omega}}(b_{1,2} + b_{1,2}^\dagger); \quad P_{1,2} = -i\sqrt{\frac{\varepsilon_0\hbar\omega}{2}}(b_{1,2} - b_{1,2}^\dagger) \qquad (2.178)$$

$Q_{1,2}$ 和 $P_{1,2}$ 显然满足对易关系：$[Q_1, P_1] = [Q_2, P_2] = i\hbar$。

下面研究双模压缩态的90°相差变量的不确定性乘积 $\Delta X \cdot \Delta Y$。由式(2.176)和式(2.177)可知，双模实数光场对应的算符 E 为

$$E = E^+ + E^- = \frac{i}{\sqrt{2V}}\sqrt{\frac{\hbar\omega}{\varepsilon_0}}e^{i(\boldsymbol{k}_1\cdot\boldsymbol{r}-\omega t)}b_1 + \frac{i}{\sqrt{2V}}\sqrt{\frac{\hbar\omega}{\varepsilon_0}}e^{i(\boldsymbol{k}_2\cdot\boldsymbol{r}-\omega t)}b_2 -$$

$$\frac{\mathrm{i}}{\sqrt{2V}}\sqrt{\frac{\hbar\omega}{\varepsilon_0}}\mathrm{e}^{-\mathrm{i}(\boldsymbol{k}_1\cdot\boldsymbol{r}-\omega t)}b_1^\dagger - \frac{\mathrm{i}}{\sqrt{2V}}\sqrt{\frac{\hbar\omega}{\varepsilon_0}}\mathrm{e}^{-\mathrm{i}(\boldsymbol{k}_2\cdot\boldsymbol{r}-\omega t)}b_2^\dagger$$

$$= \omega\sqrt{\frac{\varepsilon_0}{V}}Q_1\cdot\cos\left(\boldsymbol{k}_1\cdot\boldsymbol{r}-\omega t+\frac{\pi}{2}\right) - \frac{1}{\sqrt{V\varepsilon_0}}P_1\cdot\sin\left(\boldsymbol{k}_1\cdot\boldsymbol{r}-\omega t+\frac{\pi}{2}\right) +$$

$$\omega\sqrt{\frac{\varepsilon_0}{V}}Q_2\cdot\cos\left(\boldsymbol{k}_2\cdot\boldsymbol{r}-\omega t+\frac{\pi}{2}\right) - \frac{1}{\sqrt{V\varepsilon_0}}P_2\cdot\sin\left(\boldsymbol{k}_2\cdot\boldsymbol{r}-\omega t+\frac{\pi}{2}\right)$$

$$= X_1\cdot\cos\left(\boldsymbol{k}_1\cdot\boldsymbol{r}-\omega t+\frac{\pi}{2}\right) - Y_1\cdot\sin\left(\boldsymbol{k}_1\cdot\boldsymbol{r}-\omega t+\frac{\pi}{2}\right) +$$

$$X_2\cdot\cos\left(\boldsymbol{k}_2\cdot\boldsymbol{r}-\omega t+\frac{\pi}{2}\right) - Y_2\cdot\sin\left(\boldsymbol{k}_2\cdot\boldsymbol{r}-\omega t+\frac{\pi}{2}\right) \quad (2.179)$$

式中：

$$X_1 = \omega\sqrt{\frac{\varepsilon_0}{V}}Q_1;\ Y_1 = \frac{1}{\sqrt{V\varepsilon_0}}P_1;\ X_2 = \omega\sqrt{\frac{\varepsilon_0}{V}}Q_2;\ Y_2 = \frac{1}{\sqrt{V\varepsilon_0}}P_2 \quad (2.180)$$

X_1、Y_1 和 X_2、Y_2 满足：

$$[X_1, Y_1] = [X_2, Y_2] = \mathrm{i}\frac{\hbar\omega}{V} \quad (2.181)$$

为了实现双模光场的能量归一化，建构新的 90°相差算符 X、Y：

$$\begin{cases} X = \dfrac{X_1 + X_2}{\sqrt{2}} = \dfrac{1}{2}\sqrt{\dfrac{\hbar\omega}{V}}(b_1 + b_1^\dagger + b_2 + b_2^\dagger) \\ Y = \dfrac{Y_1 + Y_2}{\sqrt{2}} = \dfrac{1}{2\mathrm{i}}\sqrt{\dfrac{\hbar\omega}{V}}(b_1 - b_1^\dagger + b_2 - b_2^\dagger) \end{cases} \quad (2.182)$$

可以很容易证明：$[X,Y] = \mathrm{i}(\hbar\omega/V)$，这正是能量归一化的结果。

双模压缩态的任意相位角度 θ 的 90°相差算符 X_θ 定义为

$$X_\theta = X\cos\theta + Y\sin\theta = \frac{X_1 + X_2}{\sqrt{2}}\cos\theta + \frac{Y_1 + Y_2}{\sqrt{2}}\sin\theta$$

$$Y_\theta = X_{\theta+\frac{\pi}{2}} = -X\sin\theta + Y\cos\theta = -\frac{X_1 + X_2}{\sqrt{2}}\sin\theta + \frac{Y_1 + Y_2}{\sqrt{2}}\cos\theta \quad (2.183)$$

相应地，参照式（2.44），任意相位角度 θ 的算符 b_θ、$b_\theta^\dagger$ 定义为

$$b_\theta = \sqrt{\frac{V}{2\hbar\omega}}(X_\theta + \mathrm{i}Y_\theta) = \sqrt{\frac{V}{2\hbar\omega}}(X + \mathrm{i}Y)\mathrm{e}^{-\mathrm{i}\theta} = \mathrm{e}^{-\mathrm{i}\theta}\left(\frac{b_1 + b_2}{\sqrt{2}}\right)$$

$$b_\theta^\dagger = \sqrt{\frac{V}{2\hbar\omega}}(X_\theta - \mathrm{i}Y_\theta) = \sqrt{\frac{V}{2\hbar\omega}}(X - \mathrm{i}Y)\mathrm{e}^{\mathrm{i}\theta} = \mathrm{e}^{\mathrm{i}\theta}\left(\frac{b_1^\dagger + b_2^\dagger}{\sqrt{2}}\right) \quad (2.184)$$

并有 $[b_\theta, b_\theta^\dagger] = 1$。参照式（2.46），$X_\theta$、$Y_\theta$ 也可以写成：

第 2 章 光量子态

$$X_\theta = \sqrt{\frac{\hbar\omega}{2V}}(b_\theta + b_\theta^\dagger); Y_\theta = \frac{1}{i}\sqrt{\frac{\hbar\omega}{2V}}(b_\theta - b_\theta^\dagger) \qquad (2.185)$$

且有 $[X_\theta, Y_\theta] = [X, Y] = i(\hbar\omega/V)$。

参照式(2.54),归一化到相空间,则90°相差算符变为

$$X_r = \sqrt{\frac{V}{2\hbar\omega}} \cdot X_\theta = \frac{1}{2}(b_\theta + b_\theta^\dagger); Y_r = \sqrt{\frac{V}{2\hbar\omega}} \cdot Y_\theta = \frac{1}{2i}(b_\theta - b_\theta^\dagger) \qquad (2.186)$$

因而

$$[X_r, Y_r] = \frac{1}{4i}\left[(b_\theta + b_\theta^\dagger)(b_\theta - b_\theta^\dagger) - (b_\theta - b_\theta^\dagger)(b_\theta + b_\theta^\dagger)\right] = \frac{i}{2} \qquad (2.187)$$

下面求 X_r、Y_r 的统计特性。统计平均 $\langle X_r \rangle$ 为

$$\langle X_r \rangle = \frac{1}{2}\langle 00 | \left[e^{-i\theta}\left(\frac{b_1 + b_2}{\sqrt{2}}\right) + e^{i\theta}\left(\frac{b_1^\dagger + b_2^\dagger}{\sqrt{2}}\right) \right] | 00 \rangle$$

$$= \frac{1}{2\sqrt{2}}\left\langle 00 \left| \begin{array}{l} e^{-i\theta}[(a_1 + a_2)\cosh r - (a_2^\dagger + a_1^\dagger)e^{i\varphi}\sinh r] \\ + e^{i\theta}[(a_1^\dagger + a_2^\dagger)\cosh r - (a_2 + a_1)e^{-i\varphi}\sinh r] \end{array} \right| 00 \right\rangle = 0$$

$$\qquad (2.188)$$

因而 X_r 的均方差 $(\Delta X_r)^2$ 为

$$(\Delta X_r)^2 = \langle X_r^2 \rangle - \langle X_r \rangle^2$$

$$= \frac{1}{8}\left\langle 00 \left| \left\{ \begin{array}{l} e^{-i\theta}[(a_1 + a_2)\cosh r - (a_2^\dagger + a_1^\dagger)e^{i\varphi}\sinh r] \\ + e^{i\theta}[(a_1^\dagger + a_2^\dagger)\cosh r - (a_2 + a_1)e^{-i\varphi}\sinh r] \end{array} \right\}^2 \right| 00 \right\rangle$$

$$= \frac{1}{4}\{\cosh^2 r + \sinh^2 r - e^{-2i\theta}e^{i\varphi}\sinh r\cosh r - e^{2i\theta}e^{-i\varphi}\sinh r\cosh r\}$$

$$= \frac{1}{4}\left\{\cosh^2 r + \sinh^2 r - 2\sinh r\cosh r\cos^2\left(\frac{\varphi - 2\theta}{2}\right)\right\}$$

$$= \frac{1}{4}\left[e^{2r}\sin^2\left(\frac{\varphi - 2\theta}{2}\right) + e^{-2r}\cos^2\left(\frac{\varphi - 2\theta}{2}\right)\right] \qquad (2.189)$$

同理 Y_r 的均方差 $(\Delta Y_r)^2$ 为

$$(\Delta Y_r)^2 = \frac{1}{4}\left[e^{2r}\cos^2\left(\frac{\varphi - 2\theta}{2}\right) + e^{-2r}\sin^2\left(\frac{\varphi - 2\theta}{2}\right)\right] \qquad (2.190)$$

注意:式(2.189)和式(2.190)表明,双模压缩态两个模式的合成场的90°相差量的不确定性与单模压缩态式(2.115)和式(2.116)的结果完全相同,也即双模压缩态的总体统计特性与单模压缩态相同,这是不难理解的,因为单模压缩态和双模压缩态均由同质的信号光子和闲置光子组成。

2.2.5.3 双模压缩态的非经典性

如图 2.12 所示,双模压缩态是参量向下转换(Spontaneous Parametric Down-

Conversion,SPDC)过程中非共线的信号光子和闲置光子沿不同方向传播而形成的两个空间模式,而粒子纠缠仅发生于同时产生的信号光子和闲置光子之间,因此,双模压缩态的两个模式 $b_1(r)$、$b_2(r)$ 可以看成是彼此纠缠的偶光子对分开后在每个模式中以相干态叠加。也就是说,双模压缩态的单个模式中不存在粒子纠缠,但两个模式之间存在模式纠缠。模式纠缠是双模压缩态非经典性的体现,其表征是场算符 $b_1(r)$、$b_2(r)$ 之间的协方差 $C_S(b_1,b_2)$ 不为零。

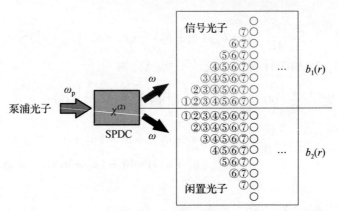

图 2.12 双模压缩态

下面考察双模压缩态场算符 $b_1(r)$、$b_2(r)$ 的统计性质。首先计算 $b_1(r)$、$b_2(r)$ 的统计平均 $\langle b_1(r)\rangle$、$\langle b_2(r)\rangle$ 和均方值 $\langle b_1^2(r)\rangle$、$\langle b_2^2(r)\rangle$。由式(2.170)、式(2.171)很容易得到:

$$\begin{cases} \langle b_1(r)\rangle = \langle 00|(a_1\cosh r - e^{i\varphi}a_2^\dagger\sinh r)|00\rangle = 0 \\ \langle b_2(r)\rangle = \langle 00|(a_2\cosh r - e^{i\varphi}a_1^\dagger\sinh r)|00\rangle = 0 \\ \langle b_1^2(r)\rangle = \langle 00|(a_1\cosh r - e^{i\varphi}a_2^\dagger\sinh r)^2|00\rangle = 0 \\ \langle b_2^2(r)\rangle = \langle 00|(a_2\cosh r - e^{i\varphi}a_1^\dagger\sinh r)^2|00\rangle = 0 \end{cases} \quad (2.191)$$

还可以得到:

$$\langle b_1(r)b_2(r)\rangle = \langle 00|(a_1\cosh r - e^{i\varphi}a_2^\dagger\sinh r)(a_2\cosh r - a_1^\dagger e^{i\varphi}\sinh r)|00\rangle$$
$$= \langle 00|(-a_1 a_1^\dagger e^{i\varphi}\sinh r\cosh r)|00\rangle = -e^{i\varphi}\sinh r\cosh r \quad (2.192)$$

因而,算符 $b_1(r)$、$b_2(r)$ 的方差和协方差为

$$\begin{cases} D_S(b_1) = \langle b_1^2(r)\rangle - \langle b_1(r)\rangle^2 = 0;\ D_S(b_2) = \langle b_2^2(r)\rangle - \langle b_2(r)\rangle^2 = 0 \\ C_S(b_1,b_2) = \langle b_1(r)b_2(r)\rangle - \langle b_1(r)\rangle\langle b_2(r)\rangle = -e^{i\varphi}\sinh r\cosh r \end{cases}$$
$$(2.193)$$

由式(2.193)可以看到,对于双模压缩态,每个模式的方差为零,但两个模式的协方差却不为零。$b_1(r)$、$b_2(r)$ 的方差为零意味着每个模式自身都不存在

粒子纠缠,而协方差不为零表明模式 $b_1(r)$、$b_2(r)$ 之间存在相关性,也即模式纠缠。

不难证明,式(2.189)和式(2.190)的 90°相差变量的不确定性 $(\Delta X_r)^2$、$(\Delta Y_r)^2$ 与式(2.193)中 $b_1(r)$、$b_2(r)$ 的方差和协方差直接关联。由式(2.184)和式(2.186)有

$$(\Delta X_r)^2 = \frac{1}{8}\langle [\mathrm{e}^{-\mathrm{i}\theta}(b_1+b_2)+\mathrm{e}^{\mathrm{i}\theta}(b_1^\dagger+b_2^\dagger)]^2\rangle -$$

$$\frac{1}{8}\langle \mathrm{e}^{-\mathrm{i}\theta}(b_1+b_2)+\mathrm{e}^{\mathrm{i}\theta}(b_1^\dagger+b_2^\dagger)\rangle^2$$

$$= \frac{1}{4}+\frac{1}{2}\sinh^2 r + \frac{1}{8}\{\mathrm{e}^{-2\mathrm{i}\theta}[D_\mathrm{S}(b_1)+D_\mathrm{S}(b_2)+2C_\mathrm{S}(b_1,b_2)]\} +$$

$$\frac{1}{8}\{\mathrm{e}^{-2\mathrm{i}\theta}[D_\mathrm{S}(b_1)+D_\mathrm{S}(b_2)+2C_\mathrm{S}(b_1,b_2)]\}^*$$

$$= \frac{1}{4}\left[\mathrm{e}^{2r}\sin^2\left(\frac{\varphi-2\theta}{2}\right)+\mathrm{e}^{-2r}\cos^2\left(\frac{\varphi-2\theta}{2}\right)\right] \quad (2.194)$$

以及

$$(\Delta Y_r)^2 = \frac{1}{4}\left[\mathrm{e}^{2r}\cos^2\left(\frac{\varphi-2\theta}{2}\right)+\mathrm{e}^{-2r}\sin^2\left(\frac{\varphi-2\theta}{2}\right)\right] \quad (2.195)$$

协方差 $C_\mathrm{S}(b_1,b_2)\neq 0$ 表明,可以通过 $b_1(r)$、$b_2(r)$ 的线性叠加态构建新的算符 $b_1'(r)$、$b_2'(r)$,即

$$b_1'(r) = \frac{1}{\sqrt{2}}[b_1(r)+b_2(r)]; b_2'(r) = \frac{1}{\sqrt{2}}[b_1(r)-b_2(r)] \quad (2.196)$$

这显然有:$\langle b_1'(r)\rangle = \langle b_2'(r)\rangle = 0$。利用 $[b_1(r),b_1^\dagger(r)] = [b_2(r),b_2^\dagger(r)] = 1$, $[b_1(r),b_2^\dagger(r)] = [b_1(r),b_2(r)] = 0$,很容易证明算符 $b_1'(r)$、$b_2'(r)$ 满足对易关系:

$$\begin{cases}[b_1'(r),b_1'^\dagger(r)] = [b_2'(r),b_2'^\dagger(r)] = 1\\ [b_1'(r),b_2'(r)] = [b_1'(r),b_2'^\dagger(r)] = 0\end{cases} \quad (2.197)$$

新的算符 $b_1'(r)$、$b_2'(r)$ 可以采用理想 50∶50 分束器构建。将双模压缩态的 $b_1(r)$、$b_2(r)$ 作为分束器的两个输入态,式(2.196)即为分束器的两个输出态。

算符 $b_1'(r)$、$b_2'(r)$ 的二阶统计特性为

$$\begin{cases}\langle b_1'^2(r)\rangle = -\mathrm{e}^{\mathrm{i}\varphi}\cosh r\sinh r; \langle b_2'^2(r)\rangle = \mathrm{e}^{\mathrm{i}\varphi}\cosh r\sinh r\\ \langle b_1'(r)b_2'(r)\rangle = \langle b_2'(r)b_1'(r)\rangle = 0\end{cases} \quad (2.198)$$

因此,$b_1'(r)$、$b_2'(r)$ 各自的方差 $D_\mathrm{S}(b_1')$、$D_\mathrm{S}(b_2')$ 以及 $b_1'(r)$、$b_2'(r)$ 之间的协方差 $C_\mathrm{S}(b_1',b_2')$ 为

$$\begin{cases} D_S(b_1') = \langle b_1'^2(r) \rangle - \langle b_1'(r) \rangle^2 = -\mathrm{e}^{\mathrm{i}\varphi}\cosh r\sinh r \\ D_S(b_2') = \langle b_2'^2(r) \rangle - \langle b_2'(r) \rangle^2 = \mathrm{e}^{\mathrm{i}\varphi}\cosh r\sinh r \\ C_S(b_1',b_2') = \langle b_1'(r)b_2'(r) \rangle - \langle b_1'(r) \rangle \langle b_2'(r) \rangle = 0 \end{cases} \quad (2.199)$$

两个新的模式 $b_1'(r)$、$b_2'(r)$ 的统计性质与单模压缩态完全相同。说明双模压缩态与单模压缩态之间存在联系。由式(2.196)和式(2.197)，双模压缩态 $b_1(r)$、$b_2(r)$ 与两个新模式 $b_1'(r)$、$b_2'(r)$ 之间满足关系：

$$\frac{1}{2}[b_1^2(r) - b_2^2(r)] = b_1'(r)b_2'(r) \quad (2.200)$$

利用式(2.14)的量子力学公式，式(2.154)的双模压缩算符可以写成两个压缩相位相差 π 的单模压缩算符的乘积：

$$S(r) = \mathrm{e}^{r(\mathrm{e}^{-\mathrm{i}\varphi}a_1a_2 - \mathrm{e}^{\mathrm{i}\varphi}a_1^\dagger a_2^\dagger)} = \mathrm{e}^{r(\mathrm{e}^{-\mathrm{i}\varphi}a_1'^2 - \mathrm{e}^{\mathrm{i}\varphi}a_1'^{\dagger 2})/2}\mathrm{e}^{-r(\mathrm{e}^{-\mathrm{i}\varphi}a_2'^2 - \mathrm{e}^{\mathrm{i}\varphi}a_2'^{\dagger 2})/2}$$
$$= \mathrm{e}^{r(\mathrm{e}^{-\mathrm{i}\varphi}a_1'^2 - \mathrm{e}^{\mathrm{i}\varphi}a_1'^{\dagger 2})/2}\mathrm{e}^{r(\mathrm{e}^{-\mathrm{i}(\varphi+\pi)}a_2'^2 - \mathrm{e}^{\mathrm{i}(\varphi+\pi)}a_2'^{\dagger 2})/2} \quad (2.201)$$

参照式(2.196)和式(2.197)的关系，a_1'、a_2' 由 a_1、a_2 构建：

$$a_1' = \frac{1}{\sqrt{2}}(a_1 + a_2); \quad a_2' = \frac{1}{\sqrt{2}}(a_1 - a_2) \quad (2.202)$$

式(2.202)也可以写成：

$$a_1 = \frac{1}{\sqrt{2}}(a_1' + a_2'); \quad a_2 = \frac{1}{\sqrt{2}}(a_1' - a_2') \quad (2.203)$$

将式(2.203)代入式(2.170)和式(2.171)，可以证明，式(2.196)定义的 $b_1'(r)$、$b_2'(r)$ 可以写成以 a_1'、a_2' 为基的两个独立的单模压缩态：

$$b_1'(r) = a_1'\cosh r - \mathrm{e}^{\mathrm{i}\varphi}a_1'^\dagger\sinh r; \quad b_2'(r) = a_2'\cosh r - \mathrm{e}^{\mathrm{i}(\varphi+\pi)}a_2'^\dagger\sinh r \quad (2.204)$$

以 a_1'、a_2' 为基，很容易证明：

$$\begin{cases} \langle b_1'^2(r) \rangle_{(a_1',a_2')} = -\mathrm{e}^{\mathrm{i}\varphi}\cosh r\sinh r; \quad \langle b_2'^2(r) \rangle_{(a_1',a_2')} = \mathrm{e}^{\mathrm{i}\varphi}\cosh r\sinh r \\ \langle b_1'(r)b_2'(r) \rangle_{(a_1',a_2')} = 0 \end{cases} \quad (2.205)$$

进而，以 a_1'、a_2' 为基，$b_1'(r)$、$b_2'(r)$ 的方差和协方差为

$$\begin{cases} D_{S(a_1',a_2')}(b_1') = -\mathrm{e}^{\mathrm{i}\varphi}\cosh r\sinh r; \quad D_{S(a_1',a_2')}(b_2') = \mathrm{e}^{\mathrm{i}\varphi}\cosh r\sinh r \\ C_{S(a_1',a_2')}(b_1',b_2') = 0 \end{cases} \quad (2.206)$$

式(2.206)表明，两个模式 $b_1'(r)$、$b_2'(r)$ 各自存在粒子纠缠。比较式(2.193)和式(2.206)表明，纠缠的概念依赖于描述该系统所选择的基，选择不同的基，模式纠缠和粒子纠缠之间可以相互转化[4]。但只要存在纠缠，量子态就具有非经典性。图2.13示出了双模压缩态在不同基上的输出模式：$b_1(r)$、$b_2(r)$ 和 $b_1'(r)$、$b_2'(r)$。$b_1(r)$、$b_2(r)$ 之间展示出模式纠缠；而 $b_1'(r)$、$b_2'(r)$ 是压缩相位相差 π 的两个单模压缩态。

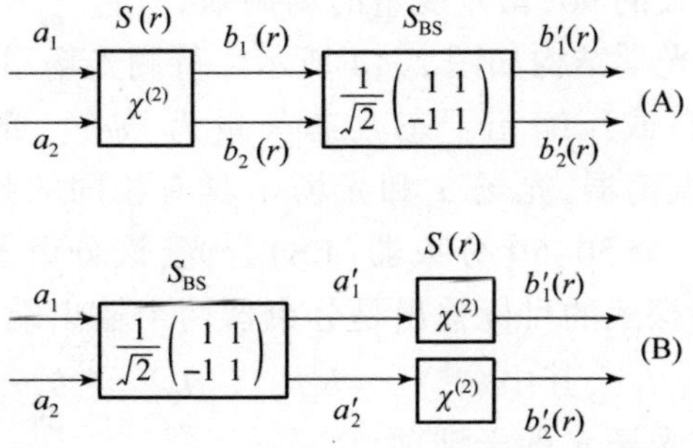

图 2.13 双模压缩态在不同基上的输出模式

下面只关注 $b'_1(r)$，考察 90°相差变量的不确定性 $(\Delta X_r)^2$、$(\Delta Y_r)^2$。由式(2.184)和式(2.186)得到：

$$X_r(b'_1) = \frac{1}{2}[e^{-i\theta}b'_1(r) + e^{i\theta}b'^{\dagger}_1(r)]; Y_r(b'_1) = \frac{1}{2i}[e^{-i\theta}b'_1(r) - e^{i\theta}b'^{\dagger}_1(r)]$$

(2.207)

利用式(2.199)得到：

$$(\Delta X_r)^2 = \frac{1}{4}\langle 00 | [e^{-i\theta}b'_1(r) + e^{i\theta}b'^{\dagger}_1(r)]^2 | 00\rangle -$$

$$\frac{1}{4}\langle 00 | [e^{-i\theta}b'_1(r) + e^{i\theta}b'^{\dagger}_1(r)] | 00\rangle^2$$

$$= \frac{1}{4}\{e^{-2i\theta}D_S(b'_1) + e^{2i\theta}D_S(b'^{\dagger}_1) + 2\sinh^2 r + 1\}$$

$$= \frac{1}{4}[\cosh^2 r + \sinh^2 r - 2\sinh r \cosh r \cos(\varphi - 2\theta)]$$

$$= \frac{1}{4}\left[e^{-2r}\cos^2\left(\frac{\varphi-2\theta}{2}\right) + e^{2r}\sin^2\left(\frac{\varphi-2\theta}{2}\right)\right] \quad (2.208)$$

同理

$$(\Delta Y_r)^2 = \frac{1}{4}\left[e^{-2r}\sin^2\left(\frac{\varphi-2\theta}{2}\right) + e^{2r}\cos^2\left(\frac{\varphi-2\theta}{2}\right)\right] \quad (2.209)$$

这没有改变式(2.194)和式(2.195)的结果。对于 $b'_2(r)$，将式(2.208)和式(2.209)最终结果中用 $\varphi + \pi$ 替换 φ，可以得到类似的结果。

2.2.6 平衡零差探测原理

光探测是量子光学测量的基础，最直接的方式是采用光探测器测量光子数（光强），对于非常微弱的非经典光来说，这些探测器必须具有低电子噪声和单光子分辨率。当然，还存在另一种方式，称为零差探测[3]，取代量子化的光强，这种方法可以测量被放大的 90°相差变量的场振幅。

平衡零差探测的光学结构如图 2.14 所示。待测光场用 a_1 表示，假定为非经典光（比如单模压缩态或压缩相干态），态矢量为 $|\psi\rangle$。光场 a_2 为相干态 $|\beta\rangle$（激光束），作为本地振荡器，光场 a_1 和光场 a_2 具有相同的频率和固定的相位关系。光场 a_1、a_2 通过一个 50:50 分束器（BS）合光，该分束器的输出光场用算符 b_1、b_2 表示。平衡零差探测的目标输出是分束器两个输出端口的光强差（光子数差）$\langle I_1 \rangle - \langle I_2 \rangle = \langle I_1 - I_2 \rangle$，其中 $\langle I_1 \rangle = \langle b_1^\dagger b_1 \rangle$，$\langle I_2 \rangle = \langle b_2^\dagger b_2 \rangle$。$\langle I_1 \rangle - \langle I_2 \rangle$ 包含本地振荡器 a_2 与待测光场 a_1 的干涉项。

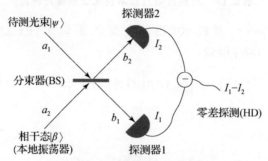

图 2.14　均衡零差探测原理

50:50 分束器输入/输出光场的关系为

$$\begin{pmatrix} b_1 \\ b_2 \end{pmatrix} = \frac{1}{\sqrt{2}} \begin{pmatrix} 1 & i \\ i & 1 \end{pmatrix} \begin{pmatrix} a_1 \\ a_2 \end{pmatrix} \tag{2.210}$$

也即

$$b_1 = \frac{1}{\sqrt{2}}(a_1 + ia_2); b_2 = \frac{1}{\sqrt{2}}(ia_1 + a_2) \tag{2.211}$$

所以有

$$\begin{cases} I_1 = b_1^\dagger b_1 = \frac{1}{\sqrt{2}}(a_1^\dagger - ia_2^\dagger)\frac{1}{\sqrt{2}}(a_1 + ia_2) = \frac{1}{2}(a_1^\dagger a_1 + ia_1^\dagger a_2 - ia_2^\dagger a_1 + a_2^\dagger a_2) \\ I_2 = b_2^\dagger b_2 = \frac{1}{\sqrt{2}}(-ia_1^\dagger + a_2^\dagger)\frac{1}{\sqrt{2}}(ia_1 + a_2) = \frac{1}{2}(a_1^\dagger a_1 - ia_1^\dagger a_2 + ia_2^\dagger a_1 + a_2^\dagger a_2) \end{cases}$$

$$\tag{2.212}$$

因此平衡零差探测的目标输出 $\langle I_1 \rangle - \langle I_2 \rangle$ 的平均值为

$$\langle I_1 \rangle - \langle I_2 \rangle = \langle b_1^\dagger b_1 \rangle - \langle b_2^\dagger b_2 \rangle = i\langle \psi, \beta | (a_1^\dagger a_2 - a_2^\dagger a_1) | \psi, \beta \rangle$$
$$= i\langle \psi, 0 | D^\dagger(\beta)(a_1^\dagger a_2 - a_2^\dagger a_1) D(\beta) | \psi, 0 \rangle \tag{2.213}$$

式中：$D(\beta)$ 是位移算符，有

$$D(\beta) = e^{\beta a_2^\dagger - \beta^* a_2} \tag{2.214}$$

且有
$$D^\dagger(\beta)a_2 D(\beta) = a_2 + \beta; D^\dagger(\beta)a_2^\dagger D(\beta) = a_2^\dagger + \beta^* \qquad (2.215)$$
代入 $\langle I_1 \rangle - \langle I_2 \rangle$ 中,得到:
$$\langle I_1 \rangle - \langle I_2 \rangle = i\langle \psi, 0 | [a_1^\dagger D^\dagger(\beta)a_2 D(\beta) - D^\dagger(\beta)a_2^\dagger D(\beta)a_1] | \psi, 0 \rangle$$
$$= -i\langle \psi | [\beta^* a_1 - \beta a_1^\dagger] | \psi \rangle \qquad (2.216)$$
令 $\beta = |\beta| e^{i\theta}$,$\theta$ 是相干态 $|\beta\rangle$ 的相位时:
$$\langle I_1 \rangle - \langle I_2 \rangle = -i|\beta|\langle \psi | (a_1 e^{-i\theta} - a_1^\dagger e^{i\theta}) | \psi \rangle \qquad (2.217)$$

参照式(2.46)和式(2.54),对于相空间中的任意相位角度 θ,态矢量的归一化90°相差分量(算符)X_r 和 Y_r 定义为
$$X_r(\theta) = \frac{1}{2}(a_\theta + a_\theta^\dagger); Y_r(\theta) = \frac{1}{2i}(a_\theta - a_\theta^\dagger) \qquad (2.218)$$
具体到这里:
$$a_\theta = e^{-i\theta} a_1; a_\theta^\dagger = e^{i\theta} a_1^\dagger \qquad (2.219)$$
所以平衡零差探测的目标输出为
$$\langle I_1 \rangle - \langle I_2 \rangle = 2|\beta|\langle \psi | Y_r(\theta) | \psi \rangle \qquad (2.220)$$

可以看出,平衡零差探测输出的平均值是对输入场(待测场)的任意相位角度 θ 的90°相差分量的 Y 分量的测量。激光束作为一个参考光束,有两个作用:①本地振荡器的信号足够强,平衡零差探测装置相当于一个放大器,通过两个场的相互混合,本地振荡器放大了待测信号90°相差分量的振幅;②提供了90°相差分量的相位参考角度 θ,也即通过调节 θ,可以测量相空间中任意角度 θ 的待测信号的90°相差分量 Y 分量的振幅。如将激光束的相位参考角度调节为 $\theta - \pi/2$ 时,可以测量任意相位角度 θ 的90°相差分量的 X 分量(或 ΔX)。此时由于 $e^{i(\theta-\pi/2)} = -ie^{i\theta}$,$e^{-i(\theta-\pi/2)} = ie^{-i\theta}$,式(2.217)变为
$$\langle I_1 \rangle - \langle I_2 \rangle = -i|\beta|\langle \psi | (ia_1 e^{-i\theta} + ia_1^\dagger e^{i\theta}) | \psi \rangle = 2|\beta|\langle \psi | X_r(\theta) | \psi \rangle \qquad (2.221)$$

由于相干态 $|\beta\rangle$(激光束)的光场很大,在零差探测中,待测信号的90°相差分量的信号振幅被放大 $2|\beta|$ 倍,这意味着即使含有噪声的线性响应光二极管也可以探测待测信号的量子特征,例如,考察90°相差变量的信号强度的噪声压缩情况并通过调节相位参考角度 θ,可以获得具有最小不确定性的信号强度。在 Sagnac 干涉仪中,经典光(如相干态)经分束器进入光纤线圈,如果光纤线圈内部含有参量放大器(单模压缩过程),使顺时针(Clock Wise, CW)光场和逆时针(Counter Clock Wise, CCW)光场各自形成压缩相干态,此时尽管 CW 和 CCW 的压缩态之间不存在光子纠缠但光子数仍具有亚泊松统计的噪声特征,基于平衡零差探测,可以得到量子增强的相位检测灵敏度。

参考文献

[1] GLAUBER R J. Quantum theory of optical coherence[M]. Weinheim: WILEY – VCH, 2007.
[2] ORSZAG M. Quantum optics[M]. New York: Springer, 2016.
[3] FURUSAWA A. Quantum states of light [M]. New York: Springer, 2015.
[4] AGARWAL G S. Quantum optics [M]. New York: Cambridge University Press, 2013.

第 3 章 量子纠缠光纤陀螺仪的光路结构和动力学分析

除了光子源和二阶关联探测装置,量子纠缠光纤陀螺仪的光路结构通常和传统光纤陀螺一样,包括一个光纤分束器和一个光纤线圈,即构成所谓 Sagnac 光纤干涉仪。尽管文献中均采用马赫-泽德(M-Z)干涉仪模型来分析量子纠缠 Sagnac 干涉仪,但前者是一个四端口器件而后者是两端口器件,由前者建模得到的输出光量子态无法在后者上直接再现。因此,本章提出在 Sagnac 干涉仪的两个输入端口各插入一个光学环形器,以实现 Sagnac 干涉仪输入态和输出态的有效分离。这样,可以借鉴马赫-泽德干涉仪的量子分析模型研究 Sagnac 干涉仪的动力学特性,给出场算符和任意输入态矢量在 Sagnac 干涉仪中演变的海森堡图像和薛定谔图像,并得到支配量子 Sagnac 干涉仪系统演变过程的动力学参数:哈密顿算符。

3.1 分束器的量子特性

光学分束器作为一个无源线性光学器件,是论证光的量子性质的重要器件。几乎所有的光学干涉仪如迈克耳逊干涉仪、M-Z 干涉仪和 Sagnac 干涉仪都需要用到分束器。简单的分束器模型可以描述量子纠缠光纤陀螺仪的光子纠缠现象,也可以解释损耗等引起的退相干影响。光学分束器也是影响量子纠缠光纤陀螺仪光路互易性的重要因素。

3.1.1 分束器的经典描述

对于分立光学元件或空间光学元件,分束器可由半透半反镜构成;对于光纤器件,分束器是一个 2×2 光纤耦合器。两种分束器的结构[1]见图 3.1。图 3.1 中,a_i:输入端口,b_i:输出端口,$i=1,2$。半透半反镜的透射光束对应光纤耦合器的传输光束,半透反射镜的反射光束对应光纤耦合器的耦合光束。两者的分析模型相同。首先回顾光学分束器对一个经典输入光场的作用。

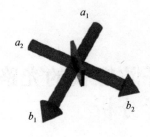 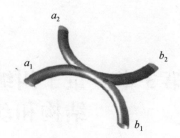

(a) 两个自由传播模式通过一个半透半反镜耦合　　(b) 单模光纤中导引的两个模式在光纤耦合器中耦合

图 3.1　两种分束器的结构示意图

图 3.2 是采用经典输入场时的分束器一般模型。考虑一个振幅归一化（$|E|^2 = 1$）的经典光场 E，从其中一个端口（图 3.2 中为端口 1）入射到分束器。透射光束和反射光束显然可以写成：

$$E_t = t_1 E; E_r = r_1 E \tag{3.1}$$

式中：r_1 和 t_1 分别为入射光束一侧半透半反镜的反射振幅和透射振幅。假定是理想的无损耗分束器，由能量守恒得到：

$$|t_1|^2 + |r_1|^2 = 1 \tag{3.2}$$

下面考察分束器的这种经典描述对量子输入的适应性。在量子理论中，输入、输出光场振幅均用湮灭算符代替，湮灭算符的行为类似经典光场的复振幅。设输入场算符为 a_1，两个输出（透射和反射）场算符为 b_1、b_2，则式（3.1）变为

$$b_2 = r_1 a_1; b_1 = t_1 a_1 \tag{3.3}$$

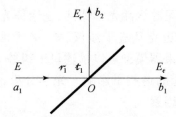

图 3.2　分束器对经典输入场的作用

湮灭算符和产生算符的基本对易关系为

$$\begin{cases} [a_i, a_j^\dagger] = \delta_{ij}; [b_i, b_j^\dagger] = \delta_{ij} \\ [a_i, a_j] = [a_i^\dagger, a_j^\dagger] = 0; [b_i, b_j] = [b_i^\dagger, b_j^\dagger] = 0 \end{cases} \quad i,j = 1,2 \tag{3.4}$$

显然，式（3.3）不满足对易关系 $[b_1, b_1^\dagger] = [b_2, b_2^\dagger] = 1$。因为由式（3.3），得到 $b_1^\dagger = t_1^* a_1^\dagger$，进而：

$$[b_1, b_1^\dagger] = b_1 b_1^\dagger - b_1^\dagger b_1 = |t_1|^2 [a_1, a_1^\dagger] = |t_1|^2 \neq 1 \tag{3.5}$$

同理

$$[b_2, b_2^\dagger] = b_2 b_2^\dagger - b_2^\dagger b_2 = |r_1|^2 [a_1, a_1^\dagger] = |r_1|^2 \neq 1 \quad (3.6)$$

这与量子光学理论的 $[a_1, a_1^\dagger] = [b_1, b_1^\dagger] = [b_2, b_2^\dagger] = 1$ 显然不符,因而理想分束器的经典描述不适用于量子分析。其原因在于:在分束器的经典描述中,存在一个无用的端口,没有输入场,对输出也没有影响,因而无须考虑该端口;而在量子描述中,"无用"端口仍包含一个量子化的场模式,称为真空态,真空涨落会导致重要的量子物理效应。所以在量子理论中,式(3.3)套用经典光场式(3.1)对分束器进行描述是错误的,需要修正,也即需要引入真空态输入端口的场算符 a_2。下面将要看到,真空输入端口 a_2 的引入和分束器传输矩阵的幺正性质确保了输出光场的算符满足式(3.4)的基本对易关系。

3.1.2 分束器的量子描述

量子光学的一个基本特征是存在真空场。也就是说,量子分束器总是一个四端口器件:即使只有一个输入光场被分成两束,没有场入射进分束器的另一个端口,也可以认为真空场从这个端口进入。下面讨论量子化光场在分束器上的变换,量子分析模型如图 3.3 所示,其中,r_i、$t_i (i=1,2)$ 是光场从分束器两侧入射到分束器时的反射振幅和透射振幅。输入、输出算符的关系为

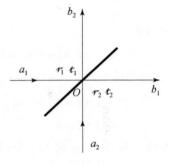

图 3.3 分束器的量子分析模型

$$b_1 = t_1 a_1 + r_2 a_2; \quad b_2 = r_1 a_1 + t_2 a_2 \quad (3.7)$$

或写成矩阵形式:

$$\begin{pmatrix} b_1 \\ b_2 \end{pmatrix} = \begin{pmatrix} t_1 & r_2 \\ r_1 & t_2 \end{pmatrix} \begin{pmatrix} a_1 \\ a_2 \end{pmatrix} = S_{BS} \begin{pmatrix} a_1 \\ a_2 \end{pmatrix} \quad (3.8)$$

式中:S_{BS} 称为分束器的传输矩阵,可以写为

$$S_{BS} = \begin{pmatrix} t_1 & r_2 \\ r_1 & t_2 \end{pmatrix} \quad (3.9)$$

由式(3.7)还可以得到:

$$b_1^\dagger = t_1^* a_1^\dagger + r_2^* a_2^\dagger; \quad b_2^\dagger = r_1^* a_1^\dagger + t_2^* a_2^\dagger \quad (3.10)$$

则分束器两个输出端口的光子数算符 n_{b_1}、n_{b_2} 为

$$\begin{cases} n_{b_1} = b_1^\dagger b_1 = |t_1|^2 n_{a_1} + |r_2|^2 n_{a_2} + t_1^* r_2 a_1^\dagger a_2 + t_1 r_2^* a_2^\dagger a_1 \\ n_{b_2} = b_2^\dagger b_2 = |r_1|^2 n_{a_1} + |t_2|^2 n_{a_2} + t_2^* r_1 a_1^\dagger a_2 + t_2 r_1^* a_2^\dagger a_1 \end{cases} \quad (3.11)$$

式中:$n_{a_1} = a_1^\dagger a_1$,$n_{a_2} = a_2^\dagger a_2$。因而,有

$$n_{b_1} + n_{b_2} = (|t_1|^2 + |r_1|^2)n_{a_1} + (|t_2|^2 + |r_2|^2)n_{a_2} +$$
$$(t_1^* r_2 + t_2 r_1^*)a_1^\dagger a_2 + (t_1 r_2^* + t_2^* r_1)a_2^\dagger a_1 \qquad (3.12)$$

对于无损耗分束器,能量守恒满足:$\langle n_{b_1}\rangle + \langle n_{b_2}\rangle \equiv \langle n_{a_1}\rangle + \langle n_{a_2}\rangle$,所以必有

$$|t_1|^2 + |r_1|^2 = 1; |t_2|^2 + |r_2|^2 = 1; t_1^* r_2 + t_2 r_1^* = 0 \qquad (3.13)$$

根据算符的对易关系,由$[a_1, a_1^\dagger] = [a_2, a_2^\dagger] = 1, [a_1, a_2^\dagger] = [a_2, a_1^\dagger] = 0$,有

$$[b_1, b_1^\dagger] = (t_1 a_1 + r_2 a_2)(t_1^* a_1^\dagger + r_2^* a_2^\dagger) - (t_1^* a_1^\dagger + r_2^* a_2^\dagger)(t_1 a_1 + r_2 a_2)$$
$$= |t_1|^2 [a_1, a_1^\dagger] + |r_2|^2 [a_2, a_2^\dagger] + t_1 r_2^* [a_1, a_2^\dagger] + t_1^* r_2 [a_2, a_1^\dagger]$$
$$= |t_1|^2 + |r_2|^2 \qquad (3.14)$$

要满足算符b_1对易关系的有效性$[b_1, b_1^\dagger] = 1$,必须有

$$|t_1|^2 + |r_2|^2 = 1 \qquad (3.15)$$

同理,要满足算符b_2对易关系的有效性$[b_2, b_2^\dagger] = 1$,必须有

$$|t_2|^2 + |r_1|^2 = 1 \qquad (3.16)$$

又因为

$$[b_1, b_2^\dagger] = b_1 b_2^\dagger - b_2^\dagger b_1 = (t_1 a_1 + r_2 a_2)(r_1^* a_1^\dagger + t_2^* a_2^\dagger) -$$
$$(r_1^* a_1^\dagger + t_2^* a_2^\dagger)(t_1 a_1 + r_2 a_2)$$
$$= t_1 r_1^* [a_1, a_1^\dagger] + r_2 t_2^* [a_2, a_2^\dagger] + t_1 t_2^* [a_1, b_1^\dagger] + r_2 r_1^* [a_2, a_1^\dagger]$$
$$= t_1 r_1^* + r_2 t_2^* \qquad (3.17)$$

要满足算符b_1、$b_2^\dagger$对易关系的有效性$[b_1, b_2^\dagger] = 0$,必须有

$$t_1 r_1^* + r_2 t_2^* = 0 \qquad (3.18)$$

式(3.15)、式(3.16)和式(3.18)反映了理想无损耗分束器的互易性:反射镜两侧反射/透射具有对称性。

实际上,正是式(3.13)的能量守恒条件和式(3.15)、式(3.16)和式(3.18)的分束器互易性条件确保了理想无损耗分束器的传输矩阵为幺正矩阵。

传输矩阵$\boldsymbol{S}_{BS} = \begin{pmatrix} t_1 & r_2 \\ r_1 & t_2 \end{pmatrix}$的转置共轭为$\begin{pmatrix} t_1^* & r_1^* \\ r_2^* & t_2^* \end{pmatrix}$,则有

$$\begin{pmatrix} t_1 & r_2 \\ r_1 & t_2 \end{pmatrix}\begin{pmatrix} t_1^* & r_1^* \\ r_2^* & t_2^* \end{pmatrix} = \begin{pmatrix} |t_1|^2 + |r_2|^2 & t_1 r_1^* + r_2 t_2^* \\ r_1 t_1^* + t_2 r_2^* & |t_2|^2 + |r_1|^2 \end{pmatrix} = \begin{pmatrix} 1 & 0 \\ 0 & 1 \end{pmatrix}$$
$$(3.19)$$

以及

$$\begin{pmatrix} t_1^* & r_1^* \\ r_2^* & t_2^* \end{pmatrix}\begin{pmatrix} t_1 & r_2 \\ r_1 & t_2 \end{pmatrix} = \begin{pmatrix} |t_1|^2 + |r_1|^2 & t_1^* r_2 + r_1^* t_1 \\ r_2^* t_1 + t_2^* r_1 & |t_2|^2 + |r_1|^2 \end{pmatrix} = \begin{pmatrix} 1 & 0 \\ 0 & 1 \end{pmatrix}$$
$$(3.20)$$

分束器互易性条件式(3.15)、式(3.16)和式(3.18)确保了式(3.19)成立;能量守恒条件式(3.13)确保了式(3.20)成立。此时分束器传输矩阵的转置共轭矩阵显然等于逆矩阵,说明分束器传输矩阵为幺正矩阵。只有幺正变换才能确保量子分析理论上是可能的:输入/输出算符 a_1、a_2 和 b_1、b_2 均满足基本的量子对易关系式(3.4)。

3.1.3 理想 50:50 分束器的相位特性

由式(3.13)的能量守恒条件和式(3.15)、式(3.16)和式(3.18)的分束器互易性条件,可以分析理想量子分束器的相位特性。由式(3.13)、式(3.15)和式(3.16),显然有

$$|r_1|^2 = |r_2|^2 = |r|^2; \quad |t_1|^2 = |t_2|^2 = |t|^2 \tag{3.21}$$

在此,不妨设 $r_1 = re^{i\psi_1}$、$r_2 = re^{i\psi_2}$、$t_1 = te^{i\varphi_1}$、$t_2 = te^{i\varphi_2}$,r、t 分别为反射和透射振幅,ψ_i 和 φ_i 为反射和透射相位,$i=1,2$ 分别表示反射镜两侧。式(3.9)的分束器传输矩阵 S_{BS} 可以重新写为

$$S_{BS} = \begin{pmatrix} te^{i\varphi_1} & re^{i\psi_2} \\ re^{i\psi_1} & te^{i\varphi_2} \end{pmatrix} = e^{i\varphi_1} \begin{pmatrix} t & re^{i(\psi_2 - \varphi_1)} \\ re^{i(\psi_1 - \varphi_1)} & te^{i(\varphi_2 - \varphi_1)} \end{pmatrix} \tag{3.22}$$

由 $t_1^* r_2 + t_2 r_1^* = 0$ 或 $t_1 r_1^* + r_2 t_2^* = 0$,可以得到:

$$e^{-i\varphi_1}e^{i\psi_2} + e^{i\varphi_2}e^{-i\psi_1} = 0; \quad e^{i\varphi_1}e^{-i\psi_1} + e^{-i\varphi_2}e^{i\psi_2} = 0 \tag{3.23}$$

求解该方程,有

$$(\psi_1 + \psi_2) - (\varphi_1 + \varphi_2) = \pi \tag{3.24}$$

由于理想分束器的互易性,反射镜两侧反射/透射具有对称性,即 $\varphi_1 = \varphi_2$,$\psi_1 = \psi_2$,进而

$$\psi_1 - \varphi_1 = \psi_2 - \varphi_2 = \frac{\pi}{2} \tag{3.25}$$

理想情况下通常认为反射镜厚度为零,也即透射相位 $\varphi_1 = \varphi_2 = 0$,则反射相位相对透射相位的相位差变为

$$\psi_1 = \psi_2 = \frac{\pi}{2} \tag{3.26}$$

式(3.26)也可以理解为是理想分束器传输矩阵幺正化的结果。

幺正化的分束器传输矩阵 S_{BS} 进而可以表示为

$$S_{BS} = \begin{pmatrix} t & re^{i\pi/2} \\ re^{i\pi/2} & t \end{pmatrix} = \begin{pmatrix} t & ir \\ ir & t \end{pmatrix} \tag{3.27}$$

由于 $|t|^2 + |r|^2 = 1$,通常取 $t = \cos(\theta/2)$、$r = \sin(\theta/2)$,式(3.27)变为

$$S_{BS} = \begin{pmatrix} \cos\left(\dfrac{\theta}{2}\right) & i\sin\left(\dfrac{\theta}{2}\right) \\ i\sin\left(\dfrac{\theta}{2}\right) & \cos\left(\dfrac{\theta}{2}\right) \end{pmatrix} \quad (3.28)$$

式中:θ 与分束器的振幅分束比有关(在光纤耦合器中,与模式耦合系数有关)。

对于理想的无损耗 50:50 分束器($t = r = 1/\sqrt{2}$),传输矩阵 S_{BS} 变为

$$S_{BS} = \dfrac{1}{\sqrt{2}} \begin{pmatrix} 1 & i \\ i & 1 \end{pmatrix} \quad (3.29)$$

式(3.29)在量子分析中很常见。

3.1.4 理想 50:50 分束器的广义传输矩阵模型

如前所述,理想无损耗 2×2 分束器的传输矩阵是一个幺正矩阵。满足式(3.13)、式(3.15)、式(3.16)和式(3.18)的任何幺正矩阵可以表示成矩阵积:

$$S_{BS} = e^{i\Lambda/2} \begin{pmatrix} e^{i\psi/2} & 0 \\ 0 & e^{-i\psi/2} \end{pmatrix} \begin{pmatrix} \cos\left(\dfrac{\Theta}{2}\right) & \sin\left(\dfrac{\Theta}{2}\right) \\ -\sin\left(\dfrac{\Theta}{2}\right) & \cos\left(\dfrac{\Theta}{2}\right) \end{pmatrix} \begin{pmatrix} e^{i\Phi/2} & 0 \\ 0 & e^{-i\Phi/2} \end{pmatrix} \quad (3.30)$$

式中:Λ、ψ、Θ、Φ 为实数相位因子,矩阵 $\begin{pmatrix} \cos(\Theta/2) & \sin(\Theta/2) \\ -\sin(\Theta/2) & \cos(\Theta/2) \end{pmatrix}$ 相当于一个旋转矩阵。

式(3.30)称为分束器的广义传输矩阵。在不失一般性的情况下,设全局相位 $\Lambda = 0$,式(3.30)直接表示为

$$S_{BS} = \begin{pmatrix} e^{i(\Phi+\psi)/2}\cos\left(\dfrac{\Theta}{2}\right) & e^{-i(\Phi-\psi)/2}\sin\left(\dfrac{\Theta}{2}\right) \\ -e^{i(\Phi-\psi)/2}\sin\left(\dfrac{\Theta}{2}\right) & e^{-i(\Phi+\psi)/2}\cos\left(\dfrac{\Theta}{2}\right) \end{pmatrix} \quad (3.31)$$

取 $\Lambda = 0$、$\Phi = -\pi/2$、$\psi = \pi/2$ 和 $\Theta = \theta$ 时,式(3.31)即为常见的式(3.28)。

可以看到,分束器作为一个四端口器件,其运行分为几个步骤:首先,改变入射光场的相对相位(Φ);然后,光场的振幅被混合或旋转(Θ);最后,再次改变光场的相对相位(ψ);在某些情况下还需考虑传输过程可能产生的集总相位(Λ)。其中,场算符的旋转保留了四端口器件的主要特征。

结合式(3.28),一种可能的广义分束器模型如图 3.4 所示。在其中一个光束(图中为 a_2)的透射光路上,两个相位延迟片把分束器夹在中间,给光场引入相反的相移 $\pm\pi/2$。光学元件的这种组合满足 3.1.3 节所讨论的分束器的基本

相位特性:反射相位相对入射相位的相位差为 π/2,透射相位相对入射相位的相位差为零(或者说,对于四端口光纤耦合器,耦合相位相对入射相位的相位差为 π/2,传输相位相对入射相位的相位差为零)[1]。其他形式的分束器矩阵可由该分束器广义传输模型的 Λ、Φ、Ψ 和 Θ 取不同值得到。

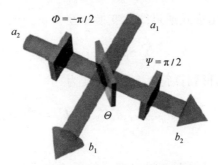

图 3.4　分束器的广义传输模型

3.1.5　薛定谔图像和海森堡图像中的分束器变换

光场经过分束器的演变,在海森堡图像中,输入态 $|\psi_{in}\rangle$ 不变,而输入场算符 (a_1,a_2) 按线性变换式(3.7)变换成输出场算符 (b_1,b_2);在薛定谔图像中,情形正好相反,算符 (a_1,a_2) 不变,而态是变化的:$|\psi_{in}\rangle \rightarrow |\psi_{out}\rangle$。无论从海森堡图像还是薛定谔图像,都需要分束器变换的幺正演变算符 U_{BS}。众所周知,任何一个具有物理意义的可观测量在上述两种量子力学图像中的平均值必须精确相同,因而有

$$\langle \psi_{out} | A_S | \psi_{out} \rangle = \langle \psi_{in} | A_H | \psi_{in} \rangle \quad (3.32)$$

式中:A_S 和 A_H 分别为任意可观测量 A 在薛定谔图像和海森堡图像中的算符表示。

由 $U_{BS}^\dagger U_{BS} = I$,式(3.32)可以写为

$$\langle \psi_{out} | A_S | \psi_{out} \rangle = \langle \psi_{in} | U_{BS}^\dagger (U_{BS} A_H U_{BS}^\dagger) U_{BS} | \psi_{in} \rangle \quad (3.33)$$

可以看出:

$$|\psi_{out}\rangle = U_{BS} |\psi_{in}\rangle \quad (3.34)$$

这是薛定谔图像中分束器导致的态矢量的演变:幺正演变算符 U_{BS} 作用于输入态 $|\psi_{in}\rangle$,得到输出态 $|\psi_{out}\rangle$。

由 $U_{BS} A_H U_{BS}^\dagger = A_S$,得到:

$$A_H = U_{BS}^\dagger A_S U_{BS} \quad (3.35)$$

这是海森堡图像中分束器导致的算符演变。

算符 U_{BS} 与分束器传输矩阵 S_{BS} 有关。先推导海森堡图像中算符的演变(a_1,

$a_2) \to (b_1, b_2)$。将式(3.27)、式(3.28)、式(3.29)和式(3.31)的分束器传输矩阵 S_{BS} 重新写为

$$S_{BS} = \begin{pmatrix} S_{BS-11} & S_{BS-12} \\ S_{BS-21} & S_{BS-22} \end{pmatrix} \tag{3.36}$$

由式(3.8),输入和输出模式通过线性变换相互关联:

$$b_i = \sum_{j=1}^{2} S_{BS-ij} a_j \quad (i = 1, 2) \tag{3.37}$$

类似于式(3.35),得到算符 a_1、a_2 的演变为

$$U_{BS}^\dagger a_i U_{BS} \equiv b_i = \sum_{j=1}^{2} S_{BS-ij} a_j; \quad U_{BS}^\dagger a_i^\dagger U_{BS} \equiv b_i^\dagger = \sum_{j=1}^{2} S_{BS-ij}^* a_j^\dagger \quad (i = 1, 2) \tag{3.38}$$

借助于式(3.38),可以计算两个输出端口的平均光子数(光强):$\langle I_1 \rangle = \langle b_1^\dagger b_1 \rangle$,$\langle I_2 \rangle = \langle b_2^\dagger b_2 \rangle$,以及输出光子态的二阶光强关联符合计数:$\langle I_{12} \rangle = \langle b_1^\dagger b_2^\dagger b_2 b_1 \rangle$。

由于 U_{BS} 的幺正性质,在式(3.38)中进行 $U_{BS} \to U_{BS}^\dagger \equiv U_{BS}^{-1}$ 替换是完全有效的。实际上,利用分束器传输矩阵 S_{BS} 的幺正性质 $S_{BS}^{-1} = S_{BS}^H$(转置共轭),有

$$\begin{pmatrix} a_1 \\ a_2 \end{pmatrix} = \begin{pmatrix} S_{BS-11}^* & S_{BS-21}^* \\ S_{BS-12}^* & S_{BS-22}^* \end{pmatrix} \begin{pmatrix} b_1 \\ b_2 \end{pmatrix}; \quad \begin{pmatrix} a_1 \\ a_2 \end{pmatrix}^\dagger = \left[\begin{pmatrix} S_{BS-11}^* & S_{BS-21}^* \\ S_{BS-12}^* & S_{BS-22}^* \end{pmatrix} \begin{pmatrix} b_1 \\ b_2 \end{pmatrix} \right]^\dagger \tag{3.39}$$

也即

$$a_i = \sum_{j=1}^{2} S_{BS-ji}^* b_j; \quad a_i^\dagger = \sum_{j=1}^{2} S_{BS-ji} b_j^\dagger \quad (i = 1, 2) \tag{3.40}$$

利用式(3.38)以及 U_{BS} 的幺正性质:

$$a_i = U_{BS} b_i U_{BS}^\dagger; \quad a_i^\dagger = U_{BS} b_i^\dagger U_{BS}^\dagger \tag{3.41}$$

因而得到:

$$\begin{cases} U_{BS} a_i U_{BS}^\dagger = \sum_{j=1}^{2} S_{BS-ji}^* U_{BS} b_j U_{BS}^\dagger = \sum_{j=1}^{2} S_{BS-ji}^* a_j \\ U_{BS} a_i^\dagger U_{BS}^\dagger = \sum_{j=1}^{2} S_{BS-ji} U_{BS} b_j^\dagger U_{BS}^\dagger = \sum_{j=1}^{2} S_{BS-ji} a_j^\dagger \end{cases} \tag{3.42}$$

后面将看到,式(3.42)可用于计算输出态。式(3.38)可以由输出态矢量逆变换,得到输入态矢量。实际中,式(3.42)不限于分束器,适合于任何幺正性质的演变算符 U。

如图 3.5 所示,举一个单光子入射到分束器的例子,假定分束器的端口 a_1 的输入态为单光子态 $|1\rangle$,端口 a_2 的输入态为真空态 $|0\rangle$,则分束器的输入态可以表示为 $|\psi_{in}\rangle = |10\rangle$,利用式(3.42)和式(3.28),输出态为

$$|\psi_{out}\rangle = U_{BS}|10\rangle = U_{BS}a_1^\dagger|00\rangle = U_{BS}a_1^\dagger U_{BS}^\dagger U_{BS}|00\rangle = (U_{BS}a_1^\dagger U_{BS}^\dagger)|00\rangle$$

$$= (S_{BS-11}a_1^\dagger + S_{BS-21}a_2^\dagger)|00\rangle = \cos\left(\frac{\theta}{2}\right)|10\rangle + i\sin\left(\frac{\theta}{2}\right)|01\rangle \quad (3.43)$$

式中：$U_{BS}|00\rangle = |00\rangle$ 意指分束器对真空态没有影响。

从经典的立场上，光子是不可分割的粒子，因此单光子入射到分束器上，有两个可能传播路径：或者透射，或者被反射，非此即彼。但从量子光学的观点来看，却不是这样。单光子在分束器上的输出态式(3.43)表明，单光子透射的概率为 $\cos^2(\theta/2)$，被反射的概率为 $\sin^2(\theta/2)$，虚数"i"表示反射光场相对透射光场的 $\pi/2$ 相移。因此，单光子在分束器的输出态呈现的是一种纠缠态形式，更准确地说是一种路径纠缠态。对于一个 50:50 分束器($\theta = \pi/2$)，它是一个最大纠缠态(1001 态)，透射和反射的概率相同。

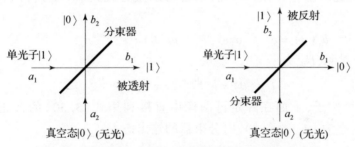

图 3.5 单光子入射到分束器的两种可能的传输路径

以上是海森堡图像中分束器的算符演变，并通过一个例子说明由算符演变如何获得态的演变。为了方便在薛定谔图像中直接求解输入态经过分束器后的输出态，需要知道幺正演变算符 U_{BS} 的解析形式。下面利用海森堡方程求解分束器演变算符 U_{BS}。由于分束器转换是幺正变换，必定有一个有效的哈密顿算符 H_{BS} 描述。

将式(3.28)代入式(3.8)，得到：

$$b_1(\theta) = a_1\cos\left(\frac{\theta}{2}\right) + ia_2\sin\left(\frac{\theta}{2}\right); b_2(\theta) = a_2\cos\left(\frac{\theta}{2}\right) + ia_1\sin\left(\frac{\theta}{2}\right) \quad (3.44)$$

这些方程等效于微分方程及其边界条件为

$$\frac{d}{d\theta}b_1(\theta) = \frac{i}{2}b_2(\theta), b_1(0) = a_1; \frac{d}{d\theta}b_2(\theta) = \frac{i}{2}b_1(\theta), b_2(0) = a_2 \quad (3.45)$$

有效哈密顿算符 H_{BS} 具有下列形式：

$$H_{BS} = -\frac{\hbar}{2}(a_1^\dagger a_2 + a_1 a_2^\dagger) \quad (3.46)$$

哈密顿算符 H_{BS} 描述的是分束器中与两个模式之间单光子交换有关的线性相互作用，则对易关系：

$$\begin{cases} [b_1(\theta), H_{BS}] = b_1(\theta)H_{BS} - H_{BS}b_1(\theta) \\ = -\frac{\hbar}{2}\left\{\left[a_1\cos\left(\frac{\theta}{2}\right) + ia_2\sin\left(\frac{\theta}{2}\right)\right](a_1^\dagger a_2 + a_1 a_2^\dagger) - (a_1^\dagger a_2 + a_1 a_2^\dagger) \right. \\ \left. \left[a_1\cos\left(\frac{\theta}{2}\right) + ia_2\sin\left(\frac{\theta}{2}\right)\right]\right\} \\ = -\frac{\hbar}{2}\left\{a_2\cos\left(\frac{\theta}{2}\right) + ia_1\sin\left(\frac{\theta}{2}\right)\right\} = (i\hbar)\frac{i}{2}b_2(\theta) = i\hbar\frac{d}{d\theta}b_1(\theta) \end{cases} \quad (3.47)$$

H_{BS} 显然满足海森堡方程：

$$\frac{d}{d\theta}O = \frac{1}{i\hbar}[O, H_{BS}] \quad (3.48)$$

这里 $O = b_1(\theta)$，是一个与分束器的振幅分束参数 θ 有关的算符。同理，$O = b_2(\theta)$ 也满足上述海森堡方程。因而，求解海森堡方程式(3.45)，得到算符 b_1、b_2 的解析解为

$$b_1(\theta) = e^{iH_{BS}\theta/\hbar}a_1 e^{-iH_{BS}\theta/\hbar}; b_2(\theta) = e^{iH_{BS}\theta/\hbar}a_2 e^{-iH_{BS}\theta/\hbar} \quad (3.49)$$

与式(3.38)对照，U_{BS} 为

$$U_{BS}(\theta) = e^{-iH_{BS}\theta/\hbar} = e^{i\theta(a_1^\dagger a_2 + a_1 a_2^\dagger)/2} \quad (3.50)$$

作为一个例子，下面在薛定谔图像中直接利用式(3.50)的幺正演变算符 U_{BS} 求出输入态为 $|\psi_{in}\rangle = |10\rangle$ 时分束器的输出态 $|\psi_{out}\rangle$：

$$\begin{aligned} |\psi_{out}\rangle &= U_{BS}|10\rangle = e^{i\theta(a_1^\dagger a_2 + a_1 a_2^\dagger)/2}|10\rangle \\ &= \left\{1 + \frac{i\theta(a_1^\dagger a_2 + a_1 a_2^\dagger)}{2} + \frac{1}{2!}\left[\frac{i\theta(a_1^\dagger a_2 + a_1 a_2^\dagger)}{2}\right]^2 + \right. \\ &\quad \left. \frac{1}{3!}\left[\frac{i\theta(a_1^\dagger a_2 + a_1 a_2^\dagger)}{2}\right]^3 + \cdots\right\}|10\rangle \\ &= \left[1 - \frac{1}{2!}\left(\frac{\theta}{2}\right)^2 + \frac{1}{4!}\left(\frac{\theta}{2}\right)^4 - \frac{1}{6!}\left(\frac{\theta}{2}\right)^6 \cdots\right]|10\rangle + \\ &\quad i\left[\left(\frac{\theta}{2}\right) - \frac{1}{3!}\left(\frac{\theta}{2}\right)^3 + \frac{1}{5!}\left(\frac{\theta}{2}\right)^5 \cdots\right]|01\rangle \\ &= \cos\left(\frac{\theta}{2}\right)|10\rangle + i\sin\left(\frac{\theta}{2}\right)|01\rangle \end{aligned} \quad (3.51)$$

其中利用了：

$$\begin{cases} (a_1^\dagger a_2 + a_1 a_2^\dagger)|10\rangle = |01\rangle; (a_1^\dagger a_2 + a_1 a_2^\dagger)^2|10\rangle = |10\rangle \\ (a_1^\dagger a_2 + a_1 a_2^\dagger)^3|10\rangle = |01\rangle; \cdots \end{cases} \quad (3.52)$$

这与式(3.43)的结果一致。

还可以由式(2.87)直接计算算符 b_1、b_2。利用 Baker – Campbell – Haussdorf 公式：

$$e^{\alpha A}Be^{-\alpha A} = B + \alpha[A,B] + \frac{\alpha^2}{2!}[A,[A,B]] + \frac{\alpha^3}{3!}[A,[A,[A,B]]] + \cdots \tag{3.53}$$

式中：A 和 B 是两个非对易算符，α 为任意常数。设 $\alpha = i\theta/\hbar$, $A = H_{BS}$, $B = a_1$，可以证明：

$$[A,B] = \frac{\hbar}{2}a_2;\ [A,[A,B]] = \left(\frac{\hbar}{2}\right)^2 a_1;\ [A,[A,[A,B]]] = \left(\frac{\hbar}{2}\right)^2 a_2, \cdots \tag{3.54}$$

因而

$$\begin{aligned}
b_1(\theta) &= e^{iH_{BS}\theta/\hbar}a_1 e^{-iH_{BS}\theta/\hbar} = e^{-i\theta(a_1^\dagger a_2 + a_1 a_2^\dagger)/2} a_1 e^{i\theta(a_1^\dagger a_2 + a_1 a_2^\dagger)/2}\\
&= a_1 + \frac{i\theta}{2}a_2 + \frac{1}{2!}\left(\frac{i\theta}{2}\right)^2 a_1 + \frac{1}{3!}\left(\frac{i\theta}{2}\right)^3 a_2 + \frac{1}{4!}\left(\frac{i\theta}{2}\right)^4 a_1 + \cdots\\
&= a_1\left[1 - \frac{1}{2!}\left(\frac{\theta}{2}\right)^2 + \frac{1}{4!}\left(\frac{\theta}{2}\right)^4 - \cdots\right] + \\
&\quad ia_2\left[\left(\frac{\theta}{2}\right) - \frac{1}{3!}\left(\frac{\theta}{2}\right)^3 + \frac{1}{5!}\left(\frac{\theta}{2}\right)^5 - \cdots\right]\\
&= a_1 \cos\left(\frac{\theta}{2}\right) + ia_2 \sin\left(\frac{\theta}{2}\right)
\end{aligned} \tag{3.55}$$

同理，可以导出：

$$\begin{aligned}
b_2(\theta) &= e^{iH_{BS}\theta/\hbar}a_2 e^{-iH_{BS}\theta/\hbar} = e^{-i\theta(a_1^\dagger a_2 + a_1 a_2^\dagger)/2} a_2 e^{i\theta(a_1^\dagger a_2 + a_1 a_2^\dagger)/2}\\
&= a_2 \cos\left(\frac{\theta}{2}\right) + ia_1 \sin\left(\frac{\theta}{2}\right)
\end{aligned} \tag{3.56}$$

这与式（3.44）的结果也是一致的。

3.1.6 分束器变换的角动量表征

确定分束器的幺正演变算符 U_{BS} 的另一种方法是引入抽象自旋空间的角动量算符：

$$\begin{cases} L_0 = \frac{1}{2}(a_1^\dagger a_1 + a_2^\dagger a_2);\ L_x = \frac{1}{2}(a_1^\dagger a_2 + a_2^\dagger a_1)\\ L_y = \frac{1}{2i}(a_1^\dagger a_2 - a_2^\dagger a_1);\ L_z = \frac{1}{2}(a_1^\dagger a_1 - a_2^\dagger a_2) \end{cases} \tag{3.57}$$

式中：角动量算符 L_x、L_y、L_z 的性质将在第 5 章中较详细地讨论。对于式（3.30）的分束器传输矩阵 S_{BS}，分别考虑 Λ、Θ、ψ、Φ 对输入算符的作用，式（3.30）可以写为

$$S_{BS} = S_1(\Lambda) S_2(\psi) S_3(\Theta) S_4(\Phi) \tag{3.58}$$

首先单独考虑 Λ 的影响，由式（3.30）有

$$\begin{pmatrix} b_1 \\ b_2 \end{pmatrix} = \mathbf{S}_1(\Lambda) \begin{pmatrix} a_1 \\ a_2 \end{pmatrix} = e^{i\Lambda/2} \begin{pmatrix} a_1 \\ a_2 \end{pmatrix} \tag{3.59}$$

也即

$$b_1(\Lambda) = e^{i\Lambda/2} a_1 ; \frac{db_1(\Lambda)}{d\Lambda} = \frac{i}{2} b_1(\Lambda) ; b_1(0) = a_1$$

$$b_2(\Lambda) = e^{i\Lambda/2} a_2 ; \frac{db_2(\Lambda)}{d\Lambda} = \frac{i}{2} b_2(\Lambda) ; b_2(0) = a_2 \tag{3.60}$$

且有对易关系:

$$[b_1(\Lambda), -\hbar L_0] = -\frac{\hbar}{2} e^{i\Lambda/2} a_1 = (i\hbar) \frac{i}{2} e^{i\Lambda/2} a_1 = (i\hbar) \frac{db_1(\Lambda)}{d\Lambda}$$

$$[b_2(\Lambda), -\hbar L_0] = -\frac{\hbar}{2} e^{i\Lambda/2} a_2 = (i\hbar) \frac{i}{2} e^{i\Lambda/2} a_2 = (i\hbar) \frac{db_2(\Lambda)}{d\Lambda} \tag{3.61}$$

由式(3.60)和式(3.61)可知,b_1 和 b_2 满足海森堡方程:

$$\frac{d}{d\Lambda} O = \frac{1}{i\hbar} [O, H_\Lambda] \tag{3.62}$$

式中:$O = b_1(\Lambda)$ 或 $b_2(\Lambda)$;$H_\Lambda = -\hbar L_0$。b_1、b_2 用角动量算符表示的解析解为

$$\begin{cases} b_1(\Lambda) = e^{iH_\Lambda \Lambda/\hbar} a_1 e^{-iH_\Lambda \Lambda/\hbar} = e^{-i\Lambda L_0} a_1 e^{i\Lambda L_0} \\ b_2(\Lambda) = e^{iH_\Lambda \Lambda/\hbar} a_2 e^{-iH_\Lambda \Lambda/\hbar} = e^{-i\Lambda L_0} a_2 e^{i\Lambda L_0} \end{cases} \tag{3.63}$$

或者说,与 $\mathbf{S}_1(\Lambda)$ 对应的幺正演变算符 $U_1(\Lambda)$ 为

$$U_1(\Lambda) = e^{-iH_\Lambda \Lambda/\hbar} = e^{i\Lambda L_0} \tag{3.64}$$

对于 ψ,由式(3.30)有

$$\begin{pmatrix} b_1 \\ b_2 \end{pmatrix} = \mathbf{S}_2 \begin{pmatrix} a_1 \\ a_2 \end{pmatrix} = \begin{pmatrix} e^{i\psi/2} & 0 \\ 0 & e^{-i\psi/2} \end{pmatrix} \begin{pmatrix} a_1 \\ a_2 \end{pmatrix} = \begin{pmatrix} a_1 e^{i\psi/2} \\ a_2 e^{-i\psi/2} \end{pmatrix} \tag{3.65}$$

也即有

$$\begin{cases} b_1(\psi) = a_1 e^{i\psi/2} ; \frac{db_1(\psi)}{d\psi} = \frac{i}{2} b_1(\psi) ; b_1(0) = a_1 \\ b_2(\psi) = a_2 e^{-i\psi/2} ; \frac{db_2(\psi)}{d\psi} = -\frac{i}{2} b_2(\psi) ; b_2(0) = a_2 \end{cases} \tag{3.66}$$

且有

$$\begin{cases} [b_1(\psi), -\hbar L_z] = -\frac{\hbar}{2} a_1 e^{i\psi/2} = (i\hbar) \frac{db_1(\psi)}{d\psi} \\ [b_2(\psi), -\hbar L_z] = \frac{\hbar}{2} e^{-i\psi/2} a_2 = (i\hbar) \frac{db_2(\psi)}{d\psi} \end{cases} \tag{3.67}$$

式(3.67)满足海森堡方程:

$$\frac{\mathrm{d}}{\mathrm{d}\psi}O = \frac{1}{\mathrm{i}\hbar}[O, H_\psi] \tag{3.68}$$

式中：$O = b_1(\psi)$ 或 $b_2(\psi)$；$H_\psi = -\hbar L_z$。所以 $b_1(\psi)$、$b_2(\psi)$ 用角动量算符表示的解析解为

$$\begin{cases} b_1(\psi) = \mathrm{e}^{\mathrm{i}H\psi/\hbar} a_1 \mathrm{e}^{-\mathrm{i}H\psi/\hbar} = \mathrm{e}^{-\mathrm{i}\psi L_z} a_1 \mathrm{e}^{\mathrm{i}\psi L_z} \\ b_2(\psi) = \mathrm{e}^{\mathrm{i}H\psi/\hbar} a_2 \mathrm{e}^{-\mathrm{i}H\psi/\hbar} = \mathrm{e}^{-\mathrm{i}\psi L_z} a_2 \mathrm{e}^{\mathrm{i}\psi L_z} \end{cases} \tag{3.69}$$

或者说，与 $S_2(\psi)$ 对应的幺正演变算符 $U_2(\psi)$ 为

$$U_2(\psi) = \mathrm{e}^{-\mathrm{i}H\psi/\hbar} = \mathrm{e}^{\mathrm{i}\psi L_z} \tag{3.70}$$

对于 Θ、Φ，同理可证：

$$U_3(\Theta) = \mathrm{e}^{\mathrm{i}\Theta L_y}$$

$$\begin{pmatrix} b_1(\Theta) \\ b_2(\Theta) \end{pmatrix} = S_3(\Theta) \begin{pmatrix} a_1 \\ a_2 \end{pmatrix} = \begin{pmatrix} \cos\left(\dfrac{\Theta}{2}\right) & \sin\left(\dfrac{\Theta}{2}\right) \\ -\sin\left(\dfrac{\Theta}{2}\right) & \cos\left(\dfrac{\Theta}{2}\right) \end{pmatrix} \begin{pmatrix} a_1 \\ a_2 \end{pmatrix} = \mathrm{e}^{-\mathrm{i}\Theta L_y} \begin{pmatrix} a_1 \\ a_2 \end{pmatrix} \mathrm{e}^{\mathrm{i}\Theta L_y}$$

$$\tag{3.71}$$

以及

$$U_4(\Phi) = \mathrm{e}^{\mathrm{i}\Phi L_z}$$

$$\begin{pmatrix} b_1(\Phi) \\ b_2(\Phi) \end{pmatrix} = S_4(\Phi) \begin{pmatrix} a_1 \\ a_2 \end{pmatrix} = \begin{pmatrix} \mathrm{e}^{\mathrm{i}\Phi/2} & 0 \\ 0 & \mathrm{e}^{-\mathrm{i}\Phi/2} \end{pmatrix} \begin{pmatrix} a_1 \\ a_2 \end{pmatrix} = \mathrm{e}^{-\mathrm{i}\Phi L_z} \begin{pmatrix} a_1 \\ a_2 \end{pmatrix} \mathrm{e}^{\mathrm{i}\Phi L_z} \tag{3.72}$$

所以，对于式(3.30)的分束器传输矩阵，算符的演变为

$$\begin{pmatrix} b_1 \\ b_2 \end{pmatrix} = U_4^\dagger(\Phi) U_3^\dagger(\Theta) U_2^\dagger(\psi) U_1^\dagger(\Lambda) \begin{pmatrix} a_1 \\ a_2 \end{pmatrix} U_1(\Lambda) U_2(\psi) U_3(\Theta) U_4(\Phi)$$

$$\tag{3.73}$$

分束器变换的幺正演变算符 U_{BS} 为

$$U_{\mathrm{BS}} = U_1(\Lambda) U_2(\psi) U_3(\Theta) U_4(\Phi) = \mathrm{e}^{\mathrm{i}\Lambda L_0} \mathrm{e}^{\mathrm{i}\psi L_z} \mathrm{e}^{\mathrm{i}\Theta L_y} \mathrm{e}^{\mathrm{i}\Phi L_z} \tag{3.74}$$

分束器参数分别取 $\Lambda = 0$、$\Phi = 0$、$\psi = 0$ 和 $\Theta = \theta$ 时，由式(3.30)，分束器传输矩阵变为 $\begin{pmatrix} \cos(\theta/2) & \sin(\theta/2) \\ -\sin(\theta/2) & \cos(\theta/2) \end{pmatrix}$，对应的演变算符 U_{BS} 为

$$U_{\mathrm{BS}} = \mathrm{e}^{\mathrm{i}\theta L_y} \tag{3.75}$$

后面第五章还会讲到，这相当于分束器(U_{BS})使输入态矢量在角动量自旋空间绕 y 轴逆时针旋转 θ 角度。

而分束器参数取 $\Lambda = 0$、$\Phi = -\pi/2$、$\psi = \pi/2$ 和 $\Theta = \theta$ 时，得到式(3.28)的分束器传输矩阵 $\begin{pmatrix} \cos(\theta/2) & \mathrm{i}\sin(\theta/2) \\ \mathrm{i}\sin(\theta/2) & \cos(\theta/2) \end{pmatrix}$，对应的演变算符 U_{BS} 为

$$U_{BS} = e^{-i\pi L_z/2} e^{i\theta L_y} e^{i\pi L_z/2} = e^{i\theta L_x} \qquad (3.76)$$

其过程可以描述为：先逆时针绕 z 转动角度 $\pi/2$，再逆时针绕 y 转动角度 θ，最后顺时针绕 z 转动角度 $\pi/2$；这相当于分束器（U_{BS}）使输入态矢量在角动量自旋空间绕 x 轴逆时针旋转 θ 角度。

3.2 量子纠缠 Sagnac 干涉仪的光路结构和分析模型

在量子光学中，相位和时间一样，与用厄密算符表示的任何物理可观测量无关。另外，相位的概念被用于任何波以描述其振荡状态，该相位可以对各种物理量敏感。例如，对原子或电子来说，物质波可以形成物质波干涉仪，其相位差对引力敏感。因而，相位的测量具有广泛的意义，与许多物理量的精密测量密切相关。

当两束光波在一个旋转的环形光路中沿相反方向传播时，它们沿环形光路传播一周经历的传输时间不同。这导致两束反向传播光波之间产生一个与旋转角速率成正比的相移，这种现象称为 Sagnac 效应。Sagnac 干涉仪除了具有一些科学研究意义外，它的一个重要实际应用是光纤陀螺仪：旋转角速率的检测和高精度测量。在传统光纤陀螺仪中，光按经典场处理，光强的涨落可以忽略，但探测过程被量子化，被探测的光子数服从泊松统计，这导致传统干涉测量的相位检测灵敏度最终受散粒噪声限制，称为散粒噪声极限。基于经典干涉测量的光纤陀螺仪在惯性导航、控制和测量领域已经得到广泛应用。

量子纠缠光纤陀螺仪提供了一种新的技术途径，可以将 Sagnac 干涉仪的相位测量精度提高到经典方法不可能实现的水平。量子干涉测量技术采用光的非经典态，其精度优势基于被探测的光子之间具有纠缠特性，形成德布罗意波的干涉，这导致量子纠缠光纤陀螺的相位不确定性可以突破散粒噪声极限而达到海森堡极限。

3.2.1 Sagnac 效应

Sagnac 干涉仪由一个闭合环形光路组成，入射光波通过分束器（耦合器）耦合进闭合环形光路中，在闭合环形光路中沿相反方向传输。通过提取两束反向传播光束分量并进行外差处理可以形成一个干涉图样，以检测闭合环形光路相对于惯性系的旋转速率。闭合环形光路的旋转有效地缩短了一束光的光程，同时延长了另一束光的光程。可以考虑图 3.6 所示的真空介质的环形干涉仪来理解 Sagnac 效应。输入光场在点 P 进入干涉仪，由分束器分成 CW 和 CCW 传播光束。如果干涉仪静止，两束光经过时间 t 后在点 P 相遇：

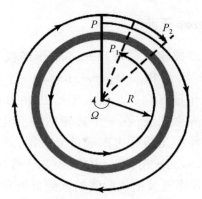

图 3.6　Sagnac 效应

$$t = \frac{\pi D}{c} \tag{3.77}$$

式中：D 是环形光路的直径；c 是真空中的光速。当然，如果干涉仪以角速率 Ω 绕位于中心且垂直于干涉仪平面的轴旋转，则两束光以不同的时间到达分束器。CW（在点 P_2，时间为 t_2）和 CCW（在点 P_1，时间为 t_1）光束走完一圈的传输时间为

$$t_1 = \frac{\pi D}{c + D\Omega/2} ; t_2 = \frac{\pi D}{c - D\Omega/2} \tag{3.78}$$

两束光走完一圈的时间延迟为

$$\Delta t = t_2 - t_1 = \frac{\pi D^2 \Omega}{c^2 - D^2\Omega^2/4} \tag{3.79}$$

$D\Omega/2 \ll c$ 时，有

$$\Delta t = \frac{\pi D^2 \Omega}{c^2} \tag{3.80}$$

两束反向传播光波的相位差可以写为

$$\phi = \omega \Delta t = \frac{8\pi}{\lambda c} A \Omega \tag{3.81}$$

式中：λ 是波长；$A = \pi D^2/4$ 是干涉仪面积，Ω 是干涉仪的旋转角速率。进一步的研究表明，该相移不依赖于干涉仪的形状，而是正比于旋转矢量通过干涉仪闭合面积的通量。因而人们可以通过采用多匝往返光程如采用光纤增加该通量。设光纤总长度为 L，可以将式 (3.81) 重新写为

$$\phi = \frac{2\pi L D}{\lambda c} \Omega \tag{3.82}$$

式 (3.82) 也称为 Sagnac 相移，它表明 Sagnac 光纤环形干涉仪中旋转引起的相移随光纤总长度线性增加。

3.2.2 经典输入的 Sagnac 干涉仪

考虑图 3.7 所示的经典输入的环形 Sagnac 干涉仪。Sagnac 干涉仪由一个 50∶50 半透反射镜即分束器(Beam Splitter, BS)和一个环形光路组成。经典环形 Sagnac 干涉仪只需一个输入端口。输入光场 E_{in} 由分束器输入端口 1 入射到 BS 上,分成透射和反射两束光波,在一个旋转的环形光路中沿相反方向传播。两束反向传播光波通过环形光路后再次经过分束器,并从分束器的输入端口 1 和 2 输出。旋转产生的 Sagnac 相移 ϕ 由式(3.82)给出。理想分束器情况下(50∶50 分光、无损耗),设半透反射镜两侧的振幅反射和透射系数分别为 (r,t) 和 (r',t'),且有 $t=t'=1/\sqrt{2}, r=r'=i/\sqrt{2}$,其中,"i"是反射光波相对透射光波的 $\pi/2$ 相位,则整个装置将输入场 E_{in} 转换为输出场 E_1 和 E_2:

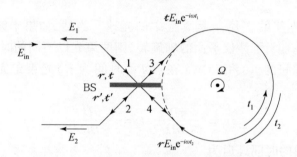

图 3.7　经典输入的环形 Sagnac 干涉仪

$$E_1 = rt\,E_{in}e^{-i\omega t_1} + tr\,E_{in}e^{-i\omega t_2} = E_{in}e^{-i\omega t_1}\left[\frac{i}{2}+\frac{i}{2}e^{-i\omega(t_2-t_1)}\right]$$
$$= E_{in}e^{-i(\omega t_1-\pi/2)}e^{i\phi/2}\cos(\phi/2) \quad (3.83)$$

$$E_2 = r^2 E_{in}e^{-i\omega t_2} + t^2 E_{in}e^{-i\omega t_1} = E_{in}e^{-i\omega t_1}\left[-\frac{1}{2}e^{-i\omega(t_2-t_1)}+\frac{1}{2}\right]$$
$$= E_{in}e^{-i(\omega t_1-\pi/2)}e^{-i\phi/2}\sin(\phi/2) \quad (3.84)$$

式中:ω 是输入场的频率,$\phi = \omega\Delta t = \omega(t_2-t_1)$。两个输出端口的光强分别为

$$\begin{cases} I_1 = |E_1|^2 = |E_{in}|^2\cos^2(\phi/2) = \dfrac{1}{2}|E_{in}|^2(1+\cos\phi) \\ I_2 = |E_2|^2 = |E_{in}|^2\sin^2(\phi/2) = \dfrac{1}{2}|E_{in}|^2(1-\cos\phi) \end{cases} \quad (3.85)$$

图 3.8 是全光纤形式 Sagnac 干涉仪的结构示意图,由 50∶50 光纤耦合器和光纤线圈组成。理想情况下,端口 1 和端口 2 的光强仍满足式(3.85)。可以看出,在经典理论中,Sagnac 干涉仪只需要一个光源,光源发射的光经分束器其中一个输入端口分成两束,入射进 Sagnac 干涉仪,在干涉仪内沿相反方向传播一周

后,在同一个分束器上合光干涉,干涉光波也为两束,一束经光源输入端口输出(端口1),该端口称为互易性端口,另一束经分束器的另一个输入端口(端口2)输出,该端口称为非互易性端口。对经典 Sagnac 干涉仪来说,非互易性端口对环境变化敏感,不能精确测量 Sagnac 相移,所以传统光纤陀螺采用的是一种最小互易性光路结构:其输入/输出共用一个端口(端口1),Sagnac 干涉仪的端口2在光纤陀螺中没有用途(光纤端面需要处理以避免端面反射的光馈入干涉仪)。

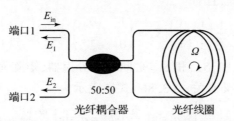

图 3.8 全光纤形式的 Sagnac 干涉仪

3.2.3 量子输入的 Sagnac 干涉仪

如前所述,在量子理论中,真空场总是存在,即使没有场入射进分束器的另一个端口,真空场也从这个端口进入。图 3.9 显示出了图 3.7 和图 3.8 的 Sagnac 干涉仪的等效光学网络图,类似于一个马赫-泽德(M-Z)干涉仪结构。a_1 和 a_2 记为输入模式(输入光场)的算符;b_1 和 b_2 记为输出模式(输出光场)的算符。两个分束器 BS1 和 BS2 代表了图 3.7 中实际分束器 BS 的两次运用。Sagnac 干涉仪的工作方式类似于 M-Z 干涉仪,其量子分析模型也与 M-Z 干涉仪大致一致。由于实际 Sagnac 干涉仪只有两个(输入/输出共用)端口,实际中,为了实现输入模式和输出模式的有效分离,我们采用一种双环形器的 Sagnac 干涉仪光路结构,如图 3.10 所示。和图 3.8 一样,假定 a_1 输入端口对应的输出为 b_1;a_2 输入端口对应的输出为 b_2,则图 3.10 中输出模式 b_1 和 b_2 与输入模式 a_1 和 a_2 通过式(3.86)相关联:

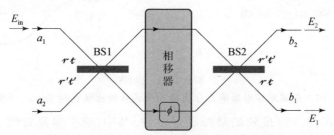

图 3.9 Sagnac 光纤干涉仪的等效光学网络图

$$\begin{pmatrix} b_1 \\ b_2 \end{pmatrix} = S_{SI} \begin{pmatrix} a_1 \\ a_2 \end{pmatrix} = S_{BS2} S_\phi S_{BS1} \begin{pmatrix} a_1 \\ a_2 \end{pmatrix} = \mathrm{i} \mathrm{e}^{-\mathrm{i}\phi/2} \begin{pmatrix} \cos\left(\dfrac{\phi}{2}\right) & -\sin\left(\dfrac{\phi}{2}\right) \\ \sin\left(\dfrac{\phi}{2}\right) & \cos\left(\dfrac{\phi}{2}\right) \end{pmatrix} \begin{pmatrix} a_1 \\ a_2 \end{pmatrix} \qquad (3.86)$$

式中：$S_{SI} = S_{BS2} S_\phi S_{BS1}$ 是 Sagnac 干涉仪的传输矩阵；S_{BS1} 是第一次经过分束器（输入分束器）的传输矩阵；S_ϕ 是光纤线圈的传输矩阵；S_{BS2} 是第二次经过分束器（输出分束器）的传输矩阵，且有

$$S_{BS1} = \frac{1}{\sqrt{2}} \begin{pmatrix} 1 & \mathrm{i} \\ \mathrm{i} & 1 \end{pmatrix}; \quad S_\phi = \begin{pmatrix} 1 & 0 \\ 0 & \mathrm{e}^{-\mathrm{i}\phi} \end{pmatrix}; \quad S_{BS2} = \frac{1}{\sqrt{2}} \begin{pmatrix} \mathrm{i} & 1 \\ 1 & \mathrm{i} \end{pmatrix} \qquad (3.87)$$

在 Sagnac 干涉仪中，S_{BS1} 和 S_{BS2} 是同一个分束器，矩阵元素的不同与输入、输出端口模式下标的定义有关。(3.86)式还表示为

$$b_1 = a_1 \cos\left(\frac{\phi}{2}\right) - a_2 \sin\left(\frac{\phi}{2}\right); \quad b_2 = a_1 \sin\left(\frac{\phi}{2}\right) + a_2 \cos\left(\frac{\phi}{2}\right) \qquad (3.88)$$

其中略去了全局相位 $\mathrm{i} \mathrm{e}^{-\mathrm{i}\phi/2}$。

式(3.88)的输入和输出模式通过线性变换相互关联：

$$b_i = \sum_{j=1}^{2} S_{ij} a_j, \quad i = 1, 2 \qquad (3.89)$$

其中，系数 S_{ij} 为 Sagnac 干涉仪传输矩阵 S_{SI} 的矩阵元素：

$$S_{SI} = \begin{pmatrix} S_{11} & S_{12} \\ S_{21} & S_{22} \end{pmatrix} = \begin{pmatrix} \cos\left(\dfrac{\phi}{2}\right) & -\sin\left(\dfrac{\phi}{2}\right) \\ \sin\left(\dfrac{\phi}{2}\right) & \cos\left(\dfrac{\phi}{2}\right) \end{pmatrix} \qquad (3.90)$$

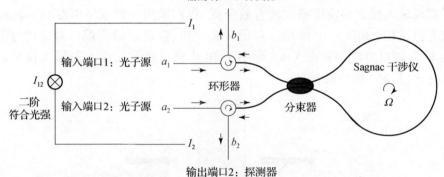

图 3.10 采用双环形器有效分离输入模式和输出模式的 Sagnac 干涉仪

事实上，式(3.89)反映的是海森堡图像，其中，态矢量是常数，而算符经过 Sagnac 干涉仪时发生演变。设 Sagnac 干涉仪的散射矩阵 S_{SI} 对应的幺正演变算符为 U_{SI}，作用于态矢量上，使态矢量演变，这一过程可以用一个哈密顿算符 H_{SI}

描述。参照式(3.38),在不知道 Sagnac 干涉仪的哈密顿演变算符具体表示形式的情况下,利用算符的动力学性质[2]:

$$b_i \equiv U_{SI}^\dagger a_i U_{SI} = \sum_{j=1}^{2} S_{ij} a_j; b_i^\dagger \equiv U_{SI}^\dagger a_i^\dagger U_{SI} = \sum_{j=1}^{2} S_{ij}^* a_j^\dagger \quad (3.91)$$

式中:$i = 1,2$。因而有

$$\begin{cases} b_1 = U_{SI}^\dagger a_1 U_{SI} = \sum_{j=1}^{2} S_{1j} a_j = S_{11} a_1 + S_{12} a_2 = a_1 \cos\left(\frac{\phi}{2}\right) - a_2 \sin\left(\frac{\phi}{2}\right) \\ b_2 = U_{SI}^\dagger a_2 U_{SI} = \sum_{j=1}^{2} S_{2j} a_j = S_{21} a_1 + S_{22} a_2 = a_1 \sin\left(\frac{\phi}{2}\right) + a_2 \cos\left(\frac{\phi}{2}\right) \\ b_1^\dagger = U_{SI}^\dagger a_1^\dagger U_{SI} = \sum_{j=1}^{2} S_{1j}^* a_j^\dagger = S_{11}^* a_1^\dagger + S_{12}^* a_2^\dagger = a_1^\dagger \cos\left(\frac{\phi}{2}\right) - a_2^\dagger \sin\left(\frac{\phi}{2}\right) \\ b_2^\dagger = U_{SI}^\dagger a_2^\dagger U_{SI} = \sum_{j=1}^{2} S_{2j}^* a_j^\dagger = S_{21}^* a_1^\dagger + S_{22}^* a_2^\dagger = a_1^\dagger \sin\left(\frac{\phi}{2}\right) + a_2^\dagger \cos\left(\frac{\phi}{2}\right) \end{cases} \quad (3.92)$$

人们可以由输入光量子态计算 Sagnac 干涉仪两个输出端口的输出平均光子数 $\langle b_1^\dagger b_1 \rangle$、$\langle b_2^\dagger b_2 \rangle$。

为了得到 Sagnac 干涉仪的哈密顿算符 H_{SI} 以及与之对应的幺正演变算符 U_{SI} 的解析形式,由式(3.88)可以得到:

$$\frac{db_1}{d\phi} = -\frac{1}{2} b_2, b_1(0) = a_1; \frac{db_2}{d\phi} = \frac{1}{2} b_1, b_2(0) = a_2 \quad (3.93)$$

Sagnac 干涉仪的哈密顿算符 H_{SI} 为

$$H_{SI} = \frac{\hbar}{2i}(a_1^\dagger a_2 - a_1 a_2^\dagger) \quad (3.94)$$

不难证明,H_{SI} 满足对易关系:

$$\begin{aligned} [b_1, H_{SI}] &= b_1 H_{SI} - H_{SI} b_1 \\ &= -\frac{i\hbar}{2} \left\{ \left[a_1 \cos\left(\frac{\phi}{2}\right) - a_2 \sin\left(\frac{\phi}{2}\right) \right] (a_1^\dagger a_2 - a_1 a_2^\dagger) - (a_1^\dagger a_2 - a_1 a_2^\dagger) \right. \\ &\quad \left. \left[a_1 \cos\left(\frac{\phi}{2}\right) - a_2 \sin\left(\frac{\phi}{2}\right) \right] \right\} \\ &= -\frac{i\hbar}{2} \left[a_2 \cos\left(\frac{\phi}{2}\right) + a_1 \sin\left(\frac{\phi}{2}\right) \right] = -\frac{i\hbar}{2} b_2 \end{aligned} \quad (3.95)$$

以及

$$\begin{aligned} [b_2, H_{SI}] &= b_2 H_{SI} - H_{SI} b_2 \\ &= -\frac{i\hbar}{2} \left\{ \left[a_1 \sin\left(\frac{\phi}{2}\right) + a_2 \cos\left(\frac{\phi}{2}\right) \right] (a_1^\dagger a_2 - a_1 a_2^\dagger) - (a_1^\dagger a_2 - a_1 a_2^\dagger) \right. \\ &\quad \left. \left[a_1 \sin\left(\frac{\phi}{2}\right) + a_2 \cos\left(\frac{\phi}{2}\right) \right] \right\} \end{aligned}$$

$$= -\frac{\mathrm{i}\hbar}{2}\left[a_2\sin\left(\frac{\phi}{2}\right) - a_1\cos\left(\frac{\phi}{2}\right)\right] = \frac{\mathrm{i}\hbar}{2}b_1 \quad (3.96)$$

b_1、b_2 显然满足海森堡方程:

$$\frac{\mathrm{d}}{\mathrm{d}\phi}b_1(\phi) = \frac{1}{\mathrm{i}\hbar}[b_1, H_{SI}]; \frac{\mathrm{d}}{\mathrm{d}\phi}b_1(\phi) = \frac{1}{\mathrm{i}\hbar}[b_1, H_{SI}] \quad (3.97)$$

因而 b_1、b_2 的解析解可以表示为

$$\begin{cases} b_1(\phi) = U_{SI}^\dagger a_1 U_{SI} = \mathrm{e}^{\mathrm{i}H_{SI}\phi/\hbar} a_1 \mathrm{e}^{-\mathrm{i}H_{SI}\phi/\hbar} \\ b_2(\phi) = U_{SI}^\dagger a_2 U_{SI} = \mathrm{e}^{\mathrm{i}H_{SI}\phi/\hbar} a_2 \mathrm{e}^{-\mathrm{i}H_{SI}\phi/\hbar} \end{cases} \quad (3.98)$$

也即幺正演变算符 U_{SI} 为

$$U_{SI} = \mathrm{e}^{-\mathrm{i}H_{SI}\phi/\hbar} = \mathrm{e}^{-\phi(a_1^\dagger a_2 - a_1 a_2^\dagger)/2} \quad (3.99)$$

在薛定谔图像中,态矢量经过 Sagnac 干涉仪的演变可以表示为

$$|\psi_{\mathrm{out}}\rangle = U_{SI}|\psi_{\mathrm{in}}\rangle = \mathrm{e}^{-\phi(a_1^\dagger a_2 - a_1 a_2^\dagger)/2}|\psi_{\mathrm{in}}\rangle \quad (3.100)$$

也可以利用海森堡图像中算符的动力学性质计算态矢量的演变。任何一个输入态都可以用光子数态展开:

$$|\psi_{\mathrm{in}}\rangle = \sum_{n=0}^{\infty} c_n |n\rangle, c_n = \langle n|\psi_{\mathrm{in}}\rangle \quad (3.101)$$

因而

$$|\psi_{\mathrm{out}}\rangle = U_{SI}\sum_{n=0}^{\infty} c_n |n\rangle = \sum_{n=0}^{\infty} c_n U_{SI}|n\rangle = \sum_{n=0}^{\infty} c_n U_{SI}\left(\frac{a^{\dagger n}}{\sqrt{n!}}|0\rangle\right)$$

$$= \sum_{n=0}^{\infty} \frac{c_n}{\sqrt{n!}} U_{SI}(a^{\dagger n}|0\rangle) = \sum_{n=0}^{\infty} \frac{c_n}{\sqrt{n!}} (U_{SI} a^\dagger U_{SI}^\dagger)^n |0\rangle \quad (3.102)$$

其中利用了: $U_{SI}^\dagger U_{SI} = I$ 和 $U_{SI}|0\rangle = |0\rangle$。对于双模输入态,得到输出态的关键是求出 $(U_{SI} a_1^\dagger U_{SI}^\dagger)$、$(U_{SI} a_2^\dagger U_{SI}^\dagger)$。注意,$S_{SI}$ 是一个幺正矩阵,其共轭转置(用上标"H"表示)等于其逆矩阵(上标"-1"): $S_{SI}^H = S_{SI}^{-1}$。因而,与式(3.42)类似,幺正矩阵 S_{SI} 的演变算符 U_{SI} 满足:

$$U_{SI} a_i U_{SI}^\dagger = \sum_{j=1}^{2} S_{ji}^* a_j; U_{SI} a_i^\dagger U_{SI}^\dagger = \sum_{j=1}^{2} S_{ji} a_j^\dagger \quad (3.103)$$

式中: $i = 1, 2$。也即得到:

$$\begin{cases} U_{SI} a_1 U_{SI}^\dagger = S_{11}^* a_1 + S_{21}^* a_2 = a_1 \cos\left(\frac{\phi}{2}\right) + a_2 \sin\left(\frac{\phi}{2}\right) \\ U_{SI} a_2 U_{SI}^\dagger = S_{12}^* a_1 + S_{22}^* a_2 = -a_1 \sin\left(\frac{\phi}{2}\right) + a_2 \cos\left(\frac{\phi}{2}\right) \\ U_{SI} a_1^\dagger U_{SI}^\dagger = S_{11} a_1^\dagger + S_{21} a_2^\dagger = a_1^\dagger \cos\left(\frac{\phi}{2}\right) + a_2^\dagger \sin\left(\frac{\phi}{2}\right) \\ U_{SI} a_2^\dagger U_{SI}^\dagger = S_{12} a_1^\dagger + S_{22} a_2^\dagger = -a_1^\dagger \sin\left(\frac{\phi}{2}\right) + a_2^\dagger \cos\left(\frac{\phi}{2}\right) \end{cases} \quad (3.104)$$

3.2.4 Sagnac 干涉仪中的单光子干涉

举一个例子,考虑单光子 Sagnac 干涉仪,输入态为 $|\psi_{\text{in}}\rangle = |10\rangle$(一个输入端口为光子数态 $|1\rangle$,另一个输入端口为真空态 $|0\rangle$),也即平均输入光强或光子数 $\langle I_{\text{in}}\rangle = 1$,则 Sagnac 干涉仪的输出态为

$$|\psi_{\text{out}}\rangle = U_{\text{SI}}|10\rangle = e^{-\phi(a_1^\dagger a_2 - a_1 a_2^\dagger)/2}|10\rangle$$

$$= \left\{1 + \frac{\phi}{2}(a_1 a_2^\dagger - a_1^\dagger a_2) + \frac{\left[\frac{\phi}{2}(a_1 a_2^\dagger - a_1^\dagger a_2)\right]^2}{2!} + \frac{\left[\frac{\phi}{2}(a_1 a_2^\dagger - a_1^\dagger a_2)\right]^3}{3!} + \cdots\right\}|10\rangle$$

$$= \left[1 - \frac{\left(\frac{\phi}{2}\right)^2}{2!} + \frac{\left(\frac{\phi}{2}\right)^4}{4!} - \frac{\left(\frac{\phi}{2}\right)^6}{6!}\cdots\right]|10\rangle + \left[\left(\frac{\phi}{2}\right) - \frac{\left(\frac{\phi}{2}\right)^3}{3!} + \frac{\left(\frac{\phi}{2}\right)^5}{5!}\cdots\right]|01\rangle$$

$$= \cos\frac{\phi}{2}|10\rangle + \sin\frac{\phi}{2}|01\rangle \tag{3.105}$$

其中利用了:

$$\begin{cases}(a_1 a_2^\dagger - a_1^\dagger a_2)|10\rangle = |01\rangle; (a_1 a_2^\dagger - a_1^\dagger a_2)^2|10\rangle = -|10\rangle \\ (a_1 a_2^\dagger - a_1^\dagger a_2)^3|10\rangle = -|01\rangle; (a_1 a_2^\dagger - a_1^\dagger a_2)^4|10\rangle = |10\rangle;\cdots\end{cases} \tag{3.106}$$

也可以利用海森堡图像中算符的动力学性质直接计算态的演变:

$$|\psi_{\text{out}}\rangle = U_{\text{SI}}|10\rangle = U_{\text{SI}}a_1^\dagger|00\rangle = (U_{\text{SI}}a_1^\dagger U_{\text{SI}}^\dagger)|00\rangle \tag{3.107}$$

将式(3.103)代入式(3.107),考虑式(3.90)的传输矩阵元素 S_{ij},得到与式(3.105)相同的结果:

$$|\psi_{\text{out}}\rangle = \left[a_1^\dagger\cos\left(\frac{\phi}{2}\right) + a_2^\dagger\sin\left(\frac{\phi}{2}\right)\right]|00\rangle = \cos\left(\frac{\phi}{2}\right)|10\rangle + \sin\left(\frac{\phi}{2}\right)|01\rangle$$

$$\tag{3.108}$$

这样,输出端口 1 和 2 的平均光子数(平均光强)为

$$\langle I_{\text{out}-1}\rangle = \langle b_1^\dagger b_1\rangle = \langle\psi_{\text{out}}|a_1^\dagger a_1|\psi_{\text{out}}\rangle$$

$$= \left\langle\left[\cos\left(\frac{\phi}{2}\right)\langle 10| + \sin\left(\frac{\phi}{2}\right)\langle 01|\right]\left|a_1^\dagger a_1\right|\right.$$

$$\left.\left[\cos\left(\frac{\phi}{2}\right)|10\rangle + \sin\left(\frac{\phi}{2}\right)|01\rangle\right]\right\rangle = \cos^2\left(\frac{\phi}{2}\right)$$

$$= \frac{1}{2}(1 + \cos\phi) \tag{3.109}$$

$$\langle I_{\text{out}-2}\rangle = \langle b_2^\dagger b_2\rangle = \langle\psi_{\text{out}}|a_2^\dagger a_2|\psi_{\text{out}}\rangle$$

$$= \left\langle\left[\cos\left(\frac{\phi}{2}\right)\langle 10| + \sin\left(\frac{\phi}{2}\right)\langle 01|\right]\left|a_2^\dagger a_2\right|\right.$$

$$\left[\cos\left(\frac{\phi}{2}\right)|10\rangle + \sin\left(\frac{\phi}{2}\right)|01\rangle\right]\rangle = \sin^2\left(\frac{\phi}{2}\right)$$

$$= \frac{1}{2}(1 - \cos\phi) \tag{3.110}$$

两个端口的总光子数为

$$\langle I_{\text{out}} \rangle = \langle b_1^\dagger b_1 \rangle + \langle b_2^\dagger b_2 \rangle = 1 = \langle I_{\text{in}} \rangle \tag{3.111}$$

二阶符合关联光强为

$$\langle b_1^\dagger b_1 b_2^\dagger b_2 \rangle = \langle \psi_{\text{out}} | a_1^\dagger a_1 a_2^\dagger a_2 | \psi_{\text{out}} \rangle$$

$$= \left\langle \left(\cos\left(\frac{\phi}{2}\right)\langle 10| + \sin\left(\frac{\phi}{2}\right)\langle 01|\right) \middle| a_1^\dagger a_1 a_2^\dagger a_2 \middle| \right.$$

$$\left. \left(\cos\left(\frac{\phi}{2}\right)|10\rangle + \sin\left(\frac{\phi}{2}\right)|01\rangle\right)\right\rangle = 0 \tag{3.112}$$

众所周知,在经典波动光学中,两束光波之间干涉产生干涉条纹。如果考虑光的粒子属性,根据量子力学的概率解释,包括光子在内的微观粒子的波动性是一种概率波,在双缝干涉实验中,大量光子通过双缝时,按量子力学的统计规律显示在观测屏上,在那些光子出现概率大的地方,会显得较亮,概率小的地方则相对较暗,从而形成一定的干涉条纹。如果观测屏是感光胶片,让光子一个一个通过双缝,那么在较长时间的曝光后,胶片仍将记录到同样的干涉条纹,似乎光子自己就能跟自己发生干涉。那么,单光子究竟能否发生干涉呢?

上述单光子 Sagnac 干涉仪的理论分析给出了初步的结论:式(3.109)和式(3.110)表明,两个输出端口可以形成互补的干涉条纹,证明了单个光子可以产生干涉;式(3.112)二阶符合计数$\langle b_1^\dagger b_1 b_2^\dagger b_2 \rangle = 0$表明,如果探测器1记录一次嘀嗒(光子撞击探测器),则探测器2不会同时听到嘀嗒,也即探测器1(D1)和探测器2(D2)不能同时记录到嘀嗒,这符合单光子传输的物理实际。图3.11是G. Bertocchi 等给出的单光子 Sagnac 干涉仪的测量结果[3],从实验上证实了单光子干涉可以检测出 Sagnac 效应。那么,单光子如何发生干涉的呢?

量子力学分析如下。图3.12为单光子输入的 Sagnac 干涉仪,算符a_1为单光子态输入端口$|1\rangle$,a_2为真空态$|0\rangle$输入端口(无光),Sagnac 相移ϕ寄生在逆时针光路中,$\phi = 0$时 CW 和 CCW 光路的光程相等。根据光子经过分束器 BS1 和 BS2 的路径特性很容易看出,b_1为相长干涉端口,b_2为相消干涉端口。在传统的波动光学中,$\phi = 0$时干涉结果为:b_1端口为明纹,干涉光强为1,b_2端口为暗纹,干涉光强为0,见式(3.85)。在单光子干涉实验中,$\phi = 0$时干涉结果为:b_1端口能探测到单光子,b_2端口探测不到,见式(3.109)和式(3.110),这与波动光学的干涉结果相同,说明的确"光子自己就能跟自己发生干涉"。

第3章　量子纠缠光纤陀螺仪的光路结构和动力学分析

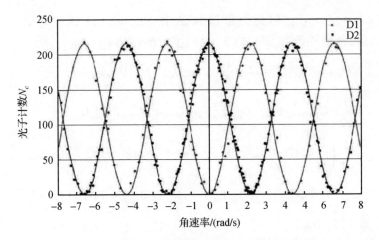

图3.11　显示Sagnac效应的单光子干涉图样(清晰度高达(99.2±0.4)%)

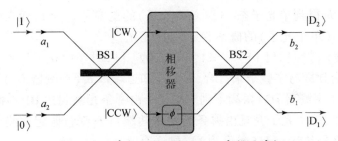

图3.12　单光子输入的Sagnac光纤干涉仪

根据图3.12的分束器端口定义,算符a_1、a_2经过分束器BS1后演变为a_{ccw}、a_{cw}:

$$\begin{pmatrix} a_{ccw} \\ a_{cw} \end{pmatrix} = S_{BS1} \begin{pmatrix} a_1 \\ a_2 \end{pmatrix} = \begin{pmatrix} \frac{1}{\sqrt{2}}(a_1 + ia_2) \\ \frac{1}{\sqrt{2}}(ia_1 + a_2) \end{pmatrix} \quad (3.113)$$

单光子态$|1\rangle$和真空态$|0\rangle$(无光)构成的输入态可以表示为$|1_1 0_2\rangle$,下标"1、2"表示输入端口的序号。输入态经分束器BS1后生成的输出态$|\psi_{ccw,cw}\rangle$为

$$|\psi_{ccw,cw}\rangle = U_{BS1}|1_1 0_2\rangle = U_{BS1} a_1^\dagger U_{BS1}^\dagger |0_1 0_2\rangle = \frac{1}{\sqrt{2}}(a_1^\dagger + ia_2^\dagger)|0_1 0_2\rangle$$

$$= \frac{1}{\sqrt{2}}(|1_{ccw} 0_{cw}\rangle + i|0_{ccw} 1_{cw}\rangle) \quad (3.114)$$

下标"ccw、cw"分别表示CCW和CW光路。式(3.114)也可写成:

$$|CCW\rangle = \frac{1}{\sqrt{2}}(|1\rangle + i|0\rangle), |CW\rangle = \frac{1}{\sqrt{2}}(|0\rangle + i|1\rangle) \quad (3.115)$$

97

假定 $\phi = 0$, $|\psi_{ccw,cw}\rangle$ 经过分束器 BS2(在 Sagnac 干涉仪中即第二次经过分束器 BS1)后,传输矩阵 S_{BS2} 见式(3.87),生成的输出态 $|\psi_{D1,D2}\rangle$ 为

$$|\psi_{D1,D2}\rangle = U_{BS2}|\psi_{ccw,cw}\rangle = U_{BS2}\frac{1}{\sqrt{2}}(|1_{ccw}0_{cw}\rangle + i|0_{ccw}1_{cw}\rangle)$$

$$= \frac{1}{\sqrt{2}}[U_{BS2}a_{ccw}^{\dagger}U_{BS2}^{\dagger}|0_{ccw}0_{cw}\rangle + iU_{BS2}a_{cw}^{\dagger}U_{BS2}^{\dagger}|0_{ccw}0_{cw}\rangle]$$

$$= \frac{1}{\sqrt{2}}\left[\frac{1}{\sqrt{2}}(ia_{ccw}^{\dagger} + a_{cw}^{\dagger})|0_{ccw}0_{cw}\rangle + i\frac{1}{\sqrt{2}}(a_{ccw}^{\dagger} + ia_{cw}^{\dagger})|0_{ccw}0_{cw}\rangle\right]$$

$$= \frac{1}{2}[i|1_{D1}0_{D2}\rangle + |0_{D1}1_{D2}\rangle + i(|1_{D1}0_{D2}\rangle + i|0_{D1}1_{D2}\rangle)]$$

$$= i|1_{D1}0_{D2}\rangle \tag{3.116}$$

"D1、D2" 分别表示到达探测器 D1 和 D2。式(3.116)也可以写成:

$$|D1\rangle = i|1\rangle;\ |D2\rangle = i|0\rangle \tag{3.117}$$

于是,在端口 b_1 得到单光子态 $|1\rangle$(单个光子)的概率总是为 1,而在端口 b_2 得到单光子态 $|1\rangle$(单个光子)的概率总是为 0(无光):

$$|\langle 1|D1\rangle|^2 = |i\langle 1|1\rangle|^2 = 1;\ |\langle 1|D2\rangle|^2 = |i\langle 1|0\rangle|^2 = 0 \tag{3.118}$$

这一理论分析与实验结果符合,但只能知道端口 b_1(探测器 D1)能探测到单光子,端口 b_2(探测器 D2)探测不到。单光子由哪条光路到达 D1 不得而知。

另一方面,单个光子究竟由哪条光路到达端口 b_1 呢?假定探测得单个光子经由 CW 光路到达端口 b_1(概率为 1),则必有

$$|CW\rangle = i|1\rangle;\ |CCW\rangle = |0\rangle \tag{3.119}$$

也即

$$|\psi_{ccw,cw}\rangle = 0|1_{ccw}0_{cw}\rangle + i|0_{ccw}1_{cw}\rangle \tag{3.120}$$

用式(3.120)重新计算 $|\psi_{D1,D2}\rangle$,得到:

$$|\psi_{D1,D2}\rangle = U_{BS2}|\psi_{ccw,cw}\rangle = U_{BS2}(i|0_{ccw}1_{cw}\rangle) = i(U_{BS2}a_{cw}^{\dagger}U_{BS2}^{\dagger})|0_{ccw}0_{cw}\rangle$$

$$= i\frac{1}{\sqrt{2}}(a_{ccw}^{\dagger} + ia_{cw}^{\dagger})|0_{ccw}0_{cw}\rangle = \frac{1}{\sqrt{2}}(i|1_{D1}\rangle - |1_{D2}\rangle) \tag{3.121}$$

式(3.121)也可以写成:

$$|D1\rangle = \frac{i}{\sqrt{2}}|1\rangle;\ |D2\rangle = -\frac{1}{\sqrt{2}}|1\rangle \tag{3.122}$$

在端口 b_1 得到单光子态 $|1\rangle$(单个光子)和在端口 b_2 得到单光子态 $|1\rangle$(单个光子)的概率为

$$|\langle 1|D1\rangle|^2 = \left|\frac{i}{\sqrt{2}}\langle 1|1\rangle\right|^2 = \frac{1}{2};\ |\langle 1|D2\rangle|^2 = \left|-\frac{1}{\sqrt{2}}\langle 1|1\rangle\right|^2 = \frac{1}{2}$$

$$\tag{3.123}$$

或者，假定单光子经由 CCW 光路到达端口 b_1，可以得到相同的结果：单个光子到达两个输出端口 b_1、b_2 的概率相同，这与事实不符。

  光子是一种似波的粒子，抑或是一种似粒子的波，其粒子性体现为一个光子永远不可能分割成几部分，其波动性也被光学干涉实验所证实。而按经典光学来理解，单光子干涉意味着一个光子经过干涉仪时同时经历了两条路径；但是，如果干涉仪的两条路径可以区分，那么作为一个不可分割的光子只能走其中一条路径。显然，单个光子在经过干涉仪时须做出一个选择：是像波一样走两条路径，还是像粒子一样走一条路径！令人惊讶的是，光子在进入干涉仪之前似乎不需要做出选择，上面的分析表明，如果光子明确决定走某一条路径，则在两个输出端口都得不到干涉现象。单光子干涉现象验证了量子的奇异性：不知道光路选择信息（粒子性），得到了光子的干涉结果（波动性）；知道了光路选择信息（粒子性），却失去了光子的干涉对比度（波动性）。后面还会讲到，单光子干涉实际上源自于单光子经过分束器后生成路径纠缠态（1001 态），体现了量子力学的本质特征：量子纠缠。关于 NOON 态的 Sagnac 干涉仪的输出特性，第 4 章还将详细讨论。

参考文献

[1] HAROCHE S, RAIMOND J-M. Exploring the quantum: atoms, cavities and photons [M]. New York: Oxford University Press, 2006.

[2] KOLKIRAN A, AGARWAL G S. Heisenberg-Limited sagnac interferometry [J]. Optics Express, 2007, 15(11):6798-6808.

[3] BERTOCCHI G, ALIBART O, OSTROWSKY D B. Singer-Photon sagnac interferometer [J]. Journal of Physics B: Atomic, Molecular and Optical Physics, 2006, 39(5):1011-1016.

第4章 量子纠缠光纤陀螺仪的输出特性

量子纠缠干涉测量的量子增强相位信息包含在二阶(或高阶)符合关联光强中。二阶符合关联光强可以通过 Sagnac 干涉仪两个输出端口的二阶符合计数得到。二阶符合计数是量子干涉实验中获得二阶相干函数或二阶关联函数的最为常见的测量方法。所谓"二阶相干"或"二阶关联"定义的是同一个函数,"相干"强调的是观测现象的干涉本质,"关联"突出的是测量的统计过程。众所周知,在经典电磁理论中,场的叠加都发生在特定的时空点上,即干涉是定域性的;而非经典光经过干涉仪后的二阶(或高阶)相干函数,隐含量子力学的非定域性,宏观上呈现为量子纠缠导致干涉相位信息增强。本章利用第3章给出的 Sagnac 干涉仪的动力学幺正演变算符,针对典型的非经典光量子态输入,分析量子纠缠光纤陀螺仪的输出特性,包括两个端口的输出光子数(光强或光功率)及其二阶符合关联光强,导出基于二阶符合探测方案的量子纠缠光纤陀螺仪的归一化量子干涉公式。

4.1 基于二阶符合探测的量子纠缠光纤陀螺仪

4.1.1 量子纠缠 Sagnac 干涉仪的输出公式

在海森堡图像中,量子 Sagnac 干涉仪的功能是将输入端口的湮灭算符 a_1、a_2 变换为输出端口的湮灭算符 b_1、b_2。湮灭算符代表量子化的光场。由式(3.86)可知,湮灭算符的演变可以表示为

$$\begin{pmatrix} b_1 \\ b_2 \end{pmatrix} = S_{SI} \begin{pmatrix} a_1 \\ a_2 \end{pmatrix} = \begin{pmatrix} S_{11} & S_{12} \\ S_{21} & S_{22} \end{pmatrix} \begin{pmatrix} a_1 \\ a_2 \end{pmatrix} = \begin{pmatrix} \cos\left(\dfrac{\phi}{2}\right) & -\sin\left(\dfrac{\phi}{2}\right) \\ \sin\left(\dfrac{\phi}{2}\right) & \cos\left(\dfrac{\phi}{2}\right) \end{pmatrix} \begin{pmatrix} a_1 \\ a_2 \end{pmatrix} \quad (4.1)$$

式中:S_{SI} 是式(3.90)定义的 Sagnac 干涉仪的传输矩阵;ϕ 是旋转引起的 Sagnac 相移。

而在薛定谔图像中,Sagnac 干涉仪将一个输入光量子态 $|\psi_{in}\rangle$ 变换为与 Sagnac 相移 ϕ 有关的输出光量子态 $|\psi_{out}(\phi)\rangle$:

$$|\psi_{out}(\phi)\rangle = U_{SI}(\phi)|\psi_{in}\rangle \quad (4.2)$$

式中:$U_{SI}(\phi)$是与传输矩阵 S_{SI} 对应的演变算符。输出场算符 b_1、b_2 的演变因而可以表示为

$$b_i \equiv U_{SI}^\dagger a_i U_{SI} = \sum_{j=1}^2 S_{ij} a_j; b_i^\dagger \equiv U_{SI}^\dagger a_i^\dagger U_{SI} = \sum_{j=1}^2 S_{ij}^* a_j^\dagger (i = 1,2) \qquad (4.3)$$

式中:S_{ij} 是式(4.1)传输矩阵 S_{SI} 的元素。如第3章所述,在不考虑干涉仪光路损耗的理想情况下,传输矩阵 S_{SI} 是一个幺正矩阵,相应地,演变算符 U_{SI} 也是一个幺正算符。只有幺正演变才能实现量子分析。利用传输矩阵 S_{SI} 的幺正性(共轭转置矩阵等于其逆矩阵),可以得到计算态矢量演变的有用公式:

$$U_{SI} a_i U_{SI}^\dagger = \sum_{j=1}^2 S_{ji}^* a_j; U_{SI} a_i^\dagger U_{SI}^\dagger = \sum_{j=1}^2 S_{ji} a_j^\dagger (i = 1,2) \qquad (4.4)$$

由于 Sagnac 干涉仪可以看作一种随 Sagnac 相移 ϕ 演变的过程,演变算符 U_{SI} 可以通过一个动力学参数 H_{SI} 与 ϕ 联系起来:

$$U_{SI} = e^{-iH_{SI}\phi/\hbar} \qquad (4.5)$$

式中:参数 H_{SI} 为量子 Sagnac 干涉仪的哈密顿算符。这意味着,Sagnac 干涉仪的输出算符 b_1、b_2 应满足海森堡方程:

$$\frac{d}{d\phi}b_1(\phi) = \frac{1}{i\hbar}[b_1, H_{SI}]; \frac{d}{d\phi}b_2(\phi) = \frac{1}{i\hbar}[b_2, H_{SI}] \qquad (4.6)$$

满足上述方程的哈密顿算符 H_{SI} 可以写为

$$H_{SI} = \frac{\hbar}{2i}(a_1^\dagger a_2 - a_1 a_2^\dagger) \qquad (4.7)$$

式(4.1)~式(4.7)给出了处理量子纠缠光纤陀螺仪的基本公式。利用上述公式,可以计算任意输入情况下,Sagnac 干涉仪在海森堡图像中的算符演变和在薛定谔图像中态矢量的演变,进而分析量子纠缠 Sagnac 干涉仪的输出特性。这包括两个输出端口的平均光强(平均光子数)$\langle I_1 \rangle$、$\langle I_2 \rangle$ 以及两个输出端口之间的二阶符合计数(二阶符合关联光强)$\langle I_{12} \rangle$:

$$\begin{cases} \langle I_1 \rangle = \langle \psi_{out}(\phi) | a_1^\dagger a_1 | \psi_{out}(\phi) \rangle = \langle \psi_{in} | b_1^\dagger b_1 | \psi_{in} \rangle \\ \langle I_2 \rangle = \langle \psi_{out}(\phi) | a_2^\dagger a_2 | \psi_{out}(\phi) \rangle = \langle \psi_{in} | b_2^\dagger b_2 | \psi_{in} \rangle \\ \langle I_{12} \rangle = \langle \psi_{out}(\phi) | a_1^\dagger a_2^\dagger a_2 a_1 | \psi_{out}(\phi) \rangle = \langle \psi_{in} | b_1^\dagger b_2^\dagger b_2 b_1 | \psi_{in} \rangle \end{cases} \qquad (4.8)$$

其中,只有二阶符合关联光强才包含量子增强相位信息。在二阶符合探测基础上获得的归一化量子干涉公式 $g_{12}^{(2)}$ 可以表示为

$$g_{12}^{(2)} = \frac{\langle I_1 \rangle \langle I_2 \rangle - \langle I_{12} \rangle}{\langle I_1 \rangle \langle I_2 \rangle} \qquad (4.9)$$

式(4.9)是 Sagnac 干涉仪两个输出模式(场)的归一化二阶相干性。当 $g_{12}^{(2)} < 0$ 时,即 $\langle I_{12} \rangle / \langle I_1 \rangle \langle I_2 \rangle > 1$,两个输出模式的强度是正相关,称为光子聚束;

当 $g_{12}^{(2)}>0$ 时,即 $\langle I_{12}\rangle/\langle I_1\rangle\langle I_2\rangle <1$,两个输出模式的强度是反相关,这一现象称为抗聚束。抗聚束光量子态的光子数涨落通常低于相干态光子的泊松分布,被认为是非经典光所固有的量子力学特性[1],意味着可能存在光子纠缠产生的德布罗意粒子,对量子增强干涉测量具有重要贡献。

在实际的量子运算中,采用薛定谔图像和采用海森堡图像所得到的 Sagnac 干涉仪输出的最终结果是相同的。一般情况下,会从方便运算的角度来穿插采用薛定谔图像和海森堡图像。另外,采用薛定谔图像可以考察光量子态在 Sagnac 干涉仪中演变的细节,后面将会看到,这有助于揭示二阶符合计数在量子增强干涉测量方面的局限性。

4.1.2 量子纠缠 Sagnac 干涉仪的相位检测灵敏度及与经典干涉的类比

光纤陀螺作为一种角速率敏感器件,其检测精度也即相位检测灵敏度由相位响应 $d\phi/d\Omega$(或称为 Sagnac 标度因数)和最小相位不确定性 $\Delta\phi$(与噪声有关)共同确定。在传统光纤陀螺仪中,一方面,光按经典场处理,但探测过程被量子化,具有一种统计特征,被探测的光子数 N 服从泊松统计,光子数的标准偏差 $\Delta N=\sqrt{N}$;另一方面,相位响应 $d\phi/d\Omega$ 也即 Sagnac 标度因数,正比于两束反向传播光波包围的面积,反比于干涉光波的波长 λ。因此传统光纤陀螺通常需要采用较大的结构尺寸和光纤长度来进一步提高精度。

在相对意义上,光纤陀螺仪的相位检测灵敏度与其信噪比成正比,信噪比的倒数(噪信比)称为相位不确定性。为了评估的方便,通常也用相位不确定性指称其相位检测灵敏度。式(4.9)的归一化量子干涉公式 $g_{12}^{(2)}$ 具有与经典干涉类似的形式,因此可以用经典光纤陀螺仪的精度估计方法类推量子纠缠光纤陀螺仪的相位检测灵敏度。

对于总光子数(光强)为 N 的 Sagnac 干涉仪,经典干涉和量子干涉输出的形式一般为

$$P(N,\phi)=\begin{cases}\dfrac{1}{2}\times N\times(1+\cos\phi), & 经典干涉\\ \dfrac{1}{2}\times\dfrac{N}{N'}\times(1+\cos N'\phi), & 量子干涉\end{cases} \quad (4.10)$$

对于经典干涉,$P(N,\phi)$ 就是传统光纤陀螺仪两束反向输出光场的振幅叠加;对于量子干涉,$P(N,\phi)$ 可以是式(4.9)给出的归一化的二阶符合关联光强 $g_{12}^{(2)}$(两个输出端口的归一化光强关联函数),也可以是特定探测方案得到的归一化的二阶符合关联光强(例如,某特定输出态在两个输出端口上的二阶符合计数)或高阶探测方案的生成概率。

由式(3.82),在经典干涉中,Sagnac 相移为

$$\phi = \frac{2\pi LD}{\lambda c}\Omega = K_s \Omega \qquad (4.11)$$

式中:L 是光纤线圈的长度;D 是线圈直径;λ 是光波长;c 是真空中的光速;Ω 是旋转角速率;$K_s = 2\pi LD/(\lambda c)$,称为光纤陀螺的 Sagnac 标度因数。

对于量子干涉,N' 表示 N 个输出光子中有 N' 个光子之间存在纠缠,因而有

$$N'\phi = \frac{2\pi LD}{(\lambda/N')c}\Omega = \frac{2\pi LD}{\lambda_D c}\Omega = N' K_s \Omega = K'_s \Omega \qquad (4.12)$$

式中:$K'_s = N' K_s$,$\lambda_D = \lambda/N'$。式(4.12)表明,在量子干涉测量输出中,基于被探测的 N' 个光子的纠缠特性,导致一种缩短的德布罗意波长 $\lambda_D = \lambda/N'$,致使干涉条纹的频率增加 N' 倍,相位响应 $d\phi/d\Omega$ 即 Sagnac 标度因数 K'_s 与经典干涉相比提高了 N' 倍。

依据经典光纤陀螺仪的精度评估方法:干涉输出的强度(对经典干涉,是输出光子数 N;对量子干涉,是德布罗意粒子数 N/N')受散粒噪声限制,输出强度的标准偏差正比于粒子数的平方根(对经典干涉,$\sqrt{N}$ 称为泊松统计;对量子干涉,$\sqrt{N/N'} < \sqrt{N}$ 称为亚泊松统计)。而干涉输出的信号正比于光强(对经典干涉,信号为光子数 N;对量子干涉,信号为德布罗意粒子数 N/N')。此外,考虑相位响应,对经典干涉 $\cos\phi$ 来说为 1,对量子干涉 $\cos N'\phi$ 来说为 N'。因而,对于经典干涉,相位检测灵敏度或相位不确定性为

$$\Delta\phi = \frac{1}{响应度} \cdot \frac{噪声}{信号} = \frac{1}{1} \cdot \frac{\sqrt{N}}{N} = \frac{1}{\sqrt{N}} \qquad (4.13)$$

对于量子干涉,相位不确定性为

$$\Delta\phi = \frac{1}{响应度} \cdot \frac{噪声}{信号} = \frac{1}{N'} \cdot \frac{\sqrt{\frac{N}{N'}}}{\frac{N}{N'}} = \frac{1}{\sqrt{NN'}} \qquad (4.14)$$

尤其是,当 $N' = N$,也即全部 N 个光子存在纠缠时,量子干涉的相位不确定性为

$$\Delta\phi = \frac{1}{N} \qquad (4.15)$$

式(4.13)称为散粒噪声极限,式(4.15)即海森堡极限。也就是说,对于相同的光子数 N,量子干涉比经典干涉的精度最高可以提高 $\sqrt{N}$ 倍。通常量子干涉会受限于纠缠光子数的数目 N' 以及输出态的生成效率,相位不确定性可能会突破标准量子极限而未达到海森堡极限,这就是一般意义上的量子增强效应。

4.1.3 量子纠缠光纤陀螺仪突破散粒噪声极限的判据

如上所述,类比经典干涉评估量子纠缠光纤陀螺的相位检测灵敏度,需要基于具体的量子干涉公式,如归一化二阶符合关联光强 $g_{12}^{(2)}$ 或所关注的特定输出量子态的生成概率 P。理论上,它们均具有下列一般形式[2]:

$$P(N',\eta,V,\phi) = \eta \times \frac{1}{2}[1 + V\cos N'\phi] \quad (4.16)$$

式中:η 为量子干涉的效率;V 为量子干涉的条纹清晰度;N' 表示 N 个输出光子中有 N' 光子存在纠缠。由于 $0 \leq V \leq 1, P \leq 1$,因此有 $0 \leq \eta \leq 1$。由式(4.16)可知,要突破散粒噪声极限,则需要满足:

$$(\Delta\phi)_{\min} = \frac{1}{N'\sqrt{\eta V}} < \frac{1}{\sqrt{N}} \quad (4.17)$$

满足式(4.17)的 V 值称为阈值 V_{th}:

$$V_{th} = \frac{N}{\eta N'^2} \quad (4.18)$$

阈值 V_{th} 意味着:尽管 $N'\phi(N' > 1)$ 表明量子干涉公式或量子干涉的生成概率中存在超相位分辨率信息(干涉条纹加倍),但只有满足 $V > V_{th}$,才能突破散粒噪声极限,称为超相位检测灵敏度。

4.2 各种输入态的量子纠缠光纤陀螺仪的二阶符合干涉输出

下面分析几种光量子态输入情况下量子纠缠光纤陀螺仪的输出特性。

4.2.1 相干态输入

4.2.1.1 单模相干态 $|\alpha,0\rangle$ 输入

此时 Sagnac 干涉仪的两个输入端口中,一个(端口 a_1)是相干态 $|\alpha\rangle$,另一个(端口 a_2)是真空态 $|0\rangle$,因而输入态 $|\psi_{in}\rangle$ 可以写为

$$|\psi_{in}\rangle = |\alpha,0\rangle = D_1(\alpha)|00\rangle \quad (4.19)$$

如前所述,相干态 $|\alpha\rangle$ 被认为是对真空态 $|0\rangle$ 进行位移运算产生。式(4.19)中的位移算符 $D_1(\alpha)$ 表示为

$$D_1(\alpha) = e^{\alpha a_1^\dagger - \alpha^* a_1} \quad (4.20)$$

首先考察薛定谔图像中输入态 $|\alpha,0\rangle$ 经历 Sagnac 干涉仪的演变。由式(4.19),相干态 $|\alpha,0\rangle$ 第一次经过分束器后演变为

$$U_{BS1}|\alpha,0\rangle = U_{BS1}D_1(\alpha)|00\rangle = U_{BS1}e^{\alpha a_1^\dagger - \alpha^* a_1}U_{BS1}^\dagger|00\rangle$$
$$= e^{\alpha U_{BS1}a_1^\dagger U_{BS1}^\dagger - \alpha^* U_{BS1}a_1 U_{BS1}^\dagger}|00\rangle \tag{4.21}$$

式中：U_{BS1} 是与式(3.87)中的分束器传输矩阵 $\mathbf{S}_{BS1}$ 对应的幺正演变算符，且有 $U_{BS1}^\dagger U_{BS1} = 1$，$U_{BS1}|00\rangle = |00\rangle$（算符 U_{BS1} 对真空态不起作用）。由式(3.42)有

$$U_{BS1}a_1 U_{BS1}^\dagger = \frac{1}{\sqrt{2}}a_1 - \frac{i}{\sqrt{2}}a_2 \ ; \ U_{BS1}a_1^\dagger U_{BS1}^\dagger = \frac{1}{\sqrt{2}}a_1^\dagger + \frac{i}{\sqrt{2}}a_2^\dagger \tag{4.22}$$

所以

$$U_{BS1}|\alpha,0\rangle = e^{\alpha\left(\frac{1}{\sqrt{2}}a_1^\dagger + \frac{i}{\sqrt{2}}a_2^\dagger\right) - \alpha^*\left(\frac{1}{\sqrt{2}}a_1 - \frac{i}{\sqrt{2}}a_2\right)}|00\rangle \tag{4.23}$$

利用量子力学公式：$e^{A+B} = e^A e^B e^{-[A,B]/2}$，则

$$e^{\alpha\left(\frac{1}{\sqrt{2}}a_1^\dagger + \frac{i}{\sqrt{2}}a_2^\dagger\right) - \alpha^*\left(\frac{1}{\sqrt{2}}a_1 - \frac{i}{\sqrt{2}}a_2\right)}$$
$$= e^{\alpha\frac{1}{\sqrt{2}}a_1^\dagger - \alpha^*\frac{1}{\sqrt{2}}a_1} e^{\alpha\frac{i}{\sqrt{2}}a_2^\dagger + \alpha^*\frac{i}{\sqrt{2}}a_2} e^{-\left[\left(\alpha\frac{1}{\sqrt{2}}a_1^\dagger - \alpha^*\frac{1}{\sqrt{2}}a_1\right),\left(\alpha\frac{i}{\sqrt{2}}a_2^\dagger + \alpha^*\frac{i}{\sqrt{2}}a_2\right)\right]/2}$$
$$= D_1\left(\frac{\alpha}{\sqrt{2}}\right)D_2\left(\frac{i\alpha}{\sqrt{2}}\right)e^{-\left[\left(\alpha\frac{1}{\sqrt{2}}a_1^\dagger - \alpha^*\frac{1}{\sqrt{2}}a_1\right),\left(\alpha\frac{i}{\sqrt{2}}a_2^\dagger + \alpha^*\frac{i}{\sqrt{2}}a_2\right)\right]/2} = D_1\left(\frac{\alpha}{\sqrt{2}}\right)D_2\left(\frac{i\alpha}{\sqrt{2}}\right) \tag{4.24}$$

其中利用湮灭算符和产生算符的基本对易关系式(3.4)很容易证明：

$$\left[\left(\alpha\frac{1}{\sqrt{2}}a_1^\dagger - \alpha^*\frac{1}{\sqrt{2}}a_1\right),\left(\alpha\frac{i}{\sqrt{2}}a_2^\dagger + \alpha^*\frac{i}{\sqrt{2}}a_2\right)\right] = 0 \tag{4.25}$$

所以

$$U_{BS1}|\alpha,0\rangle = D_1\left(\frac{\alpha}{\sqrt{2}}\right)D_2\left(\frac{i\alpha}{\sqrt{2}}\right)|00\rangle = \left|\frac{\alpha}{\sqrt{2}},\frac{i\alpha}{\sqrt{2}}\right\rangle \tag{4.26}$$

然后，计算 $U_{BS1}|\alpha,0\rangle$ 经过光纤线圈的演变。假定式(3.87)中的光纤线圈传输矩阵 $\mathbf{S}_\phi$ 对应的幺正演变算符为 U_ϕ，则有

$$U_\phi U_{BS1}|\alpha,0\rangle = U_\phi\left|\frac{\alpha}{\sqrt{2}},\frac{i\alpha}{\sqrt{2}}\right\rangle = U_\phi D_1\left(\frac{\alpha}{\sqrt{2}}\right)D_2\left(\frac{i\alpha}{\sqrt{2}}\right)|00\rangle$$
$$= U_\phi e^{\alpha\frac{1}{\sqrt{2}}a_1^\dagger - \alpha^*\frac{1}{\sqrt{2}}a_1} e^{\alpha\frac{i}{\sqrt{2}}a_2^\dagger + \alpha^*\frac{i}{\sqrt{2}}a_2}|00\rangle$$
$$= U_\phi e^{\alpha\frac{1}{\sqrt{2}}a_1^\dagger - \alpha^*\frac{1}{\sqrt{2}}a_1} U_\phi^\dagger U_\phi e^{\alpha\frac{i}{\sqrt{2}}a_2^\dagger + \alpha^*\frac{i}{\sqrt{2}}a_2} U_\phi^\dagger U_\phi|00\rangle$$
$$= e^{\alpha\frac{1}{\sqrt{2}}(U_\phi a_1^\dagger U_\phi^\dagger) - \alpha^*\frac{1}{\sqrt{2}}(U_\phi a_1 U_\phi^\dagger)} e^{\alpha\frac{i}{\sqrt{2}}(U_\phi a_2^\dagger U_\phi^\dagger) + \alpha^*\frac{i}{\sqrt{2}}(U_\phi a_2 U_\phi^\dagger)}|00\rangle \tag{4.27}$$

式中：U_ϕ 是与式(3.87)中光纤线圈的传输矩阵 $\mathbf{S}_\phi$ 对应的幺正演变算符，$U_\phi^\dagger U_\phi = 1$，$U_\phi|00\rangle = |00\rangle$。利用 U_ϕ 的动力学性质：

$$U_\phi a_i U_\phi^\dagger = \sum_{j=1}^{2} S_{\phi-ji}^* a_j \ ; \ U_\phi a_i^\dagger U_\phi^\dagger = \sum_{j=1}^{2} S_{\phi-ji} a_j^\dagger \tag{4.28}$$

进而有

$$U_\phi a_1^\dagger U_\phi^\dagger = a_1^\dagger, \ U_\phi a_1 U_\phi^\dagger = a_1 \ ; \ U_\phi a_2^\dagger U_\phi^\dagger = e^{-i\phi}a_2^\dagger, \ U_\phi a_2 U_\phi^\dagger = e^{i\phi}a_2 \tag{4.29}$$

因此

$$U_\phi U_{BS1}|\alpha,0\rangle = e^{\alpha\frac{1}{\sqrt{2}}a_1^\dagger - \alpha^*\frac{1}{\sqrt{2}}a_1} e^{\alpha\frac{i}{\sqrt{2}}e^{-i\phi}a_2^\dagger + \alpha^*\frac{i}{\sqrt{2}}e^{i\phi}a_2}|00\rangle$$

$$= D_1\left(\frac{\alpha}{\sqrt{2}}\right) D_2\left(\frac{i\alpha e^{-i\phi}}{\sqrt{2}}\right)|00\rangle = \left|\frac{\alpha}{\sqrt{2}}, \frac{i\alpha e^{-i\phi}}{\sqrt{2}}\right\rangle \tag{4.30}$$

最后,态矢量 $U_\phi U_{BS1}|\alpha,0\rangle$ 再次经过分束器,得到 Sagnac 干涉仪的输出态为

$$|\psi_{out}(\phi)\rangle = U_{BS2} U_\phi U_{BS1}|\alpha,0\rangle = U_{BS2} e^{\alpha\frac{1}{\sqrt{2}}a_1^\dagger - \alpha^*\frac{1}{\sqrt{2}}a_1} e^{\alpha\frac{i}{\sqrt{2}}e^{-i\phi}a_2^\dagger + \alpha^*\frac{i}{\sqrt{2}}e^{i\phi}a_2}|00\rangle$$

$$= U_{BS2} e^{\alpha\frac{1}{\sqrt{2}}a_1^\dagger - \alpha^*\frac{1}{\sqrt{2}}a_1} U_{BS2}^\dagger U_{BS2} e^{\alpha\frac{i}{\sqrt{2}}e^{-i\phi}a_2^\dagger + \alpha^*\frac{i}{\sqrt{2}}e^{i\phi}a_2} U_{BS2}^\dagger|00\rangle$$

$$= e^{\alpha\frac{1}{\sqrt{2}} U_{BS2} a_1^\dagger U_{BS2}^\dagger - \alpha^*\frac{1}{\sqrt{2}} U_{BS2} a_1 U_{BS2}^\dagger} e^{\alpha\frac{i}{\sqrt{2}}e^{-i\phi} U_{BS2} a_2^\dagger U_{BS2}^\dagger + \alpha^*\frac{i}{\sqrt{2}}e^{i\phi} U_{BS2} a_2 U_{BS2}^\dagger}|00\rangle \tag{4.31}$$

式中:U_{BS2} 是与式(3.87)中的分束器传输矩阵 S_{BS2} 对应的幺正演变算符。利用(注意,与第一次经过分束器的情形不同):

$$\begin{cases} U_{BS2} a_1^\dagger U_{BS2}^\dagger = \frac{i}{\sqrt{2}} a_1^\dagger + \frac{1}{\sqrt{2}} a_2^\dagger, & U_{BS2} a_1 U_{BS2}^\dagger = -\frac{i}{\sqrt{2}} a_1 + \frac{1}{\sqrt{2}} a_2 \\ U_{BS2} a_2^\dagger U_{BS2}^\dagger = \frac{1}{\sqrt{2}} a_1^\dagger + \frac{i}{\sqrt{2}} a_2^\dagger, & U_{BS2} a_2 U_{BS2}^\dagger = \frac{1}{\sqrt{2}} a_1 - \frac{i}{\sqrt{2}} a_2 \end{cases} \tag{4.32}$$

最终得到:

$$|\psi_{out}(\phi)\rangle = e^{\alpha\frac{1}{\sqrt{2}}\left(\frac{i}{\sqrt{2}}a_1^\dagger + \frac{1}{\sqrt{2}}a_2^\dagger\right) - \alpha^*\left(-\frac{i}{\sqrt{2}}a_1 + \frac{1}{\sqrt{2}}a_2\right)} e^{\alpha\frac{i}{\sqrt{2}}e^{-i\phi}\left(\frac{1}{\sqrt{2}}a_1^\dagger + \frac{i}{\sqrt{2}}a_2^\dagger\right) + \alpha^* e^{i\phi}\left(\frac{1}{\sqrt{2}}a_1 - \frac{i}{\sqrt{2}}a_2\right)}|00\rangle$$

$$= e^{\frac{1}{2}\alpha(ia_1^\dagger + a_2^\dagger) - \frac{1}{2}\alpha^*(-ia_1 + a_2)} e^{\frac{1}{2}\alpha e^{-i\phi}(ia_1^\dagger - a_2^\dagger) + \frac{1}{2}\alpha^* e^{i\phi}(ia_1 + a_2)}|00\rangle$$

$$= e^{\frac{i}{2}[(1+e^{-i\phi})\alpha a_1^\dagger + (1+e^{i\phi})\alpha^* a_1] + \frac{1}{2}[(1-e^{-i\phi})\alpha a_2^\dagger - (1-e^{i\phi})\alpha^* a_2]}|00\rangle$$

$$= D_1\left[\frac{i(1+e^{-i\phi})}{2}\alpha\right] D_2\left(\frac{1-e^{-i\phi}}{2}\alpha\right)|00\rangle$$

$$= \left|\frac{i(1+e^{-i\phi})}{2}\alpha, \frac{1-e^{-i\phi}}{2}\alpha\right\rangle \tag{4.33}$$

其中,再次利用了量子力学公式 $e^{A+B} = e^A e^B e^{-[A,B]/2}$ 和对易关系:

$$\left[\frac{1}{2}\alpha(ia_1^\dagger + a_2^\dagger) - \frac{1}{2}\alpha^*(-ia_1 + a_2), \frac{1}{2}\alpha e^{-i\phi}(ia_1^\dagger - a_2^\dagger) + \frac{1}{2}\alpha^* e^{i\phi}(ia_1 + a_2)\right] = 0 \tag{4.34}$$

式(4.33)即为薛定谔图像中单端口相干态输入情况下的 Sagnac 干涉仪的输出态矢量。相干态经过 Sagnac 干涉仪后,在两个输出端口输出的仍然是相干态(携带相位信息 ϕ)。可以利用式(4.33)计算两个端口的输出光强:

$$\langle I_1 \rangle = \left|\frac{i(1+e^{-i\phi})}{2}\alpha\right|^2 = \frac{1}{2}|\alpha|^2(1+\cos\phi);$$

$$\langle I_2 \rangle = \left|\frac{1-e^{i\phi}}{2}\alpha\right|^2 = \frac{1}{2}|\alpha|^2(1-\cos\phi) \tag{4.35}$$

式中：$|\alpha|^2$ 是输入相干态的光强。可以看出，两个端口的干涉输出形成互补的干涉条纹，总的输出光强等于输入光强：$\langle I_1 \rangle + \langle I_2 \rangle = |\alpha|^2$。这正是光纤陀螺仪的经典干涉情形，相干态是经典光场量子化的结果。

在相干态 $|\alpha,0\rangle$ 输入的情况下，利用式（4.1）的海森堡图像中的算符演变，可以更方便地计算两个端口的输出光强：

$$\langle I_1 \rangle = \langle \alpha,0 | b_1^\dagger b_1 | \alpha,0 \rangle$$

$$= \left\langle \alpha,0 \left| \left[a_1\cos\left(\frac{\phi}{2}\right) - a_2\sin\left(\frac{\phi}{2}\right)\right]^\dagger \left[a_1\cos\left(\frac{\phi}{2}\right) - a_2\sin\left(\frac{\phi}{2}\right)\right] \right| \alpha,0 \right\rangle$$

$$= \cos^2\left(\frac{\phi}{2}\right) \langle \alpha,0 | (a_1^\dagger a_1) | \alpha,0 \rangle = \alpha^* \alpha \cos^2\left(\frac{\phi}{2}\right)$$

$$= \frac{1}{2}|\alpha|^2(1+\cos\phi) \tag{4.36}$$

$$\langle I_2 \rangle = \langle \alpha,0 | b_2^\dagger b_2 | \alpha,0 \rangle$$

$$= \left\langle \alpha,0 \left| \left[\sin\left(\frac{\phi}{2}\right)a_1 + \cos\left(\frac{\phi}{2}\right)a_2\right]^\dagger \left[\sin\left(\frac{\phi}{2}\right)a_1 + \cos\left(\frac{\phi}{2}\right)a_2\right] \right| \alpha,0 \right\rangle$$

$$= \sin^2\left(\frac{\phi}{2}\right) \langle \alpha,0 | (a_1^\dagger a_1) | \alpha,0 \rangle = \alpha^* \alpha \cdot \sin^2\left(\frac{\phi}{2}\right)$$

$$= \frac{1}{2}|\alpha|^2(1-\cos\phi) \tag{4.37}$$

这与式（4.35）的结果相同。而两个输出端口之间的二阶符合关联光强 $\langle I_{12} \rangle$ 为

$$\langle I_{12} \rangle = \langle \alpha,0 | b_1^\dagger b_2^\dagger b_2 b_1 | \alpha,0 \rangle$$

$$= \left\langle \alpha,0 \left| \left[a_1\cos\left(\frac{\phi}{2}\right) - a_2\sin\left(\frac{\phi}{2}\right)\right]^\dagger \left[a_1\sin\left(\frac{\phi}{2}\right) + a_2\cos\left(\frac{\phi}{2}\right)\right]^\dagger \right.\right.$$

$$\left.\left. \cdot \left[a_1\sin\left(\frac{\phi}{2}\right) + a_2\cos\left(\frac{\phi}{2}\right)\right] \left[a_1\cos\left(\frac{\phi}{2}\right) - a_2\sin\left(\frac{\phi}{2}\right)\right] \right| \alpha,0 \right\rangle$$

$$= \sin^2\left(\frac{\phi}{2}\right)\cos^2\left(\frac{\phi}{2}\right) \langle \alpha,0 | a_1^\dagger a_1^\dagger a_1 a_1 | \alpha,0 \rangle = \frac{1}{4}|\alpha|^4\sin^2\phi \tag{4.38}$$

将式（4.38）和式（4.36）、式（4.37）代入式（4.9），得到相干态 $|\alpha,0\rangle$ 输入的归一化量子干涉公式：

$$g_{12}^{(2)} = 0 \tag{4.39}$$

这意味着 $\langle I_{12} \rangle = \langle I_1 \rangle \langle I_2 \rangle$，Sagnac 干涉仪两个输出端口的测量各自独立，说明相干态作为一种经典光，不存在与 ϕ 有关的强度关联，即不存在非经典的量子增强干涉效应。

4.2.1.2 双模相干态 $|\alpha_1,\alpha_2\rangle$ 输入

当 Sagnac 干涉仪两个输入端口分别为两个不同的相干态 $|\alpha_1\rangle$、$|\alpha_2\rangle$ 时，设 $\alpha_1=|\alpha_1|e^{i\vartheta_1}$，$\alpha_2=|\alpha_2|e^{i\vartheta_2}$，$\vartheta_1$、$\vartheta_2$ 分别为两个相干态的相位，输入态 $|\psi_{in}\rangle$ 可以表示为

$$|\psi_{in}\rangle = |\alpha_1,\alpha_2\rangle = D_1(\alpha_1)D_2(\alpha_2)|00\rangle \qquad (4.40)$$

式中：

$$D_1(\alpha_1) = e^{\alpha_1 a_1^\dagger - \alpha_1^* a_1};\ D_2(\alpha_2) = e^{\alpha_2 a_2^\dagger - \alpha_2^* a_2} \qquad (4.41)$$

不再推导态矢量 $|\alpha_1,\alpha_2\rangle$ 在 Sagnac 干涉仪中的演变过程，而是利用式(3.107)和式(4.1)，直接计算薛定谔图像中 Sagnac 干涉仪的输出态：

$$\begin{aligned}
|\psi_{out}(\phi)\rangle &= U_{SI}|\alpha_1,\alpha_2\rangle = (U_{SI}D_1U_{SI}^\dagger)(U_{SI}D_2U_{SI}^\dagger)|00\rangle \\
&= e^{\alpha_1 U_{SI}a_1^\dagger U_{SI}^\dagger - \alpha_1^* U_{SI}a_1 U_{SI}^\dagger} e^{\alpha_2 U_{SI}a_2^\dagger U_{SI}^\dagger - \alpha_2^* U_{SI}a_2 U_{SI}^\dagger}|00\rangle \\
&= e^{\alpha_1\left[a_1^\dagger\cos\left(\frac{\phi}{2}\right) + a_2^\dagger\sin\left(\frac{\phi}{2}\right)\right] - \alpha_1^*\left[a_1\cos\left(\frac{\phi}{2}\right) + a_2\sin\left(\frac{\phi}{2}\right)\right]} \\
&\quad e^{\alpha_2\left[-a_1^\dagger\sin\left(\frac{\phi}{2}\right) + a_2^\dagger\cos\left(\frac{\phi}{2}\right)\right] - \alpha_2^*\left[-a_1\sin\left(\frac{\phi}{2}\right) + a_2\cos\left(\frac{\phi}{2}\right)\right]}|00\rangle \\
&= e^{(\alpha_1 a_1^\dagger - \alpha_1^* a_1)\cos\left(\frac{\phi}{2}\right) - (\alpha_2 a_1^\dagger - \alpha_2^* a_1)\sin\left(\frac{\phi}{2}\right) + (\alpha_2 a_2^\dagger - \alpha_2^* a_2)\cos\left(\frac{\phi}{2}\right) + (\alpha_1 a_2^\dagger - \alpha_1^* a_2)\sin\left(\frac{\phi}{2}\right)}|00\rangle \\
&= e^{(\alpha_1 a_1^\dagger - \alpha_1^* a_1)\cos\left(\frac{\phi}{2}\right) - (\alpha_2 a_1^\dagger - \alpha_2^* a_1)\sin\left(\frac{\phi}{2}\right)} e^{(\alpha_2 a_2^\dagger - \alpha_2^* a_2)\cos\left(\frac{\phi}{2}\right) + (\alpha_1 a_2^\dagger - \alpha_1^* a_2)\sin\left(\frac{\phi}{2}\right)}|00\rangle \\
&= D_1\left[\alpha_1\cos\left(\frac{\phi}{2}\right) - \alpha_2\sin\left(\frac{\phi}{2}\right)\right] D_2\left[\alpha_2\cos\left(\frac{\phi}{2}\right) + \alpha_1\sin\left(\frac{\phi}{2}\right)\right]|00\rangle \\
&= \left|\left[\alpha_1\cos\left(\frac{\phi}{2}\right) - \alpha_2\sin\left(\frac{\phi}{2}\right)\right],\left[\alpha_2\cos\left(\frac{\phi}{2}\right) + \alpha_1\sin\left(\frac{\phi}{2}\right)\right]\right\rangle
\end{aligned} \qquad (4.42)$$

式(4.42)利用了 $U_{SI}^\dagger U_{SI} = 1$ 和 $U_{SI}|00\rangle = |00\rangle$，且两次运用量子力学公式 $e^{A+B} = e^A e^B e^{-[A,B]/2}$，均有对易关系 $[A,B]=0$，即

$$\begin{cases}
\left[\alpha_1\left[a_1^\dagger\cos\left(\frac{\phi}{2}\right) + a_2^\dagger\sin\left(\frac{\phi}{2}\right)\right] - \alpha_1^*\left[a_1\cos\left(\frac{\phi}{2}\right) + a_2\sin\left(\frac{\phi}{2}\right)\right],\right. \\
\left.\alpha_2\left[a_2^\dagger\cos\left(\frac{\phi}{2}\right) - a_1^\dagger\sin\left(\frac{\phi}{2}\right)\right] - \alpha_2^*\left[a_2\cos\left(\frac{\phi}{2}\right) - a_1\sin\left(\frac{\phi}{2}\right)\right]\right] = 0 \\
\left[(\alpha_1 a_1^\dagger - \alpha_1^* a_1)\cos\left(\frac{\phi}{2}\right) - (\alpha_2 a_1^\dagger - \alpha_2^* a_1)\sin\left(\frac{\phi}{2}\right),\right. \\
\left.(\alpha_2 a_2^\dagger - \alpha_2^* a_2)\cos\left(\frac{\phi}{2}\right) + (\alpha_1 a_2^\dagger - \alpha_1^* a_2)\sin\left(\frac{\phi}{2}\right)\right] = 0
\end{cases} \qquad (4.43)$$

式(4.42)即为薛定谔图像中双模相干态 $|\alpha_1,\alpha_2\rangle$ 输入情况下的 Sagnac 干涉仪的输出态。可以利用式(4.42)计算两个输出端口的光强：

$$\begin{cases} \langle I_1 \rangle = \left| \alpha_1 \cos\left(\dfrac{\phi}{2}\right) - \alpha_2 \sin\left(\dfrac{\phi}{2}\right) \right|^2 = \cos^2\left(\dfrac{\phi}{2}\right) |\alpha_1|^2 + \\ \qquad \sin^2\left(\dfrac{\phi}{2}\right) |\alpha_2|^2 - \sin\phi |\alpha_1||\alpha_2|\cos(\vartheta_1 - \vartheta_2) \\ \langle I_2 \rangle = \left| \alpha_2 \cos\left(\dfrac{\phi}{2}\right) + \alpha_1 \sin\left(\dfrac{\phi}{2}\right) \right|^2 = \sin^2\left(\dfrac{\phi}{2}\right) |\alpha_1|^2 + \\ \qquad \cos^2\left(\dfrac{\phi}{2}\right) |\alpha_2|^2 + \sin\phi |\alpha_1||\alpha_2|\cos(\vartheta_1 - \vartheta_2) \end{cases} \quad (4.44)$$

与单端口相干态的情形类似,两个端口的干涉输出形成互补的干涉条纹,总的输出光强等于输入光强:$\langle I_1 \rangle + \langle I_2 \rangle = |\alpha_1|^2 + |\alpha_2|^2$。式(4.44)也可以在海森堡图像通过式(4.8)的算符运算获得。

双模相干态输入情况下的二阶符合关联光强为

$$\begin{aligned}
\langle I_{12} \rangle &= \langle \alpha_1, \alpha_2 | b_1^\dagger b_2^\dagger b_2 b_1 | \alpha_1, \alpha_2 \rangle \\
&= \left\langle \alpha_1, \alpha_2 \left| \left[\cos\left(\dfrac{\phi}{2}\right) a_1 - \sin\left(\dfrac{\phi}{2}\right) a_2 \right]^\dagger \left[\sin\left(\dfrac{\phi}{2}\right) a_1 + \cos\left(\dfrac{\phi}{2}\right) a_2 \right]^\dagger \right. \right. \\
&\quad \cdot \left. \left. \left[\sin\left(\dfrac{\phi}{2}\right) a_1 + \cos\left(\dfrac{\phi}{2}\right) a_2 \right] \left[\cos\left(\dfrac{\phi}{2}\right) a_1 - \sin\left(\dfrac{\phi}{2}\right) a_2 \right] \right| \alpha_1, \alpha_2 \right\rangle \\
&= \left[\cos^4\left(\dfrac{\phi}{2}\right) + \sin^4\left(\dfrac{\phi}{2}\right) \right] |\alpha_1|^2 |\alpha_2|^2 + \\
&\quad \sin^2\left(\dfrac{\phi}{2}\right) \cos^2\left(\dfrac{\phi}{2}\right) [|\alpha_1|^4 + |\alpha_2|^4 - 2|\alpha_1|^2 |\alpha_2|^2 - \\
&\quad 2|\alpha_1|^2 |\alpha_2|^2 \cos 2(\vartheta_1 - \vartheta_2)] + \\
&\quad 2\sin\left(\dfrac{\phi}{2}\right) \cos\dfrac{\phi}{2} \left[\cos^2\left(\dfrac{\phi}{2}\right) - \sin^2\left(\dfrac{\phi}{2}\right) \right] \\
&\quad (|\alpha_1|^3 |\alpha_2| - |\alpha_2|^3 |\alpha_1|) \cos(\vartheta_1 - \vartheta_2)
\end{aligned} \quad (4.45)$$

将式(4.45)和式(4.44)代入式(4.9),很容易证明$\langle I_1 \rangle \langle I_2 \rangle - \langle I_{12} \rangle = 0$,因而$|\alpha_1, \alpha_2\rangle$输入的归一化量子干涉公式:

$$g_{12}^{(2)} = 0 \quad (4.46)$$

Sagnac干涉仪两个输出端口的测量各自独立,同样不存在非经典的量子增强干涉效应。

4.2.2 光子数态输入

在讨论一般光子数态$|n_1 n_2\rangle$输入之前,先针对几个具有确定光子数的简单光子数态$|11\rangle$和$|22\rangle$(第3章已讨论过单光子$|10\rangle$输入的情况),研究量子纠缠光纤陀螺仪的输出特性。

4.2.2.1 光子数态 $|11\rangle$ 输入

现在考察薛定谔图像中输入态 $|\psi_{in}\rangle = |11\rangle$ 经历 Sagnac 干涉仪的演变过程。输入态 $|\psi_{in}\rangle$ 第一次经过分束器,由式(3.42)和式(3.87)可知:

$$U_{BS1}|11\rangle = U_{BS1}a_1^\dagger a_2^\dagger|00\rangle = (U_{BS1}a_1^\dagger U_{BS1}^\dagger)(U_{BS1}a_2^\dagger U_{BS1}^\dagger)|00\rangle$$

$$= \left(\frac{1}{\sqrt{2}}a_1^\dagger + \frac{i}{\sqrt{2}}a_2^\dagger\right)\left(\frac{i}{\sqrt{2}}a_1^\dagger + \frac{1}{\sqrt{2}}a_2^\dagger\right)|00\rangle = \frac{i}{\sqrt{2}}(|20\rangle + |02\rangle) \quad (4.47)$$

式中:利用了 $U_{BS1}|00\rangle = |00\rangle$。可以看出,输入态 $|11\rangle$ 经过分束器后变为 2002 态。

由式(3.87)的传输矩阵,并考虑 $U_\phi|0\rangle = |0\rangle$,经过光纤线圈后态矢量变为

$$U_\phi U_{BS1}|11\rangle = U_\phi\left[\frac{i}{\sqrt{2}}(|20\rangle + |02\rangle)\right] = \frac{i}{\sqrt{2}}\left[U_\phi\frac{1}{\sqrt{2!}}a_1^{\dagger 2}|00\rangle + U_\phi\frac{1}{\sqrt{2!}}a_2^{\dagger 2}|00\rangle\right]$$

$$= \frac{i}{\sqrt{2}}\left[\frac{1}{\sqrt{2!}}(U_\phi a_1^\dagger U_\phi^\dagger)(U_\phi a_1^\dagger U_\phi^\dagger)|00\rangle + \frac{1}{\sqrt{2!}}(U_\phi a_2^\dagger U_\phi^\dagger)(U_\phi a_2^\dagger U_\phi^\dagger)|00\rangle\right]$$

$$= \frac{i}{\sqrt{2}}\left[\frac{1}{\sqrt{2!}}a_1^{\dagger 2}|00\rangle + \frac{1}{\sqrt{2!}}e^{i2\phi}a_2^{\dagger 2}|00\rangle\right] = \frac{i}{\sqrt{2}}(|20\rangle + e^{i2\phi}|02\rangle) \quad (4.48)$$

式中:$U_\phi a_1^\dagger U_\phi^\dagger = a_1^\dagger$;$U_\phi a_2^\dagger U_\phi^\dagger = e^{i\phi}a_2^\dagger$。

最后,第二次经过分束器,Sagnac 干涉仪的输出态为

$$|\psi_{out}(\phi)\rangle = U_{BS2}\left[\frac{i}{\sqrt{2}}(|20\rangle + e^{i2\phi}|02\rangle)\right]$$

$$= \frac{i}{\sqrt{2}}U_{BS2}\left[\frac{1}{\sqrt{2!}}a_1^{\dagger 2}|00\rangle + \frac{1}{\sqrt{2!}}e^{i2\phi}a_2^{\dagger 2}|00\rangle\right]$$

$$= \frac{i}{\sqrt{2}}\left[\frac{1}{\sqrt{2!}}(U_{BS2}a_1^\dagger U_{BS2}^\dagger)^2|00\rangle + \frac{1}{\sqrt{2!}}e^{i2\phi}(U_{BS2}a_2^\dagger U_{BS2}^\dagger)^2|00\rangle\right]$$

$$= \frac{i}{2}\left[\left(\frac{i}{\sqrt{2}}a_1^\dagger + \frac{1}{\sqrt{2}}a_2^\dagger\right)^2|00\rangle + e^{i2\phi}\left(\frac{1}{\sqrt{2}}a_1^\dagger + \frac{i}{\sqrt{2}}a_2^\dagger\right)^2|00\rangle\right]$$

$$= \frac{1}{\sqrt{2}} \cdot \frac{1 - e^{i2\phi}}{2i}(|20\rangle - |02\rangle) - \frac{1 + e^{i2\phi}}{2}|11\rangle \quad (4.49)$$

由式(4.49),可以直接计算 Sagnac 干涉仪两个输出端口的平均光强(平均光子数)$\langle I_1\rangle$、$\langle I_2\rangle$ 以及二阶符合计数(二阶关联光强)$\langle I_{12}\rangle$:

$$\begin{cases}\langle I_1\rangle = \langle I_2\rangle = \left|\frac{1}{\sqrt{2}} \cdot \frac{1 - e^{i2\phi}}{2i}\right|^2 \times 2 + \left|\frac{1 + e^{i2\phi}}{2}\right|^2 = 1 \\ \langle I_{12}\rangle = \left|\frac{1 + e^{i2\phi}}{2}\right|^2 = \frac{1}{2}(1 + \cos 2\phi)\end{cases} \quad (4.50)$$

在二阶符合探测基础上获得的归一化量子干涉公式 $g_{12}^{(2)}$ 可以表示为

$$g_{12}^{(2)} = \frac{1}{2}(1 - \cos 2\phi) \tag{4.51}$$

由式(4.51)可知,对于总光子数为 $N=2$ 的输入态 $|11\rangle$,Sagnac 干涉仪的相位不确定性为

$$\Delta\phi = \frac{1}{2} \tag{4.52}$$

这是 2002 态的海森堡极限相位检测精度。后面会看到,并不是任意输入光子数态 $|n_1 n_2\rangle$ 在 Sagnac 干涉仪输出端口的二阶符合光强都能达到海森堡极限。输入态 $|11\rangle$ 是一个特例,其二阶符合计数具有海森堡极限,是因为输入态 $|11\rangle$ 在 Sagnac 干涉仪中恰好形成一种最大路径纠缠 NOON 态 ($N=2$)。任意 NOON 态的量子干涉特性后面还将详细讨论。

4.2.2.2 光子数态 $|22\rangle$ 输入和二阶符合计数中量子增强信息的抵消

考虑输入光子数态 $|\psi_{in}\rangle = |22\rangle$ 的情况,总输入光子数为 $N=4$,可由式(4.2)直接计算薛定谔图像中 Sagnac 干涉仪的输出态为

$$\begin{aligned}
|\psi_{out}(\phi)\rangle &= U_{SI}|22\rangle = U_{SI}\frac{1}{\sqrt{2!}}a_1^{\dagger 2}\frac{1}{\sqrt{2!}}a_2^{\dagger 2}|00\rangle \\
&= \frac{1}{2!}(U_{SI}a_1^\dagger U_{SI}^\dagger)^2 (U_{SI}a_2^\dagger U_{SI}^\dagger)^2 |00\rangle \\
&= \frac{1}{2}\left[a_1^\dagger \cos\left(\frac{\phi}{2}\right) + a_2^\dagger \sin\left(\frac{\phi}{2}\right)\right]^2 \left[-a_1^\dagger \sin\left(\frac{\phi}{2}\right) + a_2^\dagger \cos\left(\frac{\phi}{2}\right)\right]^2 |00\rangle \\
&= \frac{1}{2}\left[a_1^{\dagger 2}\cos^2\left(\frac{\phi}{2}\right) + a_2^{\dagger 2}\sin^2\left(\frac{\phi}{2}\right) + a_1^\dagger a_2^\dagger \sin\phi\right] \\
&\quad \left[a_1^{\dagger 2}\sin^2\left(\frac{\phi}{2}\right) + a_2^{\dagger 2}\cos^2\left(\frac{\phi}{2}\right) - a_1^\dagger a_2^\dagger \sin\phi\right]|00\rangle \\
&= \frac{1}{2}\left[\frac{1}{4}\sin^2\phi(a_1^{\dagger 4} + a_2^{\dagger 4}) + \left(\cos^2\phi - \frac{1}{2}\sin^2\phi\right)a_1^{\dagger 2}a_2^{\dagger 2} + \right. \\
&\quad \left. \frac{1}{2}\sin(2\phi)(a_1^\dagger a_2^{\dagger 3} - a_1^{\dagger 3}a_2^\dagger)\right]|00\rangle \\
&= \frac{\sqrt{6}}{8}[1 - \cos(2\phi)](|40\rangle + |04\rangle) + \frac{1}{4}[1 + 3\cos(2\phi)]|22\rangle + \\
&\quad \frac{\sqrt{6}}{4}\sin(2\phi)(|13\rangle - |31\rangle)
\end{aligned} \tag{4.53}$$

可以看出,输出态是 5 个光子数态 $|40\rangle$、$|04\rangle$、$|22\rangle$、$|13\rangle$、$|31\rangle$ 的叠加,每个输出态具有各自的生成概率振幅。由输出态的生成概率很容易计算得到两个输出端口的平均光子数 $\langle I_1 \rangle$ 和 $\langle I_2 \rangle$:

$$\langle I_1 \rangle = \langle I_2 \rangle = 4 \times \left| \frac{\sqrt{6}}{8}(1-\cos2\phi) \right|^2 + 2 \times \left| \frac{1}{4}(1+3\cos2\phi) \right|^2 +$$

$$4 \times \left| \frac{\sqrt{6}}{4}\sin2\phi \right|^2 = 2 \qquad (4.54)$$

总的输出光子数$\langle I_1 \rangle + \langle I_2 \rangle = 4$。同时，由式(4.53)看出，输出态$|40\rangle$和$|04\rangle$均存在其中1个端口光强为零的情形，因而对二阶符合计数没有贡献。只有$|22\rangle$、$|13\rangle$、$|31\rangle$ 3个输出光子数态对二阶符合计数有贡献。分别计算3个分量得到：

$$\begin{cases} \langle I_{12} \rangle \big|_{22\rangle} = \left| \frac{1}{4}(1+3\cos2\phi) \right|^2 \times 2 \times 2 = \frac{1}{8}(11+12\cos2\phi+9\cos4\phi) \\ \langle I_{12} \rangle \big|_{13\rangle} + \langle I_{12} \rangle \big|_{31\rangle} = 2 \times \left| \frac{\sqrt{6}}{4}\sin2\phi \right|^2 \times 1 \times 3 = \frac{9}{8}(1-\cos4\phi) \end{cases}$$

$$(4.55)$$

因而，输入光子数态$|\psi_{\text{in}}\rangle = |22\rangle$时，Sagnac干涉仪输出的二阶符合相关光强为$\langle I_{12} \rangle$：

$$\langle I_{12} \rangle = \langle I_{12} \rangle \big|_{22\rangle} + \langle I_{12} \rangle \big|_{13\rangle} + \langle I_{12} \rangle \big|_{31\rangle} = \frac{5}{2} + \frac{3}{2}\cos2\phi \qquad (4.56)$$

二阶符合关联光强的归一化量子干涉公式为

$$g_{12}^{(2)} = \frac{3}{8}(1-\cos2\phi) \qquad (4.57)$$

由式(4.14)，对于总光子数为$N=4$的输入态$|22\rangle$，干涉仪的相位不确定性为

$$\Delta\phi = \frac{1}{\sqrt{3}} \qquad (4.58)$$

这个结果非但没有达到海森堡极限$\Delta\phi = 1/4$，甚至没有突破散粒噪声极限$\Delta\phi = 1/2$！

通过式(4.55)的推导细节，可以考察Sagnac干涉仪各个输出态矢量的二阶符合光强特征。我们发现，态$|22\rangle$对二阶符合计数的贡献$\langle I_{12} \rangle \big|_{22\rangle}$中既有$2\phi$相位信息，又有$4\phi$相位信息；而态$|13\rangle$和$|31\rangle$对二阶符合计数的贡献$\langle I_{12} \rangle \big|_{13\rangle} + \langle I_{12} \rangle \big|_{31\rangle}$中只含$4\phi$相位信息。如图4.1所示，在Sagnac干涉仪的其中一个输出端，光子数为偶数的输出态（$|22\rangle$）和光子数为奇数的输出态（$|13\rangle$、$|31\rangle$）的二阶符合光强形成互补的4ϕ干涉条纹，进而相互抵消，导致总的二阶符合关联光强只剩下2ϕ的量子增强相位信息[3]。

第 4 章　量子纠缠光纤陀螺仪的输出特性

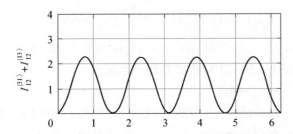

(a) 其中一个端口光子数为奇数（|13⟩、|31⟩）的输出态的二阶符合计数

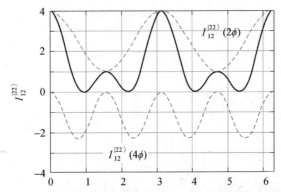

(b) 其中一个输出端口光子数为偶数（|22⟩）的输出态的二阶符合计数

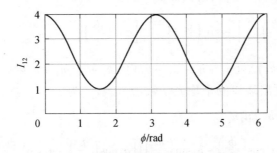

(c) 总的二阶符合计数，不含4ϕ信息

图 4.1　|22⟩输入态的二阶符合计数中量子增强信息的抵消

上述分析表明，二阶符合探测方案存在量子增强信息的抵消，这导致双模光子数态 |22⟩ 输入时 Sagnac 干涉仪的二阶符合探测方案不能实现海森堡极限的相位检测灵敏度。这种情况在各种非经典光量子态输入的 Sagnac 干涉仪的二阶符合光强中普遍存在。因此需要精心设计探测方案，提取完整的量子增强信息，才有可能在量子纠缠光纤陀螺仪中实现海森堡极限的相位检测精度。

研究还发现，如图 4.1（a）所示，由于输出态 |13⟩ 和 |31⟩ 只含 4ϕ 相位信息，如果能够单独获得 Sagnac 干涉仪其中一个输出端口光子数为奇数的光子数态（|13⟩和 |31⟩）的二阶符合光强，其归一化量子干涉公式可以写成：

113

$$g_{12}^{(2)}(\,|13\rangle + |31\rangle) = \frac{13}{8} + \frac{3}{8}\cos 4\phi \quad (4.59)$$

对照式(4.16),有 $\eta = 13/4, V = 3/13, N' = N = 4$,因而由式(4.18)得到: $V_{th} = 1/13$。这满足 $V > V_{th}$,显然式(4.59)已突破散粒噪声极限。

4.2.2.3 光子数态 $|n_1 n_2\rangle$ 输入

光子数态 $|n_1 n_2\rangle$ 表示模式 a_1 中的 n_1 光子和模式 a_2 中的 n_2 光子。对于输入态 $|\psi_{in}\rangle = |n_1 n_2\rangle$,薛定谔图像中 Sagnac 干涉仪的输出态为

$$|\psi_{out}(\phi)\rangle = U_{SI}|n_1 n_2\rangle = U_{SI}\frac{1}{\sqrt{n_1!}}a_1^{\dagger n_1}\frac{1}{\sqrt{m!}}a_2^{\dagger n_2}|00\rangle$$

$$= \frac{1}{\sqrt{n_1!\,n_2!}}(U_{SI}a_1^\dagger U_{SI}^\dagger)^{n_1}(U_{SI}a_2^\dagger U_{SI}^\dagger)^{n_2}|00\rangle$$

$$= \frac{1}{\sqrt{n_1!\,n_2!}}\left[a_1^\dagger\cos\left(\frac{\phi}{2}\right) + a_2^\dagger\sin\left(\frac{\phi}{2}\right)\right]^{n_1}$$

$$\left[-a_1^\dagger\sin\left(\frac{\phi}{2}\right) + a_2^\dagger\cos\left(\frac{\phi}{2}\right)\right]^{n_2}|00\rangle$$

$$= \frac{1}{\sqrt{n_1!n_2!}}\sum_{k_1=0}^{n_1}\sum_{k_2=0}^{m}\binom{n_1}{k_1}\binom{n_2}{k_2}\left[\cos\left(\frac{\phi}{2}\right)\right]^{n_1-k_1}$$

$$\left[\sin\left(\frac{\phi}{2}\right)\right]^{k_1}\left[-\sin\left(\frac{\phi}{2}\right)\right]^{n_2-k_2}\left[\cos\left(\frac{\phi}{2}\right)\right]^{k_2}\times$$

$$\sqrt{(k_1+k_2)!\,(n_1+n_2-k_1-k_2)!}\,|k_1+k_2, n_1+n_2-k_1-k_2\rangle \quad (4.60)$$

Sagnac 干涉仪两个输出端口的平均光子数 $\langle I_1\rangle$、$\langle I_2\rangle$ 为

$$\langle I_1\rangle = \langle n_1 n_2 | b_1^\dagger b_1 | n_1 n_2\rangle$$

$$= \left\langle n_1 n_2 \left| \left[a_1^\dagger\cos\left(\frac{\phi}{2}\right) - a_2^\dagger\sin\left(\frac{\phi}{2}\right)\right]\left[a_1\cos\left(\frac{\phi}{2}\right) - a_2\sin\left(\frac{\phi}{2}\right)\right] \right| n_1 n_2 \right\rangle$$

$$= n_1\cdot\cos^2\left(\frac{\phi}{2}\right) + n_2\cdot\sin^2\left(\frac{\phi}{2}\right) \quad (4.61)$$

$$\langle I_2\rangle = \langle n_1 n_2 | b_2^\dagger b_2 | n_1 n_2\rangle$$

$$= \left\langle n_1 n_2 \left| \left[a_1^\dagger\sin\left(\frac{\phi}{2}\right) + a_2^\dagger\cos\left(\frac{\phi}{2}\right)\right]\left[a_1\sin\left(\frac{\phi}{2}\right) + a_2\cos\left(\frac{\phi}{2}\right)\right] \right| n_1 n_2 \right\rangle$$

$$= n_1\cdot\sin^2\left(\frac{\phi}{2}\right) + n_2\cdot\cos^2\left(\frac{\phi}{2}\right) \quad (4.62)$$

显然,总的输出光子数 $\langle I_1\rangle + \langle I_2\rangle = n_1 + n_2$。输出端口之间的二阶符合关联光强 $\langle I_{12}\rangle$ 为

$$\langle I_{12}\rangle = \langle n_1 n_2 \mid b_1^\dagger b_2^\dagger b_2 b_1 \mid n_1 n_2 \rangle$$

$$= \left\langle n_1 n_2 \mid \left[a_1^\dagger \cos\left(\frac{\phi}{2}\right) - a_2^\dagger \sin\left(\frac{\phi}{2}\right)\right]\left[a_1^\dagger \sin\left(\frac{\phi}{2}\right) + a_2^\dagger \cos\left(\frac{\phi}{2}\right)\right]\right.$$

$$\left. \cdot \left[a_1 \sin\left(\frac{\phi}{2}\right) + a_2 \cos\left(\frac{\phi}{2}\right)\right]\left[a_1 \cos\left(\frac{\phi}{2}\right) - a_2 \sin\left(\frac{\phi}{2}\right)\right] \mid n_1 n_2\right\rangle$$

$$= n_1 n_2 \cdot \cos^2\phi + \frac{1}{4}[n_1(n_1-1)+n_2(n_2-1)]\sin^2\phi \qquad (4.63)$$

由此计算出归一化量子干涉公式 $g_{12}^{(2)}$:

$$g_{12}^{(2)} = \frac{\langle n_1 n_2 \mid b_1^\dagger b_1 \mid n_1 n_2 \rangle \cdot \langle n_1 n_2 \mid b_2^\dagger b_2 \mid n_1 n_2 \rangle - \langle n_1 n_2 \mid b_1^\dagger b_2^\dagger b_2 b_1 \mid n_1 n_2 \rangle}{\langle n_1 n_2 \mid b_1^\dagger b_1 \mid n_1 n_2 \rangle \cdot \langle n_1 n_2 \mid b_2^\dagger b_2 \mid n_1 n_2 \rangle}$$

$$= \frac{[n_1(n_2+1)+n_2(n_1+1)]\sin^2\phi}{4n_1 n_2 + (n_1-n_2)^2 \sin^2\phi} \qquad (4.64)$$

当 $n_1 = n_2 = n$ 时,输入态 $\mid n_1 n_1 \rangle$ 经历 Sagnac 干涉仪后的二阶符合归一化量子干涉公式为

$$g_{12}^{(2)} = \frac{n+1}{2n} \cdot \frac{1}{2}(1-\cos 2\phi) \qquad (4.65)$$

对照式(4.16),有 $\eta = (n+1)/2n$,$V = 1$,$N' = 2$,$N = 2n$,因而由式(4.18)得到: $V_{th} = n^2/(n+1)$。$n > 1$ 时,$V < V_{th}$,未突破散粒噪声极限。其原因归因于其二阶符合计数只含 2ϕ 相位信息,存在着高阶量子增强信息的抵消。

总之,除 $\mid 11 \rangle$ 态外,对于任意 $\mid n_1 n_1 \rangle$ 输入的 Sagnac 干涉仪,由于二阶符合计数中存在高阶量子增强相位信息的抵消,通常不能实现海森堡极限的相位检测灵敏度。尽管如此,第 5 章我们证明,$\mid n_1 n_1 \rangle$ 态作为一种非经典光量子态,仍具有海森堡极限的相位检测灵敏度潜力,问题的关键是寻求实际可行的符合探测方案。采用 N 个具有单光子分辨率的辅助探测器进行高阶符合,虽然可以实现超相位分辨率,但生成概率低,一般很难突破散粒噪声极限。

4.2.3 NOON 态输入

准确地讲,NOON 态不是 Sagnac 干涉仪的输入态,而是某些光子数态的组合或某种非线性物理过程经过分束器后生成的一种非经典光量子态,它呈现为最大路径纠缠态,即总的输入光子数 N 经过分束器后,或全部从端口 1 输出(用光子数态 $\mid N0 \rangle$ 表示),或全部从端口 2 输出(用光子数态 $\mid 0N \rangle$ 表示),概率均为二分之一。即可以表示为

$$\text{某非线性物理过程或某光子数态组合} \underset{\text{BSI}}{\Rightarrow} \frac{1}{\sqrt{2}}(\mid N0 \rangle + \mid 0N \rangle) \qquad (4.66)$$

式(4.66)的叠加态称为 NOON 态,或表示为 $\mid NOON \rangle$。

利用式(3.87)和式(4.28),NOON 态经过光纤线圈后演变为

$$U_\phi|\text{NOON}\rangle = U_\phi \frac{1}{\sqrt{2}}(|N0\rangle + |0N\rangle) = U_\phi \frac{1}{\sqrt{2}}\left(\frac{a_1^{\dagger N}}{\sqrt{N!}}|00\rangle + \frac{a_2^{\dagger N}}{\sqrt{N!}}|00\rangle\right)$$

$$= \frac{1}{\sqrt{2}}\left[\frac{(U_\phi a_1^{\dagger} U_\phi^{\dagger})^N}{\sqrt{N!}}|00\rangle + \frac{(U_\phi a_2^{\dagger} U_\phi^{\dagger})^N}{\sqrt{N!}}|00\rangle\right]$$

$$= \frac{1}{\sqrt{2}}\left(\frac{a_1^{\dagger N}}{\sqrt{N!}}|00\rangle + \frac{\mathrm{e}^{-iN\phi}a_2^{\dagger N}}{\sqrt{N!}}|00\rangle\right)$$

$$= \frac{1}{\sqrt{2}}(|N0\rangle + \mathrm{e}^{-iN\phi}|0N\rangle) \tag{4.67}$$

由式(4.67)可以看出,NOON 态的相位由 $\mathrm{e}^{-i\phi}$ 演变为 $\mathrm{e}^{-iN\phi}$,这是实现量子增强干涉测量的根源。NOON 态经过第二个分束器,则有

$$|\psi_{\text{out}}(\phi)\rangle = U_{\text{BS2}}U_\phi|\text{NOON}\rangle = U_{\text{BS2}}\frac{1}{\sqrt{2}}(|N0\rangle + \mathrm{e}^{-iN\phi}|0N\rangle) \tag{4.68}$$

式中:

$$U_{\text{BS2}}|N0\rangle = \frac{1}{\sqrt{N!}}\sum_{k_1=0}^{N}\binom{N}{k_1}\left(\frac{\mathrm{i}}{\sqrt{2}}\right)^{k_1}\left(\frac{1}{\sqrt{2}}\right)^{N-k_1} \times \sqrt{k_1!(N-k_1)!}\,|k_1, N-k_1\rangle$$

$$= \sum_{k_1=0}^{N}\frac{\sqrt{N!}}{\sqrt{k_1!(N-k_1)!}}\left(\frac{\mathrm{i}}{\sqrt{2}}\right)^{k_1}\left(\frac{1}{\sqrt{2}}\right)^{N-k_1}|k_1, N-k_1\rangle \tag{4.69}$$

$$U_{\text{BS2}}|0N\rangle = \frac{1}{\sqrt{N!}}\sum_{k_2=0}^{0}\binom{N}{k_2}\left(\frac{1}{\sqrt{2}}\right)^{k_2}\left(\frac{\mathrm{i}}{\sqrt{2}}\right)^{N-k_2} \times \sqrt{k_2!(N-k_2)!}\,|k_2, N-k_2\rangle$$

$$= \sum_{k_2=0}^{N}\frac{\sqrt{N!}}{\sqrt{k_2!(N-k_2)!}}\left(\frac{1}{\sqrt{2}}\right)^{k_2}\left(\frac{\mathrm{i}}{\sqrt{2}}\right)^{N-k_2}|k_2, N-k_2\rangle \tag{4.70}$$

则 NOON 态经过 Sagnac 干涉仪的输出态矢量为

$$|\psi_{\text{out}}(\phi)\rangle = \frac{1}{\sqrt{2}}\sum_{k_1=0}^{N}\frac{\sqrt{N!}}{\sqrt{k_1!(N-k_1)!}}\left(\frac{\mathrm{i}}{\sqrt{2}}\right)^{k_1}\left(\frac{1}{\sqrt{2}}\right)^{N-k_1}|k_1, N-k_1\rangle +$$

$$\frac{1}{\sqrt{2}}\mathrm{e}^{-iN\phi}\sum_{k_2=0}^{N}\frac{\sqrt{N!}}{\sqrt{k_2!(N-k_2)!}}\left(\frac{1}{\sqrt{2}}\right)^{k_2}\left(\frac{\mathrm{i}}{\sqrt{2}}\right)^{N-k_2}|k_2, N-k_2\rangle$$

$$= \frac{1}{\sqrt{2}}\left(\frac{1}{\sqrt{2}}\right)^N\sum_{k=0}^{N}\left\{\frac{\sqrt{N!}}{\sqrt{k!(N-k)!}}[\mathrm{i}^k + \mathrm{i}^{N-k}\mathrm{e}^{-iN\phi}]\,|k, N-k\rangle\right\}$$

$$\tag{4.71}$$

由式(4.71)可以看出,NOON 态经过 Sagnac 干涉仪的输出态 $|n, N-n\rangle$、$|N-n, n\rangle$ 中都含有 $\mathrm{e}^{iN\phi}$ 超相位分辨率信息。假定光子数 N 为偶数,在干涉仪最终输出端探测 $|n, N-n\rangle$ 和 $|N-n, n\rangle$ 光子态的概率分别为

第 4 章 量子纠缠光纤陀螺仪的输出特性

$$P_{n,N-n} = \frac{1}{2} \cdot \left(\frac{1}{\sqrt{2}}\right)^{2N} \cdot \frac{N!}{n!\,(N-n)!} \mid i^n + i^{N-n}e^{-iN\phi} \mid^2$$

$$= \frac{1}{2} \cdot \left(\frac{1}{2}\right)^N \cdot \frac{N!}{n!\,(N-n)!} \mid e^{in\pi/2} + e^{i[-N\phi + (N-n)\pi/2]} \mid^2$$

$$= \left(\frac{1}{2}\right)^N \cdot \frac{N!}{n!\,(N-n)!} \left\{1 + \cos\left[N\phi - (N-2n)\frac{\pi}{2}\right]\right\} \quad (4.72)$$

$$P_{N-n,n} = \frac{1}{2} \cdot \left(\frac{1}{\sqrt{2}}\right)^{2N} \cdot \frac{N!}{n!\,(N-n)!} \mid i^{N-n} + i^n e^{iN\phi} \mid^2$$

$$= \frac{1}{2} \cdot \left(\frac{1}{2}\right)^N \cdot \frac{N!}{n!\,(N-n)!} \mid e^{i(N-n)\pi/2} + e^{i(N\phi - n\pi/2)} \mid^2$$

$$= \left(\frac{1}{2}\right)^N \cdot \frac{N!}{n!\,(N-n)!} \left\{1 + \cos\left[N\phi + (N-2n)\frac{\pi}{2}\right]\right\} \quad (4.73)$$

将式(4.72)中 n 用 $N-n$ 替代,则得到式(4.73),两个式子其实是相同的。这表明,光子数态 $|n, N-n\rangle$ 和 $|N-n, n\rangle$ 具有相同的概率:$P_{n,N-n}(\phi) = P_{N-n,n}(\phi)$。利用:

$$2^N = (1+1)^N = \sum_{n=0}^{N} \frac{N!}{n!(N-n)!}; 0^N = (1-1)^N = \sum_{n=0}^{N} \frac{N!}{n!(N-n)!}(-1)^n \quad (4.74)$$

得到 NOON 态经过 Sagnac 干涉仪后在输出端口得到的平均光强为

$$\langle I_1 \rangle = \langle I_2 \rangle = \sum_{n=0}^{N} n P_{n,N-n}$$

$$= \left(\frac{1}{2}\right)^N \sum_{n=0}^{N} \left\{n \cdot \frac{N!}{n!(N-n)!} \cdot \left\{1 + \cos\left[N\phi + (N-2n)\frac{\pi}{2}\right]\right\}\right\}$$

$$= \left(\frac{1}{2}\right)^N \sum_{n=0}^{N} n \cdot \frac{N!}{n!(N-n)!}\left[1 + (-1)^n \cos\left(N\phi - \frac{N\pi}{2}\right)\right]$$

$$= \left(\frac{1}{2}\right)^N \sum_{n=1}^{N} \frac{N!}{(n-1)!(N-n)!} + \left(\frac{1}{2}\right)^N \cos\left(N\phi - \frac{N\pi}{2}\right)$$

$$\sum_{n=1}^{N} \frac{N!}{(n-1)!(N-n)!}(-1)^n$$

$$= N\left(\frac{1}{2}\right)^N \sum_{n=0}^{N-1} \frac{(N-1)!}{n!\,[(N-1)-n]!} - N\left(\frac{1}{2}\right)^N \cos\left(N\phi - \frac{N\pi}{2}\right)$$

$$\sum_{n=0}^{N-1} \frac{(N-1)!}{n!\,[(N-1)-n]!}(-1)^n$$

$$= \left(\frac{1}{2}\right)^N N \cdot 2^{N-1} = \frac{N}{2} \quad (4.75)$$

同理，Sagnac 干涉仪的输出端口的二阶符合光强 $\langle I_{12} \rangle$ 为

$$\begin{aligned}
\langle I_{12} \rangle &= \sum_{n=0}^{N} n(N-n) P_{n,N-n} \\
&= N\left(\frac{1}{2}\right)^N \sum_{n=1}^{N-1} \frac{(N-1)!}{(n-1)!(N-n-1)!}\left[1+(-1)^n \cos\left(N\phi - \frac{N\pi}{2}\right)\right] \\
&= N(N-1)\left(\frac{1}{2}\right)^N \sum_{n=1}^{N-2} \frac{(N-2)!}{(n-1)![N-2-(n-1)]!} \\
&\quad \left[1+(-1)^n \cos\left(N\phi - \frac{N\pi}{2}\right)\right] \\
&= N(N-1)\left(\frac{1}{2}\right)^N 2^{N-2} = \frac{1}{4} N(N-1)
\end{aligned} \tag{4.76}$$

分析式(4.76)的余弦项发现，其中一个端口中 n 为偶数的输出光子数态 $|n, N-n\rangle$ 的二阶符合计数 $\langle I_{12(e)}^{(n,N-n)} \rangle$ 和 n 为奇数的输出光子数态 $|n, N-n\rangle$ 的二阶符合计数 $\langle I_{12(o)}^{(n,N-n)} \rangle$ 形成互补的 N 倍频干涉条纹，但总的 $\langle I_{12} \rangle$ 为常值，并不包含 $N\phi$ 信息[4]：

$$\begin{aligned}
\langle I_{12} \rangle &= \sum_{n=0}^{N} \left[\langle I_{12(e)}^{(n,N-n)} \rangle + \langle I_{12(o)}^{(n,N-n)} \rangle \right] \\
&= \langle I_{12(e)} \rangle + \langle I_{12(o)} \rangle = \frac{1}{4} N(N-1)
\end{aligned} \tag{4.77}$$

这需要优化设计二阶符合探测方案，单独获得其中一个端口中 n 为偶数的输出光子数态的二阶符合计数 $\langle I_{12(e)} \rangle$ 或 n 为奇数的输出光子数态的二阶符合计数 $\langle I_{12(o)} \rangle$，才可以实现海森堡极限的相位检测灵敏度。

下面分成 $N=4m$、$4m+1$、$4m+2$ 和 $4m+3$ 四种情况，给出 NOON 态 Sagnac 干涉仪一个输出端口 n 为偶数的光子数态的二阶符合关联光强 $\langle I_{12(e)} \rangle$ 或 n 为奇数的光子数态的二阶符合关联光强 $\langle I_{12(o)} \rangle$ 以及归一化量子干涉公式 $g_{12(e)}^{(2)}$ 和 $g_{12(o)}^{(2)}$。

（1）$N=4m$ 的情况。

$$\begin{cases} \langle I_{12(e)} \rangle = \frac{1}{8} N(N-1)[1+\cos(N\phi)] \\ \langle I_{12(o)} \rangle = \frac{1}{8} N(N-1)[1-\cos(N\phi)] \end{cases} \tag{4.78}$$

$$\begin{cases} g_{12(e)}^{(2)} = \frac{1}{2}\left[\frac{N+1}{N} - \frac{N-1}{N}\cos(N\phi)\right] = \frac{1}{2}\left[\frac{2}{N} + \frac{N-1}{N}[1-\cos(N\phi)]\right] \\ g_{12(o)}^{(2)} = \frac{1}{2}\left[\frac{N+1}{N} + \frac{N-1}{N}\cos(N\phi)\right] = \frac{1}{2}\left[\frac{2}{N} + \frac{N-1}{N}[1+\cos(N\phi)]\right] \end{cases} \tag{4.79}$$

(2) $N=4m+1$ 的情况。

$$\begin{cases} \langle I_{12(e)} \rangle = \frac{1}{8}N(N-1)[1+\sin(N\phi)] \\ \langle I_{12(o)} \rangle = \frac{1}{8}N(N-1)[1-\sin(N\phi)] \end{cases} \quad (4.80)$$

$$\begin{cases} g_{12(e)}^{(2)} = \frac{1}{2}\left[\frac{N+1}{N} - \frac{N-1}{N}\sin(N\phi)\right] = \frac{1}{2}\left[\frac{2}{N} + \frac{N-1}{N}[1-\sin(N\phi)]\right] \\ g_{12(o)}^{(2)} = \frac{1}{2}\left[\frac{N+1}{N} + \frac{N-1}{N}\sin(N\phi)\right] = \frac{1}{2}\left[\frac{2}{N} + \frac{N-1}{N}[1+\sin(N\phi)]\right] \end{cases} \quad (4.81)$$

(3) $N=4m+2$ 的情况。

$$\begin{cases} \langle I_{12(e)} \rangle = \frac{1}{8}N(N-1)[1-\cos(N\phi)] \\ \langle I_{12(o)} \rangle = \frac{1}{8}N(N-1)[1+\cos(N\phi)] \end{cases} \quad (4.82)$$

$$\begin{cases} g_{12(e)}^{(2)} = \frac{1}{2}\left[\frac{N+1}{N} + \frac{N-1}{N}\cos(N\phi)\right] = \frac{1}{2}\left[\frac{2}{N} + \frac{N-1}{N}[1+\cos(N\phi)]\right] \\ g_{12(o)}^{(2)} = \frac{1}{2}\left[\frac{N+1}{N} - \frac{N-1}{N}\cos(N\phi)\right] = \frac{1}{2}\left[\frac{2}{N} + \frac{N-1}{N}[1-\cos(N\phi)]\right] \end{cases} \quad (4.83)$$

(4) $N=4m+3$ 的情况。

$$\begin{cases} \langle I_{12(e)} \rangle = \frac{1}{8}N(N-1)[1-\sin(N\phi)] \\ \langle I_{12(o)} \rangle = \frac{1}{8}N(N-1)[1+\sin(N\phi)] \end{cases} \quad (4.84)$$

$$\begin{cases} g_{12(e)}^{(2)} = \frac{1}{2}\left[\frac{N+1}{N} + \frac{N-1}{N}\sin(N\phi)\right] = \frac{1}{2}\left[\frac{2}{N} + \frac{N-1}{N}[1+\sin(N\phi)]\right] \\ g_{12(o)}^{(2)} = \frac{1}{2}\left[\frac{N+1}{N} - \frac{N-1}{N}\sin(N\phi)\right] = \frac{1}{2}\left[\frac{2}{N} + \frac{N-1}{N}[1-\sin(N\phi)]\right] \end{cases} \quad (4.85)$$

在 NOON 态 Sagnac 干涉仪的二阶符合干涉测量输出中:

$$N\phi = \frac{2\pi LD}{(\lambda/N)c} = \frac{2\pi LD}{\lambda_D c}\Omega \quad (4.86)$$

也就是说,基于被探测的 N 光子的纠缠特性,导致一种缩短的德布罗意波长 $\lambda_D=\lambda/N$,其中 λ 记为单个光子的物理波长。另一方面,NOON 态 Sagnac 干涉仪中的这种 N 光子纠缠"变身为"德布罗意粒子数 N_D 预计为

$$N_D = \frac{N-1}{N} \quad (4.87)$$

而非人们期望的一个德布罗意粒子($N_D=1$)。从理论推导来看,可能归因于 NOON 态的输出态中对 $I_{12}^{(n,N-n)}$ 的贡献并非为 100% 概率,其中,$|N,0\rangle$ 态和 $|0,N\rangle$

态也携带 $N\phi$ 信息,但对 $I_{12}^{(n,N-n)}$ 没有贡献。当 $N \gg 1$ 时,输出态 $|N,0\rangle$ 和 $|0,N\rangle$ 的概率非常低,近似有 $N_D = 1$。NOON 态因此也称为最大路径纠缠态。考虑式(4.79),$N \gg 1$ 时,NOON 态 Sagnac 干涉仪的相位检测灵敏度为海森堡极限:

$$\Delta\phi = \frac{1}{N} \cdot \frac{\sqrt{\frac{2}{N} + \frac{N-1}{N}}}{\frac{N-1}{N}} = \frac{1}{N-1}\sqrt{\frac{N+1}{N}} \approx \frac{1}{N} \quad (4.88)$$

以采用 4004 态的 Sagnac 干涉仪为例,共有 $|04\rangle$、$|13\rangle$、$|22\rangle$、$|31\rangle$、$|40\rangle$ 5 个输出态,概率分别为

$$\begin{cases} P_{04} = \left(\frac{1}{2}\right)^4 \frac{4!}{0!\,4!}[1 + \cos(4\phi + 2\pi)] = \left(\frac{1}{2}\right)^4 (1 + \cos 4\phi) \\ P_{13} = \left(\frac{1}{2}\right)^4 \frac{4!}{1!\,3!}[1 + \cos(4\phi + 2\pi - \pi)] = 4 \times \left(\frac{1}{2}\right)^4 (1 - \cos 4\phi) \\ P_{22} = \left(\frac{1}{2}\right)^4 \frac{4!}{2!\,2!}[1 + \cos(4\phi + 2\pi - 2\pi)] = 6 \times \left(\frac{1}{2}\right)^4 (1 - \cos 4\phi) \\ P_{31} = \left(\frac{1}{2}\right)^4 \frac{4!}{3!\,1!}[1 + \cos(4\phi + 2\pi - 3\pi)] = 4 \times \left(\frac{1}{2}\right)^4 (1 - \cos 4\phi) \\ P_{40} = \left(\frac{1}{2}\right)^4 \frac{4!}{4!\,0!}[1 + \cos(4\phi + 2\pi - 4\pi)] = \left(\frac{1}{2}\right)^4 (1 + \cos 4\phi) \end{cases}$$

$$(4.89)$$

在干涉仪的其中一个输出端,输出光子数为耦数和奇数的概率之和分别为

$$\sum_{n=0,2,4} P_{n,4-n} = \frac{1}{2}(1 + \cos 4\phi); \quad \sum_{n=1,3} P_{n,4-n} = \frac{1}{2}(1 - \cos 4\phi) \quad (4.90)$$

所有输出态的概率之和满足:

$$\sum_{n=0}^{4} P_{n,4-n} = 1 \quad (4.91)$$

在其中一个输出端口,如输出端口 1,偶光子数态 $|22\rangle$ 的光强 $I_{1(e)}$ 和奇光子数态 $|13\rangle$、$|31\rangle$ 的光强叠加 $I_{1(o)}$ 形成互补的 4 倍频干涉条纹:

$$\begin{cases} I_{1(e)} = \left(\frac{1}{2}\right)^4 6 \times (1 + \cos 4\phi) \times 2 + \left(\frac{1}{2}\right)^4 (1 + \cos 4\phi) \times 4 = \frac{1}{2} \times 2 \times (1 + \cos 4\phi) \\ I_{1(o)} = \left(\frac{1}{2}\right)^4 4 \times (1 - \cos 4\phi) \times 1 + \left(\frac{1}{2}\right)^4 4 \times (1 - \cos 4\phi) \times 3 = \frac{1}{2} \times 2 \times (1 - \cos 4\phi) \end{cases}$$

$$(4.92)$$

可以证明:

$$I_1 = I_{1(e)} + I_{1(o)} = 2; \quad I_2 = I_{2(e)} + I_{2(o)} = 2 \quad (4.93)$$

偶光子数态 $|22\rangle$ 以及奇光子数态 $|13\rangle$、$|31\rangle$ 的二阶符合关联光强 $I_{12(e)}$、

$I_{12(o)}$ 分别为

$$\begin{cases} I_{12(e)} = 2\times 2\times\left(\dfrac{1}{2}\right)^4\times 6\times(1+\cos4\phi) = \dfrac{3}{2}(1+\cos4\phi) \\ I_{12(o)} = 2\times 3\times\left(\dfrac{1}{2}\right)^4\times 4\times(1-\cos4\phi) = \dfrac{3}{2}(1-\cos4\phi) \end{cases} \quad (4.94)$$

$I_{12(e)}$ 与 $I_{12(o)}$ 的和为常数，不含相位 ϕ 的信息：

$$I_{12(e)} + I_{12(o)} = 3 \quad (4.95)$$

奇光子数态 $|13\rangle$、$|31\rangle$ 的归一化二阶符合量子干涉为

$$g_{12(o)}^{(2)} = \dfrac{\langle b_1^\dagger b_1\rangle\langle b_2^\dagger b_2\rangle - \langle b_1^\dagger b_2^\dagger b_2 b_1\rangle}{\langle b_1^\dagger b_1\rangle\langle b_2^\dagger b_2\rangle} = \dfrac{1}{2}\left(\dfrac{5}{4} - \dfrac{3}{4}\cos4\phi\right) = \dfrac{1}{2}\left(\dfrac{4+1}{4} - \dfrac{4-1}{4}\cos4\phi\right) \quad (4.96)$$

式中："$+1$" 和 "-1" 体现了 $|04\rangle$、$|40\rangle$ 两个输出态对二阶符合计数 I_{12} 没有贡献，但影响了量子干涉的条纹清晰度。当 $N\gg1$ 时，由于生成概率很低，$|0N\rangle$、$|N0\rangle$ 对二阶符合量子干涉条纹清晰度的影响可以忽略。

4.2.4 压缩态输入

4.2.4.1 单模压缩态 $|r,0\rangle$ 输入

Sagnac 干涉仪的两个输入端口一个（端口 a_1）是压缩态 $|r\rangle$，一个（端口 a_2）是真空态 $|0\rangle$，这种单模压缩态输入可以写为

$$|\psi_{\text{in}}\rangle = |r,0\rangle = S_1(r)|00\rangle \quad (4.97)$$

压缩态 $|r\rangle$ 被认为是对真空态 $|0\rangle$ 进行压缩运算，由式（2.84）可知，压缩算符 $S_1(r)$ 可以表示为

$$S_1(r) = e^{r(e^{-i\varphi}a_1^2 - e^{i\varphi}a_1^{\dagger 2})/2} \quad (4.98)$$

且满足：

$$\begin{cases} S_1^\dagger(r)a_1 S_1(r) = a_1\cosh r - e^{i\varphi}a_1^\dagger \sinh r \\ S_1^\dagger(r)a_1^\dagger S_1(r) = a_1^\dagger\cosh r - e^{-i\varphi}a_1 \sinh r \end{cases} \quad (4.99)$$

利用式（4.1）海森堡图像的算符演变，经过 Sagnac 干涉仪后端口 1 的输出光强为

$$\langle I_1\rangle = \langle r,0|b_1^\dagger b_1|r,0\rangle = \left\langle 00\left|S_1^\dagger(r)\left(\cos\dfrac{\phi}{2}a_1^\dagger - \sin\dfrac{\phi}{2}a_2^\dagger\right)\right.\right.$$

$$\left.\left.\left(\cos\dfrac{\phi}{2}a_1 - \sin\dfrac{\phi}{2}a_2\right)S_1(r)\right|00\right\rangle$$

$$= \cos^2\dfrac{\phi}{2}\langle 00|(a_1^\dagger\cosh r - e^{-i\varphi}a_1\sinh r)(a_1\cosh r - e^{i\varphi}a_1^\dagger\sinh r)|00\rangle$$

$$= \cos^2\frac{\phi}{2}\sinh^2 r = \frac{1}{2}\sinh^2 r \cdot (1+\cos\phi) \tag{4.100}$$

同理,输出端口 2 的光强为

$$\langle I_2 \rangle = \sin^2\frac{\phi}{2}\sinh^2 r = \frac{1}{2}\sinh^2 r \cdot (1-\cos\phi) \tag{4.101}$$

式中:$\sinh^2 r$ 是单模压缩态的输入光强(输入光子数)。可以看出,两个端口的经典干涉输出形成互补的干涉条纹,总的输出光强等于输入光强:$\langle I_1 \rangle + \langle I_2 \rangle = \sinh^2 r$。而两个输出端口之间的二阶符合关联光强$\langle I_{12} \rangle$为

$$\langle I_{12} \rangle = \langle r,0 | b_1^\dagger b_2^\dagger b_2 b_1 | r,0 \rangle = \left\langle r,0 \left| \left(\cos\frac{\phi}{2}a_1 - \sin\frac{\phi}{2}a_2\right)^\dagger \right.\right.$$

$$\left(\sin\frac{\phi}{2}a_1 + \cos\frac{\phi}{2}a_2\right)^\dagger \cdot \left(\sin\frac{\phi}{2}a_1 + \cos\frac{\phi}{2}a_2\right)\left(\cos\frac{\phi}{2}a_1 - \sin\frac{\phi}{2}a_2\right)\bigg| r,0 \bigg\rangle$$

$$= \sin^2\frac{\phi}{2}\cos^2\frac{\phi}{2}\langle 00 | S_1^\dagger(r) a_1^\dagger a_1^\dagger a_1 a_1 S_1(r) | 00 \rangle$$

$$= \frac{1}{4}\sin^2\phi \langle 00 | (a_1^\dagger \cosh r - \mathrm{e}^{-\mathrm{i}\varphi} a_1 \sinh r)(a_1^\dagger \cosh r - \mathrm{e}^{-\mathrm{i}\varphi} a_1 \sinh r) \cdot$$

$$(a_1 \cosh r - \mathrm{e}^{\mathrm{i}\varphi} a_1^\dagger \sinh r)(a_1 \cosh r - \mathrm{e}^{\mathrm{i}\varphi} a_1^\dagger \sinh r) | 00 \rangle$$

$$= \frac{1}{4}\sin^2\phi \cdot (2\sinh^4 r + \sinh^2 r \cosh^2 r) \tag{4.102}$$

由式(4.9),得到$| r,0 \rangle$输入的归一化量子干涉公式为

$$g_{12}^{(2)} = \frac{-\sinh^2 r - \cosh^2 r}{\sinh^2 r} = -(1+\coth^2 r) \tag{4.103}$$

$g_{12}^{(2)}$与ϕ无关,说明对于$| r,0 \rangle$输入态的 Sagnac 干涉仪,二阶符合探测不存在量子增强干涉效应。事实上,下文将会看到,对于任何单端口输入的 Sagnac 干涉仪,尽管其中一个端口为非经典态,但另一个端口为真空态,相位检测灵敏度仍受真空涨落影响,不存在与ϕ有关的强度关联,即二阶符合关联光强不存在非经典的量子增强干涉效应。

4.2.4.2 压缩态 + 相干态 $| r,\alpha \rangle$ 输入

压缩态 + 相干态输入的态矢量可以表示为

$$| \psi_{\mathrm{in}} \rangle = | r,\alpha \rangle = S_1(r) D_2(\alpha) | 00 \rangle \tag{4.104}$$

式(4.104)中的位移算符$D_2(\alpha)$和压缩算符$S_1(r)$分别可以表示为

$$S_1(r) = \mathrm{e}^{r(\mathrm{e}^{-\mathrm{i}\varphi} a_1^2 - \mathrm{e}^{\mathrm{i}\varphi} a_1^{\dagger 2})/2}; D_2(\alpha) = \mathrm{e}^{\alpha a_2^\dagger - \alpha^* a_2} \tag{4.105}$$

且满足:

$$\begin{cases} D_2^\dagger(\alpha) a_2 D_2(\alpha) = a_2 + \alpha, D_2^\dagger(\alpha) a_2^\dagger D_2(\alpha) = a_2^\dagger + \alpha^* \\ S_1^\dagger(r) a_1 S_1(r) = a_1 \cosh r - \mathrm{e}^{\mathrm{i}\varphi} a_1^\dagger \sinh r \\ S_1^\dagger(r) a_1^\dagger S_1(r) = a_1^\dagger \cosh r - \mathrm{e}^{-\mathrm{i}\varphi} a_1 \sinh r \end{cases} \tag{4.106}$$

利用式(4.1)海森堡图像中的算符演变,经过 Sagnac 干涉仪后端口 1 输出光强为

$$\langle I_1 \rangle = \langle r,\alpha \mid b_1^\dagger b_1 \mid r,\alpha \rangle$$

$$= \left\langle 00 \mid D_2^\dagger(\alpha) S_1^\dagger(r) \left[a_1^\dagger \cos\left(\frac{\phi}{2}\right) - a_2^\dagger \sin\left(\frac{\phi}{2}\right) \right] \right.$$

$$\left. \left[a_1 \cos\left(\frac{\phi}{2}\right) - a_2 \sin\left(\frac{\phi}{2}\right) \right] S_1(r) D_2(\alpha) \mid 00 \right\rangle$$

$$= \left\langle 00 \mid \cos^2\left(\frac{\phi}{2}\right) (a_1^\dagger \cosh r - e^{-i\varphi} a_1 \sinh r)(a_1 \cosh r - e^{i\varphi} a_1^\dagger \sinh r) \right.$$

$$- \sin\left(\frac{\phi}{2}\right) \cos\left(\frac{\phi}{2}\right) (a_1 \cosh r - e^{i\varphi} a_1^\dagger \sinh r)(a_2^\dagger + \alpha^*)$$

$$- \sin\left(\frac{\phi}{2}\right) \cos\left(\frac{\phi}{2}\right) (a_1^\dagger \cosh r - e^{-i\varphi} a_1 \sinh r)(a_2 + \alpha)$$

$$\left. + \sin^2\left(\frac{\phi}{2}\right) (a_2^\dagger + \alpha^*)(a_2 + \alpha) \mid 00 \right\rangle$$

$$= \frac{1}{2}(\sinh^2 r + |\alpha|^2) + \frac{1}{2}(\sinh^2 r - |\alpha|^2)\cos\phi \quad (4.107)$$

同理,端口 2 的输出光强为

$$\langle I_2 \rangle = \langle r,\alpha \mid b_2^\dagger b_2 \mid r,\alpha \rangle = \frac{1}{2}(\sinh^2 r + |\alpha|^2) - \frac{1}{2}(\sinh^2 r - |\alpha|^2)\cos\phi$$

$$(4.108)$$

式中:$\sinh^2 r + |\alpha|^2$ 是 $|r,\alpha\rangle$ 态的输入光强(输入光子数)。可以看出,两个端口的干涉输出形成互补的干涉条纹,总的输出光强等于输入光强:$\langle I_1 \rangle + \langle I_2 \rangle = \sinh^2 r + |\alpha|^2$。而两个输出端口之间的二阶符合关联光强$\langle I_{12} \rangle$为

$$\langle I_{12} \rangle = \langle r,\alpha \mid b_1^\dagger b_2^\dagger b_2 b_1 \mid r,\alpha \rangle$$

$$= \left\langle 00 \mid D_2^\dagger(\alpha) S_1^\dagger(r) \left\{ \left[a_1^\dagger \cos\left(\frac{\phi}{2}\right) - a_2^\dagger \sin\left(\frac{\phi}{2}\right) \right] \left[a_1^\dagger \sin\left(\frac{\phi}{2}\right) + a_2^\dagger \cos\left(\frac{\phi}{2}\right) \right] \cdot \right. \right.$$

$$\left. \left. \left[a_1 \sin\left(\frac{\phi}{2}\right) + a_2 \cos\left(\frac{\phi}{2}\right) \right] \left[a_1 \cos\left(\frac{\phi}{2}\right) - a_2 \sin\left(\frac{\phi}{2}\right) \right] \right\} S_1(r) D_2(\alpha) \mid 00 \right\rangle$$

$$= \frac{1}{4}[|\alpha|^4 + \sinh^2 r \cosh^2 r + 2\sinh^4 r + 2|\alpha|^2 \sinh r \cosh r \cos(\varphi - 2\vartheta)]\sin^2\phi +$$

$$|\alpha|^2 \sinh^2 r \cos^2\phi \quad (4.109)$$

式中:$\alpha = |\alpha|e^{i\vartheta}$。

由式(4.9)得到 $|r,\alpha\rangle$ 输入的归一化量子干涉公式:

$$g_{12}^{(2)} = \frac{[2|\alpha|^2 \sinh^2 r - \sinh^2 r \cosh^2 r - \sinh^4 r - 2|\alpha|^2 \sinh r \cosh r \cos(\varphi - 2\vartheta)]\sin^2\phi}{4|\alpha|^2 \sinh^2 r + (|\alpha|^2 - \sinh^2 r)^2 \sin^2\phi}$$

$$(4.110)$$

仔细分析表明,对于 $|\alpha|^2 \gg \sinh^2 r$ 和 $|\alpha|^2 \ll \sinh^2 r$ 两种极限情况,式(4.110)近似与 ϕ 无关,这分别与单端口相干态输入和单端口压缩态输入的情形一致:二阶符合不存在量子增强干涉效应。当 $|\alpha|^2 = \sinh^2 r$ 时,式(4.110)尽管含有 2ϕ 信息,在输入总光子数较大时,其量子干涉输出远未达到海森堡极限。这主要是由于其中一个输入端口是相干态,存在与真空涨落一样的量子涨落。

4.2.4.3　压缩相干态 $|r\alpha,0\rangle$ 输入

压缩相干态输入的态矢量(Sagnac 干涉仪另一个输入端口为真空态)可以表示为

$$|\psi_{in}\rangle = |r\alpha,0\rangle = S_1(r)D_1(\alpha)|00\rangle \tag{4.111}$$

其中位移算符 $D_1(\alpha)$ 和压缩算符 $S_1(r)$ 分别满足式(4.11)和式(4.98),且有

$$\begin{cases} D_1^\dagger(\alpha)a_1 D_1(\alpha) = a_1 + \alpha, \quad D_1^\dagger(\alpha)a_1^\dagger D_1(\alpha) = a_1^\dagger + \alpha^* \\ S_1^\dagger(r)a_1 S_1(r) = a_1\cosh r - e^{i\varphi} a_1^\dagger \sinh r \\ S_1^\dagger(r)a_1^\dagger S_1(r) = a_1^\dagger \cosh r - e^{-i\varphi} a_1 \sinh r \end{cases} \tag{4.112}$$

利用海森堡图像中算符演变的式(4.1),计算两个端口的输出光强:

$$\langle I_1 \rangle = \langle r\alpha,0 | b_1^\dagger b_1 | r\alpha,0 \rangle$$

$$= \left\langle 00 \left| D_1^\dagger(\alpha) S_1^\dagger(r) \left[a_1^\dagger \cos\left(\frac{\phi}{2}\right) - a_2^\dagger \sin\left(\frac{\phi}{2}\right) \right] \right. \right.$$

$$\left. \left[a_1 \cos\left(\frac{\phi}{2}\right) - a_2 \sin\left(\frac{\phi}{2}\right) \right] S_1(r) D_1(\alpha) \right| 00 \right\rangle$$

$$= \left\langle 00 \left| \cos^2\left(\frac{\phi}{2}\right) \left[(a_1^\dagger + \alpha^*)\cosh r - e^{-i\varphi}(a_1 + \alpha)\sinh r \right] \right. \right.$$

$$\left. \left[(a_1 + \alpha)\cosh r - e^{i\varphi}(a_1^\dagger + \alpha^*)\sinh r \right] \right| 00 \right\rangle$$

$$= \cos^2\left(\frac{\phi}{2}\right) \left[|\alpha|^2 \cosh^2 r + (1 + |\alpha|^2)\sinh^2 r - 2|\alpha|^2 \cosh r \sinh r \cos(\varphi - 2\vartheta) \right] \tag{4.113}$$

式中:$\alpha = |\alpha| e^{i\vartheta}$。同理:

$$\langle I_2 \rangle = \sin^2\left(\frac{\phi}{2}\right) \left[|\alpha|^2 \cosh^2 r + (1 + |\alpha|^2)\sinh^2 r - 2|\alpha|^2 \cosh r \sinh r \cos(\varphi - 2\vartheta) \right] \tag{4.114}$$

式中:

$$|\alpha|^2 \cosh^2 r + (1 + |\alpha|^2)\sinh^2 r - 2|\alpha|^2 \cosh r \sinh r \cos(\varphi - 2\vartheta)$$
$$= \langle r\alpha,0 | a_1^\dagger a_1 | r\alpha,0 \rangle \tag{4.115}$$

是 $|r\alpha,0\rangle$ 态的输入光强(输入光子数)。可以看出,两个端口的干涉输出形成互补的干涉条纹,总的输出光强等于输入光强:$\langle I_1 \rangle + \langle I_2 \rangle = \langle r\alpha,0 | a_1^\dagger a_1 | r\alpha,0 \rangle$。

而两个输出端口之间的二阶符合关联光强 $\langle I_{12} \rangle$ 为

$$\langle I_{12} \rangle = \langle r\alpha, 0 \mid b_1^\dagger b_2^\dagger b_2 b_1 \mid r\alpha, 0 \rangle$$

$$= \Big\langle 00 \Big| D_1^\dagger(\alpha) S_1^\dagger(r) \Big[\Big[\cos\Big(\frac{\phi}{2}\Big) a_1^\dagger - \sin\Big(\frac{\phi}{2}\Big) a_2^\dagger \Big]$$

$$\Big[\sin\Big(\frac{\phi}{2}\Big) a_1^\dagger + \cos\Big(\frac{\phi}{2}\Big) a_2^\dagger \Big] \cdot \Big[\sin\Big(\frac{\phi}{2}\Big) a_1 + \cos\Big(\frac{\phi}{2}\Big) a_2 \Big]$$

$$\Big[\cos\Big(\frac{\phi}{2}\Big) a_1 - \sin\Big(\frac{\phi}{2}\Big) a_2 \Big] \Big] S_1(r) D_1(\alpha) \Big| 00 \Big\rangle$$

$$= \frac{1}{4}\sin^2\phi \Big\langle 00 \Big| \big[(a_1^\dagger + \alpha^*)\cosh r - e^{-i\varphi}(a_1 + \alpha)\sinh r \big]$$

$$\big[(a_1^\dagger + \alpha^*)\cosh r - e^{-i\varphi}(a_1 + \alpha)\sinh r \big] \cdot$$

$$\big[(a_1 + \alpha)\cosh r - e^{i\varphi}(a_1^\dagger + \alpha^*)\sinh r \big]$$

$$\big[(a_1 + \alpha)\cosh r - e^{i\varphi}(a_1^\dagger + \alpha^*)\sinh r \big] \Big| 00 \Big\rangle$$

$$= \frac{1}{4}\sin^2\phi \{ |\alpha|^4 (\cosh^2 r + \sinh^2 r)^2 + 4|\alpha|^4 \sinh^2 r \cosh^2 r \cos^2(\varphi - 2\vartheta) - 4|\alpha|^4 \sinh r \cosh r (\cosh^2 r + \sinh^2 r)\cos(\varphi - 2\vartheta) - 2\sinh r \cosh r |\alpha|^2 (5\sinh^2 r + \cosh^2 r)\cos(\varphi - 2\vartheta) + (1 + 8|\alpha|^2)\sinh^2 r \cosh^2 r + 2(1 + 2|\alpha|^2)\sinh^4 r \} \quad (4.116)$$

由式(4.9)得到 $|r\alpha,0\rangle$ 态输入的 Sagnac 干涉仪的归一化量子干涉公式:

$$g_{12}^{(2)} = \frac{|\alpha|^2 \sinh 2r \cos(\varphi - 2\vartheta) - 2(1 + 4|\alpha|^2)\sinh^4 r - (1 + 6|\alpha|^2)\sinh^2 r}{[|\alpha|^2 \cosh^2 r + (1 + |\alpha|^2)\sinh^2 r - |\alpha|^2 \sinh 2r \cos(\varphi - 2\vartheta)]^2}$$
(4.117)

$g_{12}^{(2)}$ 与 ϕ 无关,二阶符合不存在量子增强干涉效应。这仍可能是存在真空态输入端口的结果。

4.2.4.4 相干压缩态 $|\alpha r, 0\rangle$ 输入

相干压缩态输入的态矢量(Sagnac 干涉仪另一个输入端口为真空态)可以表示为

$$|\psi_{in}\rangle = |\alpha r, 0\rangle = D_1(\alpha) S_1(r) |00\rangle \quad (4.118)$$

式中:$D_1(\alpha)$、$S_1(r)$ 满足式(4.112)。

利用式(4.1)海森堡图像中算符经 Sagnac 干涉仪的演变,端口 b_1 的输出光强为

$$\langle I_1 \rangle = \langle \alpha r, 0 \mid b_1^\dagger b_1 \mid \alpha r, 0 \rangle$$

$$= \Big\langle 00 \Big| S_1^\dagger(r) D_1^\dagger(\alpha) \Big[a_1^\dagger \cos\Big(\frac{\phi}{2}\Big) - a_2^\dagger \sin\Big(\frac{\phi}{2}\Big) \Big]$$

$$\left[a_1\cos\left(\frac{\phi}{2}\right) - a_2\sin\left(\frac{\phi}{2}\right)\right]D_1(\alpha)S_1(r)\left|00\right\rangle$$

$$= \left\langle 00\left|\cos^2\left(\frac{\phi}{2}\right)\right[(a_1^\dagger\cosh r - e^{-i\varphi}a_1\sinh r) + \alpha^*\right]$$

$$\left[(a_1\cosh r - e^{i\varphi}a_1^\dagger\sinh r) + \alpha\right]\left|00\right\rangle$$

$$= \cos^2\left(\frac{\phi}{2}\right)(|\alpha|^2 + \sinh^2 r) \qquad (4.119)$$

同理,端口 b_2 的输出光强为

$$\langle I_2\rangle = \sin^2\left(\frac{\phi}{2}\right)(|\alpha|^2 + \sinh^2 r) \qquad (4.120)$$

式中:$|\alpha|^2 + \sinh^2 r$ 是 $|\alpha r, 0\rangle$ 态的输入光强(输入光子数)。可以看出,两个端口的干涉输出形成互补的干涉条纹,总的输出光强等于输入光强:$\langle I_1\rangle + \langle I_2\rangle = |\alpha|^2 + \sinh^2 r$。而两个输出端口之间的二阶符合关联光强 $\langle I_{12}\rangle$ 为

$$\langle I_{12}\rangle = \langle \alpha r, 0|b_1^\dagger b_2^\dagger b_2 b_1|\alpha r, 0\rangle$$

$$= \left\langle 00\left|S_1^\dagger(r)D_1^\dagger(\alpha)\right[\left[a_1^\dagger\cos\left(\frac{\phi}{2}\right) - a_2^\dagger\sin\left(\frac{\phi}{2}\right)\right]\right.$$

$$\left[a_1^\dagger\sin\left(\frac{\phi}{2}\right) + a_2^\dagger\cos\left(\frac{\phi}{2}\right)\right]\cdot\left[a_1\sin\left(\frac{\phi}{2}\right) + a_2\cos\left(\frac{\phi}{2}\right)\right]$$

$$\left[a_1\cos\left(\frac{\phi}{2}\right) - a_2\sin\left(\frac{\phi}{2}\right)\right]\left]D_1(\alpha)S_1(r)\left|00\right\rangle$$

$$= \frac{1}{4}\sin^2\phi\langle 00|[(a_1^\dagger\cosh r - e^{-i\varphi}a_1\sinh r + \alpha^*)(a_1^\dagger\cosh r - e^{-i\varphi}a_1\sinh r + \alpha^*)\cdot$$

$$(a_1\cosh r - e^{i\varphi}a_1^\dagger\sinh r + \alpha)(a_1\cosh r - e^{i\varphi}a_1^\dagger\sinh r + \alpha)]|00\rangle$$

$$= \frac{1}{4}\sin^2\phi[(|\alpha|^2 + \sinh^2 r)^2 + 2|\alpha|^2\sinh^2 r + \sinh^2 r\cosh 2r -$$

$$|\alpha|^2\sinh 2r\cos(\varphi - 2\vartheta)] \qquad (4.121)$$

其中利用了 $\alpha = |\alpha|e^{i\vartheta}$。由式(4.9)得到 $|\alpha r, 0\rangle$ 态输入的归一化量子干涉公式:

$$g_{12}^{(2)} = \frac{|\alpha|^2\sinh 2r\cos(\varphi - 2\vartheta) - \sinh^2 r\cosh 2r - 2|\alpha|^2\sinh^2 r}{(|\alpha|^2 + \sinh^2 r)^2} \qquad (4.122)$$

$g_{12}^{(2)}$ 与 ϕ 无关,仍然是由于存在真空态端口,二阶符合不存在量子增强干涉效应。

4.2.4.5 双模压缩态 $|r\rangle$ 输入

双模压缩态的输入态矢量可以表示为

$$|\psi_{\text{in}}\rangle = |r\rangle = S(r)|00\rangle \qquad (4.123)$$

其中压缩算符 $S(r)$ 可以表示为

$$S(r) = e^{r(e^{-i\varphi}a_1a_2 - e^{i\varphi}a_1^\dagger a_2^\dagger)} \tag{4.124}$$

且满足:

$$\begin{cases} S^\dagger(r)a_1 S(r) = a_1\cosh r - e^{i\varphi}a_2^\dagger\sinh r; S^\dagger(r)a_1^\dagger S(r) = a_1^\dagger\cosh r - e^{-i\varphi}a_2\sinh r \\ S^\dagger(r)a_2 S(r) = a_2\cosh r - e^{i\varphi}a_1^\dagger\sinh r; S^\dagger(r)a_2^\dagger S(r) = a_2^\dagger\cosh r - e^{-i\varphi}a_1\sinh r \end{cases}$$
$$\tag{4.125}$$

利用式(4.1)海森堡图像中的算符演变,经 Sagnac 干涉仪后输出端口 1 的光强为

$$\langle I_1 \rangle = \langle r | b_1^\dagger b_1 | r \rangle$$
$$= \left\langle 00 \middle| S(r)\left[a_1^\dagger\cos\left(\frac{\phi}{2}\right) - a_2^\dagger\sin\left(\frac{\phi}{2}\right)\right]\left[a_1\cos\left(\frac{\phi}{2}\right) - a_2\sin\left(\frac{\phi}{2}\right)\right]S(r) \middle| 00 \right\rangle$$
$$= \left\langle 00 \middle| \left[\cos\left(\frac{\phi}{2}\right)(a_1^\dagger\cosh r - e^{-i\varphi}a_2\sinh r) - \sin\left(\frac{\phi}{2}\right)(a_2^\dagger\cosh r - e^{-i\varphi}a_1\sinh r)\right] \cdot\right.$$
$$\left.\left[\cos\left(\frac{\phi}{2}\right)(a_1\cosh r - e^{i\varphi}a_2^\dagger\sinh r) - \sin\left(\frac{\phi}{2}\right)(a_2\cosh r - e^{i\varphi}a_1^\dagger\sinh r)\right] \middle| 00 \right\rangle$$
$$= \left\langle 00 \middle| \left(\cos^2\left(\frac{\phi}{2}\right)\sinh^2 r a_2 a_2^\dagger + \sin^2\left(\frac{\phi}{2}\right)\sinh^2 r a_1 a_1^\dagger\right) \middle| 00 \right\rangle = \sinh^2 r \tag{4.126}$$

同理,输出端口 2 的光强 $\langle I_2 \rangle$ 为

$$\langle I_2 \rangle = \langle I_1 \rangle = \sinh^2 r \tag{4.127}$$

可以看出,两个端口的输出光强与 ϕ 无关,并未形成经典的互补干涉条纹(可以理解为一个端口的输入压缩态产生的经典形式干涉输出与另一个端口的输入压缩态产生的经典形式干涉输出在每个输出端口产生互补或抵消效应),但总的输出光强等于输入光强: $\langle I_1 \rangle + \langle I_2 \rangle = 2\sinh^2 r$。

两个输出端口之间的二阶符合关联光强 $\langle I_{12} \rangle$ 为

$$\langle I_{12} \rangle = \langle r | b_1^\dagger b_2^\dagger b_2 b_1 | r \rangle$$
$$= \left\langle 00 \middle| S(r)\left[\left[a_1^\dagger\cos\left(\frac{\phi}{2}\right) - a_2^\dagger\sin\left(\frac{\phi}{2}\right)\right]\left[a_1^\dagger\sin\left(\frac{\phi}{2}\right) + a_2^\dagger\cos\left(\frac{\phi}{2}\right)\right] \cdot\right.\right.$$
$$\left.\left.\left[a_1\sin\left(\frac{\phi}{2}\right) + a_2\cos\left(\frac{\phi}{2}\right)\right]\left[a_1\cos\left(\frac{\phi}{2}\right) - a_2\sin\frac{\phi}{2}\right]\right]S(r) \middle| 00 \right\rangle$$
$$= \left[\cos^2\left(\frac{\phi}{2}\right) + \sin^2\left(\frac{\phi}{2}\right)\right]^2\sinh^4 r + \left[\cos^2\left(\frac{\phi}{2}\right) - \sin^2\left(\frac{\phi}{2}\right)\right]^2\sinh^2 r\cosh^2 r$$
$$= \sinh^4 r + \cos^2\phi\sinh^2 r\cosh^2 r \tag{4.128}$$

由式(4.9)得到双模压缩态 $|r\rangle$ 输入的 Sagnac 干涉仪的归一化量子干涉公式[5]:

$$g_{12}^{(2)} = -\coth^2 r \cdot \frac{1}{2}[1 + \cos(2\phi)] = -\frac{N+2}{N} \cdot \frac{1}{2}[1 + \cos(2\phi)] \tag{4.129}$$

式中: $N = \langle r | (a_1^\dagger a_1 + a_2^\dagger a_2) | r \rangle = 2\sinh^2 r$ 为总的输入光子数。相位不确定性为

$$\Delta\phi = \frac{1}{2} \cdot \sqrt{\frac{N}{N+2}} \qquad (4.130)$$

当 N 很大时,式(4.130)远未达到海森堡极限。其原因在前面讨论 $|22\rangle$ 态输入时已分析过,式(4.129)同样存在着高阶量子增强信息的抵消,只含 2ϕ 相位信息,这是二阶符合探测方案的固有局限性[3]。

4.2.5 高阶符合计数的量子干涉

前面以光子数态 $|22\rangle$ 输入为例,揭示出 Sagnac 干涉仪的输出端口的二阶符合计数探测方案存在高阶量子增强相位信息的抵消,很难实现海森堡极限的相位检测灵敏度。那么通过测量高阶符合计数能否实现超相位灵敏度?下面仍以光子数态 $|22\rangle$ 输入为例讨论这一问题。

如上文所述,光子数态 $|22\rangle$ 输入的 Sagnac 干涉仪输出态分量中, $|31\rangle$ 或 $|13\rangle$ 输出态只含 4ϕ 相位信息,且已突破散粒噪声极限。针对 Sagnac 干涉仪的输出态 $|31\rangle$,设计如图 4.2 所示的高阶符合探测光路,采用 4 个单光子探测器 $D_i(i=1,2,3,4)$,研究输出态 $|13\rangle$ 的 4 个光子撞击 4 个探测器的符合计数,也即态 $|1_{D_1}1_{D_3}1_{D_2}1_{D_4}\rangle$ 的概率,下标 D_i 表示进入相应探测器的模式。

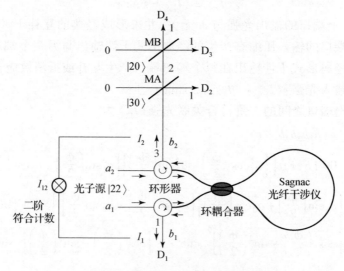

图 4.2　高阶符合计数的探测方案

如图 4.2 所示,输出态 $|13\rangle$ 表示 b_1 输出端口有一个光子,为 $|1\rangle$ 态, b_2 端口有 3 个光子,为 $|3\rangle$ 态。由式(4.53)可知,对于 $|22\rangle$ 光子数态输入,干涉仪产生输出态 $|13\rangle$ 的概率振幅 γ_1 为

$$\gamma_1 = \frac{\sqrt{6}}{4}\sin(2\phi) \tag{4.131}$$

b_1 输出端口的 $|1\rangle$ 态由 D_1 探测，b_2 输出端口的 $|3\rangle$ 态作为分束器 MA 的一个输入态，与 MA 的另一个真空态输入 $|0\rangle$ 共同构成 MA 的输入态 $|03\rangle$。而 MA 的输出态中只有 $|12\rangle$ 态对四阶符合计数有贡献，其中，$|1\rangle$ 态由 D_2 探测，$|2\rangle$ 态作为分束器（半透半反镜）MB 的一个输入，与 MB 的另一个真空态输入 $|0\rangle$ 共同构成 MB 的输入态 $|02\rangle$。分束器 MA 和 MB 的传输矩阵与 Sagnac 干涉仪的 BS1 的传输矩阵相同，由式（3.87）和（4.4）有

$$U_{MA}|03\rangle = \frac{1}{\sqrt{3!}}(U_{MA}a_1^\dagger U_{MA}^\dagger)^3|00\rangle = \frac{1}{\sqrt{3!}}\left(\frac{1}{\sqrt{2}}a_1^\dagger - \frac{i}{\sqrt{2}}a_2^\dagger\right)^3|00\rangle$$

$$= \frac{1}{\sqrt{2}}\left[\frac{1}{2}(|03\rangle - i|30\rangle) + \frac{\sqrt{3}}{2}(i|12\rangle - |21\rangle)\right] \tag{4.132}$$

设半透半反镜 MA 的输入态产生输出态 $|12\rangle$ 的概率振幅为 γ_2，则有

$$\gamma_2 = \frac{i}{\sqrt{2}}\cdot\frac{\sqrt{3}}{2} \tag{4.133}$$

MB 的输入态为 $|02\rangle$，而 MB 的输出态中只有 $|11\rangle$ 态对四阶符合计数有贡献，分别有 D_3 和 D_4 探测。由于

$$U_{MB}|02\rangle = \frac{1}{\sqrt{2!}}(U_{MB}a_1^\dagger U_{MB}^\dagger)^2|00\rangle = \frac{1}{\sqrt{2!}}\left(\frac{1}{\sqrt{2}}a_1^\dagger - \frac{i}{\sqrt{2}}a_2^\dagger\right)^2|00\rangle$$

$$= \left(\frac{1}{\sqrt{2}}\right)^2(|02\rangle - |20\rangle) + \left(\frac{i}{\sqrt{2}}\right)|11\rangle \tag{4.134}$$

设半透半反镜 MB 的输入态产生输出态 $|11\rangle$ 的概率振幅 γ_3，则

$$\gamma_3 = \frac{i}{\sqrt{2}} \tag{4.135}$$

最终探测 $|1_{D_1}1_{D_3}1_{D_2}1_{D_4}\rangle$ 的概率为 P_{1111}：

$$P_{1111} = |\gamma_1\gamma_2\gamma_3|^2 = \left(\frac{3}{16}\right)^2[1-\cos(4\phi)] \tag{4.136}$$

由式（4.136）可以看出，高阶符合计数虽然实现了超相位分辨率（干涉条纹加倍），但生成概率比较低，由式（4.14）计算可知，很难实现超相位灵敏度（突破散粒噪声极限）。第 5 章采用量子估计理论对各种输入态的相位检测灵敏度进行估计，估算结果同样证实了这一点。

4.3　基于零差探测的量子增强 Sagnac 干涉仪

本章前面讨论的量子纠缠光纤陀螺仪，非经典的光量子态经 Sagnac 干涉仪

的分束器后形成叠加态,也即进入 Sagnac 干涉仪中的 CW 光子和 CCW 光子之间存在纠缠,生成德布罗意波和德布罗意粒子,通过干涉仪两个输出的二阶符合探测产生倍频干涉条纹,实现量子增强的相位测量。还有一种情况:经典光(如相干态)经分束器进入光纤线圈,通过在光纤线圈两端插入参量放大器(单模压缩过程),使 CW 光场和 CCW 光场各自形成压缩相干态;CW 的压缩相干态和 CCW 的压缩相干态之间不存在光子纠缠,但这些非经典光子具有亚泊松统计的噪声特征(90°相差场分量存在噪声压缩),在经典形式的干涉输出中同样可以实现量子增强的相位测量[6]。

4.3.1 量子增强 Sagnac 干涉仪的典型光路结构和输入态

天津大学和香港城市大学的 Zhao Wen 和 Tang Xuan 团队联合提出了一种基于零差探测方案的量子增强 Sagnac 干涉仪[7],光路结构如图 4.3 所示。Sagnac 干涉仪由一个 50:50 分束器(BS)、光纤线圈和位于线圈两端的两个简并参量放大器 DPA1、DPA1′组成。注意,图 4.3 中顺时针光场全部用湮灭算符 a 表示,逆时针光场全部用湮灭算符 b 表示。端口 a_{in} 的相干态输入 $|\alpha\rangle$ 经 50:50 分束器分成两个场 a_1(顺时针场)和 b_1(逆时针场),进入 Sagnac 干涉仪,a_1 和 b_1 经过分别由泵浦 1 和泵浦 1′泵浦的简并参量放大器 DPA1 和 DPA1′。分束器的输入端口 b_{in} 为真空态。这样,分束器输入态 $|\psi_{in}\rangle$ 可以写成:

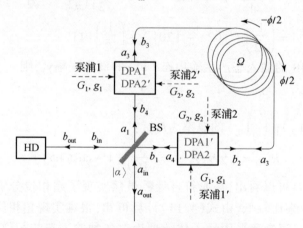

图 4.3　采用非经典光的 Sagnac 干涉仪结构

$$|\psi_{in}\rangle = |\alpha, 0\rangle \tag{4.137}$$

式中:$\alpha = |\alpha| e^{i\vartheta}$,$\alpha$ 为端口 a_{in} 的输入相干态的场振幅;ϑ 是输入相干态的初始相位;输入平均光子数为 $|\alpha|^2$。

线圈两端的简并参量放大器 DPA1 和 DPA1′相当于两个单模压缩过程,压缩振幅相同,但压缩相位可能不同。如图 4.3 所示,经过单模压缩的场 a_2 和 b_2 在旋转敏感线圈中沿相反方向传播,变为场 a_3 和 b_3,然后进入分别由泵浦 2 和泵浦 2′的两个简并参量放大器 DPA2 和 DPA2′。实际上,DPA2 和 DPA2′也是两个单模压缩过程,通常设计成 DPA1′和 DPA1 的反向泵浦(压缩相位的相位差为 π 或哈密顿算符符号相反)。经过 DPA2 和 DPA2′的单模压缩光场 a_4 和 b_4 再次到达 50:50 分束器(BS),构成 Sagnac 干涉仪的闭合光路。Sagnac 干涉仪的输出场算符分别为 a_{out} 和 b_{out},众所周知,如果不存在压缩过程,在两个输出端口可以得到经典形式($1 \pm \cos\phi$)的干涉光强:

$$\begin{cases} \langle I_a \rangle = \langle a_{out}^\dagger a_{out} \rangle = \frac{1}{2} |\alpha|^2 (1+\cos\phi) ; \langle I_b \rangle = \langle b_{out}^\dagger b_{out} \rangle = \frac{1}{2} |\alpha|^2 (1-\cos\phi) \\ \langle I_a \rangle + \langle I_b \rangle = |\alpha|^2 \end{cases}$$

(4.138)

在图 4.3 的情形中,由于输出场 a_{out} 位于输入场 a_{in} 端口,无法直接进行探测,而输出场 b_{out} 的干涉信号通常很微弱,需要对输出场 b_{out} 进行零差探测(HD)。下面结合 Zhao Wen 和 Tang Xuan 等的文章分析输入场算符和态矢量经过 Sagnac 干涉仪各个环节的演变。

4.3.2 量子增强 Sagnac 干涉仪中算符和态矢量的演变

4.3.2.1 经过分束器进入 Sagnac 干涉仪的算符和态矢量

如上文所述,Sagnac 干涉仪分束器(BS)的输入态可以写成 $|\psi_{in}\rangle = |\alpha,0\rangle$,分束器的输出态矢量用 $|\psi_{BS(a,b)}\rangle$ 表示,则输入场算符经过分束器的演变可以表示为

$$\begin{pmatrix} a_1 \\ b_1 \end{pmatrix} = \mathbf{S}_{BS} \begin{pmatrix} a_{in} \\ b_{in} \end{pmatrix} = \frac{1}{\sqrt{2}} \begin{pmatrix} 1 & i \\ i & 1 \end{pmatrix} \begin{pmatrix} a_{in} \\ b_{in} \end{pmatrix}$$

(4.139)

式中:$\mathbf{S}_{BS}$ 为分束器的传输矩阵。即有

$$a_1 = \frac{1}{\sqrt{2}}(a_{in} + i \cdot b_{in}) ; b_1 = \frac{1}{\sqrt{2}}(i \cdot a_{in} + b_{in})$$

(4.140)

而分束器的输出态 $|\psi_{BS}\rangle$ 为

$$|\psi_{BS}\rangle = U_{BS}|\psi_{in}\rangle = U_{BS}|\alpha,0\rangle = U_{BS}D(\alpha)|00\rangle = U_{BS}e^{\alpha a_{in}^\dagger - \alpha^* a_{in}}|00\rangle$$

$$= e^{\alpha U_{BS}a_{in}^\dagger U_{BS}^\dagger - \alpha^* U_{BS}a_{in}U_{BS}^\dagger}|00\rangle = e^{\alpha U_{BS}a^\dagger U_{BS}^\dagger - \alpha^* U_{BS}a U_{BS}^\dagger}|00\rangle$$

(4.141)

式中:U_{BS} 是与分束器传输矩阵 $\mathbf{S}_{BS}$ 对应的幺正演变算符,$D(\alpha) = e^{\alpha a_{in}^\dagger - \alpha^* a_{in}} = e^{\alpha a^\dagger - \alpha^* a}$ 是端口 a_{in} 相干态的位移算符。利用式(4.139),有

$$\begin{cases} U_{\text{BS}} a_{\text{in}}^{\dagger} U_{\text{BS}}^{\dagger} = \dfrac{1}{\sqrt{2}} a_{\text{in}}^{\dagger} + \dfrac{1}{\sqrt{2}} \text{i} \cdot b_{\text{in}}^{\dagger} = \left(\dfrac{1}{\sqrt{2}} a^{\dagger} + \dfrac{1}{\sqrt{2}} \text{i} \cdot b^{\dagger} \right) \\ U_{\text{BS}} a_{\text{in}} U_{\text{BS}}^{\dagger} = \dfrac{1}{\sqrt{2}} a_{\text{in}} - \dfrac{1}{\sqrt{2}} \text{i} \cdot b_{\text{in}} = \left(\dfrac{1}{\sqrt{2}} a - \dfrac{1}{\sqrt{2}} \text{i} \cdot b \right) \end{cases} \quad (4.142)$$

则输入态 $|\psi_{\text{in}}\rangle$ 经过分束器的输出态 $|\psi_{\text{BS}}\rangle$ 为

$$\begin{aligned} |\psi_{\text{BS}}\rangle &= \text{e}^{\alpha \left(\frac{1}{\sqrt{2}} a^{\dagger} + \frac{1}{\sqrt{2}} \text{i} \cdot b^{\dagger} \right) - \alpha^{*} \left(\frac{1}{\sqrt{2}} a - \frac{1}{\sqrt{2}} \text{i} \cdot b \right)} |00\rangle \\ &= \text{e}^{\left(\alpha \frac{1}{\sqrt{2}} a^{\dagger} - \alpha^{*} \frac{1}{\sqrt{2}} a \right) + \left(\text{i}\alpha \frac{1}{\sqrt{2}} b^{\dagger} + \text{i}\alpha^{*} \frac{1}{\sqrt{2}} b \right)} |00\rangle = \text{e}^{\left(\alpha \frac{1}{\sqrt{2}} a^{\dagger} - \alpha^{*} \frac{1}{\sqrt{2}} a \right) + \left[\text{i}\alpha \frac{1}{\sqrt{2}} b^{\dagger} - (\text{i}\alpha)^{*} \frac{1}{\sqrt{2}} b \right]} |00\rangle \\ &= \text{e}^{\left(\alpha \frac{1}{\sqrt{2}} a^{\dagger} - \alpha^{*} \frac{1}{\sqrt{2}} a \right)} \text{e}^{\left[\text{i}\alpha \frac{1}{\sqrt{2}} b^{\dagger} - (\text{i}\alpha)^{*} \frac{1}{\sqrt{2}} b \right]} |00\rangle \\ &= D_{\text{a}}\left(\dfrac{\alpha}{\sqrt{2}} \right) D_{\text{b}}\left(\dfrac{\text{i}\alpha}{\sqrt{2}} \right) |00\rangle = \left| \dfrac{\alpha}{\sqrt{2}}, \dfrac{\text{i}\alpha}{\sqrt{2}} \right\rangle \end{aligned} \quad (4.143)$$

这说明分束器(BS)输出端口 a_1、b_1 的输出态均为相干态,$D_{\text{a}}(\alpha/\sqrt{2})$、$D_{\text{b}}(\text{i}\alpha/\sqrt{2})$ 是场(算符)a_1、b_1 的相干态的位移算符:

$$D_{\text{a}}\left(\dfrac{\alpha}{\sqrt{2}} \right) = \text{e}^{\left(\alpha \frac{1}{\sqrt{2}} a^{\dagger} - \alpha^{*} \frac{1}{\sqrt{2}} a \right)}; D_{\text{b}}\left(\dfrac{\text{i}\alpha}{\sqrt{2}} \right) = \text{e}^{\left[\text{i}\alpha \frac{1}{\sqrt{2}} b^{\dagger} - (\text{i}\alpha)^{*} \frac{1}{\sqrt{2}} b \right]} \quad (4.144)$$

式(4.143)利用了量子力学公式:

$$\text{e}^{A+B} = \text{e}^{B+A} = \text{e}^{A} \text{e}^{B} \text{e}^{-[A,B]/2} = \text{e}^{B} \text{e}^{A} \text{e}^{[A,B]/2} \quad (4.145)$$

且很容易证明:

$$[A, B] = \left[\left(\alpha \dfrac{1}{\sqrt{2}} a^{\dagger} - \alpha^{*} \dfrac{1}{\sqrt{2}} a \right), \left(\text{i}\alpha \dfrac{1}{\sqrt{2}} b^{\dagger} - (\text{i}\alpha)^{*} \dfrac{1}{\sqrt{2}} b \right) \right] = 0 \quad (4.146)$$

4.3.2.2 经过参量放大器(单模压缩)DPA1 和 DPA1′ 的算符和态矢量

如图 4.4 所示,分束器两个端口的场 a_1 和 b_1 分别经历相移 δ_{a_1} 和 δ_{b_1}(与参量放大器 DPA1 和 DPA1′到分束器合光点的距离有关),变为场 $a_1 \text{e}^{\text{i}\delta_{a_1}}$ 和 $b_1 \text{e}^{\text{i}\delta_{b_1}}$,再分别通过简并参量放大器 DPA1 和 DPA1′。DPA1 和 DPA1′是两个具有相同压缩振幅(r_1)和不同压缩相位(φ_1、φ_1')的单模压缩过程。根据单模压缩态的定义,经过参量放大器的输出场 a_2 和 b_2 给出为

$$\begin{cases} a_2 = a_1 \text{e}^{\text{i}\delta_{a_1}} \cosh r_1 - \text{e}^{\text{i}\varphi_1} a_1^{\dagger} \text{e}^{-\text{i}\delta_{a_1}} \sinh r_1 \\ b_2 = b_1 \text{e}^{\text{i}\delta_{b_1}} \cosh r_1 - \text{e}^{\text{i}\varphi_1'} b_1^{\dagger} \text{e}^{-\text{i}\delta_{b_1}} \sinh r_1 \end{cases} \quad (4.147)$$

从输入场 a_1 到输出场 a_2,单模压缩的算符演变过程为

$$\begin{pmatrix} a_2 \\ a_2^{\dagger} \end{pmatrix} = \begin{pmatrix} \cosh r_1 & -\text{e}^{\text{i}\varphi_1} \sinh r_1 \\ -\text{e}^{-\text{i}\varphi_1} \sinh r_1 & \cosh r_1 \end{pmatrix} \begin{pmatrix} \text{e}^{\text{i}\delta_{a_1}} & 0 \\ 0 & \text{e}^{-\text{i}\delta_{a_1}} \end{pmatrix} \begin{pmatrix} a_1 \\ a_1^{\dagger} \end{pmatrix}$$

$$= \begin{pmatrix} e^{i\delta_{a_1}}\cosh r_1 & -e^{i\varphi_1}e^{-i\delta_{a_1}}\sinh r_1 \\ -e^{-i\varphi_1}e^{i\delta_{a_1}}\sinh r_1 & e^{-i\delta_{a_1}}\cosh r_1 \end{pmatrix}\begin{pmatrix} a_1 \\ a_1^{\dagger} \end{pmatrix} = S_{\text{DPA1}}\begin{pmatrix} a_1 \\ a_1^{\dagger} \end{pmatrix} \quad (4.148)$$

其中,单模压缩过程的非线性变换矩阵 S_{DPA1} 为

$$S_{\text{DPA1}} = \begin{pmatrix} e^{i\delta_{a_1}}\cosh r_1 & -e^{i\varphi_1}e^{-i\delta_{a_1}}\sinh r_1 \\ -e^{-i\varphi_1}e^{i\delta_{a_1}}\sinh r_1 & e^{-i\delta_{a_1}}\cosh r_1 \end{pmatrix} = \begin{pmatrix} G_1 e^{i\delta_{a_1}} & -e^{i\varphi_1}g_1 e^{-i\delta_{a_1}} \\ (-e^{i\varphi_1}g_1 e^{-i\delta_{a_1}})^* & G_1 e^{-i\delta_{a_1}} \end{pmatrix} \quad (4.149)$$

式中:$G_1 = \cosh r_1$,$g_1 = \sinh r_1$,且满足 $G_1^2 - g_1^2 = 1$,r_1 是 DPA1 的压缩振幅,φ_1 是 DPA1 的压缩相位。

对于输出场 b_2,同理有

$$\begin{pmatrix} b_2 \\ b_2^{\dagger} \end{pmatrix} = \begin{pmatrix} \cosh r_1 & -e^{i\varphi_1'}\sinh r_1 \\ -e^{-i\varphi_1'}\sinh r_1 & \cosh r_1 \end{pmatrix}\begin{pmatrix} e^{i\delta_{b_1}} & 0 \\ 0 & e^{-i\delta_{b_1}} \end{pmatrix}\begin{pmatrix} b_1 \\ b_1^{\dagger} \end{pmatrix}$$

$$= \begin{pmatrix} e^{i\delta_{b_1}}\cosh r_1 & -e^{i\varphi_1'}e^{-i\delta_{b_1}}\sinh r_1 \\ -e^{-i\varphi_1'}e^{i\delta_{b_1}}\sinh r_1 & e^{-i\delta_{b_1}}\cosh r_1 \end{pmatrix}\begin{pmatrix} b_1 \\ b_1^{\dagger} \end{pmatrix} = S_{\text{DPA1}'}\begin{pmatrix} b_1 \\ b_1^{\dagger} \end{pmatrix} \quad (4.150)$$

式中:DPA1′的压缩振幅也是 r_1,φ_1' 是 DPA1′的压缩相位,$S_{\text{DPA1}'}$ 为

$$S_{\text{DPA1}'} = \begin{pmatrix} e^{i\delta_{b_1}}\cosh r_1 & -e^{i\varphi_1'}e^{-i\delta_{b_1}}\sinh r_1 \\ -e^{-i\varphi_1'}e^{i\delta_{b_1}}\sinh r_1 & e^{-i\delta_{b_1}}\cosh r_1 \end{pmatrix} = \begin{pmatrix} G_1 e^{i\delta_{b_1}} & -e^{i\varphi_1'}g_1 e^{-i\delta_{b_1}} \\ (-e^{i\varphi_1'}g_1 e^{i\delta_{b_1}})^* & G_1 e^{-i\delta_{b_1}} \end{pmatrix} \quad (4.151)$$

下面考虑输出场 a_2 和 b_2 对应的态矢量 $|\psi_{(a_2,b_2)}\rangle$。由式(4.143)得到:

$$|\psi_{(a_2,b_2)}\rangle = U_{\text{DPA1}}(r_1)U_{\text{DPA1}'}(r_1)|\psi_{\text{BS}(a,b)}\rangle = U_{\text{DPA1}}(r_1)U_{\text{DPA1}'}(r_1)\left|\frac{\alpha}{\sqrt{2}},\frac{i\alpha}{\sqrt{2}}\right\rangle$$

$$= U_{\text{DPA1}}(r_1)D_a\left(\frac{\alpha}{\sqrt{2}}\right)U_{\text{DPA1}'}(r_1)D_b\left(\frac{i\alpha}{\sqrt{2}}\right)|00\rangle \quad (4.152)$$

式中:$U_{\text{DPA1}}(r_1)$ 和 $U_{\text{DPA1}'}(r_1)$ 是分别与 S_{DPA1} 和 $S_{\text{DPA1}'}$ 对应的单模压缩算符。这说明,输出场 a_2 和 b_2 对应的态矢量是压缩相干态。

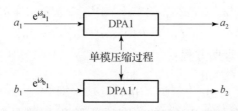

图 4.4 简并参量放大器 DPA1 和 DPA1′的压缩过程

根据单模压缩态压缩算符 $U(r)$ 的定义,其哈密顿算符 H_r 满足:

$$U(r) = e^{-\frac{H_r}{i\hbar}r} \tag{4.153}$$

这样,简并参量放大器 DPA1 和 DPA1′的哈密顿算符 $H_{\text{DPA1}}(r_1)$ 和 $H_{\text{DPA1}'}(r_1)$ 可以表示为

$$\begin{cases} H_{\text{DPA1}} = \dfrac{i\hbar}{2}(e^{-i\varphi_1}a_1^2 e^{i2\delta_{a_1}} - e^{i\varphi_1}a_1^{\dagger 2}e^{-i2\delta_{a_1}}) \\ H_{\text{DPA1}'} = \dfrac{i\hbar}{2}(e^{-i\varphi_1'}b_1^2 e^{i2\delta_{b_1}} - e^{i\varphi_1'}b_1^{\dagger 2}e^{-i2\delta_{b_1}}) \end{cases} \tag{4.154}$$

由式(4.147)可知:

$$\begin{aligned}\frac{d}{dr_1}a_2(r_1) &= \frac{d}{dr_1}[a_1 e^{i\delta_{a_1}}\cosh r_1 - e^{i\varphi_1}a_1^\dagger e^{-i\delta_{a_1}}\sinh r_1]\\ &= a_1 e^{i\delta_{a_1}}\sinh r_1 - e^{i\varphi_1}a_1^\dagger e^{-i\delta_{a_1}}\cosh r_1\end{aligned} \tag{4.155}$$

而

$$\begin{aligned}&\frac{1}{i\hbar}[a_2(r_1), H_{\text{DPA1}}]\\ &= \frac{1}{i\hbar}\Big\{[a_1 e^{i\delta_{a_1}}\cosh r_1 - e^{i\varphi_1}a_1^\dagger e^{-i\delta_{a_1}}\sinh r_1]\cdot \frac{i\hbar}{2}(e^{-i\varphi_1}a_1^2 e^{i2\delta_{a_1}} - e^{i\varphi_1}a_1^{\dagger 2}e^{-i2\delta_{a_1}}) - \\ &\quad \frac{i\hbar}{2}(e^{-i\varphi_1}a_1^2 e^{i2\delta_{a_1}} - e^{i\varphi_1}a_1^{\dagger 2}e^{-i2\delta_{a_1}})\cdot [a_1 e^{i\delta_{a_1}}\cosh r_1 - e^{i\varphi_1}a_1^\dagger e^{-i\delta_{a_1}}\sinh r_1]\Big\}\\ &= \frac{1}{2}[e^{-i\varphi_1}a_1^3 e^{i3\delta_{a_1}}\cosh r_1 - e^{i\varphi_1}a_1 a_1^{\dagger 2}e^{-i\delta_{a_1}}\cosh r_1 - a_1^\dagger a_1^2 e^{i\delta_{a_1}}\sinh r_1 + \\ &\quad e^{i2\varphi_1}a_1^{\dagger 3}e^{-i3\delta_{a_1}}\sinh r_1 - e^{-i\varphi_1}a_1^3 e^{i3\delta_{a_1}}\cosh r_1 + e^{i\varphi_1}a_1^{\dagger 2}a_1 e^{-i\delta_{a_1}}\cosh r_1 + \\ &\quad a_1^2 a_1^\dagger e^{i\delta_{a_1}}\sinh r_1 - e^{i2\varphi_1}a_1^{\dagger 3}e^{-i3\delta_{a_1}}\sinh r_1]\\ &= \frac{1}{2}[(a_1^2 a_1^\dagger - a_1^\dagger a_1^2)e^{i\delta_{a_1}}\sinh r_1 - e^{i\varphi_1}(a_1 a_1^{\dagger 2} - a_1^{\dagger 2}a_1)e^{-i\delta_{a_1}}\cosh r_1]\\ &= a_1 e^{i\delta_{a_1}}\sinh r_1 - e^{i\varphi_1}a_1^\dagger e^{-i\delta_{a_1}}\cosh r_1\end{aligned} \tag{4.156}$$

式中:

$$\begin{aligned}a_1^2 a_1^\dagger - a_1^\dagger a_1^2 &= a_1(a_1^\dagger a_1 + 1) - a_1^\dagger a_1^2 = a_1 a_1^\dagger a_1 + a_1 - a_1^\dagger a_1^2\\ &= (a_1^\dagger a_1 + 1)a_1 + a_1 - a_1^\dagger a_1^2 = 2a_1\end{aligned} \tag{4.157}$$

$$\begin{aligned}a_1 a_1^{\dagger 2} - a_1^{\dagger 2}a_1 &= (a_1^\dagger a_1 + 1)a_1^\dagger - a_1^{\dagger 2}a_1 = a_1^\dagger a_1 a_1^\dagger + a_1^\dagger - a_1^{\dagger 2}a_1\\ &= a_1^\dagger(a_1^\dagger a_1 + 1) + a_1^\dagger - a_1^{\dagger 2}a_1 = 2a_1^\dagger\end{aligned} \tag{4.158}$$

$H_{\text{DPA1}}(r_1)$ 显然满足海森堡方程:

$$\frac{d}{dr_1}a_2(r_1) = \frac{1}{i\hbar}[a_2(r_1), H_{\text{DPA1}}] \tag{4.159}$$

同理,简并参量放大器 DPA1′的哈密顿算符 $H_{\text{DPA1}'}$ 满足海森堡方程:

$$\frac{d}{dr_1}b_2(r_1) = \frac{1}{i\hbar}[b_2(r_1), H_{\text{DPA1}'}] \tag{4.160}$$

因此，式(4.152)中 DPA1 和 DPA1′的压缩算符 $U_{\text{DPA1}}(r_1)$ 和 $U_{\text{DPA1}'}(r_1)$ 分别为

$$U_{\text{DPA1}}(r_1) = e^{\frac{r_1}{2}(e^{-i\varphi_1}a_1^2 e^{i2\delta_{a_1}} - e^{i\varphi_1}a_1^{\dagger 2} e^{-i2\delta_{a_1}})}$$

$$U_{\text{DPA1}'}(r_1) = e^{\frac{r_1}{2}(e^{-i\varphi_1'}b_1^2 e^{i2\delta_{b_1}} - e^{i\varphi_1'}b_1^{\dagger 2} e^{-i2\delta_{b_1}})} \quad (4.161)$$

这样，输出场 a_2 和 b_2 对应的态矢量可以表示为

$$|\psi_{(a_2,b_2)}\rangle = U_{\text{DPA1}}(r_1) D_a\left(\frac{\alpha}{\sqrt{2}}\right) U_{\text{DPA1}'}(r_1) D_b\left(\frac{i\alpha}{\sqrt{2}}\right) |00\rangle$$

$$= e^{\frac{r_1}{2}(e^{-i\varphi_1}a_1^2 e^{i2\delta_{a_1}} - e^{i\varphi_1}a_1^{\dagger 2} e^{-i2\delta_{a_1}})} e^{\left[\left(\alpha\frac{1}{\sqrt{2}}a^{\dagger} - \alpha^*\frac{1}{\sqrt{2}}a\right)\right]} \cdot$$

$$e^{\frac{r_1}{2}(e^{-i\varphi_1'}b_1^2 e^{i2\delta_{b_1}} - e^{i\varphi_1'}b_1^{\dagger 2} e^{-i2\delta_{b_1}})} e^{\left[i\alpha\frac{1}{\sqrt{2}}b^{\dagger} - (i\alpha)^*\frac{1}{\sqrt{2}}b\right]} |00\rangle \quad (4.162)$$

4.3.2.3 经过光纤线圈的算符和态矢量

如图 4.5 所示，场(算符) a_2 和 b_2 在同一光路(光纤线圈)中反向传播来敏感旋转角速率 Ω，由于 Sagnac 效应，两个反向传播光场经过光纤线圈后演变为场 a_3(顺时针)和 b_3(逆时针)，a_3 和 b_3 场之间存在一个旋转引起的相位差 ϕ(这里假定顺时针场携带的 Sagnac 相移为 $\phi/2$，逆时针场携带的 Sagnac 相移为 $-\phi/2$)。携带 Sagnac 相移的场算符(a_3 和 b_3)可以表示为

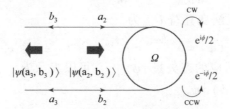

图 4.5 场(算符)经过光纤线圈的演变

$$\begin{pmatrix} a_3 \\ b_3 \end{pmatrix} = S_{\text{coil}} \begin{pmatrix} a_2 \\ b_2 \end{pmatrix} = \begin{pmatrix} e^{i\phi/2} & 0 \\ 0 & e^{-i\phi/2} \end{pmatrix} \begin{pmatrix} a_2 \\ b_2 \end{pmatrix} = \begin{pmatrix} a_2 e^{i\phi/2} \\ b_2 e^{-i\phi/2} \end{pmatrix} \quad (4.163)$$

式中：S_{coil} 是光纤线圈的传输矩阵；ϕ 是 Sagnac 效应引起的相移。

由式(4.147)可知：

$$a_3 = a_2 e^{i\phi/2} = [a_1 e^{i\delta_{a_1}} \cosh r_1 - e^{i\varphi_1} a_1^{\dagger} e^{-i\delta_{a_1}} \sinh r_1] e^{i\phi/2}$$

$$= (G_1 a_1 e^{i\delta_{a_1}} - e^{i\varphi_1} g_1 a_1^{\dagger} e^{-i\delta_{a_1}}) e^{i\phi/2} \quad (4.164)$$

$$b_3 = b_2 e^{-i\phi/2} = [b_1 e^{i\delta_{b_1}} \cosh r_1 - e^{i\varphi_1'} b_1^{\dagger} e^{-i\delta_{b_1}} \sinh r_1] e^{-i\phi/2}$$

$$= (G_1 b_1 e^{i\delta_{b_1}} - e^{i\varphi_1'} g_1 b_1^{\dagger} e^{-i\delta_{b_1}}) e^{-i\phi/2} \quad (4.165)$$

又由式(4.163)可知：

$$\begin{cases} a_3(\phi) = a_2 e^{i\phi/2}; a_3^{\dagger}(\phi) = a_2^{\dagger} e^{-i\phi/2} \\ b_3(\phi) = b_2 e^{-i\phi/2}; b_3^{\dagger}(\phi) = b_2^{\dagger} e^{i\phi/2} \end{cases} \quad (4.166)$$

设光纤线圈的哈密顿算符为 H_{coil},则有

$$H_{\text{coil}} = -\frac{\hbar}{2}(a_2^\dagger a_2 - b_2^\dagger b_2) \quad (4.167)$$

由于

$$\frac{\mathrm{d}}{\mathrm{d}\phi}a_3(\phi) = \frac{\mathrm{i}}{2}a_2 \mathrm{e}^{\mathrm{i}\phi/2} \quad (4.168)$$

以及

$$\begin{aligned}
\left[a_3(\phi), H_{\text{coil}}\right] &= -a_2 \mathrm{e}^{\mathrm{i}\phi/2}\frac{\hbar}{2}(a_2^\dagger a_2 - b_2^\dagger b_2) + \frac{\hbar}{2}(a_2^\dagger a_2 - b_2^\dagger b_2)a_2 \mathrm{e}^{\mathrm{i}\phi/2} \\
&= \frac{\hbar}{2}\mathrm{e}^{\mathrm{i}\phi/2}\left[(a_2^\dagger a_2 - b_2^\dagger b_2)a_2 - a_2(a_2^\dagger a_2 - b_2^\dagger b_2)\right] \\
&= \frac{\hbar}{2}\mathrm{e}^{\mathrm{i}\phi/2}(a_2^\dagger a_2 a_2 - a_2 a_2^\dagger a_2) \\
&= \frac{\hbar}{2}\mathrm{e}^{\mathrm{i}\phi/2}\left[a_2^\dagger a_2 a_2 - (a_2^\dagger a_2 + 1)a_2\right] = -\frac{\hbar}{2}a_2 \mathrm{e}^{\mathrm{i}\phi/2} \quad (4.169)
\end{aligned}$$

H_{coil} 显然满足海森堡方程:

$$\frac{\mathrm{d}}{\mathrm{d}\phi_s}a_3(\phi) = \frac{1}{\mathrm{i}\hbar}\left[a_3(\phi), H_{\text{coil}}\right] \quad (4.170)$$

因此,光纤线圈的幺正演变算符 U_{coil} 为

$$U_{\text{coil}}(\phi) = \mathrm{e}^{-\mathrm{i}\frac{H_{\text{coil}}}{\hbar}\phi} = \mathrm{e}^{\mathrm{i}\frac{\phi}{2}(a_2^\dagger a_2 - b_2^\dagger b_2)} = \mathrm{e}^{-\mathrm{i}\frac{\phi}{2}b^\dagger b}\mathrm{e}^{\mathrm{i}\frac{\phi}{2}a^\dagger a} \quad (4.171)$$

这样,场 a_3 和 b_3 对应的态矢量 $|\psi_{(b_3,a_3)}\rangle$ 可以表示为

$$\begin{aligned}
|\psi_{(a_3,b_3)}\rangle &= U_{\text{coil}}(\phi)|\psi_{(b_2,a_2)}\rangle \\
&= U_{\text{coil}}(\phi_s)U_{\text{DPA1}}(r_1)D_a\!\left(\frac{\alpha}{\sqrt{2}}\right)U_{\text{DPA1}'}(r_1)D_b\!\left(\frac{\mathrm{i}\alpha}{\sqrt{2}}\right)|00\rangle \\
&= \mathrm{e}^{\mathrm{i}\frac{\phi}{2}a^\dagger a}\mathrm{e}^{\frac{r_1}{2}(\mathrm{e}^{-\mathrm{i}\varphi_1}a^2\mathrm{e}^{\mathrm{i}2\delta_{a_1}} - \mathrm{e}^{\mathrm{i}\varphi_1}a^{\dagger 2}\mathrm{e}^{-\mathrm{i}2\delta_{a_1}})}\mathrm{e}^{\left(\alpha\frac{1}{\sqrt{2}}a^\dagger - \alpha^*\frac{1}{\sqrt{2}}a\right)} \cdot \\
&\quad \mathrm{e}^{-\mathrm{i}\frac{\phi}{2}b^\dagger b}\mathrm{e}^{\frac{r_1}{2}(\mathrm{e}^{-\mathrm{i}\varphi_1'}b^2\mathrm{e}^{\mathrm{i}2\delta_{b_1}} - \mathrm{e}^{\mathrm{i}\varphi_1'}b^{\dagger 2}\mathrm{e}^{-\mathrm{i}2\delta_{b_1}})}\mathrm{e}^{\left[\mathrm{i}\alpha\frac{1}{\sqrt{2}}b^\dagger - (\mathrm{i}\alpha)^*\frac{1}{\sqrt{2}}b\right]}|00\rangle \quad (4.172)
\end{aligned}$$

4.3.2.4 经过参量放大器(单模压缩)DPA2 和 DPA2′的算符和态矢量

经过光纤线圈的场 a_3 和 b_3 在到达分束器合光之前再次经过简并参量放大器,输出场分别为 a_4 和 b_4。为了与第一次经过参量放大器做出区分,这里用 DPA2 和 DPA2′表示。简并参量放大器 DPA2 和 DPA2′通常设计成 DPA1′和 DPA1 的反向泵浦过程。与 DPA1 和 DPA1′类似,假定简并参量放大器 DPA2 和 DPA2′是两个具有相同压缩振幅(r_2)和不同压缩相位(φ_2、φ_2')的单模压缩过程。输出场 a_4 和 b_4 给出为

$$\begin{cases} a_4 = a_3 \cosh r_2 - \mathrm{e}^{\mathrm{i}\varphi_2}a_3^\dagger \sinh r_2 = G_2 a_3 - \mathrm{e}^{\mathrm{i}\varphi_2}g_2 a_3^\dagger \\ b_4 = b_3 \cosh r_2 - \mathrm{e}^{\mathrm{i}\varphi_2'}b_3^\dagger \sinh r_2 = G_2 b_3 - \mathrm{e}^{\mathrm{i}\varphi_2'}g_2 b_3^\dagger \end{cases} \quad (4.173)$$

式中：$G_2 = \cosh r_2$；$g_2 = \sinh r_2$；且有 $G_2^2 - g_2^2 = 1$。

设简并参量放大器 DPA2 和 DPA2′的哈密顿算符为 H_{DPA2} 和 $H_{\text{DPA2}'}$，则有

$$H_{\text{DPA2}} = \frac{i\hbar}{2}(e^{-i\varphi_2}a_3^2 - e^{i\varphi_2}a_3^{\dagger 2})\,;\,H_{\text{DPA2}'} = \frac{i\hbar}{2}(e^{-i\varphi_2}b_3^2 - e^{i\varphi_2}b_3^{\dagger 2}) \quad (4.174)$$

由式（4.173）可知：

$$\frac{d}{dr_2}a_4(r_2) = a_3 \sinh r_2 - e^{i\varphi_2}a_3^{\dagger}\cosh r_2 \quad (4.175)$$

而

$$\frac{1}{i\hbar}[a_4(r_2), H_{\text{DPA2}}] = \frac{1}{2}\{[a_3\cosh r_2 - e^{i\varphi_2}a_3^{\dagger}\sinh r_2](e^{-i\varphi_2}a_3^2 - e^{i\varphi_2}a_3^{\dagger 2}) - $$

$$(e^{-i\varphi_2}a_3^2 - e^{i\varphi_2}a_3^{\dagger 2})[a_3\cosh r_2 - e^{i\varphi_2}a_3^{\dagger}\sinh r_2]\}$$

$$= \frac{1}{2}\{e^{-i\varphi_2}a_3^3\cosh r_2 - e^{i\varphi_2}a_3a_3^{\dagger 2}\cosh r_2 - a_3^{\dagger}a_3^2\sinh r_2 + $$

$$e^{i2\varphi_2}a_3^{\dagger 3}\sinh r_2 - e^{-i\varphi_2}a_3^3\cosh r_2 + a_3^2a_3^{\dagger}\sinh r_2 + $$

$$e^{i\varphi_2}a_3^{\dagger 2}a_3\cosh r_2 - e^{i2\varphi_2}a_3^{\dagger 3}\sinh r_2\}$$

$$= \frac{1}{2}\{(a_3^2a_3^{\dagger} - a_3^{\dagger}a_3^2)\sinh r_2 - e^{i\varphi_2}(a_3a_3^{\dagger 2} - a_3^{\dagger 2}a_3)\cosh r_2\}$$

$$= a_3\sinh r_2 - e^{i\varphi_2}a_3^{\dagger}\cosh r_2 \quad (4.176)$$

H_{DPA2} 显然满足海森堡方程：

$$\frac{d}{dr_2}a_4(r_2) = \frac{1}{i\hbar}[a_4(r_2), H_{\text{DPA2}}] \quad (4.177)$$

同理，可以证明 $H_{\text{DPA2}'}$ 满足海森堡方程：

$$\frac{d}{dr_2}b_4(r_2) = \frac{1}{i\hbar}[b_4(r_2), H_{\text{DPA2}'}] \quad (4.178)$$

所以，简并参量放大器 DPA2 和 DPA2′过程的压缩算符分别为

$$U_{\text{DPA2}}(r_2) = e^{-i\frac{H_{\text{DPA2}}}{\hbar}r} = e^{\frac{r_2}{2}(e^{-i\varphi_2}a_3^2 - e^{i\varphi_2}a_3^{\dagger 2})}$$

$$U_{\text{DPA2}'}(r_2) = e^{-i\frac{H_{\text{DPA2}'}}{\hbar}r} = e^{\frac{r_2}{2}(e^{-i\varphi_2}b_3^2 - e^{i\varphi_2}b_3^{\dagger 2})} \quad (4.179)$$

输出场 a_4 和 b_4 的态矢量 $|\psi_{(a_4,b_4)}\rangle$ 为

$$|\psi_{(a_4,b_4)}\rangle = S_{\text{DPA2}}(r_2)S_{\text{DPA2}'}(r_2)|\psi_{(a_3,b_3)}\rangle$$

$$= e^{\frac{r_2}{2}(e^{-i\varphi_2}a^2 - e^{i\varphi_2}a^{\dagger 2})}e^{\frac{i\phi}{2}a^{\dagger}a}e^{\frac{r_1}{2}(e^{-i\varphi_1}a^2e^{i2\delta}a_1 - e^{i\varphi_1}a^{\dagger 2}e^{-i2\delta}a_1)}e^{(\alpha\frac{1}{\sqrt{2}}a^{\dagger} - \alpha^*\frac{1}{\sqrt{2}}a)} \cdot $$

$$e^{\frac{r_2}{2}(e^{-i\varphi_2}b^2 - e^{i\varphi_2}b^{\dagger 2})}e^{-\frac{i\phi}{2}b^{\dagger}b}e^{\frac{r_1}{2}(e^{-i\varphi_1}b^2e^{i2\delta}b_1 - e^{i\varphi_1}b^{\dagger 2}e^{-i2\delta}b_1)}e^{(i\alpha\frac{1}{\sqrt{2}}b^{\dagger} - (i\alpha)^*\frac{1}{\sqrt{2}}b)}|00\rangle$$

$$(4.180)$$

将式(4.164)和式(4.165)代入式(4.173)，得到：

$$a_4 = G_2[(G_1 a_1 e^{i\delta_{a_1}} - e^{i\varphi_1} g_1 a_1^\dagger e^{-i\delta_{a_1}}) e^{i\phi/2}] - e^{i\varphi_2} g_2$$
$$[(G_1 a_1^\dagger e^{-i\delta_{a_1}} - e^{-i\varphi_1} g_1 a_1 e^{i\delta_{a_1}}) e^{-i\phi/2}]$$
$$= [G_1 G_2 e^{i\phi/2} + e^{i(\varphi_2 - \varphi_1 - \phi/2)} g_1 g_2] a_1 e^{i\delta_{a_1}} -$$
$$[e^{i(\varphi_1 + \phi/2)} G_2 g_1 + e^{i(\varphi_2 - \phi/2)} G_1 g_2] a_1^\dagger e^{-i\delta_{a_1}}$$
$$= G_T^a a_1 e^{i\delta_{a_1}} - g_T^a a_1^\dagger e^{-i\delta_{a_1}} \tag{4.181}$$

$$b_4 = G_2[(G_1 b_1 e^{i\delta_{b_1}} - e^{i\varphi_1'} g_1 b_1^\dagger e^{-i\delta_{b_1}}) e^{-i\phi/2}] - e^{i\varphi_2'} g_2$$
$$[(G_1 b_1^\dagger e^{-i\delta_{b_1}} - e^{-i\varphi_1'} g_1 b_1 e^{i\delta_{b_1}}) e^{i\phi/2}]$$
$$= [G_1 G_2 e^{-i\phi/2} + e^{i(\varphi_2' - \varphi_1' + \phi/2)} g_1 g_2] b_1 e^{i\delta_{b_1}} -$$
$$[e^{i(\varphi_1' - \phi/2)} G_2 g_1 + e^{i(\varphi_2' + \phi/2)} G_1 g_2] b_1^\dagger e^{-i\delta_{b_1}}$$
$$= G_T^b b_1 e^{i\delta_{b_1}} - g_T^b b_1^\dagger e^{-i\delta_{b_1}} \tag{4.182}$$

式中：

$$\begin{cases} G_T^a = G_1 G_2 e^{i\phi/2} + e^{i(\varphi_2 - \varphi_1 - \phi/2)} g_1 g_2 \\ G_T^b = G_1 G_2 e^{-i\phi/2} + e^{i(\varphi_2' - \varphi_1' + \phi/2)} g_1 g_2 \\ g_T^a = e^{i(\varphi_1 + \phi/2)} G_2 g_1 + e^{i(\varphi_2 - \phi/2)} G_1 g_2 \\ g_T^b = e^{i(\varphi_1' - \phi/2)} G_2 g_1 + e^{i(\varphi_2' + \phi/2)} G_1 g_2 \end{cases} \tag{4.183}$$

当 $\varphi_2 - \varphi_1 = \pi$ 和 $\varphi_2' - \varphi_1' = \pi$ 时，体现的正是 DPA2 和 DPA2′为 DPA1′和 DPA1 的反相泵浦过程。不过，这里先考虑更一般的情形：$\varphi_1' = \varphi_1, \varphi_2' = \varphi_2, \varphi_2 - \varphi_1$ 取任意值。由于 DPA2 和 DPA2′实际上是 DPA1′和 DPA1 的反向（放大输出或单模压缩）过程，因而还可以进一步简化为 $G_1 = G_2 = G, g_1 = g_2 = g$（也即 $r_1 = r_2 = r$），其中，$G^2 - g^2 = 1$。式（4.183）可以进一步简化为

$$\begin{cases} G_T^a = G^2 e^{i\phi/2} + e^{i(\varphi_2 - \varphi_1 - \phi/2)} g^2 \\ G_T^b = G^2 e^{-i\phi/2} + e^{i(\varphi_2 - \varphi_1 + \phi/2)} g^2 \\ g_T^a = Gg[e^{i(\varphi_1 + \phi/2)} + e^{i(\varphi_2 - \phi/2)}] \\ g_T^b = Gg[e^{i(\varphi_1 - \phi/2)} + e^{i(\varphi_2 + \phi/2)}] \end{cases} \tag{4.184}$$

4.3.2.5 Sagnac 干涉仪分束器的输出算符和态矢量

参见图 4.3，场 a_4 和 b_4 通过分束器（BS）形成输出场 a_{out} 和 b_{out}。分束器的输出场 a_{out} 和 b_{out} 与 a_4 和 b_4 的关系满足：

$$\begin{pmatrix} a_{out} \\ b_{out} \end{pmatrix} = \frac{1}{\sqrt{2}} \begin{pmatrix} i & 1 \\ 1 & i \end{pmatrix} \begin{pmatrix} e^{i\delta_{a_4}} & 0 \\ 0 & e^{i\delta_{b_4}} \end{pmatrix} \begin{pmatrix} a_4 \\ b_4 \end{pmatrix} = \frac{1}{\sqrt{2}} \begin{pmatrix} i & 1 \\ 1 & i \end{pmatrix} \begin{pmatrix} a_4 e^{i\delta_{a_4}} \\ b_4 e^{i\delta_{b_4}} \end{pmatrix} \tag{4.185}$$

也可以写成：

$$a_{out} = \frac{1}{\sqrt{2}}(i \cdot a_4 e^{i\delta_{a_4}} + b_4 e^{i\delta_{b_4}}); b_{out} = \frac{1}{\sqrt{2}}(a_4 e^{i\delta_{a_4}} + i \cdot b_4 e^{i\delta_{b_4}}) \tag{4.186}$$

将式(4.181)和式(4.183)代入式(4.186),得

$$a_{\text{out}} = \frac{1}{\sqrt{2}}\{i \cdot (G_T^a a_1 e^{i\delta_{a_1}} - g_T^a a_1^\dagger e^{-i\delta_{a_1}}) e^{i\delta_{a_4}} + (G_T^b b_1 e^{i\delta_{b_1}} - g_T^b b_1^\dagger e^{-i\delta_{b_1}}) e^{i\delta_{b_4}}\}$$

$$= \frac{1}{2}\{i \cdot G_T^a (a_{\text{in}} + i \cdot b_{\text{in}}) e^{i\delta_{a_1}} - g_T^a (a_{\text{in}}^\dagger - i \cdot b_{\text{in}}^\dagger) e^{-i\delta_{a_1}}] e^{i\delta_{a_4}} +$$

$$[G_T^b (i \cdot a_{\text{in}} + b_{\text{in}}) e^{i\delta_{b_1}} - g_T^b (-i \cdot a_{\text{in}}^\dagger + b_{\text{in}}^\dagger) e^{-i\delta_{b_1}}] e^{i\delta_{b_4}}\}$$

$$= \frac{1}{2}\{[G_T^a (i \cdot a_{\text{in}} - b_{\text{in}}) e^{i\delta_{a_1}} - g_T^a (i \cdot a_{\text{in}}^\dagger + b_{\text{in}}^\dagger) e^{-i\delta_{a_1}}] e^{i\delta_{a_4}} +$$

$$[G_T^b (i \cdot a_{\text{in}} + b_{\text{in}}) e^{i\delta_{b_1}} - g_T^b (-i \cdot a_{\text{in}}^\dagger + b_{\text{in}}^\dagger) e^{-i\delta_{b_1}}] e^{i\delta_{b_4}}\}$$

$$= \frac{1}{2}\{[i \cdot G_T^a e^{i(\delta_{a_1}+\delta_{a_4})} + i \cdot G_T^b e^{i(\delta_{b_1}+\delta_{b_4})}] a_{\text{in}} +$$

$$[-i \cdot g_T^a e^{i(-\delta_{a_1}+\delta_{a_4})} + i \cdot g_T^b e^{i(-\delta_{b_1}+\delta_{b_4})}] a_{\text{in}}^\dagger +$$

$$[-G_T^a e^{i(\delta_{a_1}+\delta_{a_4})} + G_T^b e^{i(\delta_{b_1}+\delta_{b_4})}] b_{\text{in}} + [-g_T^a e^{i(-\delta_{a_1}+\delta_{a_4})} - g_T^b e^{i(-\delta_{b_1}+\delta_{b_4})}] b_{\text{in}}^\dagger\}$$

$$= \frac{1}{2}(\lambda_1 a_{\text{in}} + \lambda_2 b_{\text{in}} + \lambda_3 a_{\text{in}}^\dagger + \lambda_4 b_{\text{in}}^\dagger) \tag{4.187}$$

设场 a_4 和 b_4 到达分束器的相移为 $\delta_{a_4} = \delta_{b_1}$ 和 $\delta_{b_4} = \delta_{a_1}$(如果是同一种空间模式,这较容易满足),由式(4.184)有

$$\lambda_1 = i \cdot e^{i(\delta_{a_1}+\delta_{b_1})} (G_T^a + G_T^b)$$

$$= 2i \cdot e^{i(\delta_{a_1}+\delta_{b_1})} \left\{G^2 \cos\left(\frac{\phi}{2}\right) + g^2 \left[\frac{e^{i(\varphi_2-\varphi_1+\phi/2)} + e^{i(\varphi_2-\varphi_1-\phi/2)}}{2}\right]\right\}$$

$$= 2i \cdot e^{i(\delta_{a_1}+\delta_{b_1})} [G^2 + e^{i(\varphi_2-\varphi_1)} g^2] \cos\left(\frac{\phi}{2}\right) \tag{4.188}$$

$$\lambda_2 = -e^{i(\delta_{a_1}+\delta_{b_1})} (G_T^a - G_T^b)$$

$$= -2i \cdot e^{i(\delta_{a_1}+\delta_{b_1})} \left\{G^2 \sin\left(\frac{\phi}{2}\right) - g^2 \left[\frac{e^{i(\varphi_2-\varphi_1+\phi/2)} - e^{i(\varphi_2-\varphi_1-\phi/2)}}{2i}\right]\right\}$$

$$= -2i \cdot e^{i(\delta_{a_1}+\delta_{b_1})} [G^2 - e^{i(\varphi_2-\varphi_1)} g^2] \sin\left(\frac{\phi}{2}\right) \tag{4.189}$$

$$\lambda_3 = -i \cdot [g_T^a e^{i(-\delta_{a_1}+\delta_{b_1})} - g_T^b e^{-i(-\delta_{a_1}+\delta_{b_1})}]$$

$$= iGg[e^{i\varphi_1} e^{i(\delta_{a_1}-\delta_{b_1}-\phi/2)} - e^{i\varphi_1} e^{-i(\delta_{a_1}-\delta_{b_1}-\phi/2)} +$$

$$e^{i\varphi_2} e^{i(\delta_{a_1}-\delta_{b_1}+\phi/2)} - e^{i\varphi_2} e^{-i(\delta_{a_1}-\delta_{b_1}+\phi/2)}]$$

$$= -2Gg[e^{i\varphi_1} \sin(\delta_{a_1}-\delta_{b_1}-\phi/2) + e^{i\varphi_2} \sin(\delta_{a_1}-\delta_{b_1}+\phi/2)] \tag{4.190}$$

$$\lambda_4 = -[g_T^a e^{i(-\delta_{a_1}+\delta_{b_1})} + g_T^b e^{-i(-\delta_{a_1}+\delta_{b_1})}]$$

$$= -Gg[e^{i\varphi_1} e^{i(\delta_{a_1}-\delta_{b_1}-\phi/2)} + e^{i\varphi_1} e^{-i(\delta_{a_1}-\delta_{b_1}-\phi/2)} + e^{i\varphi_2} e^{i(\delta_{a_1}-\delta_{b_1}+\phi/2)} +$$

$$e^{i\varphi_2} e^{-i(\delta_{a_1}-\delta_{b_1}+\phi/2)}]$$

$$= -2Gg[e^{i\varphi_1} \cos(\delta_{a_1}-\delta_{b_1}-\phi/2) + e^{i\varphi_2} \cos(\delta_{a_1}-\delta_{b_1}+\phi/2)] \tag{4.191}$$

同样可以求出 b_{out}：

$$b_{out} = \frac{1}{\sqrt{2}}\{(G_T^a a_1 e^{i\delta_{a_1}} - g_T^a a_1^\dagger e^{-i\delta_{a_1}})e^{i\delta_{a_4}} + i \cdot (G_T^b b_1 e^{i\delta_{b_1}} - g_T^b b_1^\dagger e^{-i\delta_{b_1}})e^{i\delta_{b_4}}\}$$

$$= \frac{1}{2}\{[G_T^a(a_{in} + i \cdot b_{in})e^{i\delta_{a_1}} - g_T^a(a_{in}^\dagger - i \cdot b_{in}^\dagger)e^{-i\delta_{a_1}}]e^{i\delta_{a_4}} +$$

$$i \cdot [G_T^b(i \cdot a_{in} + b_{in})e^{i\delta_{b_1}} - g_T^b(-i \cdot a_{in}^\dagger + b_{in}^\dagger)e^{-i\delta_{b_1}}]e^{i\delta_{b_4}}\}$$

$$= \frac{1}{2}\{[G_T^a(a_{in} + i \cdot b_{in})e^{i\delta_{a_1}} - g_T^a(a_{in}^\dagger - i \cdot b_{in}^\dagger)e^{-i\delta_{a_1}}]e^{i\delta_{a_4}} +$$

$$[G_T^b(-a_{in} + i \cdot b_{in})e^{i\delta_{b_1}} - g_T^b(a_{in}^\dagger + i \cdot b_{in}^\dagger)e^{-i\delta_{b_1}}]e^{i\delta_{b_4}}\}$$

$$= \frac{1}{2}\{[G_T^a e^{i(\delta_{a_1}+\delta_{a_4})} - G_T^b e^{i(\delta_{b_1}+\delta_{b_4})}]a_{in} + [-g_T^a e^{i(-\delta_{a_1}+\delta_{a_4})} - g_T^b e^{i(-\delta_{b_1}+\delta_{b_4})}]a_{in}^\dagger +$$

$$[i \cdot G_T^a e^{i(\delta_{a_1}+\delta_{a_4})} + i \cdot G_T^b e^{i(\delta_{b_1}+\delta_{b_4})}]b_{in} + [i \cdot g_T^a e^{i(-\delta_{a_1}+\delta_{a_4})} - i \cdot g_T^b e^{i(-\delta_{b_1}+\delta_{b_4})}]b_{in}^\dagger\}$$

$$= \frac{1}{2}(-\lambda_2 a_{in} + \lambda_1 b_{in} + \lambda_4 a_{in}^\dagger - \lambda_3 b_{in}^\dagger) \tag{4.192}$$

由式(3.50),式(4.184)中 50:50 理想分束器的传输矩阵对应的幺正演变算符 $U_{BS} = e^{-i\pi(a^\dagger b + b^\dagger a)/4}$,则输出场 a_{out} 和 b_{out} 的态矢量 $|\psi_{(a_{out},b_{out})}\rangle$ 为

$$|\psi_{(a_{out},b_{out})}\rangle = U_{BS}|\psi_{(a_4,b_4)}\rangle = e^{-i\pi(a^\dagger b + b^\dagger a)/4} \cdot$$

$$\left[e^{\frac{r}{2}(e^{-i\varphi_2}a^2 - e^{i\varphi_2}a^{\dagger 2})} e^{i\frac{\phi}{2}a^\dagger a} e^{\frac{r}{2}(e^{-i\varphi_1}a^2 e^{i2\delta_{a_1}} - e^{i\varphi_1}a^{\dagger 2}e^{-i2\delta_{a_1}})} e^{(\alpha\frac{1}{\sqrt{2}}a^\dagger - \alpha^*\frac{1}{\sqrt{2}}a)} \cdot \right.$$

$$\left. e^{\frac{r}{2}(e^{-i\varphi_2}b^2 - e^{i\varphi_2}b^{\dagger 2})} e^{-i\frac{\phi}{2}b^\dagger b} e^{\frac{r}{2}(e^{-i\varphi_1}b^2 e^{i2\delta_{b_1}} - e^{i\varphi_1}b^{\dagger 2}e^{-i2\delta_{b_1}})} e^{(i\alpha\frac{1}{\sqrt{2}}b^\dagger - (i\alpha)^*\frac{1}{\sqrt{2}}b)}\right]|00\rangle \tag{4.193}$$

4.3.3 量子增强 Sagnac 干涉仪的经典形式干涉输出

4.3.3.1 Sagnac 干涉仪的经典形式干涉输出 $\langle b_{out}^\dagger b_{out}\rangle$ 和 $\langle a_{out}^\dagger a_{out}\rangle$

现在考察图 4.3 所示 Sagnac 干涉仪两个输出端口的经典形式干涉光强 $\langle I_b\rangle = \langle b_{out}^\dagger b_{out}\rangle$ 和 $\langle I_a\rangle = \langle a_{out}^\dagger a_{out}\rangle$。由式(4.192)可知,输出端口 b_{out} 的光强(光子数)$\langle I_b\rangle$ 为

$$\langle I_b\rangle = \frac{1}{4}\langle(-\lambda_2 a_{in} + \lambda_1 b_{in} + \lambda_4 a_{in}^\dagger - \lambda_3 b_{in}^\dagger)^\dagger(-\lambda_2 a_{in} + \lambda_1 b_{in} + \lambda_4 a_{in}^\dagger - \lambda_3 b_{in}^\dagger)\rangle$$

$$= \frac{1}{4}\langle\alpha,0||\lambda_2|^2 a_{in}^\dagger a_{in} - \lambda_1^* \lambda_2 b_{in}^\dagger a_{in} - \lambda_4^* \lambda_2 a_{in} a_{in} + \lambda_3^* \lambda_2 b_{in} a_{in} -$$

$$\lambda_2^* \lambda_1 a_{in}^\dagger b_{in} + |\lambda_1|^2 b_{in}^\dagger b_{in} + \lambda_4^* \lambda_1 a_{in} b_{in} - \lambda_3^* \lambda_1 b_{in} b_{in} -$$

$$\lambda_2^* \lambda_4 a_{in}^\dagger a_{in}^\dagger + \lambda_1^* \lambda_4 b_{in}^\dagger a_{in}^\dagger + |\lambda_4|^2 a_{in} a_{in}^\dagger - \lambda_3^* \lambda_4 b_{in} a_{in}^\dagger +$$

$$\lambda_2^* \lambda_3 a_{in}^\dagger b_{in}^\dagger - \lambda_1^* \lambda_3 b_{in}^\dagger b_{in}^\dagger - \lambda_4^* \lambda_3 a_{in} b_{in}^\dagger + |\lambda_3|^2 b_{in} b_{in}^\dagger |\alpha,0\rangle$$

$$= \frac{1}{4}\langle\alpha,0||\lambda_2|^2 a_{in}^\dagger a_{in} - \lambda_4^* \lambda_2 a_{in} a_{in} - \lambda_2^* \lambda_4 a_{in}^\dagger a_{in}^\dagger + |\lambda_4|^2 a_{in} a_{in}^\dagger +$$

$$|\lambda_3|^2 b_{in} b_{in}^\dagger |\alpha,0\rangle$$

$$= \frac{1}{4}\langle 00|D_a^\dagger(|\lambda_2|^2 a^\dagger a - \lambda_4^* \lambda_2 aa - \lambda_2^* \lambda_4 a^\dagger a^\dagger + |\lambda_4|^2 aa^\dagger +$$

$$|\lambda_3|^2 bb^\dagger)D_a|00\rangle$$

$$= \frac{1}{4}\langle 00||\lambda_2|^2(D^\dagger a^\dagger D)(D^\dagger aD) - \lambda_4^* \lambda_2(D^\dagger aD)(D^\dagger aD) -$$

$$\lambda_2^* \lambda_4(D^\dagger a^\dagger D)(D^\dagger a^\dagger D) + |\lambda_4|^2(D^\dagger aD)(D^\dagger a^\dagger D) +$$

$$|\lambda_3|^2 bb^\dagger |00\rangle$$

$$= \frac{1}{4}\langle 00||\lambda_2|^2(a^\dagger + \alpha^*)(a+\alpha) - \lambda_4^* \lambda_2(a+\alpha)(a+\alpha) -$$

$$\lambda_2^* \lambda_4(a^\dagger + \alpha^*)(a^\dagger + \alpha^*) + |\lambda_4|^2(a+\alpha)(a^\dagger + \alpha^*) +$$

$$|\lambda_3|^2 bb^\dagger |00\rangle$$

$$= \frac{1}{4}[|\lambda_2|^2|\alpha|^2 - (\lambda_4^* \lambda_2 e^{i2\vartheta} + \lambda_2^* \lambda_4 e^{-i2\vartheta})|\alpha|^2 + |\lambda_4|^2$$

$$(1+|\alpha|^2) + |\lambda_3|^2]$$

$$= \frac{1}{4}[(|\lambda_2|^2 + |\lambda_4|^2)|\alpha|^2 - (\lambda_4^* \lambda_2 e^{i2\vartheta} + \lambda_2^* \lambda_4 e^{-i2\vartheta})|\alpha|^2 +$$

$$(|\lambda_3|^2 + |\lambda_4|^2)] \tag{4.194}$$

式中:$\alpha = |\alpha|e^{i\vartheta}$,并利用了$D(\alpha) = e^{\alpha a^\dagger - \alpha^* a}$,$D^\dagger aD = a + \alpha$,$D^\dagger a^\dagger D = a^\dagger + \alpha^*$。同理,输出端口 a_{out} 的光强(光子数)$\langle I_a \rangle$ 为

$$\langle I_a \rangle = \langle a_{out}^\dagger a_{out} \rangle$$

$$= \frac{1}{4}[(|\lambda_1|^2 + |\lambda_3|^2)|\alpha|^2 + (\lambda_3^* \lambda_1 e^{i2\vartheta} + \lambda_1^* \lambda_3 e^{-i2\vartheta})|\alpha|^2 +$$

$$(|\lambda_3|^2 + |\lambda_4|^2)] \tag{4.195}$$

式(4.194)和式(4.195)中,$\lambda_4^* \lambda_2 e^{i2\vartheta} + \lambda_2^* \lambda_4 e^{-i2\vartheta}$ 和 $\lambda_3^* \lambda_1 e^{i2\vartheta} + \lambda_1^* \lambda_3 e^{-i2\vartheta}$ 两项与输入相干态的相位 ϑ 和单模压缩相位 φ_1、φ_2、φ_1'、φ_2' 以及延迟 δ_{a_1}、δ_{b_1} 等有关。

4.3.3.2 DPA1(DPA1′)与DPA2(DPA2′)同相压缩的情况

首先考虑 DPA1(DPA1′)与 DPA2(DPA2′)同相压缩的情形,即 CW 光波经过 DPA1 的压缩相位与 CCW 光波经过 DPA1′的压缩相位相同($\varphi_1 = \varphi_1'$),CW 光波经过 DPA2 的压缩相位与 CCW 光波经过 DPA2′的压缩相位相同($\varphi_2 = \varphi_2'$),且有:$\varphi_2 - \varphi_1 = 0$。由式(4.188)~式(4.191)得到:

$$|\lambda_1|^2 + |\lambda_3|^2 = 4(G^2 + g^2)^2 \cos^2\left(\frac{\phi}{2}\right) + 16G^2 g^2 \sin^2(\delta_{a_1} - \delta_{b_1}) \cdot \cos^2\left(\frac{\phi}{2}\right)$$

(4.196)

$$|\lambda_2|^2 + |\lambda_4|^2 = 4(G^2-g^2)^2\sin^2\left(\frac{\phi}{2}\right) + 16G^2g^2\cos^2(\delta_{a_1}-\delta_{b_1})\cos^2\left(\frac{\phi}{2}\right) \tag{4.197}$$

$$|\lambda_3|^2 + |\lambda_4|^2 = 16G^2g^2\cos^2(\delta_{a_1}-\delta_{b_1})\cos^2\left(\frac{\phi}{2}\right) \tag{4.198}$$

$$\lambda_3^*\lambda_1 e^{i2\vartheta} + \lambda_1^*\lambda_3 e^{-i2\vartheta} = 16Gg(G^2+g^2)\sin\Psi\sin(\delta_{a_1}-\delta_{b_1})\cos^2\left(\frac{\phi}{2}\right) \tag{4.199}$$

$$\lambda_4^*\lambda_2 e^{i2\vartheta} + \lambda_2^*\lambda_4 e^{-i2\vartheta} = -8Gg(G^2-g^2)\sin\Psi\cos(\delta_{a_1}-\delta_{b_1})\sin\phi \tag{4.200}$$

式中：$\Psi = \delta_{a_1} + \delta_{b_1} + 2\vartheta - \varphi_1$。

将式(4.196)~式(4.200)代入式(4.194)和式(4.195)，有

$$\begin{aligned}\langle I_b \rangle &= \langle b_{out}^\dagger b_{out} \rangle \\ &= \left[(G^2-g^2)^2\sin^2\left(\frac{\phi}{2}\right) + 4G^2g^2\cos^2(\delta_{a_1}-\delta_{b_1})\cos^2\left(\frac{\phi}{2}\right)\right]|\alpha|^2 + \\ &\quad \left[2Gg(G^2-g^2)\sin\Psi\cos(\delta_{a_1}-\delta_{b_1})\sin\phi\right]|\alpha|^2 + 4G^2g^2\cos^2\left(\frac{\phi}{2}\right)\end{aligned} \tag{4.201}$$

$$\begin{aligned}\langle I_a \rangle &= \langle a_{out}^\dagger a_{out} \rangle \\ &= \left\{(G^2-g^2)^2\cos^2\left(\frac{\phi}{2}\right) + 4G^2g^2[1+\sin^2(\delta_{a_1}-\delta_{b_1})]\cos^2\left(\frac{\phi}{2}\right)\right\}|\alpha|^2 + \\ &\quad \left[4Gg(G^2+g^2)\sin\Psi\sin(\delta_{a_1}-\delta_{b_1})\cos^2\left(\frac{\phi}{2}\right)\right]|\alpha|^2 + 4G^2g^2\cos^2\left(\frac{\phi}{2}\right)\end{aligned} \tag{4.202}$$

对于 DPA1(DPA1′) 与 DPA2(DPA2′) 同相压缩的情形，取 $\delta_{a_1} = \delta_{b_1}$，表 4.1 给出了相位 $\Psi = \delta_{a_1} + \delta_{b_1} + 2\vartheta - \varphi_1$ 为特定值 $\pi/2$、0、$-\pi/2$ 时，Sagnac 干涉仪两个输出端口 a_{out}、b_{out} 的经典形式干涉输出。由式(2.125)可知，压缩相干态的光子数由经典光子(仅与 $|\alpha|^2$ 有关)、非经典的压缩光子(仅与 G、g 有关)和非经典的压缩放大光子(与 $|\alpha|^2$ 和 G、g 均有关)组成，这导致式(4.201)和式(4.202)的经典形式干涉输出也包括三部分，我们称为经典光子的干涉部分 $\langle I_a \rangle_C$、$\langle I_b \rangle_C$、压缩光子的干涉部分 $\langle I_a \rangle_S$、$\langle I_b \rangle_S$ 和压缩放大光子的干涉部分 $\langle I_a \rangle_{SD}$、$\langle I_b \rangle_{SD}$。

表 4.1　同相压缩的情形，Ψ 取特定值对应的经典形式干涉输出

Ψ		经典形式干涉输出的构成($\delta_{a_1} = \delta_{b_1}$)
$\dfrac{\pi}{2}$	$\langle I_a \rangle_C$	$|\alpha|^2 \cdot \cos^2\left(\dfrac{\phi}{2}\right)$
	$\langle I_a \rangle_S$	$4G^2g^2 \cdot \cos^2\left(\dfrac{\phi}{2}\right)$

第4章 量子纠缠光纤陀螺仪的输出特性

续表

Ψ		经典形式干涉输出的构成($\delta_{a_1}=\delta_{b_1}$)
$\dfrac{\pi}{2}$	$\langle I_a \rangle_{SD}$	$4G^2g^2|\alpha|^2 \cdot \cos^2\left(\dfrac{\phi}{2}\right)$
	$\langle I_b \rangle_C$	$|\alpha|^2 \cdot \sin^2\left(\dfrac{\phi}{2}\right)$
	$\langle I_b \rangle_S$	$4G^2g^2 \cdot \cos^2\left(\dfrac{\phi}{2}\right)$
	$\langle I_b \rangle_{SD}$	$4Gg|\alpha|^2\left[\sin\left(\dfrac{\phi}{2}\right)+Gg\cos\left(\dfrac{\phi}{2}\right)\right]\cos\left(\dfrac{\phi}{2}\right)$
$-\dfrac{\pi}{2}$	$\langle I_a \rangle_C$	$|\alpha|^2 \cdot \cos^2\left(\dfrac{\phi}{2}\right)$
	$\langle I_a \rangle_S$	$4G^2g^2 \cdot \cos^2\left(\dfrac{\phi}{2}\right)$
	$\langle I_a \rangle_{SD}$	$4G^2g^2|\alpha|^2 \cdot \cos^2\left(\dfrac{\phi}{2}\right)$
	$\langle I_b \rangle_C$	$|\alpha|^2 \cdot \sin^2\left(\dfrac{\phi}{2}\right)$
	$\langle I_b \rangle_S$	$4G^2g^2 \cdot \cos^2\left(\dfrac{\phi}{2}\right)$
	$\langle I_b \rangle_{SD}$	$4Gg|\alpha|^2\left[\sin\left(\dfrac{\phi}{2}\right)-Gg\cos\left(\dfrac{\phi}{2}\right)\right]\cos\left(\dfrac{\phi}{2}\right)$
0	$\langle I_a \rangle_C$	$|\alpha|^2 \cdot \cos^2\left(\dfrac{\phi}{2}\right)$
	$\langle I_a \rangle_S$	$4G^2g^2 \cdot \cos^2\left(\dfrac{\phi}{2}\right)$
	$\langle I_a \rangle_{SD}$	$4G^2g^2|\alpha|^2 \cdot \cos^2\left(\dfrac{\phi}{2}\right)$
	$\langle I_b \rangle_C$	$|\alpha|^2 \cdot \sin^2\left(\dfrac{\phi}{2}\right)$
	$\langle I_b \rangle_S$	$4G^2g^2 \cdot \cos^2\left(\dfrac{\phi}{2}\right)$
	$\langle I_b \rangle_{SD}$	$4G^2g^2|\alpha|^2 \cdot \cos^2\left(\dfrac{\phi}{2}\right)$

由表4.1可以看出，当 $\Psi=\pi/2$ 时，a_{out}、b_{out} 端口压缩放大光子的干涉部分为

$$\langle I_a \rangle_{SD} = 4G^2g^2|\alpha|^2 \cdot \cos^2\left(\dfrac{\phi}{2}\right) = 4G^2g^2|\alpha|^2 \cdot \dfrac{1}{2}(1+\cos\phi) \tag{4.203}$$

$$\langle I_b \rangle_{SD} = 4Gg|\alpha|^2\left[\sin\left(\dfrac{\phi}{2}\right)+Gg\cos\left(\dfrac{\phi}{2}\right)\right]\cos\left(\dfrac{\phi}{2}\right)$$

$$\approx 4G^2g^2|\alpha|^2 \cdot \dfrac{1}{2}[1+\cos(\phi-\phi_e)], \quad Gg \gg 1 \tag{4.204}$$

式中：$\tan\phi_e = 1/Gg$。而 $\Psi = -\pi/2$ 时，a_{out}、b_{out} 端口压缩放大光子的干涉部分为

$$\langle I_a \rangle_{SD} = 4G^2 g^2 |\alpha|^2 \cdot \cos^2\left(\frac{\phi}{2}\right) = 4G^2 g^2 |\alpha|^2 \cdot \frac{1}{2}(1+\cos\phi) \qquad (4.205)$$

$$\langle I_b \rangle_{SD} = 4Gg |\alpha|^2 \left[\sin\left(\frac{\phi}{2}\right) - Gg\cos\left(\frac{\phi}{2}\right)\right]\cos\left(\frac{\phi}{2}\right)$$

$$\approx 4G^2 g^2 |\alpha|^2 \cdot \frac{1}{2}[1+\cos(\phi+\phi_e)], \; Gg \gg 1 \qquad (4.206)$$

无论 $\Psi = \pi/2$ 还是 $\Psi = -\pi/2$，$\langle I_a \rangle$、$\langle I_b \rangle$ 中压缩光子的干涉部分均为

$$\langle I_a \rangle_S = \langle I_b \rangle_S = 4G^2 g^2 \cos^2\left(\frac{\phi}{2}\right) = 4G^2 g^2 \cdot \frac{1}{2}(1+\cos\phi) \qquad (4.207)$$

式(4.204)、式(4.206)和式(4.207)表明，无论 $\Psi = \pi/2$ 还是 $\Psi = -\pi/2$，对于所关注的 b_{out} 输出端口，压缩放大光子的干涉部分为 $1+\cos(\phi \pm \phi_e)$ 形式，附加一个偏置相位 $\pm\phi_e$，而压缩光子的干涉部分为 $(1+\cos\phi)$ 形式，这导致该端口两部分干涉信息的部分抵消。因此，对 DPA1(DPA1′) 与 DPA2(DPA2′) 同相压缩的情形，在 b_{out} 输出端口不能获得最佳相位检测灵敏度。

4.3.3.3 DPA1(DPA1′) 与 DPA2(DPA2′) 反相压缩的情况

如前所述，取 $\varphi_2 - \varphi_1 = \pi$，体现的正是 DPA2 和 DPA2′ 为 DPA1′ 和 DPA1 的反相压缩过程。此时，由式(4.188)~式(4.191)得到：

$$|\lambda_1|^2 + |\lambda_3|^2 = 4\cos^2\left(\frac{\phi}{2}\right) + 16G^2 g^2 \cos^2(\delta_{a_1} - \delta_{b_1})\sin^2\left(\frac{\phi}{2}\right) \qquad (4.208)$$

$$|\lambda_2|^2 + |\lambda_4|^2 = 4(G^2+g^2)^2 \sin^2\left(\frac{\phi}{2}\right) + 16G^2 g^2 \sin^2(\delta_{a_1} - \delta_{b_1})\cos^2\left(\frac{\phi}{2}\right)$$

$$(4.209)$$

$$|\lambda_3|^2 + |\lambda_4|^2 = 16G^2 g^2 \sin^2\left(\frac{\phi}{2}\right) \qquad (4.210)$$

$$\lambda_3^* \lambda_1 e^{i2\vartheta} + \lambda_1^* \lambda_3 e^{-i2\vartheta} = -8Gg\sin\Psi\cos(\delta_{a_1} - \delta_{b_1})\sin\phi \qquad (4.211)$$

$$\lambda_4^* \lambda_2 e^{i2\vartheta} + \lambda_2^* \lambda_4 e^{-i2\vartheta} = -16Gg(G^2+g^2)\sin\Psi\sin(\delta_{a_1} - \delta_{b_1})\sin^2\left(\frac{\phi}{2}\right)$$

$$(4.212)$$

将式(4.208)~式(4.212)代入式(4.194)和式(4.195)，有

$$\langle I_b \rangle = \langle b_{out}^\dagger b_{out} \rangle = \left[(G^2+g^2)^2 \sin^2\left(\frac{\phi}{2}\right) + 4G^2 g^2 \sin^2(\delta_{a_1} - \delta_{b_1})\cos^2\left(\frac{\phi}{2}\right)\right]|\alpha|^2 +$$

$$4Gg(G^2+g^2)\sin\Psi\sin(\delta_{a_1} - \delta_{b_1})\sin^2\left(\frac{\phi}{2}\right)|\alpha|^2 + 4G^2 g^2 \sin^2\left(\frac{\phi}{2}\right) \qquad (4.213)$$

第4章 量子纠缠光纤陀螺仪的输出特性

$$\langle I_a \rangle = \langle a_{out}^\dagger a_{out} \rangle = \left[\cos^2\left(\frac{\phi}{2}\right) + 4G^2g^2\cos^2(\delta_{a_1}-\delta_{b_1})\sin^2\left(\frac{\phi}{2}\right)\right]|\alpha|^2 -$$

$$2Gg\sin\Psi\cos(\delta_{a_1}-\delta_{b_1})\sin\phi|\alpha|^2 + 4G^2g^2\sin^2\left(\frac{\phi}{2}\right) \qquad (4.214)$$

对于 DPA1(DPA1′)与 DPA2(DPA2′)反相压缩的情形,同样取 $\delta_{a_1} = \delta_{b_1}$,表4.2 给出了参量放大器 DPA1(DPA1′)与参量放大器 DPA2(DPA2′)反相压缩的情形下时,Ψ 取特定值 $\pi/2$、0、$-\pi/2$ 时,Sagnac 干涉仪两个输出端口的经典形式干涉输出。由表 4.2 和式(4.213)、式(4.214)可以看出,Sagnac 干涉仪两个输出端口的经典形式干涉输出同样包括三部分:经典光子的干涉部分$\langle I_a \rangle_C$、$\langle I_b \rangle_C$、压缩光子的干涉部分$\langle I_a \rangle_S$、$\langle I_b \rangle_S$ 和压缩放大光子的干涉部分$\langle I_a \rangle_{SD}$、$\langle I_b \rangle_{SD}$。由表 4.2 可以看出,对于 DPA1(DPA1′)与 DPA2(DPA2′)反相压缩的情况,$\Psi = \pi/2$ 时,a_{out}、b_{out} 端口压缩放大光子的干涉部分为

表 4.2 反相压缩的情形,Ψ 取特定值对应的经典形式干涉输出

Ψ		经典形式干涉输出的构成($\delta_{a_1}=\delta_{b_1}$)
$\frac{\pi}{2}$	$\langle I_a \rangle_C$	$\|\alpha\|^2 \cdot \cos^2\left(\frac{\phi}{2}\right)$
	$\langle I_a \rangle_S$	$4G^2g^2 \cdot \sin^2\left(\frac{\phi}{2}\right)$
	$\langle I_a \rangle_{SD}$	$4Gg\|\alpha\|^2\left[Gg\sin\left(\frac{\phi}{2}\right) - \cos\left(\frac{\phi}{2}\right)\right]\sin\left(\frac{\phi}{2}\right)$
	$\langle I_b \rangle_C$	$\|\alpha\|^2 \cdot \sin^2\left(\frac{\phi}{2}\right)$
	$\langle I_b \rangle_S$	$4G^2g^2 \cdot \sin^2\left(\frac{\phi}{2}\right)$
	$\langle I_b \rangle_{SD}$	$4G^2g^2\|\alpha\|^2 \cdot \sin^2\left(\frac{\phi}{2}\right)$
$-\frac{\pi}{2}$	$\langle I_a \rangle_C$	$\|\alpha\|^2 \cdot \cos^2\left(\frac{\phi}{2}\right)$
	$\langle I_a \rangle_S$	$4G^2g^2 \cdot \sin^2\left(\frac{\phi}{2}\right)$
	$\langle I_a \rangle_{SD}$	$4Gg\|\alpha\|^2\left[Gg\sin\left(\frac{\phi}{2}\right) + \cos\left(\frac{\phi}{2}\right)\right]\sin\left(\frac{\phi}{2}\right)$
	$\langle I_b \rangle_C$	$\|\alpha\|^2 \cdot \sin^2\left(\frac{\phi}{2}\right)$
	$\langle I_b \rangle_S$	$4G^2g^2 \cdot \sin^2\left(\frac{\phi}{2}\right)$
	$\langle I_b \rangle_{SD}$	$4G^2g^2\|\alpha\|^2 \cdot \sin^2\left(\frac{\phi}{2}\right)$

续表

Ψ		经典形式干涉输出的构成($\delta_{a_1}=\delta_{b_1}$)
0	$\langle I_a \rangle_C$	$\|\alpha\|^2 \cdot \cos^2\left(\dfrac{\phi}{2}\right)$
	$\langle I_a \rangle_S$	$4G^2g^2 \cdot \sin^2\left(\dfrac{\phi}{2}\right)$
	$\langle I_a \rangle_{SD}$	$4G^2g^2\|\alpha\|^2 \cdot \sin^2\left(\dfrac{\phi}{2}\right)$
	$\langle I_b \rangle_C$	$\|\alpha\|^2 \cdot \sin^2\left(\dfrac{\phi}{2}\right)$
	$\langle I_b \rangle_S$	$4G^2g^2 \cdot \sin^2\left(\dfrac{\phi}{2}\right)$
	$\langle I_b \rangle_{SD}$	$4G^2g^2\|\alpha\|^2 \cdot \sin^2\left(\dfrac{\phi}{2}\right)$

$$\langle I_a \rangle_{SD} = 4G^2g^2|\alpha|^2 \sin^2\left(\frac{\phi}{2}\right) - 2Gg|\alpha|^2\sin\phi$$

$$\approx 4G^2g^2|\alpha|^2 \cdot \frac{1}{2}[1-\cos(\phi+\phi_e)], Gg \gg 1 \quad (4.215)$$

$$\langle I_b \rangle_{SD} = 4G^2g^2|\alpha|^2 \cdot \sin^2\left(\frac{\phi}{2}\right) = 4G^2g^2|\alpha|^2 \cdot \frac{1}{2}(1-\cos\phi) \quad (4.216)$$

而 $\Psi = -\pi/2$ 时，a_{out}、b_{out} 端口压缩放大光子的干涉部分为

$$\langle I_a \rangle_{SD} = 4G^2g^2|\alpha|^2 \sin^2\left(\frac{\phi}{2}\right) + 2Gg|\alpha|^2\sin\phi$$

$$\approx 4G^2g^2|\alpha|^2 \cdot \frac{1}{2}[1-\cos(\phi-\phi_e)], Gg \gg 1 \quad (4.217)$$

$$\langle I_b \rangle_{SD} = 4G^2g^2|\alpha|^2 \cdot \sin^2\left(\frac{\phi}{2}\right) = 4G^2g^2|\alpha|^2 \cdot \frac{1}{2}(1-\cos\phi) \quad (4.218)$$

无论 $\Psi = \pi/2$ 还是 $\Psi = -\pi/2$，$\langle I_a \rangle$、$\langle I_b \rangle$ 中压缩光子的干涉部分均为

$$\langle I_a \rangle_S = \langle I_b \rangle_S = 4G^2g^2\sin^2\left(\frac{\phi}{2}\right) = 4G^2g^2 \cdot \frac{1}{2}(1-\cos\phi) \quad (4.219)$$

可以看出，此时无论相位 $\Psi = \pi/2$ 还是 $\Psi = -\pi/2$，a_{out} 端口压缩放大光子的干涉部分为 $1-\cos(\phi \pm \phi_e)$ 形式，附加一个偏置相位 $\pm\phi_e$，而 a_{out} 端口压缩光子的干涉部分为 $(1-\cos\phi)$ 形式，导致干涉信息的部分抵消。而对于所关注的 b_{out} 端口，压缩光子和压缩放大光子的干涉部分 $\langle I_b \rangle_S$、$\langle I_b \rangle_{SD}$ 是（同相）相长干涉，且不含偏置相位 $\pm\phi_e$，$|\alpha|^2 \gg 1$ 时具有最大相位检测灵敏度：

$$(\Delta\phi)_{\min} = \frac{1}{\sqrt{|\alpha|^2 + 4G^2g^2(1+|\alpha|^2)}} \approx \frac{2e^{-2r}}{\sqrt{|\alpha|^2}} \quad (4.220)$$

由于$\langle b_{out}^\dagger b_{out}\rangle$体现的是经典形式干涉输出,这种量子增强的相位测量归因于非经典光子(压缩光子和压缩放大光子)90°相差场振幅的噪声压缩。

4.3.3.4 对 $\Psi=0$ 情况的进一步分析

我们结合表4.1和表4.2,还对同相压缩和反相压缩时 $\Psi=0$ 也即 $\sin(\delta_{a_1}+\delta_{b_1}+2\vartheta-\varphi_1)=0$ 的情况进行了进一步分析。同样取 $\delta_{a_1}=\delta_{b_1}$,此时,Sagnac 干涉仪的经典形式干涉输出仍由三部分构成:经典光子的干涉部分$\langle I_a\rangle_C$、$\langle I_b\rangle_C$、压缩光子的干涉部分$\langle I_a\rangle_S$、$\langle I_b\rangle_S$ 和压缩放大光子的干涉部分$\langle I_a\rangle_{SD}$、$\langle I_b\rangle_{SD}$。

经典光子的干涉部分只与输入相干态的光功率 $|\alpha|^2$ 有关,a_{out}、b_{out} 两个端口的干涉光强互补:$\langle I_a\rangle_C+\langle I_b\rangle_C=|\alpha|^2$,具有传统光纤陀螺的干涉图样:

$$\langle I_a\rangle_C = |\alpha|^2 \cdot \frac{1}{2}(1+\cos\phi), \langle I_b\rangle_C = |\alpha|^2 \cdot \frac{1}{2}(1-\cos\phi) \quad (4.221)$$

压缩光子的干涉部分在 a_{out}、b_{out} 两个端口并不呈现互补形式,而是同相(同为正弦或余弦),中心干涉图样的明暗与分束器输出端口无关,由顺时针和逆时针光波两次压缩过程的压缩相位之差 $\varphi_2-\varphi_1$(同相或反相)决定。这是可以理解的,因为压缩光产生于光纤线圈内部,与分束器无关:

$$\langle I_a\rangle_S = \langle I_b\rangle_S = \begin{cases} 4G^2g^2 \cdot \frac{1}{2}(1+\cos\phi), \varphi_2-\varphi_1=0 \\ 4G^2g^2 \cdot \frac{1}{2}(1-\cos\phi), \varphi_2-\varphi_1=\pi \end{cases} \quad (4.222)$$

压缩放大光子的干涉部分与压缩光子的干涉条纹重合,干涉图样的明暗与分束器输出端口无关,同样与两个参量放大器的压缩相位差有关:

$$\langle I_a\rangle_{SD} = \langle I_b\rangle_{SD} = \begin{cases} 4G^2g^2|\alpha|^2 \cdot \frac{1}{2}(1+\cos\phi), \varphi_2-\varphi_1=0 \\ 4G^2g^2|\alpha|^2 \cdot \frac{1}{2}(1-\cos\phi), \varphi_2-\varphi_1=\pi \end{cases} \quad (4.223)$$

干涉信号的三项构成中,如果参量放大器压缩振幅 r 足够大,压缩放大光子的干涉部分将起主要作用。这要求经典光子(相干态)的干涉部分最好与压缩放大光子的干涉部分同为明纹或同为暗纹,否则会影响相位检测的精度。对于所关注的 b_{out} 输出端口来说,由表4.3可以看出,理想的参量放大器应满足:$\varphi_1=\varphi_1'$,$\varphi_2=\varphi_2'$,$\varphi_2-\varphi_1=\pi$(反相压缩)。此时,若光路中产生的非经典光子显著($r\gg 1$),b_{out} 端口的经典形式干涉输出的相位检测灵敏度满足式(4.220),已突破输入功率为 $|\alpha|^2$ 的散粒噪声极限。而此时干涉仪两个输出端口的总输出光子数为

$$\langle I_a\rangle_C+\langle I_b\rangle_C+\langle I_a\rangle_S+\langle I_b\rangle_S+\langle I_a\rangle_{SD}+\langle I_b\rangle_{SD}$$

$$= |\alpha|^2 + 4G^2g^2(1+|\alpha|^2) \cdot \frac{1}{2}(1-\cos\phi) \quad (4.224)$$

$\phi=0$ 时,$\langle a_{out}^\dagger a_{out}\rangle + \langle b_{out}^\dagger b_{out}\rangle = |\alpha|^2$,由于参量放大器的反相压缩过程,显然仅在 $\phi \neq 0$ 时干涉仪两个端口有非经典光子输出。

4.3.4 量子增强 Sagnac 干涉仪输出场 b_{out} 的零差探测

可以对输出场 b_{out} 进行零差探测(Homodyne Detection,HD),也即通过调节零差探测本地振荡器(相干态$|\beta\rangle$)的相位角度 θ,使零差探测目标输出的信号强度也即输出场 b_{out} 的 $90°$ 相差分量 Y_b 的强度具有最小不确定性。

设零差探测本地振荡器(相干态$|\beta\rangle$)的相位角度为 θ,$\beta=|\beta|e^{i\theta}$,由式(2.217)可知,零差探测的目标输出为

$$\langle I_1-I_2\rangle = -i\cdot|\beta|\cdot\langle\psi_{(a_{out},b_{out})}|(b_{out}e^{-i\theta}-b_{out}^\dagger e^{i\theta})|\psi_{(a_{out},b_{out})}\rangle \quad (4.225)$$

对于任意相位角度 θ,输出场 b_{out} 的归一化 $90°$ 相差分量的振幅(算符)X_b 和 Y_b 定义为

$$X_b(\theta)=\frac{1}{2}(b_\theta+b_\theta^\dagger); \quad Y_b(\theta)=\frac{1}{2i}(b_\theta-b_\theta^\dagger) \quad (4.226)$$

具体到这里,有

$$b_\theta = e^{-i\theta}b_{out}, \quad b_\theta^\dagger = e^{i\theta}b_{out}^\dagger \quad (4.227)$$

所以均衡零差探测目标输出为 $90°$ 相差分量 Y_b 的振幅:

$$\langle I_1-I_2\rangle = 2|\beta|\cdot\langle\psi_{(a_{out},b_{out})}|Y_b(\theta)|\psi_{(a_{out},b_{out})}\rangle \quad (4.228)$$

目标输出信号的归一化强度为

$$\begin{aligned}
|\langle I_1-I_2\rangle|^2 &= 4|\beta|^2\cdot\langle\psi_{(a_{out},b_{out})}|Y_b^\dagger(\theta)Y_b(\theta)|\psi_{(a_{out},b_{out})}\rangle \\
&= |\beta|^2\cdot\langle\psi_{(a_{out},b_{out})}|(e^{-i\theta}b_{out}-e^{i\theta}b_{out}^\dagger)^\dagger \\
&\quad (e^{-i\theta}b_{out}-e^{i\theta}b_{out}^\dagger)|\psi_{(a_{out},b_{out})}\rangle \\
&= |\beta|^2\cdot\langle\psi_{(a_{out},b_{out})}|(b_{out}^\dagger b_{out}+b_{out}b_{out}^\dagger - e^{-2i\theta}b_{out}b_{out} - \\
&\quad e^{2i\theta}b_{out}^\dagger b_{out}^\dagger)|\psi_{(a_{out},b_{out})}\rangle \\
&= |\beta|^2\cdot\langle\psi_{(a_{out},b_{out})}|(1+2b_{out}^\dagger b_{out}-e^{-2i\theta}b_{out}b_{out}-e^{2i\theta}b_{out}^\dagger b_{out}^\dagger)| \\
&\quad \psi_{(a_{out},b_{out})}\rangle \\
&= |\beta|^2 + 2|\beta|^2\cdot\{\langle\psi_{(a_{out},b_{out})}|(b_{out}^\dagger b_{out}) - \\
&\quad \frac{1}{2}(e^{-2i\theta}b_{out}b_{out}+e^{2i\theta}b_{out}^\dagger b_{out}^\dagger)|\psi_{(a_{out},b_{out})}\rangle\}
\end{aligned} \quad (4.229)$$

式中:$\langle\psi_{(a_{out},b_{out})}|(b_{out}^\dagger b_{out})|\psi_{(a_{out},b_{out})}\rangle$ 见式(4.194)。

利用 $\alpha = |\alpha| e^{i\vartheta}$, $D(\alpha) = e^{\alpha a^\dagger - \alpha^* a}$, $D^\dagger a D = a + \alpha$, $D^\dagger a^\dagger D = a^\dagger + \alpha^*$,式(4.229)最后一项可以写成：

$\langle \psi_{(a_{out},b_{out})} | (e^{-2i\theta} b_{out}^\dagger b_{out} + e^{2i\theta} b_{out} b_{out}^\dagger) | \psi_{(a_{out},b_{out})} \rangle$

$= \frac{1}{4} \langle \alpha, 0 | \{ e^{-2i\theta}(-\lambda_2 a_{in} + \lambda_1 b_{in} + \lambda_4 a_{in}^\dagger - \lambda_3 b_{in}^\dagger)$

$(-\lambda_2 a_{in} + \lambda_1 b_{in} + \lambda_4 a_{in}^\dagger - \lambda_3 b_{in}^\dagger) + e^{2i\theta}(-\lambda_2^* a_{in}^\dagger + \lambda_1^* b_{in}^\dagger + \lambda_4^* a_{in} - \lambda_3^* b_{in})$

$(-\lambda_2^* a_{in}^\dagger + \lambda_1^* b_{in}^\dagger + \lambda_4^* a_{in} - \lambda_3^* b_{in}) \} | \alpha, 0 \rangle$

$= \frac{1}{4} \langle \alpha, 0 | e^{-2i\theta} (\lambda_2 a_{in} \lambda_2 a_{in} - \lambda_4 a_{in}^\dagger \lambda_2 a_{in} - \lambda_2 a_{in} \lambda_4 a_{in}^\dagger + \lambda_4 a_{in}^\dagger \lambda_4 a_{in}^\dagger -$

$\lambda_1 b_{in} \lambda_3 b_{in}^\dagger) + e^{2i\theta} (\lambda_2^* a_{in}^\dagger \lambda_2^* a_{in}^\dagger - \lambda_4^* a_{in} \lambda_2^* a_{in}^\dagger - \lambda_3^* b_{in} \lambda_1^* b_{in}^\dagger - \lambda_2^* a_{in}^\dagger \lambda_4^* a_{in} +$

$\lambda_4^* a_{in} \lambda_4^* a_{in}) | \alpha, 0 \rangle$

$= \frac{1}{4} \langle 00 | D_a^\dagger [e^{-2i\theta} (\lambda_2 \lambda_2 aa - \lambda_4 \lambda_2 aa^\dagger - \lambda_4 \lambda_2 a^\dagger a + \lambda_4 \lambda_4 a^\dagger a^\dagger - \lambda_3 \lambda_1 bb^\dagger) +$

$e^{2i\theta} (\lambda_2^* \lambda_2^* a^\dagger a^\dagger - \lambda_4^* \lambda_2^* aa^\dagger - \lambda_4^* \lambda_2^* a^\dagger a + \lambda_4^* \lambda_4^* aa - \lambda_3^* \lambda_1^* bb^\dagger)] D_a | 00 \rangle$

$= \frac{1}{4} \{ \lambda_2 \lambda_2 |\alpha|^2 e^{i2(\vartheta-\theta)} + \lambda_2^* \lambda_2^* |\alpha|^2 e^{-i2(\vartheta-\theta)} + \lambda_4 \lambda_4 |\alpha|^2 e^{-i2(\vartheta-\theta)} + \lambda_4^* \lambda_4^*$

$|\alpha|^2 e^{i2(\vartheta+\theta)} - \lambda_4 \lambda_2 |\alpha|^2 e^{-2i\theta} - \lambda_4^* \lambda_2^* |\alpha|^2 e^{2i\theta} - \lambda_4 \lambda_2 (1 + |\alpha|^2) e^{-2i\theta} -$

$\lambda_4^* \lambda_2^* (1 + |\alpha|^2) e^{2i\theta} - \lambda_3 \lambda_1 e^{-2i\theta} - \lambda_3^* \lambda_1^* e^{2i\theta} \}$ \hfill (4.230)

由式(4.188)~式(4.191),有

$$\lambda_2 \lambda_2 = -4 e^{2i(\delta_{a_1}+\delta_{b_1})} [G^2 - e^{i(\varphi_2-\varphi_1)} g^2]^2 \sin^2\left(\frac{\phi}{2}\right) \quad (4.231)$$

$$\lambda_2^* \lambda_2^* = -4 e^{-2i(\delta_{a_1}+\delta_{b_1})} [G^2 - e^{-i(\varphi_2-\varphi_1)} g^2]^2 \sin^2\left(\frac{\phi}{2}\right) \quad (4.232)$$

$$\lambda_4 \lambda_2 = i \cdot 2Gg (e^{i\varphi_1} + e^{i\varphi_2}) e^{i(\delta_{a_1}+\delta_{b_1})} [G^2 - e^{i(\varphi_2-\varphi_1)} g^2] \sin\phi \quad (4.233)$$

$$\lambda_4^* \lambda_2^* = -i \cdot 2Gg (e^{-i\varphi_1} + e^{-i\varphi_2}) e^{-i(\delta_{a_1}+\delta_{b_1})} [G^2 - e^{-i(\varphi_2-\varphi_1)} g^2] \sin\phi \quad (4.234)$$

$$\lambda_4 \lambda_4 = 4 G^2 g^2 [e^{i2\varphi_1} + e^{i2\varphi_2} + 2 e^{i(\varphi_1+\varphi_2)}] \cos^2\left(\frac{\phi}{2}\right) \quad (4.235)$$

$$\lambda_4^* \lambda_4^* = 4 G^2 g^2 [e^{-i2\varphi_1} + e^{-i2\varphi_2} + 2 e^{-i(\varphi_1+\varphi_2)}] \cos^2\left(\frac{\phi}{2}\right) \quad (4.236)$$

$$\lambda_3 \lambda_1 = i \cdot 2Gg (e^{i\varphi_1} - e^{i\varphi_2}) e^{i(\delta_{a_1}+\delta_{b_1})} [G^2 + e^{i(\varphi_2-\varphi_1)} g^2] \sin\phi \quad (4.237)$$

$$\lambda_3^* \lambda_1^* = -i \cdot 2Gg (e^{-i\varphi_1} - e^{-i\varphi_2}) e^{-i(\delta_{a_1}+\delta_{b_1})} [G^2 + e^{-i(\varphi_2-\varphi_1)} g^2] \sin\phi \quad (4.238)$$

式(4.229)中各项经过计算可知：

$\lambda_2 \lambda_2 |\alpha|^2 e^{i2(\vartheta-\theta)} + \lambda_2^* \lambda_2^* |\alpha|^2 e^{-i2(\vartheta-\theta)}$

$$= -8 |\alpha|^2 \{ G^4 \cos(2\Phi) + g^4 \cos[2\Phi + 2(\varphi_2-\varphi_1)] -$$

$$2 G^2 g^2 \cos[2\Phi + (\varphi_2-\varphi_1)] \} \cdot \sin^2\left(\frac{\phi}{2}\right) \quad (4.239)$$

$$-\lambda_4\lambda_2(1+|\alpha|^2)e^{-2i\theta} - \lambda_4^*\lambda_2^*(1+|\alpha|^2)e^{2i\theta}$$
$$= 8Gg(1+|\alpha|^2)\cos\left(\frac{\varphi_2-\varphi_1}{2}\right) \cdot \left\{G^2\sin\left[(2\Phi-\Psi)+\left(\frac{\varphi_2-\varphi_1}{2}\right)\right] - \right.$$
$$\left. g^2\sin\left[(2\Phi-\Psi)+(\varphi_2-\varphi_1)+\left(\frac{\varphi_2-\varphi_1}{2}\right)\right]\right\} \cdot \sin\phi \tag{4.240}$$

$$-\lambda_4\lambda_2|\alpha|^2e^{-2i\theta} - \lambda_4^*\lambda_2^*|\alpha|^2e^{2i\theta} = 8Gg|\alpha|^2\cos\left(\frac{\varphi_2-\varphi_1}{2}\right) \cdot$$
$$\left\{G^2\sin\left[(2\Phi-\Psi)+\left(\frac{\varphi_2-\varphi_1}{2}\right)\right] - \right.$$
$$\left. g^2\sin\left[(2\Phi-\Psi)+(\varphi_2-\varphi_1)+\left(\frac{\varphi_2-\varphi_1}{2}\right)\right]\right\} \cdot \sin\phi \tag{4.241}$$

$$\lambda_4\lambda_4|\alpha|^2e^{-i2(\vartheta+\theta)} + \lambda_4^*\lambda_4^*|\alpha|^2e^{i2(\vartheta+\theta)} = 16G^2g^2|\alpha|^2\cos\left(\frac{\varphi_2-\varphi_1}{2}\right) \cdot$$
$$\left\{\cos\left[2(\Psi-\Phi)-\left(\frac{\varphi_2-\varphi_1}{2}\right)\right] + \cos\left[2(\Psi-\Phi)-(\varphi_2-\varphi_1)-\left(\frac{\varphi_2-\varphi_1}{2}\right)\right]\right\}$$
$$\cos^2\left(\frac{\phi}{2}\right) \tag{4.242}$$

$$-\lambda_3\lambda_1e^{-2i\theta} - \lambda_3^*\lambda_1^*e^{2i\theta} = -8Gg\sin\left(\frac{\varphi_2-\varphi_1}{2}\right) \cdot$$
$$\left\{G^2\sin\left[(2\Phi-\Psi)+\left(\frac{\varphi_2-\varphi_1}{2}\right)\right] + \right.$$
$$\left. g^2\sin\left[(2\Phi-\Psi)+(\varphi_2-\varphi_1)+\left(\frac{\varphi_2-\varphi_1}{2}\right)\right]\right\} \cdot \sin\phi \tag{4.243}$$

式中：$\Phi = \delta_{a_1} + \delta_{b_1} + \vartheta - \theta$。

式（4.229）的零差探测目标输出的归一化有效信号强度为

$$|\langle I_1 - I_2\rangle|^2 \sim \langle\psi_{(a_{out},b_{out})}|(b_{out}^\dagger b_{out}) - \frac{1}{2}(e^{-2i\theta}b_{out}b_{out} + e^{2i\theta}b_{out}^\dagger b_{out}^\dagger)|\psi_{(a_{out},b_{out})}\rangle$$
$$= |\alpha|^2 \cdot \frac{1}{2}(1-\cos\phi) + 4G^2g^2(1+|\alpha|^2) \cdot \frac{1}{2}[1+\cos(\varphi_2-\varphi_1)\cos\phi] +$$
$$2Gg|\alpha|^2\left[\sin\Psi\cos\left(\frac{\varphi_2-\varphi_1}{2}\right) - (G^2+g^2)\cos\Psi\sin\left(\frac{\varphi_2-\varphi_1}{2}\right)\right]\cos\left(\frac{\varphi_2-\varphi_1}{2}\right) \cdot$$
$$\sin\phi + 4|\alpha|^2\{G^4\cos(2\Phi) + g^4\cos[2\Phi+2(\varphi_2-\varphi_1)] - 2G^2g^2\cos$$
$$[2\Phi+(\varphi_2-\varphi_1)]\} \cdot \sin^2\left(\frac{\phi}{2}\right) - 4Gg(1+|\alpha|^2)\cos\left(\frac{\varphi_2-\varphi_1}{2}\right)$$
$$\left\{G^2\sin\left[(2\Phi-\Psi)+\left(\frac{\varphi_2-\varphi_1}{2}\right)\right] - g^2\sin\left[(2\Phi-\Psi)+(\varphi_2-\varphi_1)+\right.\right.$$

$$\left(\frac{\varphi_2 - \varphi_1}{2}\right)\right]\right\} \cdot \sin\phi - 4Gg \mid \alpha \mid^2 \cos\left(\frac{\varphi_2 - \varphi_1}{2}\right) \cdot$$

$$\left\{G^2 \sin\left[(2\Phi - \Psi) + \left(\frac{\varphi_2 - \varphi_1}{2}\right)\right] - g^2 \sin\left[(2\Phi - \Psi) + (\varphi_2 - \varphi_1) + \right.\right.$$

$$\left.\left(\frac{\varphi_2 - \varphi_1}{2}\right)\right]\right\} \cdot \sin\phi - 8G^2 g^2 \mid \alpha \mid^2 \cos\left(\frac{\varphi_2 - \varphi_1}{2}\right) \cdot$$

$$\left\{\cos\left[2(\Psi - \Phi) - \left(\frac{\varphi_2 - \varphi_1}{2}\right)\right] + \cos\left[2(\Psi - \Phi) - (\varphi_2 - \varphi_1) - \left(\frac{\varphi_2 - \varphi_1}{2}\right)\right]\right\} \cdot$$

$$\cos^2\left(\frac{\phi}{2}\right) + 4Gg\sin\left(\frac{\varphi_2 - \varphi_1}{2}\right)\left\{G^2 \sin\left[(2\Phi - \Psi) + \left(\frac{\varphi_2 - \varphi_1}{2}\right)\right] + \right.$$

$$g^2 \sin\left[(2\Phi - \Psi) + (\varphi_2 - \varphi_1) + \left(\frac{\varphi_2 - \varphi_1}{2}\right)\right]\right\} \cdot \sin\phi \tag{4.244}$$

由 $\Psi = \delta_{a_1} + \delta_{b_1} + 2\vartheta - \varphi_1$ 和 $\Phi = \delta_{a_1} + \delta_{b_1} + \vartheta - \theta$ 知,可调参数为 φ_1、ϑ 和 θ。调节 φ_1,使 $\varphi_2 - \varphi_1 = \pi$,可使 $\langle b_{\text{out}}^\dagger b_{\text{out}} \rangle$ 中经典光子、压缩光子和压缩放大光子引起的干涉部分同相,此时式(4.244)有

$$\mid \langle I_1 - I_2 \rangle \mid^2 \sim \mid \alpha \mid^2 \cdot \frac{1}{2}(1 - \cos\phi) + 4G^2 g^2 (1 + \mid \alpha \mid^2) \cdot \frac{1}{2}(1 - \cos\phi) +$$

$$4 \mid \alpha \mid^2 (G^2 + g^2)^2 \cos(2\Phi) \cdot \frac{1}{2}(1 - \cos\phi) + 4Gg \cdot \cos(2\Phi - \Psi) \cdot \sin\phi$$

$$\tag{4.245}$$

式(4.245)后两项为 $\langle \psi_{(a_{\text{out}}, b_{\text{out}})} \mid (e^{-2i\theta} b_{\text{out}} b_{\text{out}} + e^{2i\theta} b_{\text{out}}^\dagger b_{\text{out}}^\dagger) \mid \psi_{(a_{\text{out}}, b_{\text{out}})} \rangle$ 对干涉信号的贡献。调节 ϑ 使 $\Psi = \pi/2$,再调节 θ 使 $\Phi = 0$,可以使该贡献最大,同时消除了该贡献中的干扰项(含 $\sin\phi$ 的项)。最终零差探测目标输出的归一化信号强度为 ($\varphi_2 - \varphi_1 = \pi, \Psi = \pi/2, \Phi = 0$)

$$\mid \langle I_1 - I_2 \rangle \mid^2 \sim \mid \alpha \mid^2 \cdot \frac{1}{2}(1 - \cos\phi) + 4G^2 g^2 (1 + \mid \alpha \mid^2) \cdot \frac{1}{2}(1 - \cos\phi) +$$

$$4 \mid \alpha \mid^2 (G^2 + g^2)^2 \cdot \frac{1}{2}(1 - \cos\phi) \tag{4.246}$$

最小相位不确定性为

$$(\Delta\phi)_{\min} = \frac{1}{\sqrt{\mid \alpha \mid^2 + 4G^2 g^2 (1 + \mid \alpha \mid^2) + 4 \mid \alpha \mid^2 (G^2 + g^2)^2}} \approx \frac{e^{-2r}}{\sqrt{\mid \alpha \mid^2}}$$

$$\tag{4.247}$$

由于 $\langle e^{-2i\theta} b_{\text{out}} b_{\text{out}} + e^{2i\theta} b_{\text{out}}^\dagger b_{\text{out}}^\dagger \rangle$ 对零差探测目标输出的 90°相差分量 Y_b 的干涉信号的贡献,最小相位不确定性优于式(4.220)的 $\langle b_{\text{out}}^\dagger b_{\text{out}} \rangle$ 的结果。这是一个典型的亚泊松统计相位检测灵敏度。

总之，采用零差探测，不仅可以放大 Sagnac 干涉仪输出场 b_{out} 的 90°相差变量的振幅，还可以通过调节零差探测本地振荡器（相干态 $|\beta\rangle$）的相位角度 θ，使零差探测目标输出的信号强度即输出场 b_{out} 90°相差变量的 Y_b 分量信号强度具有最小不确定性，从而实现量子增强的旋转角速率测量。这种量子增强的干涉测量，不是源于量子纠缠和二阶符合探测中德布罗意波的产生，而是归因于压缩过程引起的输出场振幅放大或非经典光子 90°相差场振幅的噪声压缩，因此相位检测灵敏度通常介于散粒噪声极限和海森堡极限之间。当然，为简化分析，上面讨论中假定了 $\delta_{a_1} = \delta_{b_1}$，即图 4.3 中光纤线圈两端的参量放大器到 Sagnac 干涉仪的分束器合光点的距离完全相等，或者说 $\delta_{a_1} - \delta_{b_1}$ 及其稳定性必须与陀螺精度同一个量级，但实际中这一点很难做到，因此，图 4.3 所示采用非经典光子的量子增强 Sagnac 干涉仪方案理论上虽然可行，但该结构可能不具有光学互易性，需要进一步探求和建构具有互易性光路结构的非经典光子 Sagnac 干涉仪来实现量子增强的旋转角速率测量。

参考文献

[1] CAVES C M. Quantum – Mechanical noise in an interferometer[J]. Physics Review D, 1981, 23(8):1693 – 1708.

[2] NAGATA T, OKAMOTO R, BRIEN J L. Beating the standard quantum limit with four – entangled photons[J]. Science, 2007, 316(5825):726 – 729.

[3] 张桂才, 冯菁, 马林, 等. 采用双模压缩态的光子纠缠光纤陀螺仪研究[J]. 导航定位与授时, 2022, 8(6):261 – 266.

[4] 张桂才, 冯菁, 马林, 等. 光子纠缠光纤陀螺仪的相位检测灵敏度分析[J]. 中国惯性技术学报, 2021, 29(6): 809 – 814.

[5] KOLKIRAN A, AGARWAL G S. Heisenberg limited sagnac interferometry [J]. Optics Express, 2007, 15(11):6798 – 6808.

[6] GRACE M R, GAGATSOS C N, ZHUANG Q, et al. Quantum – Enhanced fiber optic gyroscopes using quadrature squeezing and continuous variable entanglement[C]. Conference on Lasers and Electro – Optics, 2020:1 – 12.

[7] WEN Z, XUAN T, XUESHI G, et al. Quantum entangled sagnac interferometer[J]. Applied Physics Letters, 2023, 122: 064003.

第 5 章 量子纠缠光纤陀螺仪相位检测灵敏度的评估方法

尽管量子纠缠光纤陀螺仪能够较容易实现超相位分辨率(干涉条纹加倍),但能否实现量子增强的相位敏感,还要依赖于其干涉输出相位的不确定性是否突破经典光纤陀螺仪的散粒噪声极限。量子纠缠光纤陀螺仪的相位检测灵敏度(最小相位不确定性)基于其输出态的强度(光子数)和相位的完整信息,其量化指标依赖于量子纠缠光纤陀螺仪的非经典光源类型(输入态)、Sagnac 干涉仪的动力学演变参数(哈密顿算符)和光强关联符合探测方案(或其他方案)。本章研究量子纠缠光纤陀螺仪相位检测灵敏度的评估方法:首先讨论基于菲舍尔信息的 Cramer-Rao 极限(CRB)的量子估计方法;然后研究采用抽象角动量理论评估相位检测灵敏度的一般原理,推导了量子增强光纤陀螺仪可实现精度的基础限制;最后简要概述极性算符在估计相位检测灵敏度中的应用。研究表明,非经典光量子态在干涉测量方面具有精度提升的潜力,选择适当的强度关联符合探测方案或其他测量方案,可以实现海森堡极限的相位检测灵敏度。当然,如果 Sagnac 干涉仪的一个输入端口是非经典光量子态,另一个输入端口是真空态或相干态,由于经典光的量子涨落(等同于真空涨落),二阶符合探测方案或者不具有量子增强相位信息,或者相位检测灵敏度仍然是散粒噪声极限的形式。但 Sagnac 干涉仪的经典形式干涉输出由于含有非经典光子,归因于压缩过程引起的输出场振幅放大或非经典光子 90°相差场振幅的噪声压缩,输出光子的统计涨落服从亚泊松分布,这样,估计的相位检测灵敏度仍会突破散粒噪声极限,介于散粒噪声极限和海森堡极限之间。

5.1 基于菲舍尔信息的 CRB 估计方法

在量子估计理论中,评估相位检测灵敏度的一种方法是计算基于量子菲舍尔信息(Quantum Fisher Information, QFI)的 Cramer-Rao 极限(CRB)。这种基于量子菲舍尔信息的相位估计方法是将被确定参数相位 ϕ 看成一个确定性变量而不是随机变量,也即未把相位作为被测的可观测量,而是处理成一个演变参数来估计。也就是说,作为被估计参数的相位与作为可观测量的算符是分离的,使得相位估计理论在数学上较容易处理。关于菲舍尔信息和 CRB 的详尽内容,可以参见 H. M. Wiseman 和 G. J. Milburn 的著作[1]。

5.1.1 基于输出态和输入态的量子菲舍尔信息

如果 Sagnac 干涉仪的输出态为纯态 $|\psi_{out}(\phi)\rangle$,则量子菲舍尔信息 F_Q 可以简化表示为[2]

$$F_Q = 4(\langle \dot{\psi}_{out}(\phi) | \dot{\psi}_{out}(\phi) \rangle - |\langle \dot{\psi}_{out}(\phi) | \psi_{out}(\phi) \rangle|^2) \tag{5.1}$$

式中:

$$|\dot{\psi}_{out}(\phi)\rangle = \frac{d|\psi_{out}(\phi)\rangle}{d\phi} \tag{5.2}$$

在光学干涉测量的情况下,对于纯态,量子菲舍尔信息式(5.1)的估计不依赖于 ϕ 的实际取值,即无须考虑相位偏置的影响。根据 CRB 极限(克拉美-罗极限)的定义[2],相位检测灵敏度(最小相位不确定性)给出为

$$(\Delta\phi)_{CRB} = \frac{1}{\sqrt{F_Q(\phi)}} \tag{5.3}$$

如第 3 章所述,Sagnac 干涉仪的幺正演变算符 U_{SI} 为

$$U_{SI} = e^{-iH_{SI}\phi/\hbar} = e^{\phi(a_1 a_2^\dagger - a_1^\dagger a_2)/2} \tag{5.4}$$

式中:H_{SI} 为 Sagnac 干涉仪的有效哈密顿算符,是光量子态经过 Sagnac 干涉仪时发生演变的动力学特征参数。H_{SI} 可以写为

$$H_{SI} = \frac{\hbar}{2i}(a_1^\dagger a_2 - a_1 a_2^\dagger) \tag{5.5}$$

式(5.5)的哈密顿算符 H_{SI} 满足 $H_{SI}^\dagger = H_{SI}$,显然是一个厄密算符。因而,Sagnac 干涉仪的输出态 $|\psi_{out}(\phi)\rangle$ 因而表示为

$$|\psi_{out}(\phi)\rangle = U_{SI}|\psi_{in}\rangle = e^{-iH_{SI}\phi/\hbar}|\psi_{in}\rangle \tag{5.6}$$

对输出态 $|\psi_{out}(\phi)\rangle$ 求关于相位 ϕ 的微商,得到:

$$|\dot{\psi}_{out}(\phi)\rangle = \frac{H_{SI}}{i\hbar}e^{-iH_{SI}\phi/\hbar}|\psi_{in}\rangle = \frac{H_{SI}}{i\hbar}|\psi_{out}(\phi)\rangle \tag{5.7}$$

因此有

$$\langle \dot{\psi}_{out}(\phi)|\dot{\psi}_{out}(\phi)\rangle = \left\langle \psi_{in}\left|\left(-e^{iH_{SI}\phi/\hbar}\frac{H_{SI}^\dagger}{i\hbar}\right)\left(\frac{H_{SI}}{i\hbar}e^{-iH_{SI}\phi/\hbar}\right)\right|\psi_{in}\right\rangle = \frac{1}{\hbar^2}\langle \psi_{in}|H_{SI}^2|\psi_{in}\rangle \tag{5.8}$$

而

第5章 量子纠缠光纤陀螺仪相位检测灵敏度的评估方法

$$\langle \dot{\psi}_{out}(\phi) | \psi_{out}(\phi) \rangle = \langle \psi_{in} | \left(-e^{iH_{SI}\phi/\hbar} \frac{H_{SI}^{\dagger}}{i\hbar} \right)(e^{-iH_{SI}\phi/\hbar}) | \psi_{in} \rangle = -\frac{1}{i\hbar} \langle \psi_{in} | H_{SI} | \psi_{in} \rangle \tag{5.9}$$

将式(5.8)和式(5.9)代入式(5.1),量子菲舍尔信息 F_Q 还可以用输入态 $|\psi_{in}\rangle$ 表示为

$$F_Q = \frac{4}{\hbar^2}(\langle \psi_{in} | H_{SI}^2 | \psi_{in} \rangle - |\langle \psi_{in} | H_{SI} | \psi_{in} \rangle|^2) = \frac{4}{\hbar^2}(\Delta H_{SI})^2 \tag{5.10}$$

式(5.10)表明,Sagnac 干涉仪的输入态和哈密顿算符直接决定了其输出态,因此可以用来计算菲舍尔信息,量子菲舍尔信息 F_Q 正比于哈密顿演变算符 H_{SI} 的方差 $(\Delta H_{SI})^2$。

5.1.2 利用输入态 $|\psi_{in}\rangle$ 和哈密顿算符 H_{SI} 估计相位检测灵敏度

在量子纠缠 Sagnac 干涉仪中,输入态通常是纯态且形式较为简单,而输出态大多呈现非常复杂的形式,因此,利用输入态 $|\psi_{in}\rangle$ 和 Sagnac 干涉仪的哈密顿算符 H_{SI} 估计相位检测灵敏度是一种较为简便的方法。从另一方面讲,由量子菲舍尔信息 F_Q 定义的相位检测灵敏度(最小相位不确定性)也成为我们比较或确认哪一种输入光量子态对 Sagnac 相移最敏感的量化判据。

5.1.2.1 单模相干态 $|\alpha, 0\rangle$ 输入

对于单模相干态 $|\alpha, 0\rangle$ 输入的 Sagnac 干涉仪,计算哈密顿算符 H_{SI} 的平均值 $\langle H_{SI} \rangle$ 和均方值 $\langle H_{SI}^2 \rangle$,有

$$\langle \psi_{in} | H_{SI} | \psi_{in} \rangle = \langle \alpha, 0 | \frac{\hbar}{2i}(a_1^{\dagger} a_2 - a_1 a_2^{\dagger}) | \alpha, 0 \rangle = 0 \tag{5.11}$$

以及

$$\langle \psi_{in} | H_{SI}^2 | \psi_{in} \rangle = \langle \alpha, 0 | H_{SI}^2 | \alpha, 0 \rangle = -\frac{\hbar^2}{4} \langle \alpha, 0 | (a_1^{\dagger} a_2 - a_1 a_2^{\dagger})^2 | \alpha, 0 \rangle$$

$$= \frac{\hbar^2}{4} \langle \alpha, 0 | a_1^{\dagger} a_2 a_1 a_2^{\dagger} | \alpha, 0 \rangle = \frac{\hbar^2}{4} |\alpha|^2 \tag{5.12}$$

将式(5.11)和式(5.12)代入式(5.10),量子菲舍尔信息 F_Q 为

$$F_Q = \frac{4}{\hbar^2}(\langle \alpha, 0 | H_{SI}^2 | \alpha, 0 \rangle - |\langle \alpha, 0 | H_{SI} | \alpha, 0 \rangle|^2) = |\alpha|^2 \tag{5.13}$$

由式(5.3),CRB 极限定义的最小相位不确定性为

$$(\Delta \phi)_{CRB} = \frac{1}{\sqrt{F_Q}} = \frac{1}{\sqrt{|\alpha|^2}} = \frac{1}{\sqrt{N}} \tag{5.14}$$

式中:$N = |\alpha|^2$ 为单模相干态 $|\alpha, 0\rangle$ 的输入总光子数。式(5.14)为散粒噪声极限。

5.1.2.2 双模相干态 $|\alpha_1,\alpha_2\rangle$ 输入

对于双模相干态 $|\alpha_1,\alpha_2\rangle$ 输入的 Sagnac 干涉仪,计算哈密顿算符 H_{SI} 的平均值 $\langle H_{SI}\rangle$ 和均方值 $\langle H_{SI}^2\rangle$,有

$$\langle\psi_{in}|H_{SI}|\psi_{in}\rangle = \left\langle\alpha_1,\alpha_2\left|\frac{\hbar}{2i}(a_1^\dagger a_2 - a_1 a_2^\dagger)\right|\alpha_1,\alpha_2\right\rangle = \frac{\hbar}{2i}(\alpha_1^* \alpha_2 - \alpha_1 \alpha_2^*) \tag{5.15}$$

以及

$$\langle\psi_{in}|H_{SI}^2|\psi_{in}\rangle = -\frac{\hbar^2}{4}\langle\alpha_1,\alpha_2|(a_1^\dagger a_2 - a_1 a_2^\dagger)^2|\alpha_1,\alpha_2\rangle$$

$$= \frac{\hbar^2}{4}(|\alpha_1|^2 + |\alpha_2|^2 + 2|\alpha_1|^2|\alpha_2|^2 - \alpha_1^{*2}\alpha_2^2 - \alpha_1^2\alpha_2^{*2}) \tag{5.16}$$

将式(5.15)和式(5.16)代入式(5.10),量子菲舍尔信息 F_Q 为

$$F_Q = \frac{4}{\hbar^2}(\langle\alpha_1,\alpha_2|H_{SI}^2|\alpha_1,\alpha_2\rangle - |\langle\alpha_1,\alpha_2|H_{SI}|\alpha_1,\alpha_2\rangle|^2) = |\alpha_1|^2 + |\alpha_2|^2 \tag{5.17}$$

由式(5.3)可知,CRB 极限定义的最小相位不确定性为

$$(\Delta\phi)_{CRB} = \frac{1}{\sqrt{F_Q}} = \frac{1}{\sqrt{|\alpha_1|^2 + |\alpha_2|^2}} = \frac{1}{\sqrt{N}} \tag{5.18}$$

式中:$N = |\alpha_1|^2 + |\alpha_2|^2$ 为双模相干态 $|\alpha_1,\alpha_2\rangle$ 的输入总光子数。式(5.18)为散粒噪声极限。

5.1.2.3 单模光子数态 $|n0\rangle$ 输入

对于单模光子数态 $|n0\rangle$ 输入的 Sagnac 干涉仪,计算哈密顿算符 H_{SI} 的平均值 $\langle H_{SI}\rangle$ 和均方值 $\langle H_{SI}^2\rangle$,有

$$\langle\psi_{in}|H_{SI}|\psi_{in}\rangle = \langle n0|H_{SI}|n0\rangle = \left\langle n0\left|\frac{\hbar}{2i}(a_1^\dagger a_2 - a_1 a_2^\dagger)\right|n0\right\rangle = 0 \tag{5.19}$$

以及

$$\langle\psi_{in}|H_{SI}^2|\psi_{in}\rangle = \langle n0|H_{SI}^2|n0\rangle = -\frac{\hbar^2}{4}\langle n0|(a_1^\dagger a_2 - a_1 a_2^\dagger)^2|n0\rangle$$

$$= \frac{\hbar^2}{4}\langle n0|a_1^\dagger a_2 a_1 a_2^\dagger|n0\rangle = \frac{\hbar^2}{4}n \tag{5.20}$$

将式(5.19)和式(5.20)代入式(5.10),量子菲舍尔信息 F_Q 为

$$F_Q = \frac{4}{\hbar^2}(\langle n0|H_{SI}^2|n0\rangle - |\langle n0|H_{SI}|n0\rangle|^2) = n \tag{5.21}$$

由式(5.3),CRB 极限定义的最小相位不确定性为

$$(\Delta\phi)_{CRB} = \frac{1}{\sqrt{F_Q}} = \frac{1}{\sqrt{n}} = \frac{1}{\sqrt{N}} \qquad (5.22)$$

式中：$N = n$ 为单模光子态 $|n0\rangle$ 的输入总光子数。可以看出，尽管光子数态 $|n\rangle$ 为非经典光量子态，式(5.22)单端口光子数态输入的 Sagnac 干涉仪的相位灵敏度仍为散粒噪声极限，这与另一个端口为真空态 $|0\rangle$ 有关。考察态 $|n0\rangle$ 输入的 Sagnac 干涉仪的二阶符合归一化量子干涉公式，由式(4.64)得到，$g_{12}^{(2)} = 1/n$，可见二阶符合强度关联不存在与 ϕ 有关的量子增强信息。

5.1.2.4 双模光子数态 $|nn\rangle$ 输入

对于双模光子数态 $|nn\rangle$ 输入的 Sagnac 干涉仪，计算哈密顿算符 H_{SI} 的 $\langle H_{SI}\rangle$ 和均方值 $\langle H_{SI}^2\rangle$，有

$$\langle\psi_{in}|H_{SI}|\psi_{in}\rangle = \langle nn|H_{SI}|nn\rangle = \langle nn|\frac{\hbar}{2i}(a_1^\dagger a_2 - a_1 a_2^\dagger)|nn\rangle = 0 \qquad (5.23)$$

以及

$$\begin{aligned}\langle\psi_{in}|H_{SI}^2|\psi_{in}\rangle &= \langle nn|H_{SI}^2|nn\rangle = -\frac{\hbar^2}{4}\langle nn|(a_1^\dagger a_2 - a_1 a_2^\dagger)^2|nn\rangle \\ &= \frac{\hbar^2}{4}\langle nn|(a_1^\dagger a_2 a_1 a_2^\dagger + a_1 a_2^\dagger a_1^\dagger a_2)|nn\rangle = \frac{\hbar^2}{2}n(n+1)\end{aligned} \qquad (5.24)$$

将式(5.23)和式(5.24)代入式(5.10)，量子菲舍尔信息 F_Q 为

$$F_Q = \frac{4}{\hbar^2}(\langle nn|H_{SI}^2|nn\rangle - |\langle nn|H_{SI}|nn\rangle|^2) = 2n(n+1) \qquad (5.25)$$

由式(5.3)可知，最小相位不确定性为

$$(\Delta\phi)_{CRB} = \frac{1}{\sqrt{F_Q}} = \frac{1}{\sqrt{2n(n+1)}} = \frac{\sqrt{2}}{\sqrt{N(N+2)}} \approx \frac{\sqrt{2}}{N} \qquad (5.26)$$

式中：$N = 2n$ 为双模光子数态 $|nn\rangle$ 的输入总光子数。式(5.26)表明，Sagnac 干涉仪两个输入端口均为非经典的光子数态输入时，相位检测灵敏度为海森堡极限。

5.1.2.5 单模压缩态 $|r,0\rangle$ 输入

单模压缩态 $|r,0\rangle$ 的输入态矢量可以表示为

$$|\psi_{in}\rangle = |r,0\rangle = S_1(r)|00\rangle = e^{r(e^{-i\varphi}a_1^2 - e^{i\varphi}a_1^{\dagger 2})/2}|00\rangle \qquad (5.27)$$

其中压缩算符 $S_1(r)$ 满足：

$$\begin{cases} S_1^\dagger(r)a_1 S_1(r) = a_1\cosh r - e^{i\varphi}a_1^\dagger\sinh r \\ S_1^\dagger(r)a_1^\dagger S_1(r) = a_1^\dagger\cosh r - e^{-i\varphi}a_1\sinh r \end{cases} \qquad (5.28)$$

计算单模压缩态输入的 Sagnac 干涉仪哈密顿算符 H_{SI} 的平均值 $\langle H_{SI}\rangle$ 和均方值 $\langle H_{SI}^2\rangle$，有

$$\langle \psi_{\text{in}} | H_{\text{SI}} | \psi_{\text{in}} \rangle = \langle r, 0 | H_{\text{SI}} | r, 0 \rangle = \frac{\hbar}{2i} \langle 00 | S_1^\dagger(r)(a_1^\dagger a_2 - a_1 a_2^\dagger) S_1(r) | 00 \rangle$$

$$= \frac{\hbar}{2i} \langle 00 | (a_1^\dagger \cosh r - e^{-i\varphi} a_1 \sinh r) a_2 - (a_1 \cosh r - e^{i\varphi} a_1^\dagger \sinh r) a_2^\dagger | 00 \rangle = 0$$

(5.29)

以及

$$\langle \psi_{\text{in}} | H_{\text{SI}}^2 | \psi_{\text{in}} \rangle = \langle r, 0 | H_{\text{SI}}^2 | r, 0 \rangle = -\frac{\hbar^2}{4} \langle 00 | S_1^\dagger(r)(a_1^\dagger a_2 - a_1 a_2^\dagger)^2 S_1(r) | 00 \rangle$$

$$= -\frac{\hbar^2}{4} \langle 00 | (a_1^\dagger \cosh r - e^{-i\varphi} a_1 \sinh r) a_2 (a_1^\dagger \cosh r - e^{-i\varphi} a_1 \sinh r) a_2 -$$

$$(a_1^\dagger \cosh r - e^{-i\varphi} a_1 \sinh r) a_2 (a_1 \cosh r - e^{i\varphi} a_1^\dagger \sinh r) a_2^\dagger -$$

$$(a_1 \cosh r - e^{i\varphi} a_1^\dagger \sinh r) a_2^\dagger (a_1^\dagger \cosh r - e^{-i\varphi} a_1 \sinh r) a_2 +$$

$$(a_1 \cosh r - e^{i\varphi} a_1^\dagger \sinh r) a_2^\dagger (a_1 \cosh r - e^{i\varphi} a_1^\dagger \sinh r) a_2^\dagger | 00 \rangle$$

$$= \frac{\hbar^2}{4} \sinh^2 r$$

(5.30)

将式(5.29)和式(5.30)代入式(5.10),量子菲舍尔信息 F_Q 为

$$F_Q = \frac{4}{\hbar^2} (\langle r, 0 | H_{\text{SI}}^2 | r, 0 \rangle - | \langle r, 0 | H_{\text{SI}} | r, 0 \rangle |^2) = \sinh^2 r \quad (5.31)$$

由式(5.3)可知,CRB 极限定义的最小相位不确定性为

$$(\Delta \phi)_{\text{CRB}} = \frac{1}{\sqrt{\sinh^2 r}} = \frac{1}{\sqrt{N}} \quad (5.32)$$

式中:$N = \sinh^2 r$ 是单模压缩态的总输入光子数。式(5.32)为散粒噪声极限。式(4.101)和式(4.103)也证实,无论 Sagnac 干涉仪的经典形式干涉输出还是二阶符合探测,均不存在量子增强的干涉相位信息。这与 Sagnac 干涉仪的另一个输入端口为真空态有关。

5.1.2.6 双模压缩态 $|r\rangle$ 输入

双模压缩态的输入态矢量可以表示为

$$|\psi_{\text{in}}\rangle = |r\rangle = S(r) |00\rangle = e^{r(e^{-i\varphi} a_1 a_2 - e^{i\varphi} a_1^\dagger a_2^\dagger)} |00\rangle \quad (5.33)$$

其中压缩算符 $S(r)$ 满足:

$$\begin{cases} S^\dagger(r) a_1 S(r) = a_1 \cosh r - e^{i\varphi} a_2^\dagger \sinh r; S^\dagger(r) a_1^\dagger S(r) = a_1^\dagger \cosh r - e^{-i\varphi} a_2 \sinh r \\ S^\dagger(r) a_2 S(r) = a_2 \cosh r - e^{i\varphi} a_1^\dagger \sinh r; S^\dagger(r) a_2^\dagger S(r) = a_2^\dagger \cosh r - e^{-i\varphi} a_1 \sinh r \end{cases}$$

(5.34)

计算双模压缩态输入的 Sagnac 干涉仪哈密顿算符 H_{SI} 的平均值 $\langle H_{\text{SI}} \rangle$ 和均方

值$\langle H_{SI}^2 \rangle$,有

$$\langle \psi_{in} | H_{SI} | \psi_{in} \rangle = \langle r | H_{SI} | r \rangle = \frac{\hbar}{2i}\langle 00 | S^\dagger(r)(a_1^\dagger a_2 - a_1 a_2^\dagger)S(r) | 00 \rangle$$

$$= \frac{\hbar}{2i}\left\langle 00 \left| \begin{bmatrix} (a_1^\dagger \cosh r - e^{-i\varphi} a_2 \sinh r)(a_2 \cosh r - e^{i\varphi} a_1^\dagger \sinh r) \\ -(a_1 \cosh r - e^{i\varphi} a_2^\dagger \sinh r)(a_2^\dagger \cosh r - e^{-i\varphi} a_1 \sinh r) \end{bmatrix} \right| 00 \right\rangle = 0$$

(5.35)

以及

$$\langle \psi_{in} | H_{SI}^2 | \psi_{in} \rangle = \langle r | H_{SI}^2 | r \rangle = -\frac{\hbar^2}{4}\langle 00 | S^\dagger(r)(a_1^\dagger a_2 - a_1 a_2^\dagger)^2 S(r) | 00 \rangle = \hbar^2 \sinh^2 r \cosh^2 r$$

(5.36)

将式(5.35)和式(5.36)代入式(5.10),量子菲舍尔信息 F_Q 为

$$F_Q = \frac{4}{\hbar^2}(\langle r | H_{SI}^2 | r \rangle - |\langle r | H_{SI} | r \rangle|^2) = 4\sinh^2 r(1 + \sinh^2 r) \quad (5.37)$$

由式(5.3)可知,CRB 极限定义的最小相位不确定性为

$$(\Delta \phi)_{CRB} = \frac{1}{\sqrt{4\sinh^2 r(\sinh^2 r + 1)}} = \frac{1}{\sqrt{N(N+2)}} \approx \frac{1}{N} \quad (5.38)$$

式中:$N = 2\sinh^2 r$ 是双模压缩态的总输入光子数。在双模压缩态输入的 Sagnac 干涉仪中,尽管式(4.127)的经典形式干涉输出和式(4.129)的二阶符合关联光强均不存在量子增强的干涉相位信息(如前所述,二阶符合存在高阶量子增强信息的抵消),但式(5.38)提示我们,双模压缩态输入的 Sagnac 干涉仪仍具有海森堡极限的相位检测灵敏度,这需要优化或探索适当的探测方案。

5.1.2.7 单端口相干压缩态 $|\alpha r, 0\rangle$ 输入

单端口相干压缩态输入的态矢量可以表示为

$$|\psi_{in}\rangle = |\alpha r, 0\rangle = D_1(\alpha)S_1(r)|00\rangle \quad (5.39)$$

式中:位移算符 $D_1(\alpha)$ 和压缩算符 $S_1(r)$ 引起的算符演变分别满足:

$$\begin{cases} D_1^\dagger(\alpha) a_1 D_1(\alpha) = a_1 + \alpha, D_1^\dagger(\alpha) a_1^\dagger D_1(\alpha) = a_1^\dagger + \alpha^* \\ S_1^\dagger(r) a_1 S_1(r) = a_1 \cosh r - e^{i\varphi} a_1^\dagger \sinh r \\ S_1^\dagger(r) a_1^\dagger S_1(r) = a_1^\dagger \cosh r - e^{-i\varphi} a_1 \sinh r \end{cases} \quad (5.40)$$

计算单端口相干压缩态 $|\alpha r, 0\rangle$ 输入 Sagnac 干涉仪的哈密顿算符 H_{SI} 的平均值$\langle H_{SI}\rangle$和均方值$\langle H_{SI}^2\rangle$,有

$$\langle \psi_{in} | H_{SI} | \psi_{in} \rangle = \langle \alpha r, 0 | H_{SI} | \alpha r, 0 \rangle = \frac{\hbar}{2i}\langle 00 | S_1^\dagger(r) D_1^\dagger(\alpha)(a_1^\dagger a_2 - a_1 a_2^\dagger) D_1(\alpha) S_1(r) | 00 \rangle$$

$$= \frac{\hbar}{2\mathrm{i}} \langle 00 | \left[\begin{array}{c} (a_1^\dagger a_2 \cosh r - \mathrm{e}^{-\mathrm{i}\varphi} a_1 a_2 \sinh r + \alpha^* a_2) \\ - (a_1 a_2^\dagger \cosh r - \mathrm{e}^{\mathrm{i}\varphi} a_1^\dagger a_2^\dagger \sinh r + \alpha a_2^\dagger) \end{array} \right] | 00 \rangle = 0 \quad (5.41)$$

以及

$$\langle \psi_{\mathrm{in}} | H_{\mathrm{SI}}^2 | \psi_{\mathrm{in}} \rangle = \langle \alpha r, 0 | H_{\mathrm{SI}}^2 | \alpha r, 0 \rangle = -\frac{\hbar^2}{4} \langle 00 | S^\dagger(r) D^\dagger(\alpha) (a_1^\dagger a_2 - a_1 a_2^\dagger)^2 D(\alpha) S(r) | 00 \rangle$$

$$= \frac{\hbar^2}{4} (|\alpha|^2 + \sinh^2 r) \quad (5.42)$$

将式(5.41)和式(5.42)代入式(5.10),量子菲舍尔信息 F_Q 为

$$F_Q = \frac{4}{\hbar^2} (\langle \alpha r, 0 | H_{\mathrm{SI}}^2 | \alpha r, 0 \rangle - |\langle \alpha r, 0 | H_{\mathrm{SI}} | \alpha r, 0 \rangle|^2) = |\alpha|^2 + \sinh^2 r \quad (5.43)$$

由式(5.3)可知,CRB 极限定义的最小相位不确定性为

$$(\Delta \phi)_{\mathrm{CRB}} = \frac{1}{\sqrt{|\alpha|^2 + \sinh^2 r}} = \frac{1}{\sqrt{N}} \quad (5.44)$$

式中:N 为相干压缩态的总输入光子数,有

$$N = \langle \alpha r, 0 | a_1^\dagger a_1 | \alpha r, 0 \rangle = \langle 00 | (a_1^\dagger \cosh r - \mathrm{e}^{-\mathrm{i}\varphi} a_1 \sinh r + \alpha^*) \cdot$$

$$(a_1 \cosh r - \mathrm{e}^{\mathrm{i}\varphi} a_1^\dagger \sinh r + \alpha) | 00 \rangle = |\alpha|^2 + \sinh^2 r \quad (5.45)$$

由于存在真空态输入端口,式(5.44)的相干压缩态的相位不确定性仍为散粒噪声极限。

5.1.2.8 单端口压缩相干态 $|r\alpha, 0\rangle$ 输入

单端口压缩相干态输入的态矢量可以表示为

$$|\psi_{\mathrm{in}}\rangle = |r\alpha, 0\rangle = S_1(r) D_1(\alpha) | 00 \rangle \quad (5.46)$$

式中:位移算符 $D_1(\alpha)$ 和压缩算符 $S_1(r)$ 引起的算符演变满足式(5.40)。

计算单端口相干压缩态 $|r\alpha, 0\rangle$ 输入的 Sagnac 干涉仪哈密顿算符 H_{SI} 的平均值 $\langle H_{\mathrm{SI}} \rangle$ 和均方值 $\langle H_{\mathrm{SI}}^2 \rangle$,有

$$\langle \psi_{\mathrm{in}} | H_{\mathrm{SI}} | \psi_{\mathrm{in}} \rangle = \langle r\alpha, 0 | H_{\mathrm{SI}} | r\alpha, 0 \rangle = \frac{\hbar}{2\mathrm{i}} \langle 00 | D_1^\dagger(\alpha) S_1^\dagger(r) (a_1^\dagger a_2 - a_1 a_2^\dagger) S_1(r) D_1(\alpha) | 00 \rangle$$

$$= \frac{\hbar}{2\mathrm{i}} \langle 00 | [(a_1^\dagger + \alpha^*) \cosh r - \mathrm{e}^{-\mathrm{i}\varphi} (a_1 + \alpha) \sinh r] a_2$$

$$- [(a_1 + \alpha) \cosh r - \mathrm{e}^{\mathrm{i}\varphi} (a_1^\dagger + \alpha^*) \sinh r] a_2^\dagger | 00 \rangle = 0 \quad (5.47)$$

以及

$$\langle \psi_{\mathrm{in}} | H_{\mathrm{SI}}^2 | \psi_{\mathrm{in}} \rangle = \langle r\alpha, 0 | H_{\mathrm{SI}}^2 | r\alpha, 0 \rangle = -\frac{\hbar^2}{4} \langle 00 | D_1^\dagger(\alpha) S_1^\dagger (a_1^\dagger a_2 - a_1 a_2^\dagger)^2 S^\dagger(r) S_1(r) D_1(\alpha) | 00 \rangle$$

$$= \frac{\hbar^2}{4}[|\alpha|^2(1+\sinh^2 r) - |\alpha|^2\cos(\varphi-2\vartheta)\sinh 2r + (1+|\alpha|^2)\sinh^2 r]$$

(5.48)

式中:设 $\alpha = |\alpha|e^{i\vartheta}$; ϑ 为相干态的初始相位。将式(5.47)和式(5.48)代入式(5.10),当 $\cos(\varphi-2\vartheta) = \pi$ 时,量子菲舍尔信息 F_Q 为

$$F_Q = \frac{4}{\hbar^2}(\langle r\alpha,0|H_{SI}^2|r\alpha,0\rangle - |\langle r\alpha,0|H_{SI}|r\alpha,0\rangle|^2)$$

$$= |\alpha|^2(1+\sinh^2 r) + |\alpha|^2\sinh 2r + (1+|\alpha|^2)\sinh^2 r = |\alpha|^2 e^{2r} + \sinh^2 r$$

(5.49)

由式(5.3)可知,$\cos(\varphi-2\vartheta) = \pi$ 时的最小相位不确定性为

$$(\Delta\phi)_{CRB} = \frac{1}{\sqrt{|\alpha|^2 e^{2r} + \sinh^2 r}} = \frac{1}{\sqrt{N}}$$

(5.50)

式中:N 为压缩相干态的总输入光子数,有

$$N = \langle r\alpha,0|a_1^\dagger a_1|r\alpha,0\rangle$$

$$= \langle 00|[(a_1^\dagger+\alpha^*)\cosh r - e^{-i\varphi}(a_1+\alpha)\sinh r] \cdot [(a_1+\alpha)\cosh r - e^{i\varphi}(a_1^\dagger+\alpha^*)\sinh r]|00\rangle$$

$$= |\alpha|^2(1+\sinh^2 r) - |\alpha|^2\cos(\varphi-2\vartheta)\sinh 2r + (1+|\alpha|^2)\sinh^2 r$$

$$= \begin{cases} \sinh^2 r + |\alpha|^2 e^{2r}, & \varphi-2\vartheta = \pi \\ \sinh^2 r + \frac{1}{2}|\alpha|^2(e^{2r}+e^{-2r}), & \varphi-2\vartheta = \pi/2 \\ \sinh^2 r + |\alpha|^2 e^{-2r}, & \varphi-2\vartheta = 0 \end{cases}$$

(5.51)

可以看出,对于压缩相干态,$\varphi-2\vartheta$ 取不同相位时,相干光存在被放大或降低的情形。由于存在真空态输入端口,式(5.50)仍具有散粒噪声极限的形式。不过,当 $|\alpha|^2 \gg \sinh^2 r$ 时,式(5.50)还可以表示为

$$(\Delta\phi)_{CRB} = \frac{1}{\sqrt{|\alpha|^2 e^{2r}}} = \frac{e^{-r}}{\sqrt{|\alpha|^2}}$$

(5.52)

式(5.52)似乎介于散粒噪声极限和海森堡极限之间,但是 $|\alpha|^2 \gg \sinh^2 r$ 同时意味着 $r \to 0$ 也即 $e^{-r} \to 1$,式(5.52)更接近 $1/\sqrt{|\alpha|^2}$。由于压缩相干态通过同时注入泵浦光束和与压缩模式匹配的激光输出而获得,压缩相干态的总输入光子数并不等于压缩光和相干光的光子数之和 $N \neq |\alpha|^2 + \sinh^2 r$,$S_1(r)D_1(\alpha)$ 过程导致相干光被放大:$|\alpha|^2 \to |\alpha|^2 e^{2r}$。因此,在相干压缩态 $|r\alpha,0\rangle$ 输入的Sagnac干涉仪中,尽管式(4.117)的二阶符合关联光强不存在量子增强的干涉信息,但由于输出场振幅的放大,式(4.124)的经典形式干涉输出光强(光子数)涨落服从亚泊松分布,导致相位检测灵敏度通常介于散粒噪声极限和海森堡极限之间。

5.1.2.9 压缩态 + 相干态 $|r,\alpha\rangle$ 输入

双模压缩态 + 相干态输入的态矢量可以表示为

$$|\psi_{\text{in}}\rangle = |r,\alpha\rangle = S_1(r)D_2(\alpha)|00\rangle \tag{5.53}$$

其中位移算符 $D_2(\alpha)$ 和压缩算符 $S_1(r)$ 分别满足：

$$\begin{cases} D_2^\dagger(\alpha)a_2 D_2(\alpha) = a_2 + \alpha;\ D_2^\dagger(\alpha)a_2^\dagger D_2(\alpha) = a_2^\dagger + \alpha^* \\ S_1^\dagger(r)a_1 S_1(r) = a_1\cosh r - e^{i\varphi}a_1^\dagger \sinh r \\ S_1^\dagger(r)a_1^\dagger S_1(r) = a_1^\dagger \cosh r - e^{-i\varphi}a_1 \sinh r \end{cases} \tag{5.54}$$

计算压缩态 + 相干态 $|r,\alpha\rangle$ 输入的 Sagnac 干涉仪哈密顿算符 H_{SI} 的平均值 $\langle H_{\text{SI}}\rangle$ 和均方值 $\langle H_{\text{SI}}^2\rangle$，有

$$\begin{aligned}
\langle \psi_{\text{in}}|H_{\text{SI}}|\psi_{\text{in}}\rangle &= \langle r,\alpha|H_{\text{SI}}|r,\alpha\rangle = \frac{\hbar}{2i}\langle r,\alpha|(a_1^\dagger a_2 - a_1 a_2^\dagger)|r,\alpha\rangle \\
&= \frac{\hbar}{2i}\langle 00|S_1^\dagger(r)D_2^\dagger(\alpha)(a_1^\dagger a_2 - a_1 a_2^\dagger)S_1(r)D_2(\alpha)|00\rangle \\
&= \frac{\hbar}{2i}\langle 00|[(a_1^\dagger \cosh r - a_1 e^{-i\varphi}\sinh r)(a_2 + \alpha) - \\
&\quad (a_1 \cosh r - a_1^\dagger e^{i\varphi}\sinh r)(a_2^\dagger + \alpha^*)]|00\rangle = 0
\end{aligned} \tag{5.55}$$

以及

$$\begin{aligned}
\langle \psi_{\text{in}}|H_{\text{SI}}^2|\psi_{\text{in}}\rangle &= \langle r,\alpha|H_{\text{SI}}^2|r,\alpha\rangle = -\frac{\hbar^2}{4}\langle 00|S_1^\dagger(r)D_2^\dagger(\alpha)(a_1^\dagger a_2 - a_1 a_2^\dagger)^2 S_1(r)D_2(\alpha)|00\rangle \\
&= \frac{\hbar^2}{4}[(\alpha^2 e^{-i\varphi} + \alpha^{*2}e^{i\varphi})\sinh r\cosh r + (\cosh^2 r + \sinh^2 r)|\alpha|^2 + \sinh^2 r] \\
&= \frac{\hbar^2}{4}[2\cos(\varphi - 2\vartheta)\sinh r\cosh r|\alpha|^2 + (\cosh^2 r + \sinh^2 r)|\alpha|^2 + \sinh^2 r]
\end{aligned} \tag{5.56}$$

将式(5.55)和式(5.56)代入式(5.10)，量子菲舍尔信息 F_Q 为

$$\begin{aligned}
F_Q &= \langle r,\alpha|H_{\text{SI}}^2|r,\alpha\rangle - |\langle r,\alpha|H_{\text{SI}}|r,\alpha\rangle|^2 \\
&= 2\cos(\varphi - 2\vartheta)\sinh r\cosh r|\alpha|^2 + (\cosh^2 r + \sinh^2 r)|\alpha|^2 + \sinh^2 r
\end{aligned} \tag{5.57}$$

由式(5.3)，最小相位不确定性为

$$(\Delta\phi)_{\text{CRB}} = \frac{1}{\sqrt{2\cos(\varphi - 2\vartheta)\sinh r\cosh r|\alpha|^2 + (\cosh^2 r + \sinh^2 r)|\alpha|^2 + \sinh^2 r}} \tag{5.58}$$

当满足 $\varphi - 2\vartheta = 0$ 时，式(5.58)变为

$$(\Delta\phi)_{\text{CRB}} = \frac{1}{\sqrt{|\alpha|^2 e^{2r} + \sinh^2 r}} \tag{5.59}$$

$|\alpha|^2 \gg \sinh^2 r$ 时得到:

$$(\Delta\phi)_{\text{CRB}} \approx \frac{e^{-r}}{\sqrt{|\alpha|^2}} = \frac{e^{-r}}{\sqrt{N}} \qquad (5.60)$$

式中:输入总光子数 $N = |\alpha|^2 + \sinh^2 r \approx |\alpha|^2$。可以看出,压缩态 + 相干态 $|r,\alpha\rangle$ 输入的 Sagnac 干涉仪具有介于散粒噪声极限和海森堡极限之间的相位检测灵敏度潜力。但式(4.108)的经典形式干涉输出和式(4.110)的二阶符合关联光强都不具有量子增强的干涉信息,需要探索合理的探测方案。

5.1.2.10 两个特定光子数态的线性叠加

考虑特定的双模光子数叠加态:

$$|\psi_{\text{in}}\rangle = \frac{1}{\sqrt{2}}[|n_1 n_2\rangle + |(n_1-1)(n_2+1)\rangle] \qquad (5.61)$$

计算 Sagnac 干涉仪哈密顿算符 H_{SI} 的平均值 $\langle H_{\text{SI}}\rangle$ 和均方值 $\langle H_{\text{SI}}^2\rangle$,有

$$\begin{aligned}\langle\psi_{\text{in}}|H_{\text{SI}}|\psi_{\text{in}}\rangle = & \frac{\hbar}{4\mathrm{i}}\langle n_1 n_2|(a_1^\dagger a_2 - a_1 a_2^\dagger)|n_1 n_2\rangle + \\ & \frac{\hbar}{4\mathrm{i}}\langle n_1 n_2|(a_1^\dagger a_2 - a_1 a_2^\dagger)|(n_1-1)(n_2+1)\rangle + \\ & \frac{\hbar}{4\mathrm{i}}\langle(n_1-1)(n_2+1)|(a_1^\dagger a_2 - a_1 a_2^\dagger)|n_1 n_2\rangle + \\ & \frac{\hbar}{4\mathrm{i}}\langle(n_1-1)(n_2+1)|(a_1^\dagger a_2 - a_1 a_2^\dagger)|(n_1-1)(n_2+1)\rangle = 0\end{aligned}$$

$$(5.62)$$

以及

$$\begin{aligned}\langle\psi_{\text{in}}|H_{\text{SI}}^2|\psi_{\text{in}}\rangle = & -\frac{\hbar^2}{8}\langle n_1 n_2|(a_1^\dagger a_2 - a_1 a_2^\dagger)^2|n_1 n_2\rangle - \\ & \frac{\hbar^2}{8}\langle n_1 n_2|(a_1^\dagger a_2 - a_1 a_2^\dagger)^2|(n_1-1)(n_2+1)\rangle - \\ & \frac{\hbar^2}{8}\langle(n_1-1)(n_2+1)|(a_1^\dagger a_2 - a_1 a_2^\dagger)^2|n_1 n_2\rangle - \\ & \frac{\hbar^2}{8}\langle(n_1-1)(n_2+1)|(a_1^\dagger a_2 - a_1 a_2^\dagger)^2|(n_1-1)(n_2+1)\rangle \\ = & \frac{\hbar^2}{4}(2n_1 n_2 + 2n_1 - 1) \qquad (5.63)\end{aligned}$$

将式(5.62)和式(5.63)代入式(5.10),量子菲舍尔信息 F_Q 为

$$F_Q = \frac{4}{\hbar^2}(\langle\psi_{\text{in}}|H_{\text{SI}}^2|\psi_{\text{in}}\rangle - \langle\psi_{\text{in}}|H_{\text{SI}}|\psi_{\text{in}}\rangle^2) = 2n_1 n_2 + 2n_1 - 1 \qquad (5.64)$$

由式(5.3)可知,最小相位不确定性为

$$(\Delta\phi)_{CRB} = \frac{1}{\sqrt{F_Q}} = \frac{1}{\sqrt{2n_1n_2 + 2n_1 - 1}} \tag{5.65}$$

当输入总光子数 $n_1 + n_2 = N, n_1 - n_2 = 2$ 时,有

$$(\Delta\phi)_{CRB} = \frac{\sqrt{2}}{\sqrt{N(N+2)}} \approx \frac{\sqrt{2}}{N} \tag{5.66}$$

式(5.66)为海森堡极限。可以证明,相位检测灵敏度随双模光子数差 $n_1 - n_2$ 的增加而劣化。

5.1.3 利用输出态 $|\psi_{out}(\phi)\rangle$ 估计相位检测灵敏度

如前所述,在大多数情况下,输入态的结构形式较为简单,Sagnac 干涉仪的输出态形态复杂,利用输出态 $|\psi_{out}(\phi)\rangle$ 计算量子菲舍尔信息和估计相位检测灵敏度并不方便。因此,这里仅给出少量计算例。其中,对 NOON 态的处理大概是一个例外,采用输出态比输入态要方便一些,不过,所采用的输出态不是 Sagnac 干涉仪的输出态,而是经过相移器(光纤线圈)的输出,已然包括 Sagnac 相位信息 ϕ。这种由输出态的量子菲舍尔信息估计相位检测灵敏度的方法,通常可以无须考虑具体的测量方案。

5.1.3.1 单模相干态 $|\alpha,0\rangle$ 输入

在薛定谔图像中,单模相干态 $|\alpha,0\rangle$ 输入的 Sagnac 干涉仪的输出态 $|\psi_{(\alpha)}(\phi)\rangle$ 演变为

$$|\psi_{(\alpha)}(\phi)\rangle = U_{SI}|\alpha,0\rangle = U_{SI}D_1(\alpha)|00\rangle \tag{5.67}$$

式中:U_{SI} 为 Sagnac 干涉仪的幺正演变算符,见式(5.4);$D_1(\alpha)$ 为位移算符,可以表示为

$$D_1(\alpha) = e^{\alpha a_1^\dagger - \alpha^* a_1} \tag{5.68}$$

由式(5.67)继续推导输出态 $|\psi_{(\alpha)}(\phi)\rangle$,得到:

$$\begin{aligned}|\psi_{(\alpha)}(\phi)\rangle &= U_{SI}D_1(\alpha)U_{SI}^\dagger|00\rangle = U_{SI}e^{\alpha a_1^\dagger - \alpha^* a_1}U_{SI}^\dagger|00\rangle = e^{\alpha U_{SI}a_1^\dagger U_{SI}^\dagger - \alpha^* U_{SI}a_1 U_{SI}^\dagger}|00\rangle \\ &= e^{\alpha\left(a_1^\dagger\cos\frac{\phi}{2} + a_2^\dagger\sin\frac{\phi}{2}\right) - \alpha^*\left(a_1\cos\frac{\phi}{2} + a_2\sin\frac{\phi}{2}\right)}|00\rangle \\ &= e^{(\alpha a_1^\dagger - \alpha^* a_1)\cos\frac{\phi}{2} + (\alpha a_2^\dagger - \alpha^* a_2)\sin\frac{\phi}{2}}|00\rangle \end{aligned} \tag{5.69}$$

利用式(3.107)可得:

$$U_{SI}a_1 U_{SI}^\dagger = a_1\cos\frac{\phi}{2} + a_2\sin\frac{\phi}{2}, \quad U_{SI}a_1^\dagger U_{SI}^\dagger = a_1^\dagger\cos\frac{\phi}{2} + a_2^\dagger\sin\frac{\phi}{2} \tag{5.70}$$

对 $|\psi_{(\alpha)}(\phi)\rangle$ 求关于 ϕ 的微商:

$$|\dot{\psi}_{(\alpha)}(\phi)\rangle = -\frac{1}{2}\left[(\alpha a_1^\dagger - \alpha^* a_1)\sin\frac{\phi}{2} - (\alpha a_2^\dagger - \alpha^* a_2)\cos\frac{\phi}{2}\right]\cdot$$
$$e^{(\alpha a_1^\dagger - \alpha^* a_1)\cos\frac{\phi}{2} + (\alpha a_2^\dagger - \alpha^* a_2)\sin\frac{\phi}{2}}|00\rangle$$
$$= -\frac{1}{2}\left[(\alpha a_1^\dagger - \alpha^* a_1)\sin\frac{\phi}{2} - (\alpha a_2^\dagger - \alpha^* a_2)\cos\frac{\phi}{2}\right]|\psi_{(\alpha)}(\phi)\rangle$$
(5.71)

因而有

$$\langle\dot{\psi}_{(\alpha)}(\phi)|\dot{\psi}_{(\alpha)}(\phi)\rangle = \frac{1}{4}\langle 00|\left[(\alpha a_1^\dagger - \alpha^* a_1)\sin\frac{\phi}{2} - (\alpha a_2^\dagger - \alpha^* a_2)\cos\frac{\phi}{2}\right]^\dagger\cdot$$
$$\left[(\alpha a_1^\dagger - \alpha^* a_1)\sin\frac{\phi}{2} - (\alpha a_2^\dagger - \alpha^* a_2)\cos\frac{\phi}{2}\right]|00\rangle$$
$$= \frac{1}{4}\langle 00|\left(|\alpha|^2\sin^2\frac{\phi}{2}a_1 a_1^\dagger + |\alpha|^2\cos^2\frac{\phi}{2}a_2 a_2^\dagger\right)|00\rangle = \frac{1}{4}|\alpha|^2$$
(5.72)

又

$$\langle\dot{\psi}_{(\alpha)}(\phi)|\psi_{(\alpha)}(\phi)\rangle = -\frac{1}{2}\langle 00|\left[(\alpha a_1^\dagger - \alpha^* a_1)\sin\frac{\phi}{2} - (\alpha a_2^\dagger - \alpha^* a_2)\cos\frac{\phi}{2}\right]^\dagger|00\rangle = 0$$
(5.73)

将式(5.72)和式(5.73)代入式(5.1),量子菲舍尔信息 F_Q 为

$$F_Q = 4(\langle\dot{\psi}_{(\alpha)}(\phi)|\dot{\psi}_{(\alpha)}(\phi)\rangle - |\langle\dot{\psi}_{(\alpha)}(\phi)|\psi_{(\alpha)}(\phi)\rangle|^2) = |\alpha|^2 \quad (5.74)$$

由式(5.3)可知,CRB 极限定义的最小相位不确定性为

$$(\Delta\phi)_{CRB} = \frac{1}{\sqrt{F_Q}} = \frac{1}{|\alpha|} = \frac{1}{\sqrt{N}} \quad (5.75)$$

式中:$N = |\alpha|^2$ 为单模相干态 $|\alpha,0\rangle$ 的输入光子数。式(5.75)为散粒噪声极限,与式(5.14)的结果相同。

5.1.3.2 双模相干态 $|\alpha_1,\alpha_2\rangle$ 输入

在薛定谔图像中,双模相干态 $|\alpha_1,\alpha_2\rangle$ 输入的 Sagnac 干涉仪的输出态 $|\psi_{(\alpha_1,\alpha_2)}(\phi)\rangle$ 为

$$|\psi_{(\alpha_1,\alpha_2)}(\phi)\rangle = U_{SI}|\alpha_1,\alpha_2\rangle = U_{SI}D_1(\alpha_1)D_2(\alpha_2)|00\rangle \quad (5.76)$$

式中:

$$D_1(\alpha_1) = e^{\alpha_1 a_1^\dagger - \alpha_1^* a_1}; D_2(\alpha_2) = e^{\alpha_2 a_2^\dagger - \alpha_2^* a_2} \quad (5.77)$$

由式(5.76)继续推导输出态 $|\psi_{(\alpha_1,\alpha_2)}(\phi)\rangle$,得到:

$$|\psi_{(\alpha_1,\alpha_2)}(\phi)\rangle = U_{SI}D_1(\alpha_1)U_{SI}^\dagger U_{SI}D_2(\alpha_2)U_{SI}^\dagger|00\rangle$$

$$= U_{SI}e^{\alpha_1 a_1^\dagger - \alpha_1^* a_1}U_{SI}^\dagger U_{SI}e^{\alpha_2 a_2^\dagger - \alpha_2^* a_2}U_{SI}^\dagger|00\rangle = e^{\alpha_1 U_{SI}a_1^\dagger U_{SI}^\dagger - \alpha_1^* U_{SI}a_1 U_{SI}^\dagger}$$

$$e^{\alpha_2 U_{SI}a_2^\dagger U_{SI}^\dagger - \alpha_2^* U_{SI}a_2 U_{SI}^\dagger}|00\rangle$$

$$= e^{\alpha_1\left(a_1^\dagger \cos\frac{\phi}{2} + a_2^\dagger \sin\frac{\phi}{2}\right) - \alpha_1^*\left(a_1\cos\frac{\phi}{2} + a_2\sin\frac{\phi}{2}\right)}e^{\alpha_2\left(-a_1^\dagger\sin\frac{\phi}{2} + a_2^\dagger\cos\frac{\phi}{2}\right) - \alpha_2^*\left(-a_1\sin\frac{\phi}{2} + a_2\cos\frac{\phi}{2}\right)}|00\rangle$$

$$= e^{(\alpha_1 a_1^\dagger - \alpha_1^* a_1)\cos\frac{\phi}{2} + (\alpha_1 a_2^\dagger - \alpha_1^* a_2)\sin\frac{\phi}{2}}e^{-(\alpha_2 a_1^\dagger - \alpha_2^* a_1)\sin\frac{\phi}{2} + (\alpha_2 a_2^\dagger - \alpha_2^* a_2)\cos\frac{\phi}{2}}|00\rangle \quad (5.78)$$

利用式(3.107)可得:

$$\begin{cases} U_{SI}a_1 U_{SI}^\dagger = a_1\cos\frac{\phi}{2} + a_2\sin\frac{\phi}{2}, & U_{SI}a_1^\dagger U_{SI}^\dagger = a_1^\dagger\cos\frac{\phi}{2} + a_2^\dagger\sin\frac{\phi}{2} \\ U_{SI}a_2 U_{SI}^\dagger = -a_1\sin\frac{\phi}{2} + a_2\cos\frac{\phi}{2}, & U_{SI}a_2^\dagger U_{SI}^\dagger = -a_1^\dagger\sin\frac{\phi}{2} + a_2^\dagger\cos\frac{\phi}{2} \end{cases} \quad (5.79)$$

由对易关系:

$$\left[(\alpha_1 a_1^\dagger - \alpha_1^* a_1)\cos\frac{\phi}{2} + (\alpha_1 a_2^\dagger - \alpha_1^* a_2)\sin\frac{\phi}{2},\right.$$

$$\left. -(\alpha_2 a_1^\dagger - \alpha_2^* a_1)\sin\frac{\phi}{2} + (\alpha_2 a_2^\dagger - \alpha_2^* a_2)\cos\frac{\phi}{2}\right] = 0 \quad (5.80)$$

利用量子力学公式:

$$e^{A+B} = e^A e^B e^{-[A,B]/2} \quad (5.81)$$

式(5.78)的输出态 $|\psi_{(\alpha_1,\alpha_2)}(\phi)\rangle$ 进一步变为

$$|\psi_{(\alpha_1,\alpha_2)}(\phi)\rangle = e^{(\alpha_1 a_1^\dagger - \alpha_1^* a_1)\cos\frac{\phi}{2} + (\alpha_1 a_2^\dagger - \alpha_1^* a_2)\sin\frac{\phi}{2} - (\alpha_2 a_1^\dagger - \alpha_2^* a_1)\sin\frac{\phi}{2} + (\alpha_2 a_2^\dagger - \alpha_2^* a_2)\cos\frac{\phi}{2}}|00\rangle$$

$$= e^{(\alpha_1 a_1^\dagger + \alpha_2 a_2^\dagger - \alpha_1^* a_1 - \alpha_2^* a_2)\cos\frac{\phi}{2} - (\alpha_2 a_1^\dagger - \alpha_1 a_2^\dagger + \alpha_2^* a_1 - \alpha_1^* a_2)\sin\frac{\phi}{2}}|00\rangle \quad (5.82)$$

对输出态 $|\psi_{(\alpha_1,\alpha_2)}(\phi)\rangle$ 求微商:

$$|\dot\psi_{(\alpha_1,\alpha_2)}(\phi)\rangle = -\frac{1}{2}\left[(\alpha_1 a_1^\dagger + \alpha_2 a_2^\dagger - \alpha_1^* a_1 - \alpha_2^* a_2)\sin\frac{\phi}{2} + \right.$$

$$\left.(\alpha_2 a_1^\dagger - \alpha_1 a_2^\dagger + \alpha_2^* a_1 - \alpha_1^* a_2)\cos\frac{\phi}{2}\right]\cdot$$

$$e^{(\alpha_1 a_1^\dagger + \alpha_2 a_2^\dagger - \alpha_1^* a_1 - \alpha_2^* a_2)\cos\frac{\phi}{2} + (\alpha_2 a_1^\dagger - \alpha_1 a_2^\dagger + \alpha_2^* a_1 - \alpha_1^* a_2)\sin\frac{\phi}{2}}|00\rangle$$

$$= -\frac{1}{2}\left[(\alpha_1 a_1^\dagger + \alpha_2 a_2^\dagger - \alpha_1^* a_1 - \alpha_2^* a_2)\sin\frac{\phi}{2} + \right.$$

$$\left.(\alpha_2 a_1^\dagger - \alpha_1 a_2^\dagger + \alpha_2^* a_1 - \alpha_1^* a_2)\cos\frac{\phi}{2}\right]|\psi_{(\alpha_1,\alpha_2)}(\phi)\rangle \quad (5.83)$$

因而得到:

$$\langle\dot\psi_{(\alpha_1,\alpha_2)}(\phi)|\dot\psi_{(\alpha_1,\alpha_2)}(\phi)\rangle$$

$$= \frac{1}{4}\langle 00|\left[(\alpha_1 a_1^\dagger + \alpha_2 a_2^\dagger - \alpha_1^* a_1 - \alpha_2^* a_2)\sin\frac{\phi}{2} + (\alpha_2 a_1^\dagger - \alpha_1 a_2^\dagger + \alpha_2^* a_1 - \alpha_1^* a_2)\cos\frac{\phi}{2}\right]^\dagger\cdot$$

$$\left[(\alpha_1 a_1^\dagger + \alpha_2 a_2^\dagger - \alpha_1^* a_1 - \alpha_2^* a_2)\sin\frac{\phi}{2} + (\alpha_2 a_1^\dagger - \alpha_1 a_2^\dagger + \alpha_2^* a_1 - \alpha_1^* a_2)\cos\frac{\phi}{2}\right]|00\rangle$$

$$= \frac{1}{4}(|\alpha_1|^2 + |\alpha_2|^2) \tag{5.84}$$

以及

$$\langle \dot{\psi}_{(\alpha_1,\alpha_2)}(\phi)|\psi_{(\alpha_1,\alpha_2)}(\phi)\rangle$$

$$= -\frac{1}{2}\langle 00 |\left[(\alpha_1 a_1^\dagger + \alpha_2 a_2^\dagger - \alpha_1^* a_1 - \alpha_2^* a_2)\sin\frac{\phi}{2} + \right.$$

$$\left.(\alpha_2 a_1^\dagger - \alpha_1 a_2^\dagger + \alpha_2^* a_1 - \alpha_1^* a_2)\cos\frac{\phi}{2}\right]^\dagger|00\rangle = 0 \tag{5.85}$$

将式(5.84)和式(5.85)代入式(5.1),量子菲舍尔信息 F_Q 为

$$F_Q = |\alpha_1|^2 + |\alpha_2|^2 \tag{5.86}$$

由式(5.3)可知,CRB 极限定义的最小相位不确定性为

$$(\Delta\phi)_{CRB} = \frac{1}{\sqrt{|\alpha_1|^2 + |\alpha_2|^2}} = \frac{1}{\sqrt{N}} \tag{5.87}$$

式中: $N = |\alpha_1|^2 + |\alpha_2|^2$ 为双模相干态的输入总光子数。式(5.87)为散粒噪声极限,与式(5.18)的结果相同。

5.1.3.3 任意光量子态 $|\psi_{in}\rangle$ 输入

对于任意输入态 $|\psi_{in}\rangle$ 的 Sagnac 干涉仪,其输出态可以表示为(推导过程详见 5.2.3 节)

$$|\psi_{out}(\phi)\rangle = U_{SI}|\psi_{in}\rangle = e^{i(\theta+\pi)J_{x-in}}e^{i\phi J_{z-in}}e^{i\theta J_{x-in}}|\psi_{in}\rangle \tag{5.88}$$

式中: J_{x-in}、J_{z-in} 是输入态角动量的 x 和 z 分量;θ 与分束器的分光比有关。输入态的角动量定义为

$$J_{x-in} = \frac{1}{2}(a_1^\dagger a_2 + a_2^\dagger a_1);\ J_{y-in} = \frac{1}{2i}(a_1^\dagger a_2 - a_2^\dagger a_1);\ J_{z-in} = \frac{1}{2}(a_1^\dagger a_1 - a_2^\dagger a_2) \tag{5.89}$$

关于角动量的特性和运算法则后面还要详细讨论,这里只引用相关结果。

对于理想的分光比 50∶50 的分束器,$\theta = \pi/2$,$e^{i\pi J_{x-in}/2}$ 表示输入态绕 J_{x-in} 逆时针转动角度 $\pi/2$,$e^{i\phi J_{z-in}}$ 表示绕 J_{z-in} 逆时针转动角度 ϕ,$e^{-i\pi J_{x-in}/2}$ 表示顺时针绕 J_{x-in} 转动角度 $\pi/2$,则最终效果为绕 J_{y-in} 逆时针转动角度 ϕ,因而有

$$|\psi_{out}(\phi)\rangle = e^{-i\pi J_{x-in}/2}e^{i\phi J_{z-in}}e^{i\pi J_{x-in}/2}|\psi_{in}\rangle = e^{i\phi J_{y-in}}|\psi_{in}\rangle \tag{5.90}$$

对输出态 $|\psi_{out}(\phi)\rangle$ 求微商:

$$|\dot{\psi}_{out}(\phi)\rangle = (iJ_{y-in})e^{i\phi J_{y-in}}|\psi_{in}\rangle = iJ_{y-in}|\psi_{out}(\phi)\rangle \tag{5.91}$$

则有

$$\langle \dot{\psi}_{out}(\phi)|\dot{\psi}_{out}(\phi)\rangle = \langle \psi_{out}(\phi)|J_{y-in}^2|\psi_{out}(\phi)\rangle \tag{5.92}$$

利用 $J_{y-in}^{\dagger} = J_{y-in}$ 得

$$\langle \dot{\psi}_{out}(\phi) | \psi_{out}(\phi) \rangle = \langle \psi_{out}(\phi) | (-iJ_{y-in}^{\dagger}) | \psi_{out}(\phi) \rangle = \langle \psi_{out}(\phi) | (-iJ_{y-in}) | \psi_{out}(\phi) \rangle \tag{5.93}$$

将式(5.92)和式(5.93)代入式(5.1),量子菲舍尔信息 F_Q 可以简化表示为

$$F_Q = 4[\langle \psi_{out}(\phi) | J_{y-in}^2 | \psi_{out}(\phi) \rangle - |\langle \psi_{out}(\phi) | (-iJ_{y-in}) | \psi_{out}(\phi) \rangle|^2] = 4(\Delta J_y)^2 \tag{5.94}$$

比较 H_{SI} 和 J_{y-in} 的定义,得到 $H_{SI} = \hbar J_{y-in}$。这可以清晰地看出,无论采用输入态还是输出态,基于量子菲舍尔信息 F_Q 的相位检测灵敏度估计方法均不依赖于相位 ϕ。

最小相位不确定性与输出角动量 y 分量的方差 $(\Delta J_y)^2$ 有关:

$$(\Delta \phi)_{CRB} = \frac{1}{2\Delta J_y} \tag{5.95}$$

5.1.3.4 采用 NOON 态的 Sagnac 干涉仪

NOON 态不是干涉仪的输入态,是经过干涉仪分束器生成的一种最大路径纠缠态,可以表示为

$$|NOON\rangle = \frac{1}{\sqrt{2}}(|N0\rangle + |0N\rangle) \tag{5.96}$$

NOON 态经过相移器(光纤线圈)和第二个分束器,输出态为

$$|\psi_{out}(\phi)\rangle = U_{BS2} U_{\phi} |NOON\rangle = e^{-i\pi J_{x-in}/2} e^{i\phi J_{z-in}} |NOON\rangle \tag{5.97}$$

式中:$U_{\phi} = e^{i\phi J_{z-in}}$ 是与光纤线圈传输矩阵对应的幺正演变算符,$U_{BS2} = e^{-i\pi J_{x-in}/2}$ 是 Sagnac 干涉仪输出分束器对应的幺正演变算符。

对 $|\psi_{out}(\phi)\rangle$ 求微商:

$$|\dot{\psi}_{out}(\phi)\rangle = \frac{d|\psi_{out}(\phi)\rangle}{d\phi} = e^{-i\pi J_{x-in}/2}(iJ_{z-in})e^{i\phi J_{z-in}}|NOON\rangle \tag{5.98}$$

因而有

$$\langle \dot{\psi}_{out}(\phi) | \dot{\psi}_{out}(\phi) \rangle = \langle NOON | e^{-i\phi J_{z-in}}(-iJ_{z-in})e^{i\pi J_{x-in}/2}e^{-i\pi J_{x-in}/2}(iJ_{z-in})e^{i\phi J_{z-in}} | NOON \rangle$$
$$= \langle NOON | e^{-i\phi J_{z-in}} J_{z-in}^2 e^{i\phi J_{z-in}} | NOON \rangle$$
$$= \langle NOON | J_{z-in}^2 | NOON \rangle = \frac{1}{4}N^2 \tag{5.99}$$

又

$$\langle \dot{\psi}_{out}(\phi) | \psi_{out}(\phi) \rangle = \langle NOON | e^{-i\phi J_{z-in}}(-iJ_{z-in})e^{i\pi J_{x-in}/2}e^{-i\pi J_{x-in}/2}e^{i\phi J_{z-in}} | NOON \rangle$$
$$= -i \cdot \langle NOON | J_{z-in} | NOON \rangle = 0 \tag{5.100}$$

将式(5.99)和式(5.100)代入式(5.1),量子菲舍尔信息 F_Q 为

$$F_Q[|\psi_{out}(\phi)\rangle] = 4\left(\frac{1}{4}N^2 - 0\right) = N^2 \tag{5.101}$$

第 5 章　量子纠缠光纤陀螺仪相位检测灵敏度的评估方法

由式(5.3)可知,CRB 极限定义的最小相位不确定性为

$$(\Delta\phi)_{CRB} = \frac{1}{\sqrt{F_Q}} = \frac{1}{N} \tag{5.102}$$

式(5.102)为海森堡极限。

5.1.4　利用输出概率或量子干涉公式估计相位检测灵敏度

根据量子估计理论,设 $p(n_1,n_2)$ 是在 Sagnac 干涉仪输出端口 1、2 探测到 n_1、n_2 个光子的联合概率,这个概率也是 Sagnac 相移 ϕ 的函数:$p(n_1,n_2) = p(n_1,n_2,\phi)$,或简化为 $p(\phi)$。菲舍尔信息 $F_Q(\phi)$ 定义为

$$F_Q(\phi) = \sum_{n_1,n_2} \frac{1}{p(n_1,n_2)}\left(\frac{\partial p(n_1,n_2)}{\partial \phi}\right)^2 = \sum_{n_1,n_2} \frac{1}{p(\phi)}\left(\frac{\partial p(\phi)}{\partial \phi}\right)^2 \tag{5.103}$$

另一方面,量子干涉公式 $g_{12}^{(2)}$ 和所关注的给定输出态的二阶符合生成概率 P,与 $p(n_1,n_2)$ 一样,也具有相应探测方案或相应输出态的完整相位信息,因此广义地讲,也可以构成菲舍尔信息 $F_Q(\phi)$,因而有

$$F_Q(\phi) = \frac{1}{g_{12}^{(2)}(\phi)}\left(\frac{\partial g_{12}^{(2)}(\phi)}{\partial \phi}\right)^2 \text{ 或 } F_Q(\phi) = \frac{1}{P(\phi)}\left(\frac{\partial P(\phi)}{\partial \phi}\right)^2 \tag{5.104}$$

则相位检测灵敏度的 CRB(最小相位不确定性)为

$$(\Delta\phi)_{CRB} = \frac{\sqrt{g_{12}^{(2)}(\phi)}}{\frac{\partial g_{12}^{(2)}(\phi)}{\partial \phi}} \text{ 或 } (\Delta\phi)_{CRB} = \frac{\sqrt{P(\phi)}}{\frac{\partial P(\phi)}{\partial \phi}} \tag{5.105}$$

在这些情况下,评估量子纠缠光纤陀螺仪的相位检测灵敏度有时需要考虑偏置相位的影响。下面计算几个简单的例子。

5.1.4.1　光子数态 $|22\rangle$ 输入和高阶符合探测

以第 4 章讨论的输入光子数态 $|22\rangle$ 为例,计算 Sagnac 干涉仪的所有输出态的生成概率。由式(4.53)可知,输出态为

$$U_{SI}|22\rangle = U_{SI}\frac{a_1^{\dagger 2}}{\sqrt{2!}}\frac{a_2^{\dagger 2}}{\sqrt{2!}}|00\rangle = \frac{1}{2}(U_{SI}a_1^{\dagger}U_{SI}^{\dagger})^2(U_{SI}a_2^{\dagger}U_{SI}^{\dagger})^2|00\rangle$$

$$= \frac{\sqrt{6}}{8}(1-\cos2\phi)(|40\rangle + |04\rangle) + \frac{1}{4}(1+3\cos2\phi)|22\rangle +$$

$$\frac{\sqrt{6}}{4}\sin2\phi(|13\rangle - |31\rangle) \tag{5.106}$$

其中每个输出态的概率为

$$p(4,0,\phi) = p(0,4,\phi) = \left|\frac{\sqrt{6}}{8}(1-\cos2\phi)\right|^2 = \frac{3}{32}(1-\cos2\phi)^2 \tag{5.107}$$

$$p(2,2,\phi) = \left|\frac{1}{4}(1+3\cos2\phi)\right|^2 = \frac{1}{16}(1+3\cos2\phi)^2 \qquad (5.108)$$

$$p(3,1,\phi) = p(1,3,\phi) = \left|\frac{\sqrt{6}}{4}\sin2\phi\right|^2 = \frac{3}{8}\sin^2 2\phi \qquad (5.109)$$

这显然有

$$p(4,0,\phi) + p(0,4,\phi) + p(2,2,\phi) + p(3,1,\phi) + p(1,3,\phi)$$
$$= 2\times\frac{3}{32}(1-\cos2\phi)^2 + \frac{1}{16}(1+3\cos2\phi)^2 + 2\times\frac{3}{8}\sin^2 2\phi = 1 \qquad (5.110)$$

由式(5.103)可知,每个输出态的菲舍尔信息分别为

$$F_Q(2,2,\phi) = 9\sin^2 2\phi \qquad (5.111)$$

$$F_Q(4,0,\phi) = F_Q(0,4,\phi) = \frac{3}{2}\sin^2 2\phi \qquad (5.112)$$

$$F_Q(1,3,\phi) = F_Q(3,1,\phi) = 6\cos^2 2\phi \qquad (5.113)$$

则 CRB 定义的最小相位不确定性为

$$(\Delta\phi)_{\text{CRB}} = \frac{1}{\sqrt{F_Q(4,0,\phi)+F_Q(0,4,\phi)+F_Q(2,2,\phi)+F_Q(1,3,\phi)+F_Q(3,1,\phi)}} = \frac{1}{\sqrt{12}} \qquad (5.114)$$

这与式(5.26)双模光子数态 $|nn\rangle$ 的输入的结果完全一致,说明 $|22\rangle$ 输入态具有海森堡极限的相位检测灵敏度潜力。

但是,考察光子数态 $|22\rangle$ 输入的 Sagnac 干涉仪两个输出端口的二阶符合量子干涉公式:

$$g_{12}^{(2)}(\phi) = \frac{3}{4}\times\frac{1}{2}(1-\cos2\phi) \qquad (5.115)$$

由式(5.104)可知,菲舍尔信息 $F_Q(\phi)$ 为

$$F_Q(\phi) = \frac{1}{g_{12}^{(2)}(\phi)}\left(\frac{\partial g_{12}^{(2)}(\phi)}{\partial\phi}\right)^2 = 3\cos^2\phi \qquad (5.116)$$

则 CRB 定义的最小相位不确定性为

$$(\Delta\phi)_{\text{CRB}} = \frac{1}{\sqrt{F_Q(\phi)}} = \frac{1}{\sqrt{3}}\cdot\frac{1}{\cos\phi} \qquad (5.117)$$

检测微小相位 $\phi\approx 0$ 时,得到:

$$(\Delta\phi)_{\text{CRB}} = \frac{1}{\sqrt{3}} \qquad (5.118)$$

这再一次表明,无论采用哪一种评估方法,$|22\rangle$ 输入态的二阶符合相关光强的量子干涉并未突破散粒噪声极限 $1/2$,其原因我们在第 4 章已经进行了讨论。

但是,我们看到,光子数态 $|22\rangle$ 输入的 Sagnac 干涉仪中,其输出态 $|31\rangle$ 和

$|13\rangle$ 具有纯粹的 4ϕ 信息,由式(4.54)可知,在 Sagnac 干涉仪输出端口 1、2 探测到 1、3 个和 3、1 个光子的联合概率为

$$p_{(31,13)} = 2\left|\frac{\sqrt{6}}{4}\sin 2\phi\right|^2 = \frac{3}{4} \times \frac{1}{2}[1 - \cos 4(\Phi_0 + \phi)] \qquad (5.119)$$

式中:Φ_0 为所考虑的相位偏置;$\phi \to \Phi_0 + \phi$。由式(5.103)可知,菲舍尔信息 $F_Q(\phi)$ 为

$$F_Q(\phi) = \frac{1}{p_{(31,13)}(\phi)}\left[\frac{\partial p_{(31,13)}(\phi)}{\partial \phi}\right]^2 = \frac{6\sin^2 4(\Phi_0 + \phi)}{1 - \cos 4(\Phi_0 + \phi)} \qquad (5.120)$$

则 CRB 定义的最小相位不确定性为

$$(\Delta\phi)_{CRB} = \frac{1}{\sqrt{F_Q(\phi)}} = \frac{1}{\sqrt{12}} \cdot \left|\frac{1}{\cos 2(\Phi_0 + \phi)}\right| \qquad (5.121)$$

如果检测微小相位 $\phi \approx 0$,偏置相位取 $\Phi_0 = \pi/2$ 时,则有

$$(\Delta\phi)_{CRB} = \frac{1}{\sqrt{12}} \qquad (5.122)$$

式(5.122)为海森堡极限,这提示我们需要选择合适的符合探测方案和相位偏置方案才能实现量子增强的相位检测灵敏度。

5.1.4.2 经典 Sagnac 干涉仪

假定相位偏置为 Φ_0,由式(4.10)可知,经典 Sagnac 干涉仪的干涉输出光强为

$$P(N,\phi) = \frac{1}{2} \times N \times [1 + \cos(\Phi_0 + \phi)] \qquad (5.123)$$

式中:N 是经典输入光强(光子数)。由式(5.104)可知,菲舍尔信息 $F_Q(\phi)$ 为

$$F_Q(\phi) = \frac{1}{P(N,\phi)}\left(\frac{\partial P(N,\phi)}{\partial \phi}\right)^2 = N \cdot \sin^2\left(\frac{\Phi_0 + \phi}{2}\right) \qquad (5.124)$$

则 CRB 定义的最小相位不确定性为

$$(\Delta\phi)_{CRB} = \frac{1}{\sqrt{F_Q(\phi)}} = \frac{1}{\sqrt{N} \cdot \sin\left(\dfrac{\Phi_0 + \phi}{2}\right)} \qquad (5.125)$$

如果检测微小相位 $\phi \approx 0$,偏置相位 $\Phi_0 = \pi$ 时,有

$$(\Delta\phi)_{CRB} = \frac{2}{\sqrt{N}} \qquad (5.126)$$

式(5.126)为散粒噪声极限。

5.1.4.3 采用 NOON 态的 Sagnac 干涉仪

假定相位偏置为 Φ_0,$N \gg 1$ 时,取 $N \approx N - 1 \approx N + 1$,由式(4.79)NOON 态

Sagnac 干涉仪的量子干涉公式 $g_{12(e)}^{(2)}$,得到菲舍尔信息 $F_Q(\phi)$ 为

$$F_Q(\phi) = \frac{1}{g_{12(e)}^{(2)}(\phi)}\left(\frac{g_{12(e)}^{(2)}(\phi)}{\partial \phi}\right)^2 = N^2 \sin^2\left(\frac{N(\Phi_0+\phi)}{2}\right) \quad (5.127)$$

则 CRB 定义的最小相位不确定性为

$$(\Delta\phi)_{CRB} = \frac{1}{\sqrt{F_Q(\phi)}} = \frac{1}{N\sin\left[\dfrac{N(\Phi_0+\phi)}{2}\right]} \quad (5.128)$$

理论上,给定光子数 N 后,控制 Φ_0 使 $\sin(N\Phi_0/2)=1$,则在 $\phi=0$ 附近,CRB 等于海森堡极限:

$$(\Delta\phi)_{CRB} = \frac{1}{N} \quad (5.129)$$

这与其他方法得到的结果完全一致。

5.2 基于抽象角动量理论的相位检测灵敏度评估方法

5.2.1 湮灭算符和产生算符定义的抽象角动量算符

在第 3 章中,我们讲到,可以用角动量表征分束器的量子变换。实际上,利用抽象自旋空间的角动量旋转,可以描述光量子态通过任意量子器件或通过由量子器件组成的量子干涉仪的演变。这里考虑由湮灭算符和产生算符定义的抽象角动量算符,由此分析输入光量子态经过 Sagnac 干涉仪的演变。

5.2.1.1 角动量算符的定义及其性质

设 a_1、a_2 为两束光波的湮灭算符,如进入一个量子器件(如分束器、相移器)或一组器件(如 Sagnac 干涉仪)的两个输入端口的光场。如前所述,这些算符及其伴随算符满足基本对易关系:

$$[a_i, a_j] = [a_i^\dagger, a_j^\dagger] = 0; [a_i, a_j^\dagger] = \delta_{ij} \quad (5.130)$$

式中:下标 i、j 取值 1 和 2,分别表示端口 1 和端口 2。角动量算符定义为

$$J_x = \frac{1}{2}(a_1^\dagger a_2 + a_2^\dagger a_1); J_y = \frac{1}{2i}(a_1^\dagger a_2 - a_2^\dagger a_1); J_z = \frac{1}{2}(a_1^\dagger a_1 - a_2^\dagger a_2) \quad (5.131)$$

很容易证明,它们同时也是厄密算符:$J_{x,y,z}^\dagger = J_{x,y,z}$,本征值为实数。由角动量 z 分量 J_z 还可得到:$a_1^\dagger a_1 - a_2^\dagger a_2 = 2J_z$,所以 J_z 是一个可观测量,对 J_z 的测量等效于两个输出端口的光子数差的测量,J_z 有时也称为光子数差算符。

引入总光子数算符 N:

$$N = a_1^\dagger a_1 + a_2^\dagger a_2 \quad (5.132)$$

由于

$$[J_x, J_y] = \frac{1}{4\mathrm{i}}\{(a_1^\dagger a_2 + a_2^\dagger a_1)(a_1^\dagger a_2 - a_2^\dagger a_1) - (a_1^\dagger a_2 - a_2^\dagger a_1)(a_1^\dagger a_2 + a_2^\dagger a_1)\}$$

$$= \frac{\mathrm{i}}{2}\{a_1^\dagger a_2 a_2^\dagger a_1 - a_2^\dagger a_1 a_1^\dagger a_2\} = \frac{\mathrm{i}}{2}\{a_1^\dagger a_2 a_2^\dagger a_1 - a_2^\dagger a_2 a_1 a_1^\dagger\}$$

$$= \frac{\mathrm{i}}{2}\{(a_1 a_1^\dagger - 1)a_2 a_2^\dagger - (a_2 a_2^\dagger - 1)a_1 a_1^\dagger\} = \frac{\mathrm{i}}{2}(a_1^\dagger a_1 - a_2^\dagger a_2) = \mathrm{i}J_z$$

(5.133)

以此类推，可以证明，算符 $J_{x,y,z}$ 满足对易关系：

$$[J_x, J_y] = \mathrm{i}J_z; \quad [J_y, J_z] = \mathrm{i}J_x; \quad [J_z, J_x] = \mathrm{i}J_y \quad (5.134)$$

关于总光子数算符 N 和角动量算符 $J_{x,y,z}$ 的对易关系，很容易得到：

$$[N, J_x] = 0; \quad [N, J_y] = 0; \quad [N, J_z] = 0 \quad (5.135)$$

角动量平方算符 J^2 定义为 $J^2 = J_x^2 + J_y^2 + J_z^2$，很容易导出它与总光子数算符 N 的关系为

$$J^2 = \frac{N}{2}\left(\frac{N}{2} + 1\right) \quad (5.136)$$

且对易关系为

$$[N, J^2] = 0 \quad (5.137)$$

还可以证明，角动量算符 J_x、J_y、J_z 与总的角动量平方算符 J^2 对易：

$$[J_x, J^2] = 0; \quad [J_y, J^2] = 0; \quad [J_z, J^2] = 0 \quad (5.138)$$

式(5.134)和式(5.138)的对易关系意味着，角动量的3个分量是不能同时测量的，但可以同时测量总的角动量和其中一个分量。因此可以寻求 J^2 和 J_z 的共同本征矢 $|\lambda, m\rangle$ 的集合，这两个算符分别对应角动量的模平方和角动量在 z 轴上的分量：

$$J^2|\lambda, m\rangle = \lambda|\lambda, m\rangle; \quad J_z|\lambda, m\rangle = m|\lambda, m\rangle \quad (5.139)$$

式中：λ 是 J^2 的本征值；m 是 J_z 的本征值。

5.2.1.2 升阶和降阶角动量算符

为方便研究角动量算符的本征值问题，通常用复合角动量算符 J_+ 和 J_- 来表示角动量算符 J_x、J_y，则有[3]

$$\begin{cases} J_+ = J_x + \mathrm{i}J_y = \frac{1}{2}(a_1^\dagger a_2 + a_2^\dagger a_1) + \frac{1}{2}(a_1^\dagger a_2 - a_2^\dagger a_1) = a_1^\dagger a_2 \\ J_- = J_x - \mathrm{i}J_y = \frac{1}{2}(a_1^\dagger a_2 + a_2^\dagger a_1) - \frac{1}{2}(a_1^\dagger a_2 - a_2^\dagger a_1) = a_2^\dagger a_1 \\ J_+ = (J_-)^\dagger, J_- = (J_+)^\dagger \end{cases} \quad (5.140)$$

可以证明：

$$[J_+, J_-] = (J_x + iJ_y)(J_x - iJ_y) - (J_x - iJ_y)(J_x + iJ_y) = 2i[J_y, J_x] = 2J_z$$
(5.141)

以及
$$[J_z, J_+] = J_+; \quad [J_z, J_-] = -J_-$$
(5.142)

由式(5.134)、式(5.141)和式(5.142)可以得到:
$$J^2 = J_x^2 + J_y^2 + J_z^2 = J_x^2 + J_y^2 + i(J_yJ_x - J_xJ_y) + J_z^2 - i(J_yJ_x - J_xJ_y)$$
$$= J_+J_- + J_z^2 - J_z$$
(5.143)

以此类推,同理有
$$J^2 = J_-J_+ + J_z^2 + J_z$$
(5.144)

由式(5.143)和式(5.144),有
$$[J^2, J_+] = (J_+J_- + J_z^2 - J_z)J_+ - J_+(J_-J_+ + J_z^2 + J_z)$$
$$= J_z^2 J_+ - J_+ J_z^2 - J_z J_+ - J_+ J_z = J_z(J_+ + J_+J_z) - J_+J_z^2 - J_zJ_+ - J_+J_z$$
$$= J_zJ_+J_z - J_+J_z^2 - J_+J_z = (J_zJ_+ - J_+J_z)J_z - J_+J_z = J_+J_z - J_+J_z = 0$$
(5.145)

即J^2与J_+对易。同理可以证明J^2与J_-对易:
$$[J^2, J_-] = 0$$
(5.146)

由式(5.142)可知,$[J_z, J_+] = J_+$,得到$J_zJ_+ = J_+ + J_+J_z$。考察$J_zJ_+|\lambda, m\rangle$,因而:
$$J_zJ_+|\lambda, m\rangle = (J_+ + J_+J_z)|\lambda, m\rangle = (m+1)J_+|\lambda, m\rangle$$
(5.147)

以此类推,还可以得到:
$$J_zJ_-|\lambda, m\rangle = (m-1)J_-|\lambda, m\rangle$$
(5.148)

因此,J_+称为升阶角动量算符,J_-称为降阶角动量算符。又
$$J^2(J_\pm|\lambda, m\rangle) = (J^2 J_\pm)|\lambda, m\rangle = (J_\pm J^2)|\lambda, m\rangle = \lambda J_\pm|\lambda, m\rangle$$
(5.149)

说明$J_\pm|\lambda, m\rangle$是J^2的本征态,本征值为λ。

5.2.1.3 角动量平方算符J^2和角动量z分量算符J_z的本征值

在物理上,对于z的两个方向是等价的,也即$\pm m$对应着相同的角动量J_z。由于m的升阶和降阶存在限制,因此可以确定角动量平方J^2和角动量J_z的本征值λ和m。角动量在任何一个轴的投影不应大于角动量平方的平方根。在形式上,可表示为
$$\langle \lambda, m|(J^2 - J_z^2)|\lambda, m\rangle \geq 0$$
(5.150)

即

$$m^2 \leqslant \lambda \tag{5.151}$$

设满足上式的 m 的最大值为 j，则有

$$J_+ |\lambda,j\rangle = 0 \tag{5.152}$$

即

$$J_- J_+ |\lambda,j\rangle = (J^2 - J_z^2 - J_z)|\lambda,j\rangle = 0 \rightarrow (\lambda - j^2 - j)|\lambda,j\rangle = 0 \tag{5.153}$$

因而有

$$\lambda = j(j+1) \tag{5.154}$$

同理，设满足上式的 m 的最小值为 j'，则有

$$J_- |\lambda,j'\rangle = 0 \tag{5.155}$$

即

$$J_+ J_- |\lambda,j'\rangle = (J^2 - J_z^2 + J_z)|\lambda,j'\rangle = 0 \rightarrow (\lambda - j'^2 + j')|\lambda,j'\rangle = 0 \tag{5.156}$$

因而有

$$\lambda = j'(j'-1) \tag{5.157}$$

由 $j(j+1) = j'(j'-1)$，得到：

$$j' = -j \text{ 或 } j' = j+1 \tag{5.158}$$

在此意义上，准确地讲，J^2 和 J_z 的共同本征态应表示为 $|\lambda(j),m\rangle$ 或 $|j(j+1),m\rangle$，习惯上，也可以简化表示为 $|j,m\rangle$。可以用图 5.1 所示中心沿 z 轴的圆锥表示(J^2,J_z)本征态 $|j,m\rangle$：圆锥的顶点位于原点，圆锥沿 z 轴的高度表示 J_z 的本征值 m，由圆锥的顶点到圆锥基(圆圈)上的任意一点的距离表示 J^2 的本征值的平方根即 $\sqrt{j(j+1)}$，进而，圆锥基(圆圈)的半径为 $\sqrt{j(j+1)-m^2}$。

由 $m^2 \leqslant \lambda$ 且 $\lambda = j(j+1)$，得到：

$$m = j, j-1, j-2, \cdots, -j+1, -j \tag{5.159}$$

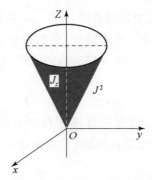

图 5.1　角动量算符(J^2,J_z)的共同本征态 $|j,m\rangle$

5.2.2 采用角动量评估 Sagnac 干涉仪相位灵敏度的理论依据

众所周知,在经典理论中,场 $E(t)$ 是实值。但为了方便描述,通常引入复数场,所观测的场实际上是该复数场的实部。为了引入复数场,把实数场 $E(t)$ 分解成 Fourier 积分:

$$E(t) = \int_{-\infty}^{\infty} d\omega e^{-i\omega t} E(\omega) \tag{5.160}$$

式中:$E(\omega)$ 是场的谱振幅。另外

$$E^*(t) = \int_{-\infty}^{\infty} d\omega e^{i\omega t} E^*(\omega) = \int_{\infty}^{-\infty} d(-\omega) e^{-i\omega t} E^*(-\omega) = \int_{-\infty}^{\infty} d\omega e^{-i\omega t} E^*(-\omega) \tag{5.161}$$

由实数场 $E(t) = E^*(t)$,得到:

$$E(\omega) = E^*(-\omega) \tag{5.162}$$

将 $E(t)$ 的傅里叶积分分成两个部分,一个包括在负频率上的积分,称为负频场:

$$E^{(-)}(t) = \int_{-\infty}^{0} d\omega e^{-i\omega t} E(\omega) \tag{5.163}$$

另一部分在正频率上积分,称为正频场:

$$E^{(+)}(t) = \int_{0}^{\infty} d\omega e^{-i\omega t} E(\omega) \tag{5.164}$$

式中:$e^{-i\omega t}$ 的级数展开包含实部和虚部,由于是在 $(0,\infty)$ 或 $(-\infty,0)$ 上积分,实部和虚部都不为零,所以 $E^{(+)}(t)$、$E^{(-)}(t)$ 必定是复数。

负频场和正频场彼此复数共轭,因为:

$$[E^{(+)}(t)]^* = \int_{0}^{\infty} d\omega e^{i\omega t} E^*(\omega) = \int_{-\infty}^{0} d\omega e^{-i\omega t} E^*(-\omega)$$

$$= \int_{-\infty}^{0} d\omega e^{-i\omega t} E(\omega) = E^{(-)}(t) \tag{5.165}$$

式(5.165)推导过程中有积分变量的改变:$-\omega \to \omega$,并利用了 $E^*(\omega) = E(-\omega)$。

正频场 $E^{(+)}(t)$ 也称为场的解析信号,观测的场实际上是解析信号的实部:

$$E(t) = E^{(+)}(t) + E^{(-)}(t) = 2\Re\{E^{(+)}(t)\} \tag{5.166}$$

而瞬时光强为

$$I(t) = E^{(-)}(t) E^{(+)}(t) = |E^{(+)}(t)|^2 \tag{5.167}$$

在量子理论中,场振幅均用湮灭算符 a 和产生算符 $a^\dagger$ 表示,因为这些算符的行为类似经典场中的负频场和正频场(彼此复数共轭)。以分束器的输入场为例,可以表示为

$$E_{a_1} = E_{a_1}^{(+)} + E_{a_1}^{(-)} = a_1 e^{i\varphi_{a_1}} + a_1^\dagger e^{-i\varphi_{a_1}}; \quad E_{a_2} = E_{a_2}^{(+)} + E_{a_2}^{(-)} = a_2 e^{i\varphi_{a_2}} + a_2^\dagger e^{-i\varphi_{a_2}}$$

$$\tag{5.168}$$

式中：φ_{a_1}、φ_{a_2}为实数，是两个输入（端口）场的相位。场的强度为

$$(E_{a_1}^{(-)} + E_{a_2}^{(-)})(E_{a_1}^{(+)} + E_{a_2}^{(+)}) = (a_1^\dagger e^{-i\varphi_{a_1}} + a_2^\dagger e^{-i\varphi_{a_2}})(a_1 e^{i\varphi_{a_1}} + a_2 e^{i\varphi_{a_2}})$$

$$= a_1^\dagger a_1 + a_2^\dagger a_2 + a_2^\dagger a_1 e^{i(\varphi_{a_1}-\varphi_{a_2})} + a_1^\dagger a_2 e^{-i(\varphi_{a_1}-\varphi_{a_2})}$$

$$= N_{a_1} + N_{a_2} + (J_{x-in} - iJ_{y-in})e^{i(\varphi_{a_1}-\varphi_{a_2})} + (J_{x-in} + iJ_{y-in})e^{-i(\varphi_{a_1}-\varphi_{a_2})}$$

$$= N_{a_1} + N_{a_2} + 2J_{x-in}\cos\varphi_0 + 2J_{y-in}\sin\varphi_0 \quad (5.169)$$

式中：$N_{a_1} = a_1^\dagger a_1$，$N_{a_2} = a_2^\dagger a_2$是两个输入端口的光子数算符；$\varphi_0 = (\varphi_{a_1} - \varphi_{a_2})$。角动量分量$J_{x-in}$、$J_{y-in}$显然与输入场$E_{a_1}$、$E_{a_2}$的干涉有关，是关于相位差$\varphi_0 = (\varphi_{a_1} - \varphi_{a_2})$的正交干涉分量。这里，输入角动量$J_{x-in}$、$J_{y-in}$、$J_{z-in}$定义为

$$J_{x-in} = \frac{1}{2}(a_1^\dagger a_2 + a_2^\dagger a_1); \quad J_{y-in} = \frac{1}{2i}(a_1^\dagger a_2 - a_2^\dagger a_1); \quad J_{z-in} = \frac{1}{2}(a_1^\dagger a_1 - a_2^\dagger a_2)$$

$$(5.170)$$

当$\varphi_0 = 0$时，场的强度为

$$(E_{a_1}^{(-)} + E_{a_2}^{(-)})(E_{a_1}^{(+)} + E_{a_2}^{(+)}) = N_{a_1} + N_{a_2} + 2J_{x-in} \quad (5.171)$$

而$\varphi_0 = \pi/2$时，场的强度为

$$(E_{a_1}^{(-)} + E_{a_2}^{(-)})(E_{a_1}^{(+)} + E_{a_2}^{(+)}) = N_{a_1} + N_{a_2} + 2J_{y-in} \quad (5.172)$$

这表明，调整两个输入场的相位差φ_0，可以分别测量出与场的干涉有关的两个角动量分量J_{x-in}、J_{y-in}。

图 5.2 显示出利用理想 50∶50 分束器（BS）测量 3 个输入角动量分量的测量方案，其中输入光场的相位差φ_0的调整通过人为在其中一个输入端插入一个$\lambda/4$波片来实现[4]。假定两个光场为相干态，且在输入端口有$\varphi_{a_1} = \varphi_{a_2} = 0$。分束器传输矩阵为

$$S_{BS} = \frac{1}{\sqrt{2}}\begin{pmatrix} 1 & i \\ i & 1 \end{pmatrix} \quad (5.173)$$

由图 5.2(a) 可知，$\lambda/4$ 相位延迟对应$e^{i\pi/2}$，$a_1 \to a_1 e^{i\pi/2} = ia_1$，所以

$$b_1 = \frac{i}{\sqrt{2}}a_1 + \frac{i}{\sqrt{2}}a_2, \quad b_2 = -\frac{1}{\sqrt{2}}a_1 + \frac{1}{\sqrt{2}}a_2 \quad (5.174)$$

在分束器两个输出端探测的光强分别为

$$\langle b_1^\dagger b_1 \rangle = \left\langle \left(-\frac{i}{\sqrt{2}}a_1^\dagger - \frac{i}{\sqrt{2}}a_2^\dagger\right)\left(\frac{i}{\sqrt{2}}a_1 + \frac{i}{\sqrt{2}}a_2\right)\right\rangle = \frac{1}{2}\langle a_1^\dagger a_1 + a_2^\dagger a_2 + (a_1^\dagger a_2 + a_2^\dagger a_1)\rangle$$

$$= \frac{1}{2}[\langle N_{a_1}\rangle + \langle N_{a_2}\rangle + 2\langle J_{x-in}\rangle] \quad (5.175)$$

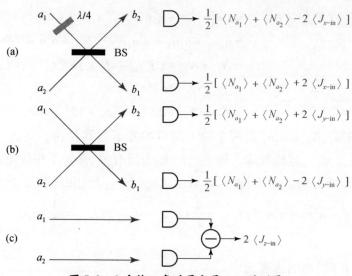

图 5.2　3 个输入角动量分量 $J_{x,y,z}$ 的测量

$$\langle b_2^\dagger b_2 \rangle = \left\langle \left(-\frac{1}{\sqrt{2}}a_1^\dagger + \frac{1}{\sqrt{2}}a_2^\dagger\right)\left(-\frac{1}{\sqrt{2}}a_1 + \frac{1}{\sqrt{2}}a_2\right)\right\rangle = \frac{1}{2}\langle a_1^\dagger a_1 + a_2^\dagger a_2 - (a_1^\dagger a_2 + a_2^\dagger a_1)\rangle$$

$$= \frac{1}{2}[\langle N_{a_1}\rangle + \langle N_{a_2}\rangle - 2\langle J_{x\text{-in}}\rangle] \tag{5.176}$$

可以看出,两个输出端口存在互补的 $J_{x\text{-in}}$ 信息。

而根据图 5.2(b),有

$$b_1 = \frac{1}{\sqrt{2}}a_1 + \frac{\mathrm{i}}{\sqrt{2}}a_2; b_2 = \frac{\mathrm{i}}{\sqrt{2}}a_1 + \frac{1}{\sqrt{2}}a_2 \tag{5.177}$$

在分束器两个输出端探测的光强分别为

$$\langle b_1^\dagger b_1 \rangle = \left\langle \left(\frac{1}{\sqrt{2}}a_1^\dagger - \frac{\mathrm{i}}{\sqrt{2}}a_2^\dagger\right)\left(\frac{1}{\sqrt{2}}a_1 + \frac{\mathrm{i}}{\sqrt{2}}a_2\right)\right\rangle = \frac{1}{2}\langle a_1^\dagger a_1 + a_2^\dagger a_2 + \mathrm{i}(a_1^\dagger a_2 - a_2^\dagger a_1)\rangle$$

$$= \frac{1}{2}[\langle N_{a_1}\rangle + \langle N_{a_2}\rangle - 2\langle J_{y\text{-in}}\rangle] \tag{5.178}$$

$$\langle b_2^\dagger b_2 \rangle = \left\langle \left(-\frac{\mathrm{i}}{\sqrt{2}}a_1^\dagger + \frac{1}{\sqrt{2}}a_2^\dagger\right)\left(\frac{\mathrm{i}}{\sqrt{2}}a_1 + \frac{1}{\sqrt{2}}a_2\right)\right\rangle = \frac{1}{2}\langle a_1^\dagger a_1 + a_2^\dagger a_2 - \mathrm{i}(a_1^\dagger a_2 + a_2^\dagger a_1)\rangle$$

$$= \frac{1}{2}[\langle N_{a_1}\rangle + \langle N_{a_2}\rangle + 2\langle J_{y\text{-in}}\rangle] \tag{5.179}$$

这种探测方案可以在每个端口得到 $J_{y\text{-in}}$ 的信息。

对于光子数态输入,每个输入场的相位是不确定的,在 $[0,2\pi]$ 范围内均匀分布,不能得到有关相位差的信息:$\langle\cos\varphi_0\rangle = \langle\sin\varphi_0\rangle = 0$,因而测量的 $J_{x\text{-in}}$、$J_{y\text{-in}}$ 平均

值为零。这由理论计算 $J_{x-\text{in}}$、$J_{y-\text{in}}$ 在输入光子数态上的平均 $\langle \text{in} | J_{x-\text{in}} | \text{in} \rangle = \langle \text{in} | J_{y-\text{in}} | \text{in} \rangle = 0$ 也可以得到证明。另一方面,在图 5.2 两个测量方案中,分束器的输出光束 b_1、b_2 同样可以定义 3 个输出角动量分量:

$$J_{x-\text{out}} = \frac{1}{2}(b_1^\dagger b_2 + b_2^\dagger b_1) ; J_{y-\text{out}} = \frac{1}{2\text{i}}(b_1^\dagger b_2 - b_2^\dagger b_1) ; J_{z-\text{out}} = \frac{1}{2}(b_1^\dagger b_1 - b_2^\dagger b_2) \tag{5.180}$$

由图 5.2(b)(假定输出光束 b_1、b_2 又经过一个相移器 ϕ)可以证明(见 5.2.3 节),此时有

$$\begin{cases} J_{x-\text{out}} = \cos\phi \cdot J_{x-\text{in}} - \sin\phi \cdot J_{z-\text{in}} \\ J_{y-\text{out}} = \sin\phi \cdot J_{x-\text{in}} + \cos\phi \cdot J_{z-\text{in}} \\ J_{z-\text{out}} = -J_{y-\text{in}} \end{cases} \tag{5.181}$$

可以看出,即使对于光子数态(输入角动量 $\langle J_{x-\text{in}} \rangle = \langle J_{y-\text{in}} \rangle = 0$),其输出角动量分量 $J_{x-\text{out}}$ 和/或 $J_{y-\text{out}}$ 不再等于零,即(经过光纤线圈引入 Sagnac 相移 ϕ 的)输出光束 b_1、b_2 之间具有确定的相位差。因而再次利用分束器,可以测量得到与场的干涉有关的角动量分量 $J_{x-\text{out}}$、$J_{y-\text{out}}$(进而测量出 ϕ)。这是利用角动量理论评估光子纠缠光纤陀螺相位检测灵敏度的理论依据:与光场的干涉有关的角动量分量 $J_{x-\text{out}}$、$J_{y-\text{out}}$ 在第二个分束器的输出端口被转化为 J_z 分量,通过测量两个输出端口的光子数差可以确定相位 ϕ。

5.2.3 Sagnac 干涉仪的角动量演变模型

5.2.3.1 第一个分束器的角动量演变算符

无损耗的 2×2 分束器的传输矩阵具有下列形式:

$$\begin{pmatrix} b_1 \\ b_2 \end{pmatrix} = \mathbf{S}_\text{BS} \begin{pmatrix} a_1 \\ a_2 \end{pmatrix} = \begin{pmatrix} S_{\text{BS}-11} & S_{\text{BS}-12} \\ S_{\text{BS}-21} & S_{\text{BS}-22} \end{pmatrix} \begin{pmatrix} a_1 \\ a_2 \end{pmatrix} \tag{5.182}$$

由于两个输入光束和两个输出光束的产生和湮灭算符满足基本对易关系: $[a_i, a_j^\dagger] = \delta_{ij}$、$[a_i, a_j] = [a_i^\dagger, a_j^\dagger] = 0$,矩阵 $\mathbf{S}_\text{BS}$ 是幺正矩阵,其共轭转置等于其逆矩阵。

对于 Sagnac 干涉仪,光束两次经过分束器。第一次经过分束器时的传输矩阵(也称为第一个分束器)可以写为

$$\mathbf{S}_\text{BS1} = \begin{pmatrix} \cos\dfrac{\theta}{2} & \text{i}\sin\dfrac{\theta}{2} \\ \text{i}\sin\dfrac{\theta}{2} & \cos\dfrac{\theta}{2} \end{pmatrix} \tag{5.183}$$

式(5.183)表明,分束器无损耗,透射振幅为 $\cos(\theta/2)$,反射振幅为 $\sin(\theta/2)$,反

射光束相对透射光束的相位为 $\pi/2$（$i = e^{i\pi/2}$）。则输出算符 b_1、b_2 及其伴随算符为

$$\begin{cases} b_1 = \cos\dfrac{\theta}{2}a_1 + i\sin\dfrac{\theta}{2}a_2; b_2 = i\sin\dfrac{\theta}{2}a_1 + \cos\dfrac{\theta}{2}a_2 \\ b_1^\dagger = \cos\dfrac{\theta}{2}a_1^\dagger - i\sin\dfrac{\theta}{2}a_2^\dagger; b_2^\dagger = -i\sin\dfrac{\theta}{2}a_1^\dagger + \cos\dfrac{\theta}{2}a_2^\dagger \end{cases} \quad (5.184)$$

进而根据式(5.180)，有

$$J_{x-\text{out}} = \frac{1}{2}\left[\left(\cos\frac{\theta}{2}a_1^\dagger - i\sin\frac{\theta}{2}a_2^\dagger\right)\left(i\sin\frac{\theta}{2}a_1 + \cos\frac{\theta}{2}a_2\right) + \right.$$
$$\left.\left(-i\sin\frac{\theta}{2}a_1^\dagger + \cos\frac{\theta}{2}a_2^\dagger\right)\left(\cos\frac{\theta}{2}a_1 + i\sin\frac{\theta}{2}a_2\right)\right] = J_{x-\text{in}} \quad (5.185)$$

$$J_{y-\text{out}} = \frac{1}{2i}\left[\left(\cos\frac{\theta}{2}a_1^\dagger - i\sin\frac{\theta}{2}a_2^\dagger\right)\left(i\sin\frac{\theta}{2}a_1 + \cos\frac{\theta}{2}a_2\right) - \right.$$
$$\left.\left(-i\sin\frac{\theta}{2}a_1^\dagger + \cos\frac{\theta}{2}a_2^\dagger\right)\left(\cos\frac{\theta}{2}a_1 + i\sin\frac{\theta}{2}a_2\right)\right]$$
$$= \sin\theta \cdot J_{z-\text{in}} + \cos\theta \cdot J_{y-\text{in}} \quad (5.186)$$

$$J_{z-\text{out}} = \frac{1}{2}\left[\left(\cos\frac{\theta}{2}a_1^\dagger - i\sin\frac{\theta}{2}a_2^\dagger\right)\left(\cos\frac{\theta}{2}a_1 + i\sin\frac{\theta}{2}a_2\right) - \right.$$
$$\left.\left(-i\sin\frac{\theta}{2}a_1^\dagger + \cos\frac{\theta}{2}a_2^\dagger\right)\left(i\sin\frac{\theta}{2}a_1 + \cos\frac{\theta}{2}a_2\right)\right]$$
$$= \cos\theta \cdot J_{z-\text{in}} - \sin\theta \cdot J_{y-\text{in}} \quad (5.187)$$

因而，式(5.183)的分束器传输矩阵对应的输入/输出关系用角动量表示为

$$\begin{pmatrix} J_{x-\text{out}} \\ J_{y-\text{out}} \\ J_{z-\text{out}} \end{pmatrix} = \mathbf{J}_{\text{BS1}} \begin{pmatrix} J_{x-\text{in}} \\ J_{y-\text{in}} \\ J_{z-\text{in}} \end{pmatrix} = \begin{pmatrix} 1 & 0 & 0 \\ 0 & \cos\theta & \sin\theta \\ 0 & -\sin\theta & \cos\theta \end{pmatrix} \begin{pmatrix} J_{x-\text{in}} \\ J_{y-\text{in}} \\ J_{z-\text{in}} \end{pmatrix} \quad (5.188)$$

式中：

$$\mathbf{J}_{\text{BS1}} = \begin{pmatrix} 1 & 0 & 0 \\ 0 & \cos\theta & \sin\theta \\ 0 & -\sin\theta & \cos\theta \end{pmatrix} \quad (5.189)$$

下面证明式(5.189)的角动量变换矩阵对应的角动量演变算符为 $U_{J-\text{BS1}} = e^{i\theta J_{x-\text{in}}}$，也就是说，这样一个分束器等效于使输入角动量绕 x 轴逆时针旋转了 θ 角度。根据量子力学公式：

$$e^{\xi A}Be^{-\xi A} = B + \xi[A,B] + \frac{\xi^2}{2!}[A,[A,B]] + \cdots \quad (5.190)$$

而 $U_{J-\text{BS1}}^\dagger J_{x-\text{in}} U_{J-\text{BS1}}$ 可以展开为

$$U_{J-\text{BS1}}^{\dagger} J_{x-\text{in}} U_{J-\text{BS1}} = \mathrm{e}^{-\mathrm{i}\theta J_{x-\text{in}}} J_{x-\text{in}} \mathrm{e}^{\mathrm{i}\theta J_{x-\text{in}}}$$

$$= J_{x-\text{in}} - \mathrm{i}\theta [J_{x-\text{in}}, J_{x-\text{in}}] + \frac{(-\mathrm{i}\theta)^2}{2!}[J_{x-\text{in}},[J_{x-\text{in}},J_{x-\text{in}}]] + \cdots = J_{x-\text{in}} \quad (5.191)$$

其中对易关系满足：

$$\begin{cases} [J_{x-\text{in}}, J_{x-\text{in}}] = 0 \\ [J_{x-\text{in}},[J_{x-\text{in}},J_{x-\text{in}}]] = 0 \\ [J_{x-\text{in}},[J_{x-\text{in}},[J_{x-\text{in}},J_{x-\text{in}}]]] = 0 \\ \vdots \end{cases} \quad (5.192)$$

同理，$U_{J-\text{BS1}}^{\dagger} J_{y-\text{in}} U_{J-\text{BS1}}$ 展开为

$$U_{J-\text{BS1}}^{\dagger} J_{y-\text{in}} U_{J-\text{BS1}} = \mathrm{e}^{-\mathrm{i}\theta J_{x-\text{in}}} J_{y-\text{in}} \mathrm{e}^{\mathrm{i}\theta J_{x-\text{in}}}$$

$$= J_{y-\text{in}} - \mathrm{i}\theta [J_{x-\text{in}}, J_{y-\text{in}}] + \frac{(\mathrm{i}\theta)^2}{2!}[J_{x-\text{in}},[J_{x-\text{in}},J_{y-\text{in}}]] -$$

$$\frac{(\mathrm{i}\theta)^3}{3!}[J_{x-\text{in}},[J_{x-\text{in}},[J_{x-\text{in}},J_{y-\text{in}}]]] + \cdots$$

$$= J_{y-\text{in}}\left(1 - \frac{\theta^2}{2!} + \frac{\theta^4}{4!} - \cdots\right) + J_{z-\text{in}}\left(\theta - \frac{\theta^3}{3!} + \frac{\theta^5}{5!} - \cdots\right)$$

$$= \cos\theta \cdot J_{y-\text{in}} + \sin\theta J_{z-\text{in}} \quad (5.193)$$

其中对易关系满足：

$$\begin{cases} [J_{x-\text{in}}, J_{y-\text{in}}] = \mathrm{i}J_{z-\text{in}} \\ [J_{x-\text{in}},[J_{x-\text{in}},J_{y-\text{in}}]] = [J_{x-\text{in}}, \mathrm{i}J_{z-\text{in}}] = (-\mathrm{i}^2)J_{y-\text{in}} \\ [J_{x-\text{in}},[J_{x-\text{in}},[J_{x-\text{in}},J_{y-\text{in}}]]] = [J_{x-\text{in}}, -\mathrm{i}^2 J_{y-\text{in}}] = (-\mathrm{i}^3)J_{z-\text{in}} \\ \vdots \end{cases} \quad (5.194)$$

而 $U_{J-\text{BS1}}^{\dagger} J_{z-\text{in}} U_{J-\text{BS1}}$ 可以展开为

$$U_{J-\text{BS1}}^{\dagger} J_{z-\text{in}} U_{J-\text{BS1}} = \mathrm{e}^{-\mathrm{i}\theta J_{x-\text{in}}} J_{z-\text{in}} \mathrm{e}^{\mathrm{i}\theta J_{x-\text{in}}}$$

$$= J_{z-\text{in}} - \mathrm{i}\theta [J_{x-\text{in}}, J_{z-\text{in}}] + \frac{(\mathrm{i}\theta)^2}{2!}[J_{x-\text{in}},[J_{x-\text{in}},J_{z-\text{in}}]] -$$

$$\frac{(\mathrm{i}\theta)^3}{3!}[J_{x-\text{in}},[J_{x-\text{in}},[J_{x-\text{in}},J_{z-\text{in}}]]] + \cdots$$

$$= J_{z-\text{in}}\left(1 - \frac{\theta^2}{2!} + \frac{\theta^4}{4!} - \cdots\right) - J_{y-\text{in}}\left(\theta - \frac{\theta^3}{3!} + \frac{\theta^5}{5!} - \cdots\right)$$

$$= -\sin\theta \cdot J_{y-\text{in}} + \cos\theta \cdot J_{z-\text{in}} \quad (5.195)$$

其中对易关系满足：

$$\begin{cases} [J_{x-\text{in}}, J_{z-\text{in}}] = -iJ_{y-\text{in}} \\ [J_{x-\text{in}}, [J_{x-\text{in}}, J_{z-\text{in}}]] = [J_{x-\text{in}}, -iJ_{y-\text{in}}] = (-i^2)J_{z-\text{in}} \\ [J_{x-\text{in}}, [J_{x-\text{in}}, [J_{x-\text{in}}, J_{z-\text{in}}]]] = [J_{x-\text{in}}, -i^2 J_{z-\text{in}}] = -(-i^3)J_{y-\text{in}} \\ \vdots \end{cases}$$
(5.196)

因而,式(5.188)的角动量矩阵变换可以用角动量演变算符表示为

$$\begin{pmatrix} J_{x-\text{out}} \\ J_{y-\text{out}} \\ J_{z-\text{out}} \end{pmatrix} = U_{J-\text{BS1}}^{\dagger} \begin{pmatrix} J_{x-\text{in}} \\ J_{y-\text{in}} \\ J_{z-\text{in}} \end{pmatrix} U_{J-\text{BS1}} = \mathrm{e}^{-\mathrm{i}\theta J_{x-\text{in}}} \begin{pmatrix} J_{x-\text{in}} \\ J_{y-\text{in}} \\ J_{z-\text{in}} \end{pmatrix} \mathrm{e}^{\mathrm{i}\theta J_{x-\text{in}}} \quad (5.197)$$

尤其是,对于分光比为 50∶50 的平衡分束器,$\theta = \pi/2$,$U_{J-\text{BS1}} = \mathrm{e}^{\mathrm{i}\pi J_{x-\text{in}}/2}$。

5.2.3.2 光纤线圈(相移器)的角动量演变算符

Sagnac 光纤干涉仪的光纤线圈的传输矩阵为 S_ϕ,则

$$\begin{pmatrix} b_1 \\ b_2 \end{pmatrix} = S_\phi \begin{pmatrix} a_1 \\ a_2 \end{pmatrix} = \begin{pmatrix} S_{\phi-11} & S_{\phi-12} \\ S_{\phi-21} & S_{\phi-22} \end{pmatrix} \begin{pmatrix} a_1 \\ a_2 \end{pmatrix} = \begin{pmatrix} 1 & 0 \\ 0 & \mathrm{e}^{-\mathrm{i}\phi} \end{pmatrix} \begin{pmatrix} a_1 \\ a_2 \end{pmatrix} \quad (5.198)$$

式中:ϕ 为旋转引起的 Sagnac 相移。则该相移器的输入/输出关系为

$$b_1 = a_1, b_2 = \mathrm{e}^{-\mathrm{i}\phi}a_2; b_1^\dagger = a_1^\dagger, b_2^\dagger = \mathrm{e}^{\mathrm{i}\phi}a_2^\dagger \quad (5.199)$$

进而有

$$J_{x-\text{out}} = \frac{1}{2}\{\mathrm{e}^{-\mathrm{i}\phi}a_1^\dagger a_2 + \mathrm{e}^{\mathrm{i}\phi}a_2^\dagger a_1\} = \frac{1}{2}[\mathrm{e}^{-\mathrm{i}\phi}(J_{x-\text{in}} + \mathrm{i}J_{y-\text{in}}) + \mathrm{e}^{\mathrm{i}\phi}(J_{x-\text{in}} - \mathrm{i}J_{y-\text{in}})]$$
$$= \cos\phi \cdot J_{x-\text{in}} + \sin\phi \cdot J_{y-\text{in}} \quad (5.200)$$

$$J_{y-\text{out}} = \frac{1}{2\mathrm{i}}(\mathrm{e}^{-\mathrm{i}\phi}a_1^\dagger a_2 - \mathrm{e}^{\mathrm{i}\phi}a_2^\dagger a_1) = \frac{1}{2\mathrm{i}}[\mathrm{e}^{-\mathrm{i}\phi}(J_{x-\text{in}} + \mathrm{i}J_{y-\text{in}}) - \mathrm{e}^{\mathrm{i}\phi}(J_{x-\text{in}} - \mathrm{i}J_{y-\text{in}})]$$
$$= -\sin\phi \cdot J_{x-\text{in}} + \cos\phi \cdot J_{y-\text{in}} \quad (5.201)$$

$$J_{z-\text{out}} = \frac{1}{2}(a_1^\dagger a_1 - a_2^\dagger a_2) = J_{z-\text{in}} \quad (5.202)$$

所以,光纤线圈(相移器)的角动量矩阵变换可以写为

$$\boldsymbol{J}_\phi = \begin{pmatrix} \cos\phi & \sin\phi & 0 \\ -\sin\phi & \cos\phi & 0 \\ 0 & 0 & 1 \end{pmatrix} \quad (5.203)$$

即光纤线圈的 Sagnac 相移对应的角动量演变算符为 $U_{J-\phi} = \mathrm{e}^{\mathrm{i}\phi J_{z-\text{in}}}$,等效于使输入角动量绕 z 轴按逆时针旋转了角度 ϕ,或者说绕 z 轴按顺时针旋转了角度 $-\phi$。证明过程与 $U_{J-\text{BS1}}$ 类似,根据量子力学公式(5.190),$U_{J-\phi}^\dagger J_{x-\text{in}} U_{J-\phi}$ 可以展开为

第 5 章　量子纠缠光纤陀螺仪相位检测灵敏度的评估方法

$$U_{J-\phi}^{\dagger} J_{x-in} U_{J-\phi} = e^{-i\phi J_{z-in}} J_{x-in} e^{i\phi J_{z-in}}$$

$$= J_{x-in} - i\phi [J_{z-in}, J_{x-in}] + \frac{(i\phi)^2}{2!}[J_{z-in},[J_{z-in},J_{x-in}]] -$$

$$\frac{(i\phi)^3}{3!}[J_{z-in},[J_{z-in},[J_{z-in},J_{x-in}]]] + \cdots$$

$$= J_{x-in}\left(1 - \frac{\phi^2}{2!} + \frac{\phi^4}{4!} - \cdots\right) + J_{y-in}\left(\phi - \frac{\phi^3}{3!} + \frac{\phi^5}{5!} - \cdots\right)$$

$$= \cos\phi \cdot J_{x-in} + \sin\phi \cdot J_{y-in} \tag{5.204}$$

其中利用了式(5.196)。

同理，$U_{J-\phi}^{\dagger} J_{y-in} U_{J-\phi}$ 可以展开为

$$U_{J-\phi}^{\dagger} J_{y-in} U_{J-\phi} = e^{-i\phi J_{z-in}} J_{y-in} e^{i\phi J_{z-in}}$$

$$= J_{y-in} - i\phi [J_{z-in}, J_{y-in}] + \frac{(i\phi)^2}{2!}[J_{z-in},[J_{z-in},J_{y-in}]] -$$

$$\frac{(i\phi)^3}{3!}[J_{z-in},[J_{z-in},[J_{z-in},J_{y-in}]]] + \cdots$$

$$= J_{y-in}\left(1 - \frac{\phi^2}{2!} + \frac{\phi^4}{4!} J_{y-in} - \cdots\right) - J_{x-in}\left(\phi - \frac{\phi^3}{3!} + \frac{\phi^5}{5!} - \cdots\right)$$

$$= -\sin\phi \cdot J_{x-in} + \cos\phi \cdot J_{y-in} \tag{5.205}$$

其中对易关系满足：

$$\begin{cases} [J_{z-in}, J_{y-in}] = -iJ_{x-in} \\ [J_{z-in},[J_{z-in},J_{y-in}]] = [J_{z-in}, -iJ_{x-in}] = -i^2 J_{y-in} \\ [J_{z-in},[J_{z-in},[J_{z-in},J_{y-in}]]] = [J_{z-in}, (-i^2) J_{y-in}] = i^3 J_{x-in} \\ \vdots \end{cases} \tag{5.206}$$

而由于 $[J_{z-in}, J_{z-in}] = 0$，$U_{J-\phi}^{\dagger} J_{z-in} U_{J-\phi}$ 可直接写为

$$U_{J-\phi}^{\dagger} J_{z-in} U_{J-\phi} = e^{-i\phi J_{z-in}} J_{z-in} e^{i\phi J_{z-in}} = J_{z-in} \tag{5.207}$$

也就是说，式(5.203)的相移器的角动量矩阵变换可以用角动量演变算符表示为

$$\begin{pmatrix} J_{x-out} \\ J_{y-out} \\ J_{z-out} \end{pmatrix} = U_{J-\phi}^{\dagger} \begin{pmatrix} J_{x-in} \\ J_{y-in} \\ J_{z-in} \end{pmatrix} U_{J-\phi} = e^{-i\phi J_{z-in}} \begin{pmatrix} J_{x-in} \\ J_{y-in} \\ J_{z-in} \end{pmatrix} e^{i\phi J_{z-in}} \tag{5.208}$$

5.2.3.3　第二个分束器的角动量演变算符

由于实际 Sagnac 干涉仪虽采用一个分束器，但光要两次通过该分束器。假定 a_1, a_2 为输入，b_1, b_2 为与 a_1, a_2 输入端口对应的输出，下标分别对应 Sagnac 干涉仪分束器的共用输入/输出端口 1 和端口 2。则第二次经过分束器的传输矩阵与第一次的不同，应为

$$S_{BS2} = \begin{pmatrix} i\sin\dfrac{\theta}{2} & \cos\dfrac{\theta}{2} \\ \cos\dfrac{\theta}{2} & i\sin\dfrac{\theta}{2} \end{pmatrix} \quad (5.209)$$

则输入/输出关系为

$$\begin{cases} b_1 = i\sin\dfrac{\theta}{2} a_1 + \cos\dfrac{\theta}{2} a_2; b_2 = \cos\dfrac{\theta}{2} a_1 + i\sin\dfrac{\theta}{2} a_2 \\ b_1^\dagger = -i\sin\dfrac{\theta}{2} a_1^\dagger + \cos\dfrac{\theta}{2} a_2^\dagger; b_2^\dagger = \cos\dfrac{\theta}{2} a_1^\dagger - i\sin\dfrac{\theta}{2} a_2^\dagger \end{cases} \quad (5.210)$$

进而有

$$J_{x-\text{out}} = \dfrac{1}{2}\Big[\Big(-i\sin\dfrac{\theta}{2} a_1^\dagger + \cos\dfrac{\theta}{2} a_2^\dagger\Big)\Big(\cos\dfrac{\theta}{2} a_1 + i\sin\dfrac{\theta}{2} a_2\Big) +$$
$$\Big(\cos\dfrac{\theta}{2} a_1^\dagger - i\sin\dfrac{\theta}{2} a_2^\dagger\Big)\Big(i\sin\dfrac{\theta}{2} a_1 + \cos\dfrac{\theta}{2} a_2\Big)\Big] = J_{x-\text{in}}$$
$$(5.211)$$

$$J_{y-\text{out}} = \dfrac{1}{2i}\Big[\Big(-i\sin\dfrac{\theta}{2} a_1^\dagger + \cos\dfrac{\theta}{2} a_2^\dagger\Big)\Big(\cos\dfrac{\theta}{2} a_1 + i\sin\dfrac{\theta}{2} a_2\Big) -$$
$$\Big(\cos\dfrac{\theta}{2} a_1^\dagger - i\sin\dfrac{\theta}{2} a_2^\dagger\Big)\Big(i\sin\dfrac{\theta}{2} a_1 + \cos\dfrac{\theta}{2} a_2\Big)\Big]$$
$$= -\sin\theta \cdot J_{z-\text{in}} - \cos\theta \cdot J_{y-\text{in}} \quad (5.212)$$

$$J_{z-\text{out}} = \dfrac{1}{2}\Big[\Big(-i\sin\dfrac{\theta}{2} a_1^\dagger + \cos\dfrac{\theta}{2} a_2^\dagger\Big)\Big(i\sin\dfrac{\theta}{2} a_1 + \cos\dfrac{\theta}{2} a_2\Big) -$$
$$\Big(\cos\dfrac{\theta}{2} a_1^\dagger - i\sin\dfrac{\theta}{2} a_2^\dagger\Big)\Big(\cos\dfrac{\theta}{2} a_1 + i\sin\dfrac{\theta}{2} a_2\Big)\Big]$$
$$= -\cos\theta \cdot J_{z-\text{in}} + \sin\theta \cdot J_{y-\text{in}} \quad (5.213)$$

因而有

$$\begin{pmatrix} J_{x-\text{out}} \\ J_{y-\text{out}} \\ J_{z-\text{out}} \end{pmatrix} = \boldsymbol{J}_{BS2} \begin{pmatrix} J_{x-\text{in}} \\ J_{y-\text{in}} \\ J_{z-\text{in}} \end{pmatrix} = \begin{pmatrix} 1 & 0 & 0 \\ 0 & -\cos\theta & -\sin\theta \\ 0 & \sin\theta & -\cos\theta \end{pmatrix} \begin{pmatrix} J_{x-\text{in}} \\ J_{y-\text{in}} \\ J_{z-\text{in}} \end{pmatrix} \quad (5.214)$$

式中

$$\boldsymbol{J}_{BS2} = \begin{pmatrix} 1 & 0 & 0 \\ 0 & -\cos\theta & -\sin\theta \\ 0 & \sin\theta & -\cos\theta \end{pmatrix} = \begin{pmatrix} 1 & 0 & 0 \\ 0 & \cos(\theta+\pi) & \sin(\theta+\pi) \\ 0 & -\sin(\theta+\pi) & \cos(\theta+\pi) \end{pmatrix} \quad (5.215)$$

也就是说,第二个分束器对应的角动量演变算符为 $U_{J-BS2} = e^{i(\theta+\pi)J_{x-\text{in}}}$,等效于使输入角动量矢量绕 x 轴按顺时针旋转角度 $-(\theta+\pi)$,或者绕 x 轴按逆时针旋转角度 $(\theta+\pi)$。注,这里的 $\theta+\pi$ 也可以是 $\theta-\pi$。U_{J-BS2} 的证明过程与

$U_{J-\mathrm{BS1}}$、$U_{J-\phi}$类似,根据量子力学公式(5.190),$U_{J-\mathrm{BS2}}^{\dagger} J_{x-\mathrm{in}} U_{J-\mathrm{BS2}}$可以展开为

$$U_{J-\mathrm{BS2}}^{\dagger} J_{x-\mathrm{in}} U_{J-\mathrm{BS2}} = \mathrm{e}^{-\mathrm{i}(\theta+\pi) J_{x-\mathrm{in}}} J_{x-\mathrm{in}} \mathrm{e}^{\mathrm{i}(\theta+\pi) J_{x-\mathrm{in}}}$$

$$= J_{x-\mathrm{in}} - \mathrm{i}(\theta+\pi) [J_{x-\mathrm{in}}, J_{x-\mathrm{in}}] + \frac{[-\mathrm{i}(\theta+\pi)]^2}{2!}$$

$$[J_{x-\mathrm{in}}, [J_{x-\mathrm{in}}, J_{x-\mathrm{in}}]] + \cdots = J_{x-\mathrm{in}} \quad (5.216)$$

其中利用了式(5.192)。

同理,$U_{J-\mathrm{BS2}}^{\dagger} J_{y-\mathrm{in}} U_{J-\mathrm{BS2}}$可以展开为

$$U_{J-\mathrm{BS2}}^{\dagger} J_{y-\mathrm{in}} U_{J-\mathrm{BS2}} = \mathrm{e}^{-\mathrm{i}(\theta+\pi) J_{x-\mathrm{in}}} J_{x-\mathrm{in}} \mathrm{e}^{\mathrm{i}(\theta+\pi) J_{x-\mathrm{in}}}$$

$$= J_{y-\mathrm{in}} - \mathrm{i}(\theta+\pi) [J_{x-\mathrm{in}}, J_{y-\mathrm{in}}] + \frac{[-\mathrm{i}(\theta+\pi)]^2}{2!}$$

$$[J_{x-\mathrm{in}}, [J_{x-\mathrm{in}}, J_{y-\mathrm{in}}]] + \cdots$$

$$= J_{y-\mathrm{in}} \left[1 - \frac{(\theta+\pi)^2}{2!} + \frac{(\theta+\pi)^4}{4!} - \cdots \right] +$$

$$J_{z-\mathrm{in}} \left[(\theta+\pi) - \frac{(\theta+\pi)^3}{3!} + \frac{(\theta+\pi)^5}{5!} - \cdots \right]$$

$$= \cos(\theta+\pi) \cdot J_{y-\mathrm{in}} + \sin(\theta+\pi) J_{z-\mathrm{in}} \quad (5.217)$$

其中利用了式(5.194)。

而$U_{J-\mathrm{BS2}}^{\dagger} J_{z-\mathrm{in}} U_{J-\mathrm{BS2}}$可以展开为

$$U_{J-\mathrm{BS2}}^{\dagger} J_{z-\mathrm{in}} U_{J-\mathrm{BS2}} = \mathrm{e}^{-\mathrm{i}(\theta+\pi) J_{x-\mathrm{in}}} J_{z-\mathrm{in}} \mathrm{e}^{\mathrm{i}(\theta+\pi) J_{x-\mathrm{in}}}$$

$$= J_{z-\mathrm{in}} - \mathrm{i}(\theta+\pi) [J_{x-\mathrm{in}}, J_{z-\mathrm{in}}] + \frac{[-\mathrm{i}(\theta+\pi)]^2}{2!}$$

$$[J_{x-\mathrm{in}}, [J_{x-\mathrm{in}}, J_{z-\mathrm{in}}]] + \cdots$$

$$= J_{z-\mathrm{in}} \left[1 - \frac{(\theta+\pi)^2}{2!} + \frac{(\theta+\pi)^4}{4!} - \cdots \right] -$$

$$J_{y-\mathrm{in}} \left[(\theta+\pi) - \frac{(\theta+\pi)^3}{3!} + \frac{(\theta+\pi)^5}{5!} - \cdots \right]$$

$$= -\sin(\theta+\pi) \cdot J_{y-\mathrm{in}} + \cos(\theta+\pi) \cdot J_{z-\mathrm{in}} \quad (5.218)$$

其中利用了式(5.196)。

即式(5.214)的第二个分束器的角动量矩阵变换可以用角动量演变算符表示为

$$\begin{pmatrix} J_{x-\mathrm{out}} \\ J_{y-\mathrm{out}} \\ J_{z-\mathrm{out}} \end{pmatrix} = U_{J-\mathrm{BS2}}^{\dagger} \begin{pmatrix} J_{x-\mathrm{in}} \\ J_{y-\mathrm{in}} \\ J_{z-\mathrm{in}} \end{pmatrix} U_{J-\mathrm{BS2}} = \mathrm{e}^{-\mathrm{i}(\theta+\pi) J_{x-\mathrm{in}}} \begin{pmatrix} J_{x-\mathrm{in}} \\ J_{y-\mathrm{in}} \\ J_{z-\mathrm{in}} \end{pmatrix} \mathrm{e}^{\mathrm{i}(\theta+\pi) J_{x-\mathrm{in}}} \quad (5.219)$$

尤其是,对于分光比50:50的平衡分束器,$\theta = \pi/2$,$U_{J-\mathrm{BS2}} = \mathrm{e}^{-\mathrm{i}\pi J_{x-\mathrm{in}}/2}$。

5.2.3.4 Sagnac 干涉仪的角动量演变模型

综上所述,Sagnac 干涉仪的角动量矩阵变换可以表示为

$$\begin{pmatrix} J_{x-\text{out}} \\ J_{y-\text{out}} \\ J_{z-\text{out}} \end{pmatrix} = J_{\text{BS2}} J_\phi J_{\text{BS1}} \begin{pmatrix} J_{x-\text{in}} \\ J_{y-\text{in}} \\ J_{z-\text{in}} \end{pmatrix} = J_{\text{SI}} \begin{pmatrix} J_{x-\text{in}} \\ J_{y-\text{in}} \\ J_{z-\text{in}} \end{pmatrix} \tag{5.220}$$

式中:

$$J_{\text{SI}} = \begin{pmatrix} \cos\phi & -\sin\phi\cos\theta & -\sin\phi\sin\theta \\ -\sin\phi\cos\theta & -\cos\phi\cos^2\theta + \sin^2\theta & -(\cos\phi+1)\cos\theta \\ \sin\phi\sin\theta & (\cos\phi+1)\sin\theta\cos\theta & \cos\phi\sin^2\theta - \cos^2\theta \end{pmatrix} \tag{5.221}$$

假定 Sagnac 干涉仪的分束器是一个分光比 50∶50 的平衡分束器,$\theta = \pi/2$,则式(5.220)变为[5]

$$\begin{pmatrix} J_{x-\text{out}} \\ J_{y-\text{out}} \\ J_{z-\text{out}} \end{pmatrix} = \begin{pmatrix} \cos\phi & 0 & -\sin\phi \\ 0 & 1 & 0 \\ \sin\phi & 0 & \cos\phi \end{pmatrix} \begin{pmatrix} J_{x-\text{in}} \\ J_{y-\text{in}} \\ J_{z-\text{in}} \end{pmatrix} = \begin{pmatrix} \cos\phi \cdot J_{x-\text{in}} - \sin\phi \cdot J_{z-\text{in}} \\ J_{y-\text{in}} \\ \sin\phi \cdot J_{x-\text{in}} + \cos\phi \cdot J_{z-\text{in}} \end{pmatrix} \tag{5.222}$$

可以看出,y 向的角动量 $J_{y-\text{in}}$ 不变,其他两个角动量分量按右手螺旋系可以写成:

$$\begin{pmatrix} J_{z-\text{out}} \\ J_{x-\text{out}} \end{pmatrix} = \begin{pmatrix} \cos\phi & \sin\phi \\ -\sin\phi & \cos\phi \end{pmatrix} \begin{pmatrix} J_{z-\text{in}} \\ J_{x-\text{in}} \end{pmatrix} \tag{5.223}$$

即 Sagnac 干涉仪的角动量演变算符 J_{SI} 使输入角动量矢量绕 y 轴按逆时针旋转的相移为 ϕ。

与 J_{SI} 对应的 Sagnac 干涉仪的角动量演变算符 U_{SI} 表示为

$$\begin{cases} J_{\text{SI}} = J_{\text{BS2}} J_\phi J_{\text{BS1}} \\ U_{\text{SI}} = U_{J-\text{BS2}} U_{J-\phi} U_{J-\text{BS1}} = e^{i(\theta+\pi)J_{x-\text{in}}} e^{i\phi J_{z-\text{in}}} e^{i\theta J_{x-\text{in}}} \end{cases} \tag{5.224}$$

即

$$\begin{pmatrix} J_{x-\text{out}} \\ J_{y-\text{out}} \\ J_{z-\text{out}} \end{pmatrix} = U_{\text{SI}}^\dagger \begin{pmatrix} J_{x-\text{in}} \\ J_{y-\text{in}} \\ J_{z-\text{in}} \end{pmatrix} U_{\text{SI}}$$

$$= \left[e^{-i\theta J_{x-\text{in}}} e^{-i\phi J_{z-\text{in}}} e^{-i(\theta+\pi)J_{x-\text{in}}} \right] \begin{pmatrix} J_{x-\text{in}} \\ J_{y-\text{in}} \\ J_{z-\text{in}} \end{pmatrix} \left[e^{i(\theta+\pi)J_{x-\text{in}}} e^{i\phi J_{z-\text{in}}} e^{i\theta J_{x-\text{in}}} \right] \tag{5.225}$$

式(5.225)是海森堡图像中 Sagnac 干涉仪导致的算符变化,态矢量保持不变。

Sagnac 干涉仪变换的薛定谔图像为

$$|\psi_{\text{out}}\rangle = U_{\text{SI}}|\psi_{\text{in}}\rangle = U_{J-\text{BS2}}U_{J-\phi}U_{J-\text{BS1}}|\psi_{\text{in}}\rangle$$
$$= e^{i(\theta+\pi)J_{x-\text{in}}}e^{i\phi J_{z-\text{in}}}e^{i\theta J_{x-\text{in}}}|\psi_{\text{in}}\rangle \tag{5.226}$$

式(5.226)中算符不变,态矢量发生变化。对于分光比 50∶50 的理想平衡分束器,$\theta = \pi/2$,此时有 $U_{J-\text{BS1}} = e^{i\pi J_{x-\text{in}}/2}$,$U_{J-\text{BS2}} = e^{-i\pi J_{x-\text{in}}/2} = U_{J-\text{BS1}}^{\dagger}$,$U_{\text{SI}}$ 变为

$$U_{\text{SI}} = U_{J-\text{BS1}}^{\dagger} e^{i\phi J_{z-\text{in}}} U_{J-\text{BS1}} \tag{5.227}$$

将 $e^{i\phi J_{z-\text{in}}}$ 按泰勒级数展开,式(5.227)变为

$$e^{i\pi J_{x-\text{in}}/2} e^{i\phi J_{z-\text{in}}} e^{-i\pi J_{x-\text{in}}/2}$$

$$= U_{J-\text{BS1}}^{\dagger} \left\{ 1 + (i\phi)J_{z-\text{in}} + \frac{1}{2!}(i\phi)^2 J_{z-\text{in}}^2 + \frac{1}{3!}(i\phi)^3 J_{z-\text{in}}^3 + \cdots \right\} U_{J-\text{BS1}}$$

$$= 1 + (i\phi)U_{J-\text{BS1}}^{\dagger} J_{z-\text{in}} U_{J-\text{BS1}} + \frac{(i\phi)^2}{2!}(U_{J-\text{BS1}}^{\dagger} J_{z-\text{in}} U_{J-\text{BS1}})^2 +$$

$$\frac{(i\phi)^3}{3!}(U_{J-\text{BS1}}^{\dagger} J_{z-\text{in}} U_{J-\text{BS1}})^3 + \cdots$$

$$= e^{i\phi(U_{J-\text{BS1}}^{\dagger} J_{z-\text{in}} U_{J-\text{BS1}})} = e^{-i\phi J_{y-\text{in}}} \tag{5.228}$$

其中利用了式(5.195) $\theta = \pi/2$ 的结果:

$$e^{-i\pi J_{x-\text{in}}/2} J_{z-\text{in}} e^{i\pi J_{x-\text{in}}/2} = -J_{y-\text{in}} \tag{5.229}$$

5.2.3.5 角动量分量 J_z 具有与二阶符合关联强度 I_{12} 同质的相位信息

由式(5.227)可知,Sagnac 干涉仪的角动量演变算符使算符 (J^2, J_z) 本征态输入 $|j,m\rangle$ 绕 y 轴逆时针旋转的相移为 ϕ。因此,理论上,围绕 $\langle J_{z-\text{out}}\rangle$ 的均方涨落 $(\Delta J_{z-\text{out}})^2$ 计算为

$$(\Delta J_{z-\text{out}})^2 \equiv \langle J_{z-\text{out}}^2 \rangle - \langle J_{z-\text{out}}\rangle^2 \tag{5.230}$$

进而,可以利用误差传递公式评估 ϕ 的相位不确定性或相位检测灵敏度:

$$(\Delta\phi)^2 = \frac{(\Delta J_{z-\text{out}})^2}{\left(\dfrac{\partial\langle J_{z-\text{out}}\rangle}{\partial\phi}\right)^2} \tag{5.231}$$

此外,如前所述,量子增强相位信息包含在二阶或高阶符合的二阶相关函数 $g_{12}^{(2)}$ 或高阶生成概率 P 中,因而通过选择适当的探测方案,由 $g_{12}^{(2)}$ 和 P 也可以评估相位测量的不确定性或灵敏度。下面考察 $(\Delta J_{z-\text{out}})^2$ 与 $g_{12}^{(2)}$ 的关系。由角动量定义 $J_{z-\text{out}} = (b_1^{\dagger}b_1 - b_2^{\dagger}b_2)/2$,得到:

$$\langle J_{z-\text{out}}\rangle = \frac{1}{2}(\langle b_1^{\dagger}b_1\rangle - \langle b_2^{\dagger}b_2\rangle) = \frac{1}{2}(\langle I_1\rangle - \langle I_2\rangle) \tag{5.232}$$

以及

$$\langle J_{z-\text{out}}^2 \rangle = \frac{1}{4}\langle (b_1^\dagger b_1 - b_2^\dagger b_2)(b_1^\dagger b_1 - b_2^\dagger b_2)\rangle = \frac{1}{4}(\langle I_1^2 \rangle + \langle I_2^2 \rangle - 2\langle I_{12} \rangle)$$
(5.233)

式中：$I_1 = b_1^\dagger b_1, I_2 = b_2^\dagger b_2, I_{12} = b_1^\dagger b_2^\dagger b_2 b_1$。因而：

$$(\Delta J_{z-\text{out}})^2 \equiv \langle J_{z-\text{out}}^2 \rangle - \langle J_{z-\text{out}} \rangle^2 = \frac{1}{4}(\langle I_1^2 \rangle + \langle I_2^2 \rangle - 2\langle I_{12} \rangle) - \frac{1}{4}(\langle I_1 \rangle - \langle I_2 \rangle)^2$$

$$= \frac{1}{4}(\Delta I_1^2 + \Delta I_2^2 - 2\langle I_{12} \rangle + 2\langle I_1 \rangle \langle I_2 \rangle) \quad (5.234)$$

式中：

$$\Delta I_1^2 = \langle I_1^2 \rangle - \langle I_1 \rangle^2; \Delta I_2^2 = \langle I_2^2 \rangle - \langle I_2 \rangle^2 \quad (5.235)$$

输入光子数恒定时，根据能量守恒，两个输出端口的平均总光子数 $\langle I_1 + I_2 \rangle$ 为常量。根据统计理论，一个常量的标准方差为零，即

$$\langle (I_1 + I_2)^2 \rangle - \langle I_1 + I_2 \rangle^2 = \langle I_1^2 \rangle + \langle I_2^2 \rangle + 2\langle I_{12} \rangle - \langle I_1 \rangle^2 - \langle I_2 \rangle^2 - 2\langle I_1 \rangle \langle I_2 \rangle$$

$$= \langle I_1^2 \rangle - \langle I_1 \rangle^2 + \langle I_2^2 \rangle - \langle I_2 \rangle^2 + 2\langle I_{12} \rangle - 2\langle I_1 \rangle \langle I_2 \rangle$$

$$= \Delta I_1^2 + \Delta I_2^2 + 2\langle I_{12} \rangle - 2\langle I_1 \rangle \langle I_2 \rangle = 0 \quad (5.236)$$

所以有

$$\Delta I_1^2 + \Delta I_2^2 = 2\langle I_1 \rangle \langle I_2 \rangle - 2\langle I_{12} \rangle \quad (5.237)$$

将式(5.237)代入式(5.234)，得到：

$$(\Delta J_{z-\text{out}})^2 = \langle I_1 \rangle \langle I_2 \rangle - \langle I_{12} \rangle = \langle I_1 \rangle \langle I_2 \rangle \left(1 - \frac{\langle I_{12} \rangle}{\langle I_1 \rangle \langle I_2 \rangle}\right) = \langle I_1 \rangle \langle I_2 \rangle g_{12}^{(2)}$$
(5.238)

式中：$g_{12}^{(2)}$ 由式(4.9)定义。可以看到，$\langle I_1 \rangle \langle I_2 \rangle g_{12}^{(2)}$ 正是输出角动量 J_z 的方差。这表明，$(\Delta J_{z-\text{out}})^2$ 与归一化量子干涉公式 $g_{12}^{(2)}$ 具有同质的相位 ϕ 信息，因而可以利用 Sagnac 干涉仪的输出角动量分量 $J_{z-\text{out}}$ 的统计性质评估相位检测灵敏度。

由式(5.231)和式(5.238)可知，由角动量 J_z 的二阶统计性质得到的相位不确定性 $\Delta\phi$ 与归一化二阶符合相关光强 $g_{12}^{(2)}$ 的关系为

$$(\Delta\phi)^2 = \frac{4(\langle I_1 \rangle \langle I_2 \rangle - \langle I_{12} \rangle)}{\left(\dfrac{\partial \langle I_1 \rangle}{\partial \phi} - \dfrac{\partial \langle I_2 \rangle}{\partial \phi}\right)^2} = \frac{4\langle I_1 \rangle \langle I_2 \rangle}{\left(\dfrac{\partial \langle I_1 \rangle}{\partial \phi} - \dfrac{\partial \langle I_2 \rangle}{\partial \phi}\right)^2} g_{12}^{(2)} \quad (5.239)$$

该相位不确定性依赖于光子数差 $\langle J_z \rangle$ 所携带的相位 ϕ 信息，对于对称输入的非经典态，光子数差 $\langle J_z \rangle$ 趋于零，导致所评估的相位不确定性存在很大的不确定性。对于某些双端口输入的非对称光子数态 $|n_1 n_2\rangle$，当输出端口的光子数差很小时，也会出现这种情况。这是由角动量 J_z 的二阶统计性质评估量子纠缠光

纤陀螺仪的相位检测灵敏度的局限。在这种情况下，采用角动量 J_z 的四阶统计性质评估的相位不确定性更为合理。

5.2.4 量子纠缠 Sagnac 干涉仪输入态的角动量表征

在量子纠缠 Sagnac 干涉仪中，通常需要两个输入端口和两个输出端口。实际中，为了实现输入模式和输出模式的有效分离，我们采用一种双环形器的 Sagnac 干涉仪结构，这种干涉仪如图5.3所示。入射光束从 a_1、a_2 端口输入，第一次经过分束器被分光，在 Sagnac 干涉仪中沿相反方向传播一圈后，第二次经过分束器，到达探测器 D1 和 D2。通过对每一个探测器 D1 和 D2 分别进行光子计数，测量总光子数算符 N 和角动量 z 分量算符 J_z。

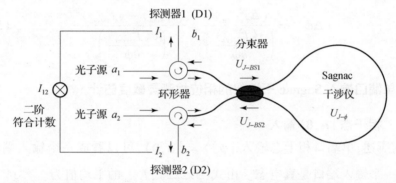

图5.3 采用双环行器有效分离输入模式和输出模式的量子 Sagnac 干涉仪

任何光量子态都可以用光子数态（的叠加）表示。输入态 $|\psi_{\text{in}}\rangle$ 总是总光子数算符 N 的本征态 $|n_1 n_2\rangle$：

$$N|\psi_{\text{in}}\rangle = N|n_1 n_2\rangle = (n_1 + n_2)|n_1 n_2\rangle \tag{5.240}$$

式中：$n_1 = \langle a_1^\dagger a_1 \rangle$；$n_2 = \langle a_2^\dagger a_2 \rangle$；$n_1 + n_2$ 是入射光的平均光子数。

根据式(5.137)和式(5.138)，总光子数算符 N、角动量分量算符 J_z 与角动量平方算符 J^2 互易，说明它们有共同的本征态 $|j, m, n_1 n_2\rangle = |\psi_{\text{in}}\rangle$，且

$$\begin{cases} N|j, m, n_1 n_2\rangle = (n_1 + n_2)|j, m, n_1 n_2\rangle \\ J^2|j, m, n_1 n_2\rangle = \dfrac{N}{2}\left(\dfrac{N}{2} + 1\right)|j, m, n_1 n_2\rangle \\ J_z|j, m, n_1 n_2\rangle = m|j, m, n_1 n_2\rangle \end{cases} \tag{5.241}$$

进而 (j, m) 与 (n_1, n_2) 的关系有

$$j = \frac{n_1 + n_2}{2}; m = \frac{n_1 - n_2}{2}; n_1 = j + m; n_2 = j - m \tag{5.242}$$

输入态 $|\psi_{\text{in}}\rangle$ 既可以用光子数本征态 $|n_1 n_2\rangle$ 表征，又可以用角动量本征态 $|j, m\rangle$

表征,因而[3]:

$$|\psi_{\text{in}}\rangle = |j,m\rangle = |(j+m)(j-m)\rangle = \frac{(a_1^\dagger)^{j+m}(a_2^\dagger)^{j-m}}{\sqrt{(j+m)!\,(j-m)!}}|00\rangle$$

(5.243)

对于一些对称非经典输入态,如光子数态 $|nn\rangle$、双模压缩态、NOON 态等,输出角动量 z 分量 $\langle J_{z\text{-out}}\rangle = 0$,无法提供有效的相位 ϕ 信息。式(5.229)基于 $J_{z\text{-out}}$ 的二阶相关统计特性的相位检测灵敏度不再适用。需要考虑输出基于 $J_{z\text{-out}}$ 的四阶相关统计特性估计 Sagnac 干涉仪输出的相位检测灵敏度。通过对输出强度差信号的平方和积分,可以测量 $J_{z\text{-out}}^2$ 的统计平均,利用误差传递公式,相位检测灵敏度为

$$(\Delta\phi)^2 = \frac{(\Delta J_{z\text{-out}}^2)^2}{\left(\dfrac{\partial\langle J_{z\text{-out}}^2\rangle}{\partial\phi}\right)^2} = \frac{\langle J_{z\text{-out}}^4\rangle - \langle J_{z\text{-out}}^2\rangle^2}{\left(\dfrac{\partial\langle J_{z\text{-out}}^2\rangle}{\partial\phi}\right)^2}$$

(5.244)

5.2.5 单端口输入 Sagnac 干涉仪的相位检测灵敏度估计

5.2.5.1 相干态 $|\alpha,0\rangle$ 输入

如前所述,单端口相干态输入 $|\psi_{\text{in}}\rangle = |\alpha,0\rangle$,可以看成一个输入端口是相干态,另一个输入端口是真空态。由式(5.222),$J_{z\text{-out}}$ 的平均值为

$$\langle J_{z\text{-out}}\rangle = \langle\alpha,0|J_{z\text{-out}}|\alpha,0\rangle$$
$$= \sin\phi\cdot\langle\alpha,0|J_{x\text{-in}}|\alpha,0\rangle + \cos\phi\cdot\langle\alpha,0|J_{z\text{-in}}|\alpha,0\rangle = \frac{1}{2}|\alpha|^2\cos\phi$$

(5.245)

式中:

$$\begin{cases}\langle\alpha,0|J_{x\text{-in}}|\alpha,0\rangle = \dfrac{1}{2}\langle\alpha,0|(a_1^\dagger a_2 + a_2^\dagger a_1)|\alpha,0\rangle = 0 \\ \langle\alpha,0|J_{z\text{-in}}|\alpha,0\rangle = \dfrac{1}{2}\langle\alpha,0|(a_1^\dagger a_1 - a_2^\dagger a_2)|\alpha,0\rangle = \dfrac{1}{2}|\alpha|^2\end{cases}$$

(5.246)

又

$$\langle J_{z\text{-out}}^2\rangle \equiv \langle\alpha,0|J_{z\text{-out}}^2|\alpha,0\rangle = \sin^2\phi\cdot\langle\alpha,0|J_{x\text{-in}}^2|\alpha,0\rangle + \cos^2\phi\cdot\langle\alpha,0|J_{z\text{-in}}^2|\alpha,0\rangle +$$
$$\sin\phi\cos\phi\cdot\langle\alpha,0|J_{x\text{-in}}J_{z\text{-in}} + J_{z\text{-in}}J_{x\text{-in}}|\alpha,0\rangle$$
$$= \frac{1}{4}|\alpha|^2 + \frac{1}{4}|\alpha|^4\cdot\cos^2\phi$$

(5.247)

式中:

第5章 量子纠缠光纤陀螺仪相位检测灵敏度的评估方法

$$\begin{cases} \langle \alpha,0 \mid J_{x-in}^2 \mid \alpha,0 \rangle = \dfrac{1}{4}\mid \alpha \mid^2 \\ \langle \alpha,0 \mid J_{x-in}J_{z-in} + J_{z-in}J_{x-in} \mid \alpha,0 \rangle = 0 \\ \langle \alpha,0 \mid J_{z-in}^2 \mid \alpha,0 \rangle = \dfrac{1}{4}\mid \alpha \mid^2 (1+\mid \alpha \mid^2) \end{cases} \quad (5.248)$$

因而，围绕$\langle J_{z-out}\rangle$的均方涨落$(\Delta J_{z-out})^2$为

$$(\Delta J_{z-out})^2 = \frac{1}{4}\mid\alpha\mid^2 + \frac{1}{4}\mid\alpha\mid^4\cdot\cos^2\phi - \left(\frac{1}{2}\mid\alpha\mid^2\cdot\cos\phi\right)^2 = \frac{1}{4}\mid\alpha\mid^2 \quad (5.249)$$

由式(5.231)可知，相位不确定性$(\Delta\phi)^2$为

$$(\Delta\phi)^2 = \frac{1}{\mid\alpha\mid^2\sin^2\phi} = \frac{1}{N\sin^2\phi} \quad (5.250)$$

式中：$N=\mid\alpha\mid^2$为相干态的输入总光子数。最小相位不确定性$(\Delta\phi)_{min}$为

$$(\Delta\phi)_{min} = \frac{1}{\sqrt{N}\cdot\sin\phi} \quad (5.251)$$

式(5.251)表明需要提供$\Phi_0 = \pi/2$的偏置相位，在$\phi = 0$附近检测时，最小相位不确定性为标准量子极限$(\Delta\phi)_{min} = 1/\sqrt{N}$，这是经典光纤陀螺仪的典型评估结果。

5.2.5.2 单模光子数态$\mid n0\rangle$输入

利用图5.3所示的光路结构，分析输入光子数态$\mid\psi_{in}\rangle = \mid n0\rangle$的情况，对于单端口光子数态输入，此时有

$$\begin{cases} n_1 = \langle a_1^\dagger a_1 \rangle = n = N; n_2 = 0 \\ j = \dfrac{n}{2}; m = \dfrac{n}{2} \end{cases} \quad (5.252)$$

作为N、J^2和J_z的共同本征态，输入态$\mid\psi_{in}\rangle$的本征值可以表示为

$$\begin{cases} J^2 \mid j,m,n0\rangle = \dfrac{n}{2}\left(\dfrac{n}{2}+1\right)\mid j,m,n0\rangle \\ N \mid j,m,n0\rangle = n \mid j,m,n0\rangle \\ J_z \mid j,m,n0\rangle = \dfrac{n}{2}\mid j,m,n0\rangle \end{cases} \quad (5.253)$$

输入态$\mid\psi_{in}\rangle$用角动量本征态$\mid j,m\rangle$表示则为

$$\mid\psi_{in}\rangle = \mid j,j\rangle = \left|\frac{n}{2},\frac{n}{2}\right\rangle \quad (5.254)$$

在薛定谔图像中，通过量子器件后，算符N、J_x、J_y、J_z、J^2不变，态矢量发生变化。对于输入态$\mid\psi_{in}\rangle$，由式(5.226)可知，输出态$\mid\psi_{out}\rangle$为

$$|\psi_{\text{out}}\rangle = U_{J-\text{BS2}} U_{J-\phi} U_{J-\text{BS1}} |\psi_{\text{in}}\rangle = \mathrm{e}^{\mathrm{i}(\theta+\pi)J_{x-\text{in}}} \mathrm{e}^{\mathrm{i}\phi J_{z-\text{in}}} \mathrm{e}^{\mathrm{i}\theta J_{x-\text{in}}} \left|\frac{n}{2},\frac{n}{2}\right\rangle \quad (5.255)$$

分束器分光比 50∶50 时，$\theta = \pi/2$：

$$|\psi_{\text{out}}\rangle = \mathrm{e}^{-\mathrm{i}\pi J_{x-\text{in}}/2} \mathrm{e}^{\mathrm{i}\phi J_{z-\text{in}}} \mathrm{e}^{\mathrm{i}\pi J_{x-\text{in}}/2} \left|\frac{n}{2},\frac{n}{2}\right\rangle \quad (5.256)$$

在抽象自旋空间的角动量表征中，式(5.256)的态矢量演变如图 5.4 所示。光子数态 $|n0\rangle$ 仅沿干涉仪的一个输入端口入射，在角动量 (J_x, J_y, J_z) 矢量空间，输入态 $|n0\rangle$ 的角动量本征态具有形式 $|j,m\rangle = |j,j\rangle = |n/2, n/2\rangle$，可以用中心沿 z 轴的高度为 $n/2$ 的圆锥表示 J_z 本征态（图5.4(a)）。输入分束器（第一个分束器）使圆锥绕 x 轴逆时针旋转 $\pi/2$ 角度，圆锥的轴现在位于 $-y$ 轴方向（图5.4(b)）。干涉仪中的 Sagnac 相移对应着使圆锥绕 z 轴逆时针旋转 ϕ 角度（图5.4(c)），圆锥的轴现在位于 $(x, -y)$ 平面区域。输出分束器（第二个分束器）使圆锥绕 x 轴顺时针旋转 $\pi/2$ 角度（图5.4(d)），圆锥的轴现在位于 $(x, +z)$ 平面区域，与 z 轴的夹角为 ϕ，相当于绕 y 轴逆时针旋转角度 ϕ。

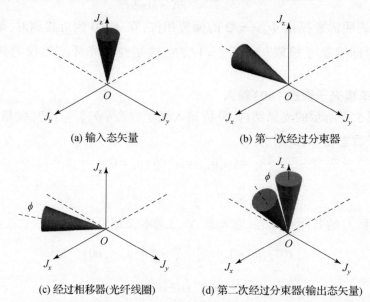

(a) 输入态矢量　　　　　　　　(b) 第一次经过分束器

(c) 经过相移器(光纤线圈)　　　(d) 第二次经过分束器(输出态矢量)

图 5.4　用抽象自旋空间的旋转描述光子数态 $|n0\rangle$ 通过 Sagnac 干涉仪的演变

直觉上，可以测量的最小相位 ϕ 为图 5.4(d) 的圆锥恰好与图 5.4(a) 初始位置的圆锥没有重叠时的 ϕ。由圆锥的顶点到圆锥基的圆圈上的点的距离是 J^2 的本征值的平方根即 $\sqrt{n/2(n/2+1)}$。由圆锥的顶点到圆锥基的中心的距离是 J_z 的本征值也即 $n/2$。因而，圆锥基的半径为 $\sqrt{n/2(n/2+1) - (n/2)^2} = \sqrt{n/2}$。可以看出，对于非零的角动量，角动量的幅值 $\sqrt{n/2(n/2+1)}$ 总是大于其在 z 轴

的最大投影 $n/2$,意味着角动量永远不会沿一个确定的轴,这是角动量不确定性原理的直接结果。

最小可探测相位 $(\Delta\phi)_{\min}$ 因而为

$$\tan\left[\frac{(\Delta\phi)_{\min}}{2}\right] = \frac{1}{\sqrt{N/2}} \tag{5.257}$$

式中:$N = n$ 是单模光子数态 $|n0\rangle$ 的输入光子数。因而,工作在这种模式的 Sagnac 干涉仪的相位检测不确定性正比于 $1/\sqrt{N}$,与经典光的行为相同。可以更严格地推导式(5.257)。由式(5.222)可知,$J_{z-\text{out}}$ 的平均值为

$$\langle J_{z-\text{out}}\rangle = \sin\phi \cdot \langle n0 | J_{x-\text{in}} | n0\rangle + \cos\phi \cdot \langle n0 | J_{z-\text{in}} | n0\rangle = \frac{n}{2}\cos\phi$$
$$\tag{5.258}$$

其中有

$$\begin{cases} \langle n0 | J_{x-\text{in}} | n0\rangle = \frac{1}{2}\langle n0 | (a_1^\dagger a_2 + a_2^\dagger a_1) | n0\rangle = 0 \\ \langle n0 | J_{z-\text{in}} | n0\rangle = \left\langle \frac{n}{2}, \frac{n}{2} \middle| J_{z-\text{in}} \middle| \frac{n}{2}, \frac{n}{2} \right\rangle = \frac{n}{2} \end{cases} \tag{5.259}$$

这里 $|n0\rangle$、$|n/2, n/2\rangle$ 分别是用光子数态和角动量本征态表示的同一输入态 $|\psi_{\text{in}}\rangle$。而

$$\langle J_{z-\text{out}}^2\rangle = \sin^2\phi \cdot \langle n0 | J_{x-\text{in}}^2 | n0\rangle + \cos^2\phi \cdot \langle n0 | J_{z-\text{in}}^2 | n0\rangle +$$
$$\sin\phi\cos\phi \cdot \langle n0 | J_{x-\text{in}}J_{z-\text{in}} + J_{z-\text{in}}J_{x-\text{in}} | n0\rangle$$
$$= \sin^2\phi \cdot \frac{n}{4} + \cos^2\phi \cdot \frac{n^2}{4} \tag{5.260}$$

其中有

$$\begin{cases} \langle n0 | J_{x-\text{in}}^2 | n0\rangle = \frac{n}{4} \\ \langle n0 | J_{x-\text{in}}J_{z-\text{in}} + J_{z-\text{in}}J_{x-\text{in}} | n0\rangle = 0 \\ \langle n0 | J_{z-\text{in}}^2 | n0\rangle = \left\langle \frac{n}{2}, \frac{n}{2} \middle| J_{z-\text{in}}^2 \middle| \frac{n}{2}, \frac{n}{2} \right\rangle = \frac{n^2}{4} \end{cases} \tag{5.261}$$

因而,围绕 $\langle J_{z-\text{out}}\rangle$ 的均方涨落 $(\Delta J_{z-\text{out}})^2$ 为

$$(\Delta J_{z-\text{out}})^2 = \frac{n}{4}\sin^2\phi + \frac{n^2}{4}\cos^2\phi - \frac{n^2}{4}\cos^2\phi = \frac{n}{4}\sin^2\phi \tag{5.262}$$

由式(5.231)可知,$(\Delta\phi)^2$ 为

$$(\Delta\phi)^2 = \frac{\frac{n}{4}\sin^2\phi}{\left(\frac{n^2}{4}\sin^2\phi\right)} = \frac{1}{n} \tag{5.263}$$

最小相位不确定性$(\Delta\phi)_{min}$为

$$(\Delta\phi)_{min} = \frac{1}{\sqrt{n}} = \frac{1}{\sqrt{N}} \quad (5.264)$$

这与式(5.257)的粗略计算结果基本一致,为散粒噪声极限。众所周知,经典干涉仪采用一个探测器就能得到 Sagnac 相移 ϕ 的完整信息,但探测过程被量子化,被探测的光子数服从泊松分布(散粒噪声),因而经典 Sagnac 干涉仪的相位不确定性最终受散粒噪声极限限制即式(5.264)。而采用角动量算符的分析,通过在两个输出端口放置两个光探测器测量 N、J_z,无须光源和光探测的光子统计特性,就可以直接得出式(5.264)的结论。

5.2.5.3 单模压缩态 $|r,0\rangle$ 输入

在 Sagnac 干涉仪中,单模压缩态输入可以看成一个输入端口是压缩真空态,另一个输入端口是真空态,输入态表示为 $|\psi_{in}\rangle = |r,0\rangle = S_1(r)|00\rangle$。其中,$S_1(r) = e^{r(e^{-i\varphi}a_1^2 - e^{i\varphi}a_1^{\dagger 2})/2}$ 是压缩算符。

由式(5.222)可知,J_{z-out} 的平均值为

$$\langle J_{z-out}\rangle = \sin\phi \cdot \langle r,0|J_{x-in}|r,0\rangle + \cos\phi \cdot \langle r,0|J_{z-in}|r,0\rangle = \cos\phi \cdot \frac{1}{2}\sinh^2 r \quad (5.265)$$

其中有

$$\langle r,0|J_{x-in}|r,0\rangle = \frac{1}{2}\langle 00|S^{\dagger}(r)(a_1^{\dagger}a_2 + a_2^{\dagger}a_1)S(r)|00\rangle = 0$$

$$\langle r,0|J_{z-in}|r,0\rangle = \frac{1}{2}\langle 00|(a_1^{\dagger}\cosh r - e^{-i\varphi}a_1\sinh r)(a_1\cosh r - e^{i\varphi}a_1^{\dagger}\sinh r)|00\rangle = \frac{1}{2}\sinh^2 r \quad (5.266)$$

而 $\langle J_{z-out}^2\rangle$ 为

$$\langle J_{z-out}^2\rangle \equiv \langle r,0|J_{z-out}^2|r,0\rangle = \sin^2\phi \cdot \langle r,0|J_{x-in}^2|r,0\rangle + \cos^2\phi \cdot \langle r,0|J_{z-in}^2|r,0\rangle +$$
$$\sin\phi\cos\phi \cdot \langle r,0|J_{x-in}J_{z-in} + J_{z-in}J_{x-in}|r,0\rangle$$
$$= \sin^2\phi \cdot \frac{1}{4}\sinh^2 r + \cos^2\phi \cdot \frac{1}{4}(2\sinh^2 r\cosh^2 r + \sinh^4 r) \quad (5.267)$$

其中有

$$\begin{cases} \langle r,0|J_{x-in}^2|r,0\rangle = \frac{1}{4}\sinh^2 r \\ \langle r,0|J_{x-in}J_{z-in} + J_{z-in}J_{x-in}|r,0\rangle = 0 \\ \langle r,0|J_{z-in}^2|r,0\rangle = \frac{1}{4}(2\sinh^2 r\cosh^2 r + \sinh^4 r) \end{cases} \quad (5.268)$$

由式(5.231),得到 $(\Delta\phi)^2$ 为

$$(\Delta\phi)^2 = \frac{1}{\sinh^2 r} + \frac{2\cosh^2 r}{\tan^2\phi \cdot \sinh^2 r} \qquad (5.269)$$

考虑 π/2 加偏的情形,也即 ϕ 全部用 $\pi/2+\phi$ 替换,在 $\phi=0$ 附近测量,最小相位不确定性 $(\Delta\phi)_{\min}$ 为

$$\Delta\phi_{\min} = \frac{1}{\sqrt{\sinh^2 r}} = \frac{1}{\sqrt{N}} \qquad (5.270)$$

式中: $N=\sinh^2 r$ 为输入平均光子数。因此,单模压缩态输入的光子纠缠光纤陀螺仪的相位检测灵敏度为散粒噪声极限。这与其他方法得到的结果一致。

5.2.5.4 压缩相干态 $|r\alpha,0\rangle$ 输入

在 Sagnac 干涉仪中,单端口压缩相干态输入可以看成一个输入端口是压缩相干态,另一个输入端口是真空态,输入态表示为 $|\psi_{\text{in}}\rangle = |r\alpha,0\rangle = S_1(r)D_1(\alpha)|00\rangle$,其中, $D_1(\alpha)$ 和 $S_1(r)$ 分别为位移算符和压缩算符,算符演变满足式(5.40)。压缩相干态是先使真空态受到位移,再受到压缩,这样位移量同样被压缩或放大(与压缩相位和相干态初始相位有关)。

由式(5.222)可知, $J_{z-\text{out}}$ 的平均值为

$$\langle J_{z-\text{out}}\rangle = \langle r\alpha,0|J_{z-\text{out}}|r\alpha,0\rangle = \sin\phi \cdot \langle r\alpha,0|J_{x-\text{in}}|r\alpha,0\rangle + \cos\phi \cdot \langle r\alpha,0|J_{z-\text{in}}|r\alpha,0\rangle$$

$$= \frac{1}{2}[|\alpha|^2(1+\sinh^2 r) - |\alpha|^2\cos(\varphi - 2\vartheta)\sinh 2r + (1+|\alpha|^2)\sinh^2 r] \qquad (5.271)$$

利用 $\alpha = |\alpha|e^{i\vartheta}$ 得

$$\langle r\alpha,0|J_{x-\text{in}}|r\alpha,0\rangle = 0$$

$$\langle r\alpha,0|J_{z-\text{in}}|r\alpha,0\rangle = \frac{1}{2}[|\alpha|^2(1+\sinh^2 r) -$$

$$|\alpha|^2\cos(\varphi - 2\vartheta)\sinh 2r + (1+|\alpha|^2)\sinh^2 r] \qquad (5.272)$$

$\langle J_{z-\text{out}}^2\rangle$ 为

$$\langle J_{z-\text{out}}^2\rangle = \sin^2\phi \cdot \langle r\alpha,0|J_{x-\text{in}}^2|r\alpha,0\rangle + \cos^2\phi \cdot \langle r\alpha,0|J_{z-\text{in}}^2|r\alpha,0\rangle +$$

$$\sin\phi\cos\phi \cdot \langle r\alpha,0|J_{x-\text{in}}J_{z-\text{in}} + J_{z-\text{in}}J_{x-\text{in}}|r\alpha,0\rangle \qquad (5.273)$$

利用 $\alpha = |\alpha|e^{i\vartheta}$ 有

$$\langle r\alpha,0|J_{x-\text{in}}J_{z-\text{in}} + J_{z-\text{in}}J_{x-\text{in}}|r\alpha,0\rangle = 0 \qquad (5.274)$$

$$\langle r\alpha,0|J_{x-\text{in}}^2|r\alpha,0\rangle = \frac{1}{4}[|\alpha|^2(1+\sinh^2 r) -$$

$$|\alpha|^2\cos(\varphi - 2\vartheta)\sinh 2r + (1+|\alpha|^2)\sinh^2 r] \qquad (5.275)$$

$$\langle r\alpha, 0 | J_{z\text{-in}}^2 | r\alpha, 0 \rangle$$
$$= \frac{1}{4} \{ |\alpha|^2 (1+|\alpha|^2)$$
$$+ \sinh^2 r (1 + \sinh^2 r) [2 + 10|\alpha|^2 + 4|\alpha|^4 + 4|\alpha|^4 \cos^2(\varphi - 2\vartheta)]$$
$$- 2|\alpha|^2 (1+|\alpha|^2) \sinh 2r \cos(\varphi - 2\vartheta)$$
$$- 4|\alpha|^2 (3+|\alpha|^2) \sinh^3 r \cosh r \cos(\varphi - 2\vartheta) \} \tag{5.276}$$

考虑 π/2 加偏的情形,也即 φ 全部用 π/2 + φ 替换,在 φ = 0 附近,由式 (5.231) 得到 $(\Delta\phi)^2$ 为

$$(\Delta\phi)^2 = \frac{1}{|\alpha|^2(1+\sinh^2 r) - |\alpha|^2 \cos(\varphi - 2\vartheta)\sinh 2r + (1+|\alpha|^2)\sinh^2 r} = \frac{1}{N} \tag{5.277}$$

式中: $N = \langle r\alpha, 0 | a_1^\dagger a_1 | r\alpha, 0 \rangle$ 为压缩相干态的总输入光子数,见式(5.51)的计算结果。因而最小相位不确定性 $(\Delta\phi)_{\min}$ 为

$$(\Delta\phi)_{\min} = \frac{1}{\sqrt{N}} \tag{5.278}$$

可以看出,单端口压缩相干态输入的 Sagnac 干涉仪的相位检测灵敏度为散粒噪声极限。这与式(5.50)的结果完全一致。但当 $\varphi - 2\vartheta = \pi$,即 $\cos(\varphi - 2\vartheta) = -1$ 时, $(\Delta\phi)_{\min} \approx e^{-r}/\sqrt{|\alpha|^2}$,这与式(5.52)一致。

5.2.5.5 相干压缩态 $|\alpha r, 0\rangle$ 输入

相干压缩态是先使真空态受到压缩,再受到位移。在 Sagnac 干涉仪中,单端口相干压缩态输入可以看成一个输入端口(模式1)是相干压缩态,另一个输入端口(模式2)是真空态。输入态表示为 $|\psi_{\text{in}}\rangle = |\alpha r, 0\rangle = D_1(\alpha) S_1(r) |00\rangle$,其中, $D_1(\alpha)$ 和 $S_1(r)$ 分别为位移算符和压缩算符,算符演变满足式(5.40)。

由式(5.222), $J_{z\text{-out}}$ 的平均值为

$$\langle J_{z\text{-out}} \rangle = \langle \alpha r, 0 | J_{z\text{-out}} | \alpha r, 0 \rangle = \sin\phi \cdot \langle \alpha r, 0 | J_{x\text{-in}} | \alpha r, 0 \rangle + \cos\phi \cdot \langle \alpha r, 0 | J_{z\text{-in}} | \alpha r, 0 \rangle$$
$$= \frac{1}{2}\cos\phi \cdot (\sinh^2 r + |\alpha|^2) \tag{5.279}$$

其中利用了:

$$\begin{cases} \langle \alpha r, 0 | J_{x\text{-in}} | \alpha r, 0 \rangle = \frac{1}{2} \langle 00 | \begin{array}{l} (a_1^\dagger \cosh r - e^{-i\varphi} a_1 \sinh r + \alpha^*) a_2 \\ + a_2^\dagger (a_1 \cosh r - e^{i\varphi} a_1^\dagger \sinh r + \alpha) \end{array} | 00 \rangle = 0 \\ \langle \alpha r, 0 | J_{z\text{-in}} | \alpha r, 0 \rangle = \frac{1}{2} \langle 00 | \begin{array}{l} (a_1^\dagger \cosh r - e^{-i\varphi} a_1 \sinh r + \alpha^*) \\ \cdot (a_1 \cosh r - e^{i\varphi} a_1^\dagger \sinh r + \alpha) \end{array} | 00 \rangle = \frac{1}{2}(\sinh^2 r + |\alpha|^2) \end{cases}$$
$$\tag{5.280}$$

第5章 量子纠缠光纤陀螺仪相位检测灵敏度的评估方法

$\langle J_{z-\text{out}}^2 \rangle$ 为

$$\langle J_{z-\text{out}}^2 \rangle \equiv \langle \alpha r, 0 | J_{z-\text{out}}^2 | \alpha r, 0 \rangle = \sin^2\phi \cdot \langle \alpha r, 0 | J_{x-\text{in}}^2 | \alpha r, 0 \rangle +$$
$$\cos^2\phi \cdot \langle \alpha r, 0 | J_{z-\text{in}}^2 | \alpha r, 0 \rangle + \sin\phi\cos\phi \cdot \langle \alpha r, 0 | J_{x-\text{in}} J_{z-\text{in}} + J_{z-\text{in}} J_{x-\text{in}} | \alpha r, 0 \rangle$$
(5.281)

利用 $\alpha = |\alpha| e^{i\vartheta}$ 有

$$\langle \alpha r, 0 | J_{x-\text{in}}^2 | \alpha r, 0 \rangle = \frac{1}{4}(\sinh^2 r + |\alpha|^2) \quad (5.282)$$

$$\langle \alpha r, 0 | J_{z-\text{in}}^2 | \alpha r, 0 \rangle$$
$$= \frac{1}{4}\left[\frac{1}{2}\sinh^2 2r + \sinh^4 r + 4|\alpha|^2\sinh^2 r - 2|\alpha|^2\cos(\varphi - 2\vartheta)\sinh r\cosh r + |\alpha|^2 + |\alpha|^4\right]$$
(5.283)

$$\langle \alpha r, 0 | J_{x-\text{in}} J_{z-\text{in}} + J_{z-\text{in}} J_{x-\text{in}} | \alpha r, 0 \rangle = 0 \quad (5.284)$$

考虑 π/2 加偏的情形,也即 ϕ 全部用 π/2+ϕ 替换,在 $\phi=0$ 附近,由式(5.231)得到 $(\Delta\phi)^2$ 为

$$(\Delta\phi)^2 = \frac{1}{\sinh^2 r + |\alpha|^2} = \frac{1}{N} \quad (5.285)$$

式中:N 为相干压缩态的总输入光子数。因而最小相位不确定性 $(\Delta\phi)_{\min}$ 为

$$(\Delta\phi)_{\min} = \frac{1}{\sqrt{N}} \quad (5.286)$$

可以看出,单端口相干压缩态输入的 Sagnac 干涉仪的相位检测灵敏度为散粒噪声极限。这与式(5.44)的结果完全一致。

5.2.6 双端口输入 Sagnac 干涉仪的相位检测灵敏度估计

5.2.6.1 相干态 $|\alpha_1, \alpha_2\rangle$ 输入

相干态 $|\alpha_1, \alpha_2\rangle$ 输入,其中,$\alpha_1 = |\alpha_1| e^{i\vartheta_1}$,$\alpha_2 = |\alpha_2| e^{i\vartheta_2}$。原理上光相干态可由激光器产生,所以其本征态 α_1、α_2 为复数,包含场的振幅信息 $|\alpha_1|$、$|\alpha_2|$ 和相位信息 ϑ_1、ϑ_2。

由式(5.222)可知,$J_{z-\text{out}}$ 的平均值为

$$\langle \alpha_1, \alpha_2 | J_{z-\text{out}} | \alpha_1, \alpha_2 \rangle = \sin\phi \cdot \langle \alpha_1, \alpha_2 | J_{x-\text{in}} | \alpha_1, \alpha_2 \rangle + \cos\phi \cdot \langle \alpha_1, \alpha_2 | J_{z-\text{in}} | \alpha_1, \alpha_2 \rangle$$
$$= |\alpha_1| |\alpha_2| \cos(\vartheta_1 + \vartheta_2)\sin\phi + \frac{1}{2}(|\alpha_1|^2 - |\alpha_2|^2)\cos\phi$$
(5.287)

式中:

$$\langle\alpha_1,\alpha_2|J_{x-in}|\alpha_1,\alpha_2\rangle=|\alpha_1||\alpha_2|\cos(\vartheta_1-\vartheta_2)$$
$$\langle\alpha_1,\alpha_2|J_{z-in}|\alpha_1,\alpha_2\rangle=\frac{1}{2}(|\alpha_1|^2-|\alpha_2|^2) \tag{5.288}$$

又因为 $\langle J_{z-out}^2\rangle$ 为

$$\langle J_{z-out}^2\rangle=\sin^2\phi\cdot\langle\alpha_1,\alpha_2|J_{x-in}^2|\alpha_1,\alpha_2\rangle+\cos^2\phi\cdot\langle\alpha_1,\alpha_2|J_{z-in}^2|\alpha_1,\alpha_2\rangle+$$
$$\sin\phi\cos\phi\cdot\langle\alpha_1,\alpha_2|J_{x-in}J_{z-in}+J_{z-in}J_{x-in}|\alpha_1,\alpha_2\rangle \tag{5.289}$$

式中：

$$\begin{cases}\langle\alpha_1,\alpha_2|J_{x-in}^2|\alpha_1,\alpha_2\rangle=\frac{1}{4}[2|\alpha_1|^2|\alpha_2|^2\cos2(\vartheta_1-\vartheta_2)+|\alpha_1|^2+\\\qquad|\alpha_2|^2+2|\alpha_1|^2|\alpha_2|^2]\\\langle\alpha_1,\alpha_2|J_{z-in}^2|\alpha_1,\alpha_2\rangle=\frac{1}{4}[(|\alpha_1|^2+|\alpha_2|^2)+(|\alpha_1|^2-|\alpha_2|^2)^2]\\\langle\alpha_1,\alpha_2|J_{x-in}J_{z-in}+J_{z-in}J_{x-in}|\alpha_1,\alpha_2\rangle=|\alpha_1||\alpha_2|(|\alpha_1|^2-|\alpha_2|^2)\cos(\vartheta_1-\vartheta_2)\end{cases}$$
$$\tag{5.290}$$

由于

$$\frac{\partial\langle J_{z-out}\rangle}{\partial\phi}=\frac{\partial}{\partial\phi}\langle\alpha_1,\alpha_2|J_{z-out}|\alpha_1,\alpha_2\rangle$$
$$=-\cos\phi\cdot\langle\alpha_1,\alpha_2|J_{x-in}|\alpha_1,\alpha_2\rangle+\sin\phi\cdot\langle\alpha_1,\alpha_2|J_{z-in}|\alpha_1,\alpha_2\rangle \tag{5.291}$$

$\phi=0$ 时，得到：

$$\frac{\partial\langle J_{z-out}\rangle}{\partial\phi}\bigg|_{\phi=0}=-\langle\alpha_1,\alpha_2|J_{x-in}|\alpha_1,\alpha_2\rangle=-\langle J_{x-out}\rangle \tag{5.292}$$

由式(5.231)可知，在 $\phi=0$ 附近，得到 $(\Delta\phi)^2$ 为

$$(\Delta\phi)^2|_{\phi=0}=\frac{\langle J_{z-out}^2\rangle|_{\phi=0}-\langle J_{z-out}\rangle^2|_{\phi=0}}{\langle J_{x-out}\rangle^2}=\frac{|\alpha_1|^2+|\alpha_2|^2}{4|\alpha_1|^2|\alpha_2|^2\cos^2(\vartheta_1-\vartheta_2)} \tag{5.293}$$

对于最佳选择 $\vartheta_1-\vartheta_2=0$，得到：

$$(\Delta\phi)^2=\frac{|\alpha_1|^2+|\alpha_2|^2}{4|\alpha_1|^2|\alpha_2|^2} \tag{5.294}$$

相干态 $|\alpha_1,\alpha_2\rangle$ 的总输入光子数为 $N=|\alpha_1|^2+|\alpha_2|^2$。当 $|\alpha_1|^2=|\alpha_2|^2=N/2$ 时，有

$$(\Delta\phi)^2=\frac{1}{N} \tag{5.295}$$

因而最小相位不确定性$(\Delta\phi)_{\min}$为

$$(\Delta\phi)_{\min} = \frac{1}{\sqrt{N}} \tag{5.296}$$

双端口相干态$|\alpha_1,\alpha_2\rangle$输入的Sagnac干涉仪的相位检测灵敏度为散粒噪声极限。这与式(5.18)的结果完全一致。

5.2.6.2 相干态+压缩态$|r,\alpha\rangle$输入

在Sagnac干涉仪中,一个输入端口是相干态,另一个输入端口是压缩态,输入态可以表示为$|\psi_{\text{in}}\rangle = |r,\alpha\rangle = S_1(r)D_2(\alpha)|00\rangle$。其中,$S_1(r)$和$D_2(\alpha)$分别为压缩算符和位移算符,算符演变满足式(5.54)。

由式(5.222),$J_{z-\text{out}}$的平均值为

$$\langle J_{z-\text{out}}\rangle = \langle r,\alpha|J_{z-\text{out}}|r,\alpha\rangle = \sin\phi \cdot \langle r,\alpha|J_{x-\text{in}}|r,\alpha\rangle + \cos\phi \cdot \langle r,\alpha|J_{z-\text{in}}|r,\alpha\rangle$$
$$= \frac{1}{2}\cos\phi \cdot (\sinh^2 r - |\alpha|^2) \tag{5.297}$$

式中:

$$\langle r,\alpha|J_{x-\text{in}}|r,\alpha\rangle = \frac{1}{2}\langle 00|D_2^\dagger(\alpha)S_1^\dagger(r)(a_1^\dagger a_2 + a_2^\dagger a_1)S_1(r)D_2(\alpha)|00\rangle$$
$$= \frac{1}{2}\langle 00|(a_1^\dagger\cosh r - e^{-i\varphi}a_1\sinh r)(a_2+\alpha) + (a_1\cosh r - e^{i\varphi}a_1^\dagger\sinh r)$$
$$(a_2^\dagger + \alpha^*)|00\rangle = 0 \tag{5.298}$$

$$\langle r,\alpha|J_{z-\text{in}}|r,\alpha\rangle = \frac{1}{2}\langle 00|D_2^\dagger(\alpha)S_1^\dagger(r)(a_1^\dagger a_1 - a_2^\dagger a_2)S_1(r)D_2(\alpha)|00\rangle$$
$$= \frac{1}{2}\langle 00|(a_1^\dagger\cosh r - e^{-i\varphi}a_1\sinh r)(a_1\cosh r - e^{i\varphi}a_1^\dagger\sinh r) -$$
$$(a_2^\dagger + \alpha^*)(a_2+\alpha)|00\rangle$$
$$= \frac{1}{2}(\sinh^2 r - |\alpha|^2) \tag{5.299}$$

又因为$\langle J_{z-\text{out}}^2\rangle$为

$$\langle J_{z-\text{out}}^2\rangle = \sin^2\phi \cdot \langle r,\alpha|J_{x-\text{in}}^2|r,\alpha\rangle + \cos^2\phi \cdot \langle r,\alpha|J_{z-\text{in}}^2|r,\alpha\rangle +$$
$$\sin\phi\cos\phi \cdot \langle r,\alpha|J_{x-\text{in}}J_{z-\text{in}} + J_{z-\text{in}}J_{x-\text{in}}|r,\alpha\rangle \tag{5.300}$$

式中:

$$\begin{cases} \langle r,\alpha|J_{x-\text{in}}^2|r,\alpha\rangle = \frac{1}{4}(2|\alpha|^2\sinh^2 r - |\alpha|^2\cos(\varphi-2\vartheta)\sinh 2r + |\alpha|^2 + \sinh^2 r) \\ \langle r,\alpha|J_{x-\text{in}}J_{z-\text{in}} + J_{z-\text{in}}J_{x-\text{in}}|r,\alpha\rangle = 0 \\ \langle r,\alpha|J_{z-\text{in}}^2|r,\alpha\rangle = \frac{1}{4}[2\sinh^2 r\cosh^2 r + (\sinh^2 r - |\alpha|^2)^2 + |\alpha|^2] \end{cases}$$

由式(5.231)得到$(\Delta\phi)^2$为

$$(\Delta\phi)^2 = \frac{2|\alpha|^2\sinh^2 r - |\alpha|^2\cos(\varphi-2\vartheta)\sinh 2r + |\alpha|^2 + \sinh^2 r}{(\sinh^2 r - |\alpha|^2)^2} +$$

$$\frac{\cos^2\phi \cdot (|\alpha|^2 + 2\sinh^2 r\cosh^2 r)}{\sin^2\phi \cdot (\sinh^2 r - |\alpha|^2)^2} \quad (5.302)$$

当$\cos(\varphi-2\vartheta) = 0$时,有

$$(\Delta\phi)^2 = \frac{|\alpha|^2 e^{-2r} + \sinh^2 r}{(\sinh^2 r - |\alpha|^2)^2} + \frac{|\alpha|^2 + 2\sinh^2 r\cosh^2 r}{\tan^2\phi \cdot (\sinh^2 r - |\alpha|^2)^2} \quad (5.303)$$

考虑施加 π/2 相位偏置 $\phi \to \pi/2 + \phi$,则在 $\phi = 0$ 附近检测相位时,$\tan^2\phi \to \infty$,因而最小相位不确定性$(\Delta\phi)_{\min}$为

$$(\Delta\phi)_{\min} = \frac{\sqrt{|\alpha|^2 e^{-2r} + \sinh^2 r}}{|\alpha|^2 - \sinh^2 r} \quad (5.304)$$

此时,若$|\alpha|^2 \gg \sinh^2 r$(这是较为容易实现的),输入平均光子数 $N = |\alpha|^2 + \sinh^2 r \approx |\alpha|^2$,则

$$(\Delta\phi)_{\min} = \frac{e^{-r}}{\sqrt{N}} \quad (5.305)$$

式(5.305)与式(5.60)的结果一致。$r = 1.3$ 时,$e^{-r} \approx 0.27$,意味着仅比散粒噪声限制的相位检测灵敏度提高了约 3 倍。

5.2.6.3 光子数态 $|n_1 n_2\rangle$ 输入

这里只考虑 $n_1 \neq n_2$ 的光子数态 $|n_1 n_2\rangle$ 输入的情况。如前所述,$n_1 = n_2$ 时,Sagnac 干涉仪两个输出端口的光子数相同,导致$\langle J_{z-\text{out}}\rangle = 0$ 不含相位 ϕ 的信息,不能由$\langle J_{z-\text{out}}\rangle$的二阶统计特性评估相位检测灵敏度,需利用$\langle J^2_{z-\text{out}}\rangle$的统计特性即$\langle J_{z-\text{out}}\rangle$的四阶统计特性进行相位不确定性估计,这将在 5.2.7 节进一步讨论。

由式(5.222)可知,$J_{z-\text{out}}$的平均值为

$$\langle J_{z-\text{out}}\rangle = \sin\phi \cdot \langle n_1 n_2 | J_{x-\text{in}} | n_1 n_2\rangle + \cos\phi \cdot \langle n_1 n_2 | J_{z-\text{in}} | n_1 n_2\rangle$$

$$= \cos\phi \cdot \frac{1}{2}(n_1 - n_2) \quad (5.306)$$

式中:

$$\begin{cases} \langle n_1 n_2 | J_{x-\text{in}} | n_1 n_2\rangle = 0 \\ \langle n_1 n_2 | J_{z-\text{in}} | n_1 n_2\rangle = \frac{1}{2}(n_1 - n_2) \end{cases} \quad (5.307)$$

又因为$\langle J^2_{z-\text{out}}\rangle$为

$$\langle J_{z-\text{out}}^2 \rangle = \sin^2\phi \cdot \langle n_1 n_2 | J_{x-\text{in}}^2 | n_1 n_2 \rangle + \cos^2\phi \cdot \langle n_1 n_2 | J_{z-\text{in}}^2 | n_1 n_2 \rangle +$$
$$\sin\phi\cos\phi \cdot \langle n_1 n_2 | J_{x-\text{in}} J_{z-\text{in}} + J_{z-\text{in}} J_{x-\text{in}} | n_1 n_2 \rangle$$
$$= \frac{1}{4}\sin^2\phi \cdot [n_1(n_2+1) + n_2(n_1+1)] + \frac{1}{4}\cos^2\phi \cdot (n_1 - n_2)^2$$
(5.308)

式中：
$$\begin{cases} \langle n_1 n_2 | J_{x-\text{in}}^2 | n_1 n_2 \rangle = \frac{1}{4}[n_1(n_2+1) + n_2(n_1+1)] \\ \langle n_1 n_2 | J_{x-\text{in}} J_{z-\text{in}} + J_{z-\text{in}} J_{x-\text{in}} | n_1 n_2 \rangle = 0 \\ \langle n_1 n_2 | J_{z-\text{in}}^2 | n_1 n_2 \rangle = \frac{1}{4}(n_1 - n_2)^2 \end{cases}$$
(5.309)

由式(5.231)得到$(\Delta\phi)^2$为
$$(\Delta\phi)^2 = \frac{n_1(n_2+1) + n_2(n_1+1)}{(n_1 - n_2)^2}$$
(5.310)

由式(5.306)和式(5.310)可以看出，采用二阶角动量理论估计相位检测灵敏度，依赖于输出角动量分量$J_{z-\text{out}}$携带的相位信息，当n_1趋近n_2或者$n_1 \approx n_2$时，$\langle J_{z-\text{out}} \rangle$变得非常小甚至为零，这使得用$J_{z-\text{out}}$的二阶统计特性评估相位灵敏度自身就具有很大不确定性。在这种情况下，采用四阶角动量可以避免这一问题。因此，式(5.310)更适合n_1、n_2悬殊较大的场合。

作为$n_1 \neq n_2$的一种极端情形：$n_1 = 0$、$n_2 = n$ 或 $n_2 = 0$、$n_1 = n$，此时最小相位不确定性$(\Delta\phi)_{\min}$为
$$(\Delta\phi)_{\min} = \frac{1}{\sqrt{N}}$$
(5.311)

式中：$N = n_1 + n_2 = n$ 为光子数态$|n_1 n_2\rangle$的输入总光子数。这对应前面讨论的单端口光子数态$|n0\rangle$输入的情形，为散粒噪声极限。

由于$\langle J_{z-\text{out}} \rangle \propto (n_1 - n_2)$，当$n_1 = n_2$时，输出端光子数差的直接测量不含任何相位信息，$\partial\langle J_{z-\text{out}} \rangle/\partial\phi = 0$，采用$J_{z-\text{out}}$二阶统计特性评估光子数态输入的光子纠缠光纤陀螺仪的相位检测灵敏度自身存在很大不确定性。注意，这是二阶角动量统计理论评估相位检测灵敏度的固有局限，不应认为是$|n_1 n_2\rangle$输入态的相位检测灵敏度有问题，此时，需要考虑采用四阶动量统计理论。

5.2.6.4 两个特定光子数态的线性叠加

考虑式(5.61)的两个特定光子数态的线性叠加，用角动量本征态的线性叠加表示时为[5]
$$|\psi_{\text{in}}\rangle = \frac{1}{\sqrt{2}}|n_1 n_2\rangle + \frac{1}{\sqrt{2}}|(n_1-1)(n_2+1)\rangle$$

$$= \frac{1}{\sqrt{2}} | (j+m)(j-m) \rangle + \frac{1}{\sqrt{2}} | (j+m-1)(j-m+1) \rangle = \frac{1}{\sqrt{2}} | j,m \rangle + \frac{1}{\sqrt{2}} | j,m-1 \rangle \tag{5.312}$$

由式(5.222)可知,$J_{z-\text{out}}$的平均值为

$$\langle J_{z-\text{out}} \rangle = \sin\phi \cdot \langle \psi_{\text{in}} | J_{x-\text{in}} | \psi_{\text{in}} \rangle + \cos\phi \cdot \langle \psi_{\text{in}} | J_{z-\text{in}} | \psi_{\text{in}} \rangle$$

$$= \sqrt{n_1(n_2+1)} \cdot \sin\phi + \frac{1}{2}[(n_1-n_2)-1] \cdot \cos\phi \tag{5.313}$$

式中：

$$\langle \psi_{\text{in}} | J_{x-\text{in}} | \psi_{\text{in}} \rangle = [\langle n_1 n_2 | + \langle (n_1-1)(n_2+1) |] J_{x-\text{in}} [| n_1 n_2 \rangle + | (n_1-1)(n_2+1) \rangle]$$

$$= \frac{1}{2}\sqrt{n_1(n_2+1)} \tag{5.314}$$

$$\langle \psi_{\text{in}} | J_{z-\text{in}} | \psi_{\text{in}} \rangle = [\langle n_1 n_2 | + \langle (n_1-1)(n_2+1) |] J_{z-\text{in}} [| n_1 n_2 \rangle + | (n_1-1)(n_2+1) \rangle]$$

$$= \frac{1}{2}[(n_1-n_2)-1] \tag{5.315}$$

又因为$\langle J_{z-\text{out}}^2 \rangle$为

$$\langle J_{z-\text{out}}^2 \rangle = \sin^2\phi \cdot \langle n_1 n_2 | J_{x-\text{in}}^2 | n_1 n_2 \rangle + \cos^2\phi \cdot \langle n_1 n_2 | J_{z-\text{in}}^2 | n_1 n_2 \rangle +$$

$$\sin\phi\cos\phi \cdot \langle n_1 n_2 | J_{x-\text{in}}J_{z-\text{in}} + J_{z-\text{in}}J_{x-\text{in}} | n_1 n_2 \rangle$$

$$= \frac{1}{2}\left[n_1(n_2+1) - \frac{1}{2}\right] \cdot \sin^2\phi + \frac{1}{2}\left[\frac{1}{2}(n_1-n_2)^2 - (n_1-n_2) + 1\right] \cdot \cos^2\phi +$$

$$\frac{1}{2}\sqrt{n_1(n_2+1)}(n_1-n_2-1) \cdot \sin\phi\cos\phi \tag{5.316}$$

式中：

$$\begin{cases} \langle n_1 n_2 | J_{x-\text{in}}^2 | n_1 n_2 \rangle = \frac{1}{2}\left[n_1(n_2+1) - \frac{1}{2}\right] \\ \langle n_1 n_2 | J_{z-\text{in}}^2 | n_1 n_2 \rangle = \frac{1}{8}[(n_1-n_2)^2 + (n_1-n_2-2)^2] \\ \langle n_1 n_2 | J_{x-\text{in}}J_{z-\text{in}} + J_{z-\text{in}}J_{x-\text{in}} | n_1 n_2 \rangle = \frac{1}{2}\sqrt{n_1(n_2+1)}(n_1-n_2-1) \end{cases} \tag{5.317}$$

由式(5.231)得到$(\Delta\phi)^2$为

$$(\Delta\phi)^2 = \frac{n_1(n_2+1) \cdot \sin^2\phi - 1 + 2 \cdot \cos^2\phi}{\{\sqrt{n_1(n_2+1)} \cdot \cos\phi - [(n_1-n_2)-1] \cdot \sin\phi\}^2} \tag{5.318}$$

当$n_1 - n_2 = 2, n_1 + n_2 = N$时，在$\phi = 0$附近检测相位，有

$$(\Delta\phi)^2 = \frac{4}{N(N+2)} \tag{5.319}$$

因而,当线性叠加态$| n_1 n_2 \rangle$和$| (n_1-1)(n_2+1) \rangle$入射进干涉仪的输入端口

时，可以实现海森堡极限量级的相位不确定性：

$$(\Delta\phi)_{\min} \approx \frac{2}{N} \quad (5.320)$$

这个最大灵敏度仅在 ϕ 满足 $\sin\phi \approx 0$ 的特定值上实现。对于 ϕ 的其他值，干涉仪的相位检测灵敏度被削弱。$\phi \neq 0$ 时，利用反馈控制回路产生一个误差信号 $\phi_{\text{bias}}(t)$，调节回路增益使 $\phi - \phi_{\text{bias}}$ 恒保持为零，则可以以海森堡极限的精度跟踪并测量 ϕ 随时间的变化。这个回路的误差信号是差分光探测器电流 $2J_z$。

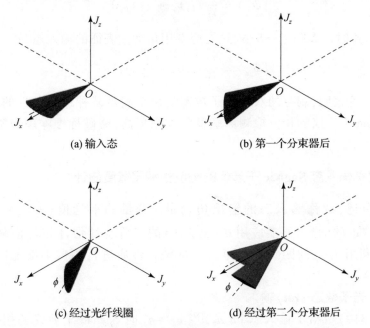

图 5.5 自旋空间中的线性叠加态经过 Sagnac 干涉仪时的演变

所述叠加态在抽象自旋空间是什么样的？由于叠加输入态的 3 个角动量分量的均值为

$$\begin{cases} \langle \psi_{\text{in}} | J_{x-\text{in}} | \psi_{\text{in}} \rangle = \frac{1}{2}\sqrt{n_1(n_2+1)} \\ \langle \psi_{\text{in}} | J_{y-\text{in}} | \psi_{\text{in}} \rangle = 0 \\ \langle \psi_{\text{in}} | J_{z-\text{in}} | \psi_{\text{in}} \rangle = \frac{1}{2}[(n_1-n_2)-1] \end{cases} \quad (5.321)$$

在自旋空间中，可以将这样一个叠加输入态想象成一个沿 z 轴的角动量（圆锥），总的角动量平方和高度分别为

$$J^2 = \left(\frac{n_1+n_2}{2}\right)\left(\frac{n_1+n_2}{2}+1\right); J_z = \frac{1}{2}\sqrt{n_1(n_2+1)} \quad (5.322)$$

该圆锥倾倒在 x 轴上,被压扁成椭圆锥的形状[5],见图 5.5(a)。由图 5.5 可以直接看出:

$$(\Delta\phi)_{\min} \approx \frac{[(n_1-n_2)-1]}{\sqrt{(N/2+1)N/2}} \approx \frac{2[(n_1-n_2)-1]}{N} \approx \frac{2m-1}{\sqrt{j(j+1)}} \approx \frac{2m-1}{j} \quad (5.323)$$

当 $n_1 - n_2$ 或 m 较小时,近似为海森堡极限。尤其是,$n_1 - n_2 = 2$ 时,$(\Delta\phi)_{\min} \approx 2/N$,这对应着用角动量表征的输入态为

$$|\psi_{\text{in}}\rangle = \frac{1}{\sqrt{2}}|j,1\rangle + \frac{1}{\sqrt{2}}|j,0\rangle \quad (5.324)$$

而 $n_1 - n_2 = 4$ 时,$(\Delta\phi)_{\min} \approx 6/N$,这对应着用角动量表征的输入态为

$$|\psi_{\text{in}}\rangle = \frac{1}{\sqrt{2}}|j,2\rangle + \frac{1}{\sqrt{2}}|j,1\rangle \quad (5.325)$$

以此类推。这表明,制备的双模光子数态是两个满足某种适当条件的量子叠加态时,Sagnac 干涉仪的相位检测灵敏度将大幅提高,突破标准噪声极限,接近海森堡极限。

5.2.7 对称输入态 Sagnac 干涉仪的相位检测灵敏度估计

如前所述,对称输入态的输出角动量 z 分量的平均值 $\langle J_{z-\text{out}}\rangle = 0$,不含 Sagnac 相位 ϕ 的信息,不能应用式(5.231)的二阶统计估计相位检测灵敏度。这就需要利用 $J_{z-\text{out}}$ 的四阶统计即 $J_{z-\text{out}}^2$ 的统计性质进行相位不确定性估计,见式(5.244)。

5.2.7.1 光子数态 $|nn\rangle$ 输入

式(5.310)给出了输入态 $|n_1 n_2\rangle$ 当 $n_1 \neq n_2$ 时 Sagnac 干涉仪的相位检测灵敏度,可以看出,由于 $\Delta\phi$ 与两个输出端口的光子数差 $(n_1 - n_2)$ 成反比,当 n_1 接近或等于 n_2 时,$\Delta\phi$ 变得很大甚至无穷大,这是采用二阶角动量理论评估相位检测灵敏度的固有缺陷。为比较起见,我们仍从 $n_1 \neq n_2$ 的 $|n_1 n_2\rangle$ 输入态着手,采用 $J_{z-\text{out}}$ 的四阶相关即 $\langle J_{z-\text{out}}^2\rangle$ 的统计特性进行相位检测灵敏度估计,并与前面二阶角动量理论的评估结果进行比较。

式(5.297)给出了 $n_1 \neq n_2$ 时的 $\langle J_{z-\text{out}}^2\rangle$,而 $\langle J_{z-\text{out}}^4\rangle$ 给出为

$$\begin{aligned}
\langle J_{z-\text{out}}^4\rangle &= \cos^4\phi \cdot \langle n_1 n_2 | J_{z-\text{in}}^4 | n_1 n_2\rangle + \sin^4\phi \cdot \langle n_1 n_2 | J_{x-\text{in}}^4 | n_1 n_2\rangle + \\
&\quad \sin\phi\cos^3\phi \cdot \langle n_1 n_2 | J_{z-\text{in}} J_{x-\text{in}} J_{z-\text{in}}^2 + J_{z-\text{in}}^2 J_{x-\text{in}} J_{z-\text{in}} | n_1 n_2\rangle + \\
&\quad \sin\phi\cos^3\phi \cdot \langle n_1 n_2 | J_{x-\text{in}} J_{z-\text{in}}^3 + J_{z-\text{in}}^3 J_{x-\text{in}} | n_1 n_2\rangle + \\
&\quad \sin^3\phi\cos\phi \cdot \langle n_1 n_2 | J_{x-\text{in}} J_{z-\text{in}} J_{x-\text{in}}^2 + J_{x-\text{in}}^2 J_{z-\text{in}} J_{x-\text{in}} | n_1 n_2\rangle + \\
&\quad \sin^3\phi\cos\phi \cdot \langle n_1 n_2 | J_{z-\text{in}} J_{x-\text{in}}^3 + J_{x-\text{in}}^3 J_{z-\text{in}} | n_1 n_2\rangle +
\end{aligned}$$

$$\sin^2\phi\cos^2\phi \cdot \langle n_1 n_2 | J_{x-\text{in}}^2 J_{z-\text{in}}^2 + J_{z-\text{in}}^2 J_{x-\text{in}}^2 | n_1 n_2 \rangle +$$

$$\sin^2\phi\cos^2\phi \cdot \langle n_1 n_2 | J_{z-\text{in}} J_{x-\text{in}} J_{z-\text{in}} J_{x-\text{in}} + J_{x-\text{in}} J_{z-\text{in}} J_{x-\text{in}} J_{z-\text{in}} | n_1 n_2 \rangle +$$

$$\sin^2\phi\cos^2\phi \cdot \langle n_1 n_2 | J_{x-\text{in}} J_{z-\text{in}}^2 J_{x-\text{in}} + J_{z-\text{in}} J_{x-\text{in}}^2 J_{z-\text{in}} | n_1 n_2 \rangle$$

$$= \cos^4\phi \cdot \frac{1}{16}(n_1^4 - 4n_1^3 n_2 + 6n_1^2 n_2^2 - 4n_1 n_2^3 + n_2^4) +$$

$$\sin^4\phi \cdot \frac{1}{16}(6n_1^2 n_2^2 + 6n_1^2 n_2 + 6n_1 n_2^2 + 3n_1^2 + 3n_2^2 - 4n_1 n_2 - 2n_1 - 2n_2) +$$

$$\sin^2\phi\cos^2\phi \cdot \frac{1}{8} \begin{pmatrix} 3n_1^3 + 3n_2^3 - 12n_1^2 n_2^2 + 6n_1^3 n_2 + 6n_1 n_2^3 - 3n_1^2 n_2 \\ -3n_1 n_2^2 + 12n_1 n_2 - 4n_1^2 - 4n_2^2 + 2n_2 + 2n_1 \end{pmatrix} \quad (5.326)$$

通过烦琐计算可得

$$\langle n_1 n_2 | J_{z-\text{in}}^4 | n_1 n_2 \rangle = \frac{1}{16}(n_1 - n_2)^4 \quad (5.327)$$

$$\langle n_1 n_2 | J_{x-\text{in}}^4 | n_1 n_2 \rangle = \frac{1}{16}(6n_1^2 n_2^2 + 6n_1^2 n_2 + 6n_1 n_2^2 + 3n_1^2 + 3n_2^2 - 4n_1 n_2 - 2n_1 - 2n_2) \quad (5.328)$$

$$\langle n_1 n_2 | (J_{z-\text{in}} J_{x-\text{in}} J_{z-\text{in}}^2 + J_{z-\text{in}}^2 J_{x-\text{in}} J_{z-\text{in}}) | n_1 n_2 \rangle = 0 \quad (5.329)$$

$$\langle n_1 n_2 | J_{x-\text{in}} J_{z-\text{in}}^3 + J_{z-\text{in}}^3 J_{x-\text{in}} | n_1 n_2 \rangle = 0 \quad (5.330)$$

$$\langle n_1 n_2 | J_{x-\text{in}} J_{z-\text{in}} J_{x-\text{in}}^2 + J_{x-\text{in}}^2 J_{z-\text{in}} J_{x-\text{in}} | n_1 n_2 \rangle = 0 \quad (5.331)$$

$$\langle n_1 n_2 | J_{z-\text{in}} J_{x-\text{in}}^3 + J_{x-\text{in}}^3 J_{z-\text{in}} | n_1 n_2 \rangle = 0 \quad (5.332)$$

$$\langle n_1 n_2 | J_{x-\text{in}}^2 J_{z-\text{in}}^2 + J_{z-\text{in}}^2 J_{x-\text{in}}^2 | n_1 n_2 \rangle = \frac{1}{8}(2n_1^3 n_2 + 2n_1 n_2^3 - 4n_1^2 n_2^2 + n_1^3 + n_2^3 - n_1^2 n_2 - n_1 n_2^2) \quad (5.333)$$

$$\langle n_1 n_2 | J_{z-\text{in}} J_{x-\text{in}} J_{z-\text{in}} J_{x-\text{in}} + J_{x-\text{in}} J_{z-\text{in}} J_{x-\text{in}} J_{z-\text{in}} | n_1 n_2 \rangle$$
$$= \frac{1}{8}(2n_1^3 n_2 + 2n_1 n_2^3 - 4n_1^2 n_2^2 + n_1^3 + n_2^3 - n_1^2 n_2 - n_1 n_2^2 - 2n_1^2 - 2n_2^2 + 4n_1 n_2) \quad (5.334)$$

$$\langle n_1 n_2 | J_{x-\text{in}} J_{z-\text{in}}^2 J_{x-\text{in}} + J_{z-\text{in}} J_{x-\text{in}}^2 J_{z-\text{in}} | n_1 n_2 \rangle$$
$$= \frac{1}{8}(2n_1^3 n_2 + 2n_1 n_2^3 - 4n_1^2 n_2^2 + n_1^3 + n_2^3 - n_1^2 n_2 - n_1 n_2^2 - 2n_1^2 - 2n_2^2 + 8n_1 n_2 + 2n_2 + 2n_1) \quad (5.335)$$

因而有

$$(\Delta J_{z-\text{out}}^2)^2 = \langle J_{z-\text{out}}^4 \rangle - \langle J_{z-\text{out}}^2 \rangle^2$$
$$= \frac{1}{8}\sin^4\phi \cdot (n_1^2 n_2^2 + n_1^2 n_2 + n_1 n_2^2 + n_1^2 + n_2^2 - 3n_1 n_2 - n_1 - n_2) +$$
$$\frac{1}{4}\sin^2\phi\cos^2\phi \cdot \begin{pmatrix} n_1^3 + n_2^3 - 4n_1^2 n_2^2 + 2n_1^3 n_2 + 2n_1 n_2^3 - n_1^2 n_2 \\ -n_1 n_2^2 + 6n_1 n_2 - 2n_1^2 - 2n_2^2 + n_1 + n_2 \end{pmatrix} \quad (5.336)$$

以及

$$\left(\frac{\partial \langle J_{z-out}^2 \rangle}{\partial \phi}\right)^2 = \sin^2\phi\cos^2\phi \cdot \frac{1}{4}(n_1^2 + n_2^2 - 4n_1 n_2 - n_1 - n_2)^2 \quad (5.337)$$

将式(5.336)和式(5.337)代入式(5.244),在 $\phi = 0$ 附近进行相位检测,得到:

$$(\Delta\phi)^2 = \frac{n_1^3 + n_2^3 - 4n_1^2 n_2^2 + 2n_1^3 n_2 + 2n_1 n_2^3 - n_1^2 n_2 - n_1 n_2^2 + 6n_1 n_2 - 2n_1^2 - 2n_2^2 + n_1 + n_2}{(n_1^2 + n_2^2 - 4n_1 n_2 - n_1 - n_2)^2}$$

$$(5.338)$$

用角动量表征光子数态: $j = (n_1 + n_2)/2, m = (n_1 - n_2)/2$,则有

$$(\Delta\phi)^2 = \frac{-4m^4 + 4m^2 j^2 + 4m^2 j - 5m^2 + j^2 + j}{2(-3m^2 + j^2 + j)^2} \quad (5.339)$$

当 $n_1 = n_2 = n$(即 $m = 0, j = N/2$)时,最小相位不确定性 $(\Delta\phi)_{min}$ 有

$$(\Delta\phi)_{min} = \frac{1}{\sqrt{2n(n+1)}} = \frac{1}{\sqrt{2j(j+1)}} = \frac{\sqrt{2}}{\sqrt{N(N+2)}} \approx \frac{\sqrt{2}}{N} \quad (5.340)$$

式中: $N = n_1 + n_2 = 2n$。这与式(5.25) $|nn\rangle$ 输入态基于菲舍尔信息的估算结果一致。是接近海森堡极限的相位检测灵敏度。

当 $n_1 = N$、$n_2 = 0$(即 $j = m = N/2$)时,最小相位不确定性 $(\Delta\phi)_{min}$ 有

$$(\Delta\phi)_{min} = \frac{1}{\sqrt{n}} = \frac{1}{\sqrt{N}} \quad (5.341)$$

这与式(5.22)中 $|n0\rangle$ 输入态基于菲舍尔信息的估算结果一致,为散粒噪声极限。

采用四阶角动量理论评估相位检测灵敏度同样存在固有局限。式(5.338)中 $n_1^2 + n_2^2 - 4n_1 n_2 - n_1 - n_2 = 0$ 时,即满足下式的光子数态 $|n_1 n_2\rangle$ 存在最大相位不确定性:

$$\frac{n_1}{n_2} = \left(2 + \frac{1}{2n_2}\right) \pm \sqrt{3 + \frac{3}{n_2} + \frac{1}{4n_2^2}} \quad (5.342)$$

这不是光子数态 $|n_1 n_2\rangle$ 的固有相位检测特征,而是四阶角动量理论的固有局限(就像二阶角动量理论不适用于 $n_1 = n_2$ 的情形一样)。满足上述条件的光子数态 (n_1, n_2) 分别有 $(1,5)$、$(5,20)$、$(20,76)$、$(76,285)$、$(285,1065)$ 等这些特定比例的光子数态不宜采用四阶角动量理论评估相位检测灵敏度。这使得利用输出角动量分量 J_{z-out} 的统计特性评估 $|n_1 n_2\rangle$ 态输入的 Sagnac 干涉仪相位检测灵敏度存在诸多局限性。

对于输入光子数态 $|n_1n_2\rangle$,还可以利用式(5.95)和本节定义的角动量分量 $J_{y-\text{out}}$,直接评估相位不确定性的 CRB 极限:

$$(\Delta\phi)_{\text{CRB}} = \frac{1}{2\Delta J_{y-\text{out}}} \tag{5.343}$$

另由式(5.222)可知的 Sagnac 干涉仪角动量演变公式,有

$$J_{y-\text{out}} = J_{y-\text{in}} = \frac{1}{2i}(a_1^\dagger a_2 - a_1 a_2^\dagger) \tag{5.344}$$

因此,$\langle J_{y-\text{out}}\rangle$ 为

$$\langle J_{y-\text{out}}\rangle = \left\langle n_1 n_2 \left| \frac{1}{2i}(a_1^\dagger a_2 - a_1 a_2^\dagger) \right| n_1 n_2 \right\rangle = 0 \tag{5.345}$$

而计算 $\langle J_{y-\text{out}}^2\rangle$ 得到:

$$\langle J_{y-\text{out}}^2\rangle = -\frac{1}{4}\langle n_1 n_2 | (a_1^\dagger a_2 - a_1 a_2^\dagger)^2 | n_1 n_2 \rangle = \frac{1}{4}(2n_1 n_2 + n_1 + n_2) \tag{5.346}$$

利用式(5.343),相位不确定性的 CRB 极限为

$$(\Delta\phi)_{\text{CRB}} = \frac{1}{2\sqrt{\langle J_{y-\text{out}}^2\rangle - \langle J_{y-\text{out}}\rangle^2}} = \frac{1}{\sqrt{2n_1 n_2 + n_1 + n_2}} \tag{5.347}$$

$n_1 = n_2 = N/2$ 时,得到的 $(\Delta\phi)_{\text{CRB}}$ 与式(5.340)一致;$n_1 = N$、$n_2 = 0$ 时,得到的 $(\Delta\phi)_{\text{CRB}}$ 与式(5.264)一致(见图 5.6)。这不难理解,前面已经讲过,角动量分量 $J_{y-\text{in}}$ 与 Sagnac 干涉仪的哈密顿演变算符 H_{SI} 只差一个因子 $\hbar$:

$$J_{y-\text{out}} = J_{y-\text{in}} = \frac{1}{\hbar}H_{\text{SI}} \tag{5.348}$$

这适用于 n_1、n_2 的任何取值,不受 $n_1 = n_2$ 或式(5.342)的限制。

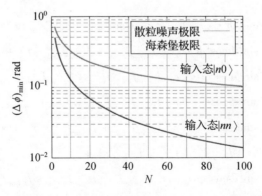

图 5.6 输入态 $|n0\rangle$ 和 $|nn\rangle$ 的最小相位不确定性 $(\Delta\phi)_{\text{min}}$ 与输入总光子数 N 的关系

5.2.7.2 双模压缩态 $|r\rangle$ 输入

双模压缩态输入 $|\psi_{\text{in}}\rangle = |r\rangle = S(r)|00\rangle$,其中,$S(r) = e^{r(e^{-i\varphi}a_1a_2 - e^{i\varphi}a_1^\dagger a_2^\dagger)}$ 为压缩算符。压缩算符 $S(r)$ 引起的算符演变满足式(5.34)。由式(5.222)可知,$J_{z\text{-out}}$ 的平均值为

$$\langle J_{z\text{-out}} \rangle = \sin\phi \cdot \langle r|J_{x\text{-in}}|r\rangle + \cos\phi \cdot \langle r|J_{z\text{-in}}|r\rangle = 0 \tag{5.349}$$

式中

$$\begin{cases} \langle r|J_{x\text{-in}}|r\rangle = \dfrac{1}{2}\langle 00|S^\dagger(r)(a_1^\dagger a_2 + a_1 a_2^\dagger)S(r)|00\rangle = 0 \\ \langle r|J_{z\text{-in}}|r\rangle = \dfrac{1}{2}\langle 00|S^\dagger(r)(a_1^\dagger a_1 - a_2^\dagger a_2)S(r)|00\rangle = 0 \end{cases} \tag{5.350}$$

$\langle J_{z\text{-out}} \rangle = 0$ 不含任何相位信息,这是双模压缩态输入 Sagnac 干涉仪的两个输出端口的光子数相同 $\langle I_1 \rangle = \langle I_2 \rangle = \sinh^2 r$ 的直接结果。考虑四阶角动量理论,先来计算 $\langle J_{z\text{-out}}^2 \rangle$:

$$\begin{aligned} \langle J_{z\text{-out}}^2 \rangle &= \sin^2\phi \cdot \langle r|J_{x\text{-in}}^2|r\rangle + \cos^2\phi \cdot \langle r|J_{z\text{-in}}^2|r\rangle + \\ & \quad \sin\phi\cos\phi \cdot \langle r|J_{x\text{-in}}J_{z\text{-in}} + J_{z\text{-in}}J_{x\text{-in}}|r\rangle \\ &= \sin^2\phi \cdot \sinh^2 r \cosh^2 r \end{aligned} \tag{5.351}$$

式中:

$$\begin{cases} \langle r|J_{x\text{-in}}^2|r\rangle = \langle 00|S^\dagger(r)J_{x\text{-in}}^2 S(r)|00\rangle = \sinh^2 r \cosh^2 r \\ \langle r|J_{x\text{-in}}J_{z\text{-in}} + J_{z\text{-in}}J_{x\text{-in}}|r\rangle = \langle 00|S^\dagger(r)(J_{x\text{-in}}J_{z\text{-in}} + J_{z\text{-in}}J_{x\text{-in}})S(r)|00\rangle = 0 \\ \langle r|J_{z\text{-in}}^2|r\rangle = \langle 00|S^\dagger(r)J_{z\text{-in}}^2 S(r)|00\rangle = 0 \end{cases} \tag{5.252}$$

而 $\langle J_{z\text{-out}}^4 \rangle$ 为

$$\begin{aligned} \langle J_{z\text{-out}}^4 \rangle &= \cos^4\phi \cdot \langle r|J_{z\text{-in}}^4|r\rangle + \sin^4\phi \cdot \langle r|J_{x\text{-in}}^4|r\rangle + \\ & \quad \sin^2\phi\cos^2\phi \cdot \langle r|J_{x\text{-in}}^2 J_{z\text{-in}}^2 + J_{z\text{-in}}^2 J_{x\text{-in}}^2|r\rangle + \\ & \quad \sin\phi\cos^3\phi \cdot \langle r|J_{z\text{-in}}J_{x\text{-in}}J_{z\text{-in}}^2 + J_{z\text{-in}}^2 J_{x\text{-in}}J_{z\text{-in}}|r\rangle + \\ & \quad \sin^3\phi\cos\phi \cdot \langle r|J_{x\text{-in}}J_{z\text{-in}}J_{x\text{-in}}^2 + J_{x\text{-in}}^2 J_{z\text{-in}}J_{x\text{-in}}|r\rangle + \\ & \quad \sin\phi\cos^3\phi \cdot \langle r|J_{x\text{-in}}J_{z\text{-in}}^3 + J_{z\text{-in}}^3 J_{x\text{-in}}|r\rangle + \sin^3\phi\cos\phi \cdot \\ & \quad \langle r|J_{z\text{-in}}J_{x\text{-in}}^3 + J_{x\text{-in}}^3 J_{z\text{-in}}|r\rangle + \\ & \quad \sin^2\phi\cos^2\phi \cdot \{\langle r|J_{z\text{-in}}J_{x\text{-in}}J_{z\text{-in}}J_{x\text{-in}} + J_{x\text{-in}}J_{z\text{-in}}J_{x\text{-in}}J_{z\text{-in}}|r\rangle + \\ & \quad \langle r|J_{x\text{-in}}J_{z\text{-in}}^2 J_{x\text{-in}} + J_{z\text{-in}}J_{x\text{-in}}^2 J_{z\text{-in}}|r\rangle\} \end{aligned} \tag{5.353}$$

其中涉及计算 16^4 个八算符组合的统计平均的赋值，过程烦琐，最终结果为[6]

$$\begin{cases} \langle r | J_{z-\text{in}}^4 | r \rangle = 0 \\ \langle r | J_{x-\text{in}}^4 | r \rangle = \sinh^2 r \cosh^6 r + 7\sinh^4 r \cosh^4 r + \sinh^6 r \cosh^2 r \\ \langle r | J_{x-\text{in}}^2 J_{z-\text{in}}^2 + J_{z-\text{in}}^2 J_{x-\text{in}}^2 | r \rangle = 0 \\ \langle r | J_{z-\text{in}} J_{x-\text{in}} J_{z-\text{in}}^2 + J_{z-\text{in}}^2 J_{x-\text{in}} J_{z-\text{in}} | r \rangle = 0 \\ \langle r | J_{x-\text{in}} J_{z-\text{in}} J_{x-\text{in}}^2 + J_{x-\text{in}}^2 J_{z-\text{in}} J_{x-\text{in}} | r \rangle = 0 \\ \langle r | J_{x-\text{in}} J_{z-\text{in}}^3 + J_{z-\text{in}}^3 J_{x-\text{in}} | r \rangle = 0 \\ \langle r | J_{z-\text{in}} J_{x-\text{in}}^3 + J_{x-\text{in}}^3 J_{z-\text{in}} | r \rangle = 0 \\ \langle r | J_{z-\text{in}} J_{x-\text{in}} J_{z-\text{in}} J_{x-\text{in}} + J_{x-\text{in}} J_{z-\text{in}} J_{x-\text{in}} J_{z-\text{in}} | r \rangle = 0 \\ \langle r | J_{x-\text{in}} J_{z-\text{in}}^2 J_{x-\text{in}} + J_{z-\text{in}} J_{x-\text{in}}^2 J_{z-\text{in}} | r \rangle = \sinh^2 r \cosh^2 r \end{cases} \quad (5.354)$$

因而有

$$\langle J_{z-\text{out}}^4 \rangle = \sin^4\phi \cdot (\sinh^2 r \cosh^6 r + 7\sinh^4 r \cosh^4 r + \sinh^6 r \cosh^2 r) + \\ \sin^2\phi \cos^2\phi \cdot \sinh^2 r \cosh^2 r \quad (5.355)$$

将式(5.351)和式(5.355)代入式(5.244)，得到：

$$(\Delta\phi)^2 = \frac{(\cosh^4 r + 6\sinh^2 r \cosh^2 r + \sinh^4 r) \cdot \sin^2\phi + \cos^2\phi}{4\cos^2\phi \cdot \sinh^2 r \cosh^2 r} \quad (5.356)$$

在 $\phi = 0$ 附近进行相位检测时，有

$$(\Delta\phi)^2 = \frac{1}{4\sinh^2 r \cosh^2 r} = \frac{1}{N(N+2)} \quad (5.357)$$

式中：$N = 2\sinh^2 r$ 是输出总光子数。此时最小相位不确定性 $(\Delta\phi)_{\min}$ 为

$$(\Delta\phi)_{\min} = \frac{1}{\sqrt{N(N+2)}} \approx \frac{1}{N} \quad (5.358)$$

为海森堡极限。式(5.358)与式(5.38)基于菲舍尔信息的估计结果完全一致。

5.3 极性算符在评估相位检测灵敏度中的应用

极性探测由 Bollinger 等于 1996 年首次提出[7]，之后 Gerry 将其用于量子光学干涉仪的相位检测灵敏度评估[8]。本质上讲，极性探测由单个模式的光子数计数的统计性质进行评估，需要区分奇、偶光子数态。光功率较低时，可以利用光子数分辨探测器获得光子数的统计特性，但当光功率较高时，就很难实现光子数的分

辨。已有报道建议采用其他非线性方法,无须具备光子数分辨能力也可以直接进行极性探测,相关研究一直持续中。极性探测使海森堡极限的相位测量成为可能,而不必知道全部的光子数计数统计,特别是对于 NOON 态、光子数态 $|n_1 n_2\rangle$ 以及相干态与压缩态的联合,是量子光学干涉仪的一个标准式探测方案。

5.3.1 极性算符的定义和性质

奇偶极性是谐波振荡器本征函数的一般特征,与电磁场的奇、偶光子数有关。在薛定谔图像中,单模光场的极性算符 P 由 Sagnac 干涉仪其中一个输入端口(这里指定为 a_1)的湮灭算符和产生算符定义:

$$P = (-1)^{a_1^\dagger a_1} = e^{i\pi a_1^\dagger a_1} = e^{i\pi(N/2 + J_{z\text{-in}})} = (-1)^{N/2} e^{i\pi J_{z\text{-in}}} = i^N e^{i\pi J_{z\text{-in}}} \quad (5.359)$$

其中总光子数算符 N 和输入角动量 $J_{z\text{-in}}$ 见式(5.132)和式(5.170)的定义。可以证明,极性算符 P 引起的场算符 a_1、a_2 的演变为

$$Pa_1 P^\dagger = e^{i\pi a_1^\dagger a_1} a_1 e^{-i\pi a_1^\dagger a_1} = -a_1$$
$$Pa_2 P^\dagger = e^{i\pi a_1^\dagger a_1} a_2 e^{-i\pi a_1^\dagger a_1} = a_2 \quad (5.360)$$

即由式(5.359)定义的极性算符对指定模式 a_1 按 $Pa_1 P^\dagger = -a_1$ 演变,对另一个模式 a_2 没有影响。极性算符 P 显然满足:

$$P^2 = 1 \quad (5.361)$$

与极性算符的统计运算有关的角动量性质为[8]:

$$\begin{cases} e^{i\pi J_{y\text{-in}}} |j, m\rangle = (-1)^{j+m} |j, -m\rangle \\ e^{-i\pi J_{y\text{-in}}} |j, m\rangle = (-1)^{j-m} |j, -m\rangle \end{cases} \quad (5.362)$$

当态矢量用光子数态 $|n_1 n_2\rangle$ 表征时,式(5.362)变为

$$\begin{cases} e^{i\pi J_{y\text{-in}}} |n_1 n_2\rangle = (-1)^{n_1} |n_2 n_1\rangle \\ e^{-i\pi J_{y\text{-in}}} |n_1 n_2\rangle = (-1)^{n_2} |n_2 n_1\rangle \end{cases} \quad (5.363)$$

尤其是,$j = m$ 时,$n_2 = 0$,$n_1 = N$,$|j, j\rangle = |N0\rangle$,$|j, -j\rangle = |0N\rangle$,因而有

$$\begin{cases} e^{i\pi J_{y\text{-in}}} |N0\rangle = (-1)^N |0N\rangle \\ e^{i\pi J_{y\text{-in}}} |0N\rangle = |N0\rangle \end{cases} \quad (5.364)$$

5.3.2 利用极性算符估计 NOON 态量子纠缠光纤陀螺仪的相位检测灵敏度

一个可观测量可以用来评估相位检测灵敏度,条件是其期望值必须对被测

第5章 量子纠缠光纤陀螺仪相位检测灵敏度的评估方法

相位敏感。如前所述,基于抽象相位空间的角动量理论,可以通过测量输出角动量分量$\langle J_{z-\text{out}} \rangle$,根据$J_{z-\text{out}}$的二阶统计特性评估Sagnac干涉仪的相位检测灵敏度。但对于包括NOON态在内的对称输入态,$\langle J_{z-\text{out}} \rangle = 0$,不包含相位信息$\phi$,必须采用$J_{z-\text{out}}$的四阶统计特性,这使相位检测灵敏度的理论估算变得非常复杂、烦琐。极性算符P作为一个可观测量,其期望值等效于测量分束器其中一个模式的光子数算符的所有矩。原理上,这种方法是直接探测Sagnac干涉仪的其中一个输出模式的光子数$b_1^\dagger b_1$,作为-1的指数,然后对测量的整个系综进行平均,来确定P的期望值$\langle P \rangle$,利用P的二阶统计特性和误差传播公式估计相位检测灵敏度:

$$(\Delta \phi)^2 = \frac{\langle P^2 \rangle - \langle P \rangle^2}{\left| \frac{\partial \langle P \rangle}{\partial \phi} \right|^2} = \frac{1 - \langle P \rangle^2}{\left| \frac{\partial \langle P \rangle}{\partial \phi} \right|^2} \tag{5.365}$$

如前所述,式(5.98)的$|\text{NOON}\rangle$态不是干涉仪的输入态,是经过干涉仪分束器生成的一种最大路径纠缠态,$|\text{NOON}\rangle$态经过相移器(光纤线圈)和第二个分束器,输出态变为

$$|\psi_{\text{out}}(\phi)\rangle = e^{-i\pi J_{x-\text{in}}/2} e^{i\phi J_{z-\text{in}}} |\text{NOON}\rangle \tag{5.366}$$

式中:$U_\phi = e^{i\phi J_{z-\text{in}}}$是与光纤线圈传输矩阵对应的幺正演变算符;$U_{BS2} = e^{-i\pi J_{x-\text{in}}/2}$是Sagnac干涉仪输出分束器对应的幺正演变算符。

极性算符P的统计平均$\langle P \rangle$为

$$\langle \psi_{\text{out}}(\phi) | P | \psi_{\text{out}}(\phi) \rangle$$
$$= i^N \langle \text{NOON} | e^{-i\phi J_{z-\text{in}}} e^{i\pi J_{x-\text{in}}/2} e^{i\pi J_{z-\text{in}}} e^{-i\pi J_{x-\text{in}}/2} e^{i\phi J_{z-\text{in}}} | \text{NOON} \rangle$$
$$= \langle \text{NOON} | e^{-i\phi J_{z-\text{in}}} i^N e^{i\pi J_{y-\text{in}}} e^{i\phi J_{z-\text{in}}} | \text{NOON} \rangle \tag{5.367}$$

其中利用了式(5.228)以及N与$J_{z-\text{in}}$、$J_{y-\text{in}}$的对易性。由于

$$e^{i\phi J_{z-\text{in}}} | n_1 n_2 \rangle = e^{i\phi(a_1^\dagger a_1 - a_2^\dagger a_2)/2} | n_1 n_2 \rangle = e^{i\phi(n_1 - n_2)/2} | n_1 n_2 \rangle \tag{5.368}$$

则

$$e^{i\phi J_{z-\text{in}}} | N0 \rangle = e^{i\phi N/2} | N0 \rangle; \quad e^{i\phi J_{z-\text{in}}} | 0N \rangle = e^{-i\phi N/2} | 0N \rangle \tag{5.369}$$

因此

$$e^{i\phi J_{z-\text{in}}} | \text{NOON} \rangle = \frac{1}{\sqrt{2}} (e^{i\phi N/2} | N0 \rangle + e^{-i\phi N/2} | 0N \rangle) \tag{5.370}$$

又由式(5.364)可知:

$$e^{i\pi J_{y-\text{in}}} e^{i\phi J_{z-\text{in}}} | \text{NOON} \rangle = e^{i\pi J_{y-\text{in}}} \frac{1}{\sqrt{2}} (e^{i\phi N/2} | N0 \rangle + e^{-i\phi N/2} | 0N \rangle)$$

$$= \frac{1}{\sqrt{2}}(e^{i\phi N/2} e^{i\pi J_{y-in}} |N0\rangle + e^{-i\phi N/2} e^{i\pi J_{y-in}} |0N\rangle)$$

$$= \frac{1}{\sqrt{2}}[e^{i\phi N/2}(-1)^N |0N\rangle + e^{-i\phi N/2} |N0\rangle] \quad (5.371)$$

式(5.367)变为

$$\langle \psi_{out}(\phi) | P | \psi_{out}(\phi) \rangle$$

$$= \frac{i^N}{\sqrt{2}} (e^{-i\phi N/2} \langle N0 | + e^{i\phi N/2} \langle 0N |) \frac{1}{\sqrt{2}} [e^{i\phi N/2}(-1)^N |0N\rangle + e^{-iN/2} |N0\rangle]$$

$$= \frac{i^N}{2}[(-1)^N e^{i\phi N} + e^{-i\phi N}] = \begin{cases} (-1)^{N/2} \cos(N\phi), & N \text{为偶数} \\ (-1)^{(N+1)/2} \sin(N\phi), & N \text{为奇数} \end{cases} \quad (5.372)$$

N为偶数时,将式(5.372)代入式(5.365),有

$$(\Delta\phi)^2 = \frac{1-(-1)^N \cos^2(N\phi)}{N^2 \sin^2(N\phi)} \quad (5.373)$$

得到海森堡极限的相位检测灵敏度 $\Delta\phi$:

$$\Delta\phi = \frac{1}{N} \quad (5.374)$$

无论是角动量分量$\langle J_z \rangle$还是极性探测$\langle P \rangle$,光探测器需要具备单光子水平的分辨能力。对于极性探测,要确定的是极性而非$\langle b^\dagger b \rangle$的值,只要找到不依赖于直接的光子计数就能分辨极性的器件,就可以放宽对单光子水平分辨能力的需求。一种可能的方法是利用极性的量子非破坏测量[9],或者采用直接按奇偶光子数进入不同光路的器件,如两臂采用Kerr介质的非线性干涉仪。

最后,需要说明的是,在量子干涉测量中,光子数被认为是一种资源,无论采用哪一种评估方法,在比较不同的干涉测量探测方案时,都假定消耗相同的资源(光子数N)。

参考文献

[1] WISEMAN H M, MILBURN G J. Quantum measurement and control [M]. New York: Cambridge University Press, 2010.

[2] DOBRZANSKI R D, JARZYNA M, KOLODYNSKI J. Quantum limits in optical interferometry [J]. Quantum Physics, 2018, 16(8):1-39.

[3] LIBOFF R L. Introductory quantum mechanics[M]. San Francisco: Addison Wesley, 2003.

[4] KIM T, PFISTER O, HOLLAND M J. Influence of decorrelation on heisenberg-limited interferometry with quantum correlated photons[J]. Physical Review A, 1998, 57(5):4004-4013.

[5] YURKE B, MCCALL S L, KLAUDER J R. SU(2) and SU(1,1) interferometers [J]. Physical Review A, 1986, 33(6):4033-4054.

[6] 张桂才, 冯菁, 马林, 等. 采用双模压缩态的光子纠缠光纤陀螺仪研究[J]. 导航定位与授时, 2022, 8(6): 261-266.

[7] BOLLINGER J J, ITANO W M, WINELAND D J. Optimal frequency measurements with maximally correlated states[J]. Physical Review A, 1996, 54(6): R4649-4652.

[8] GERRY C C, BENMOUSSA A, CAMPCS R A. Parity measurements heisenberg-limited phase estimation and beyond [J]. Journal of Modern Optics, 2007, 54(10): 2177-2184.

[9] HWANG L, PIETER K, DOWLING J P. A quantum rosetta stone for interferometry[J]. Journal of Modern Optics, 2002, 49(14/15): 2325-2338.

第6章 量子纠缠光纤陀螺仪的光路互易性

光学互易性是 Sagnac 干涉仪区别于其他干涉仪而达到高相位检测灵敏度的重要特征[1]。鉴于互易性在经典光纤陀螺中的重要性,本章采用散射矩阵理论分析非理想分束器的相位特性。针对量子纠缠光纤陀螺仪通常采用双端口输入/输出的结构特征,通过推导不同双模光子数态输入时二阶符合计数的归一化量子干涉公式,对量子纠缠光纤陀螺仪的光路互易性进行研究。研究表明,采用对称输入的双模光子数态、双模压缩态、NOON 态等,量子纠缠光纤陀螺仪具有结构互易性;但对于非对称的输入态,会产生不能忽略的非互易误差,以与传统光纤陀螺类似的方式影响相位检测灵敏度。这为量子纠缠光纤陀螺仪的光子源选择、光路设计提供了理论依据。

6.1 非理想分束器相位特性的散射矩阵分析

6.1.1 分束器的散射矩阵模型

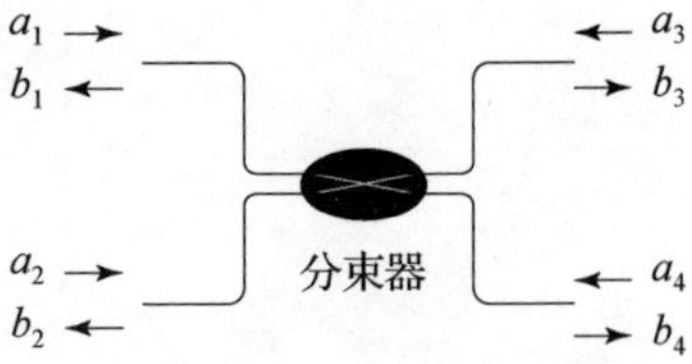

散射矩阵是描述单模光纤耦合器传输特性的一种方便的手段[2]。如图 6.1 所示(以 2×2 光纤耦合器为例),对于含有 n 个输入端口和 n 个输出端口的 $n\times n$ 耦合器,不考虑内部反射,则其散射矩阵 $[\mathcal{S}]$ 为

$$[\mathcal{S}] = [\mathcal{S}_{ij}]_{2n \times 2n} \quad (6.1)$$

图 6.1 2×2 光纤耦合器的散射矩阵模型

式中:$\mathcal{S}_{ij} = |\mathcal{S}_{ij}|e^{i\phi_{ij}}$,为光纤耦合器散射矩阵的元素,与耦合器的传输和耦合系数有关;ϕ_{ij} 为其相位。记归一化的多端口输入光场 $[a]$ 和输出光场 $[b]$ 为

$$[a] = \begin{pmatrix} a_1 \\ a_2 \\ \vdots \\ a_{2n} \end{pmatrix}; \quad [b] = \begin{pmatrix} b_1 \\ b_2 \\ \vdots \\ b_{2n} \end{pmatrix} \quad (6.2)$$

则有

$$[b] = [\mathcal{S}][a]; \quad [a]^H[a] = 1 \tag{6.3}$$

式中：$[a]^H[a]$ 表示输入光场的能量，上标"H"表示转置共轭；$[b]^H[b]$ 表示输出光场的能量；功率耗散 P_L 由式(6.4)给出：

$$\begin{aligned}
P_L &= [a]^H[a] - [b]^H[b] = [a]^H[a] - \{[\mathcal{S}][a]\}^H\{[\mathcal{S}][a]\} \\
&= [a]^H[a] - [a]^H[\mathcal{S}]^H[\mathcal{S}][a] = [a]^H I[a] - [a]^H[\mathcal{S}]^H[\mathcal{S}][a] \\
&= [a]^H\{I - [\mathcal{S}]^H[\mathcal{S}]\}[a] = [a]^H D[a]
\end{aligned} \tag{6.4}$$

式中：$D = I - [\mathcal{S}]^H[\mathcal{S}]$ 称为耗散矩阵；I 为 $2n \times 2n$ 单位矩阵。对于含有损耗的光纤耦合器，$[a]^H[a] - [b]^H[b] > 0$。由于 $\{I - [\mathcal{S}]^H[\mathcal{S}]\}^H = \{I - [\mathcal{S}]^H[\mathcal{S}]\}$，$I - [\mathcal{S}]^H[\mathcal{S}]$ 为厄密矩阵。厄密矩阵的特征值为实数，根据矩阵理论，实域上实对称矩阵及其正定二次型性质可以推广到复数域的厄密矩阵及其正定二次型，因此式(6.4)为正定二次型。$I - [\mathcal{S}]^H[\mathcal{S}]$ 为正定的充要条件是其各阶顺序主子式 $\det_i D > 0$。据此可以分析非理想分束器的相位特性[3]。

6.1.2 分光比不理想对分束器相位特性的影响

结合 Sagnac 光纤干涉仪，具体考虑无损耗 2×2 光纤耦合器，同时假定耦合相位分别为 ψ_1、ψ_2，传输相位 $\varphi_1 = \varphi_2 = 0$ 仍成立，则式(3.22)的分束器传输矩阵可以写为

$$S_{BS} = \begin{pmatrix} t_1 & r_2 \\ r_1 & t_2 \end{pmatrix} = \begin{pmatrix} \sqrt{\dfrac{1}{2} + \varepsilon_1} & e^{i\psi_2}\sqrt{\dfrac{1}{2} - \varepsilon_2} \\ e^{i\psi_1}\sqrt{\dfrac{1}{2} - \varepsilon_1} & \sqrt{\dfrac{1}{2} + \varepsilon_2} \end{pmatrix} \tag{6.5}$$

式中：

$$t_1 = \sqrt{\frac{1}{2} + \varepsilon_1}; \quad t_2 = \sqrt{\frac{1}{2} + \varepsilon_2}; \quad r_1 = \sqrt{\frac{1}{2} - \varepsilon_1}; \quad r_2 = \sqrt{\frac{1}{2} - \varepsilon_2} \tag{6.6}$$

式中：ε_1、ε_2 分别为分束器两个输入光波通过分束器时相对理想 50∶50 分束比的相对误差。由于未考虑插入损耗，$[a]^H\{I - [\mathcal{S}]^H[\mathcal{S}]\}[a] = 0$，即矩阵 $I - [\mathcal{S}]^H[\mathcal{S}]$ 的各阶主子式应等于零。

2×2 耦合器的散射矩阵可以表示为

$$[\mathcal{S}] = \begin{pmatrix} 0 & S_{BS}^T \\ S_{BS} & 0 \end{pmatrix} \tag{6.7}$$

式中：S_{BS}^T 是 S_{BS} 的转置矩阵。则耗散矩阵 D 为

$$D = I - [\mathcal{S}]^H[\mathcal{S}]$$

$$= \begin{pmatrix} 0 & e^{i\psi_2}\sqrt{\left(\frac{1}{2}+\varepsilon_1\right)\left(\frac{1}{2}-\varepsilon_2\right)}+ \\ & e^{-i\psi_1}\sqrt{\left(\frac{1}{2}-\varepsilon_1\right)\left(\frac{1}{2}+\varepsilon_2\right)} & 0 & 0 \\ e^{-i\psi_2}\sqrt{\left(\frac{1}{2}+\varepsilon_1\right)\left(\frac{1}{2}-\varepsilon_2\right)}+ & & & \\ e^{i\psi_1}\sqrt{\left(\frac{1}{2}-\varepsilon_1\right)\left(\frac{1}{2}+\varepsilon_2\right)} & 0 & 0 & 0 \\ 0 & 0 & 0 & e^{i\psi_1}\sqrt{\left(\frac{1}{2}+\varepsilon_1\right)\left(\frac{1}{2}-\varepsilon_1\right)}+ \\ & & & e^{-i\psi_2}\sqrt{\left(\frac{1}{2}-\varepsilon_2\right)\left(\frac{1}{2}+\varepsilon_2\right)} \\ 0 & 0 & e^{-i\psi_1}\sqrt{\left(\frac{1}{2}+\varepsilon_1\right)\left(\frac{1}{2}-\varepsilon_1\right)}+ & 0 \\ & & e^{i\psi_2}\sqrt{\left(\frac{1}{2}-\varepsilon_2\right)\left(\frac{1}{2}+\varepsilon_2\right)} & \end{pmatrix}$$

(6.8)

不考虑分束器插入损耗时,式(6.8)的各阶余子式应为零,因此得到:

$$\left(e^{-i\psi_2}\sqrt{\frac{1}{2}+\varepsilon_1}\sqrt{\frac{1}{2}-\varepsilon_2}+e^{i\psi_1}\sqrt{\frac{1}{2}-\varepsilon_1}\sqrt{\frac{1}{2}+\varepsilon_2}\right) \cdot$$
$$\left(e^{i\psi_2}\sqrt{\frac{1}{2}-\varepsilon_2}\sqrt{\frac{1}{2}+\varepsilon_1}+e^{-i\psi_1}\sqrt{\frac{1}{2}-\varepsilon_1}\sqrt{\frac{1}{2}+\varepsilon_2}\right) = 0 \quad (6.9)$$

求解式(6.9)方程,有

$$\cos(\psi_1+\psi_2) = -\frac{1}{2}\left\{\sqrt{\frac{(1+2\varepsilon_1)(1-2\varepsilon_2)}{(1-2\varepsilon_1)(1+2\varepsilon_2)}}+\sqrt{\frac{(1-2\varepsilon_1)(1+2\varepsilon_2)}{(1+2\varepsilon_1)(1-2\varepsilon_2)}}\right\}$$

(6.10)

忽略高阶项 $\varepsilon_1 \cdot \varepsilon_2$,有

$$\cos(\psi_1+\psi_2) \approx -\frac{1}{2}\left\{\sqrt{\frac{1+2\Delta\varepsilon}{1-2\Delta\varepsilon}}+\sqrt{\frac{1-2\Delta\varepsilon}{1+2\Delta\varepsilon}}\right\} \quad (6.11)$$

式中:$\Delta\varepsilon = \varepsilon_1 - \varepsilon_2$。仅当 $\Delta\varepsilon = 0$ 时,式(6.11)有解:$\cos(\psi_1+\psi_2) = -1$,此时有

$$\varepsilon_1 = \varepsilon_2 = \varepsilon; \quad \psi_1 + \psi_2 = \pi \quad (6.12)$$

式(6.12)表明:

(1)分光比误差与耦合区域的模式耦合有关,两个输入端口的光波经过同一耦合区域进行分光时,不存在差分的分光比误差,$\varepsilon_1 - \varepsilon_2 = 0$,即分束器仍具有互易性。

(2)作为分束器互易性的结果,自分束器两侧反射(耦合)/透射(传输)具有对称性,这导致分束器两侧的反射(耦合)相位相等:$\psi_1 = \psi_2$。

(3)进而根据分束器的能量守恒和互易性条件,得出结论,分束器插入损耗为零时,分光比误差 ε 对分束器相位特性没有影响,式(3.25)推导的分束器相

位特性 $\psi_1 = \psi_2 = \pi/2$ 仍然成立。

6.1.3 插入损耗对分束器相位特性的影响

分束器存在损耗时,假定损耗没有破坏分束器互易性,此时,$\psi_1 = \psi_2$,但不等于 $\pi/2$。设 $\psi_1 = \psi_2 = \psi$,根据前面的分析,有损耗的分束器传输矩阵可以表示为

$$S_{BS} = \begin{pmatrix} \sqrt{\dfrac{1-\alpha_S}{2}} + \varepsilon & e^{i\psi}\sqrt{\dfrac{1-\alpha_S}{2}} - \varepsilon \\ e^{i\psi}\sqrt{\dfrac{1-\alpha_S}{2}} - \varepsilon & \sqrt{\dfrac{1-\alpha_S}{2}} + \varepsilon \end{pmatrix} \quad (6.13)$$

式中:α_S 是相对光功率损耗,换算为 dB 时,$\alpha_S(\text{dB}) = -10\log(1-\alpha_S)$。忽略高阶误差项 ε^2,提取与插入损耗有关的系数 $\sqrt{(1-\alpha_S)/2}$,式(6.13)仍具有幺正性质,其散射矩阵为

$$[S] = \begin{pmatrix} 0 & 0 & \sqrt{\dfrac{1-\alpha_S}{2}}+\varepsilon & e^{i\psi}\sqrt{\dfrac{1-\alpha_S}{2}}-\varepsilon \\ 0 & 0 & e^{i\psi}\sqrt{\dfrac{1-\alpha_S}{2}}-\varepsilon & \sqrt{\dfrac{1-\alpha_S}{2}}+\varepsilon \\ \sqrt{\dfrac{1-\alpha_S}{2}}+\varepsilon & e^{i\psi}\sqrt{\dfrac{1-\alpha_S}{2}}-\varepsilon & 0 & 0 \\ e^{i\psi}\sqrt{\dfrac{1-\alpha_S}{2}}-\varepsilon & \sqrt{\dfrac{1-\alpha_S}{2}}+\varepsilon & 0 & 0 \end{pmatrix}$$

$$(6.14)$$

则耗散矩阵 D 为

$$D = I - [S]^H[S]$$

$$= \begin{pmatrix} \alpha_S & -(e^{i\psi}+e^{-i\psi})\cdot\sqrt{\left(\dfrac{1-\alpha_S}{2}\right)^2-\varepsilon^2} & 0 & 0 \\ -(e^{i\psi}+e^{-i\psi})\cdot\sqrt{\left(\dfrac{1-\alpha_S}{2}\right)^2-\varepsilon^2} & \alpha_S & 0 & 0 \\ 0 & 0 & \alpha_S & -(e^{i\psi}+e^{-i\psi})\cdot\sqrt{\left(\dfrac{1-\alpha_S}{2}\right)^2-\varepsilon^2} \\ 0 & 0 & -(e^{i\psi}+e^{-i\psi})\cdot\sqrt{\left(\dfrac{1-\alpha_S}{2}\right)^2-\varepsilon^2} & \alpha_S \end{pmatrix}$$

$$(6.15)$$

式(6.15)的各阶余子式应大于零,因此得到:

$$\alpha_S^2 - (e^{i\psi} + e^{-i\psi})(e^{i\psi} + e^{-i\psi}) \cdot \left[\left(\frac{1-\alpha_S}{2}\right)^2 - \varepsilon^2\right] > 0 \qquad (6.16)$$

即

$$\cos(2\psi) < -\frac{1 - 2\alpha_S - \alpha_S^2 - 4\varepsilon^2}{1 - 2\alpha_S + \alpha_S^2 - 4\varepsilon^2} \qquad (6.17)$$

求解式(6.16)方程,有

$$\pi - \delta < 2\psi < \pi + \delta \qquad (6.18)$$

式(6.18)中相位偏差 δ 为

$$\delta = \arccos\left(\frac{1 - 2\alpha_S - \alpha_S^2 - 4\varepsilon^2}{1 - 2\alpha_S + \alpha_S^2 - 4\varepsilon^2}\right) \qquad (6.19)$$

图6.2是分束器的相位偏差 δ 的范围与插入损耗 α_S(dB)的关系(阴影部分)。图6.3是给定插入损耗 $\alpha_S = 0.2$dB,分束器的相位偏差范围与分光比 ε 的关系(阴影部分)。可以看出,插入损耗 α_S 为零时,$\delta = 0$,2×2 光纤耦合器的耦合相位 $\psi = \psi_1 = \psi_2 = \pi/2$,与分束器分光比无关。但当插入损耗 $\alpha_S \neq 0$ 时,耦合相位 2ψ 将大大偏离 π 相位,且变得与分束器分光比也有关系。而且,在实际中,耦合器插入损耗和分光比误差还随环境(如温度、振动)变化,这导致相位 2ψ 的不稳定。下面将会看到,对于非互易的光学结构,2ψ 与 Sagnac 相移 ϕ 寄生在一起,这样,2×2 光纤耦合器的相位特性将对量子纠缠光纤陀螺仪的相位检测灵敏度产生严重影响。

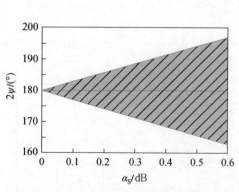

图6.2 分束器相位偏差 δ 的范围与插入损耗 α_S 的关系

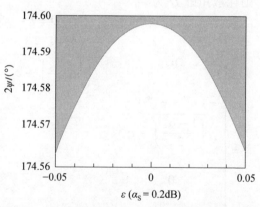

图6.3 给定插入损耗 $\alpha_S = 0.2$dB,分束器相位偏差 δ 的范围与分光比误差 ε 的关系

6.2 量子纠缠光纤陀螺仪的光学互易性

6.2.1 经典 Sagnac 干涉仪的光学互易性

如图 6.4 所示,分束器(2×2 光纤耦合器)和光纤线圈共同构成 Sagnac 干涉仪。Sagnac 干涉仪有两个输入/输出端口,分别称为端口 1 和端口 2。假定 a_1、a_2 为输入,b_1、b_2 为与 a_1、a_2 输入对应的输出,下标分别对应端口 1 和端口 2。a_1、a_2 与 b_1、b_2 对经典来说是场振幅,对量子来说是湮灭算符。Sagnac 干涉仪的传输矩阵可以写为

$$S_{\mathrm{SI}} = S_{\mathrm{BS2}} S_{\phi} S_{\mathrm{BS1}} = \begin{pmatrix} r & t \\ t & r \end{pmatrix} \begin{pmatrix} 1 & 0 \\ 0 & \mathrm{e}^{-\mathrm{i}\phi} \end{pmatrix} \begin{pmatrix} t & r \\ r & t \end{pmatrix}$$
$$= \begin{pmatrix} rt(1+\mathrm{e}^{-\mathrm{i}\phi}) & r^2 + t^2 \mathrm{e}^{-\mathrm{i}\phi} \\ t^2 + r^2 \mathrm{e}^{-\mathrm{i}\phi} & rt(1+\mathrm{e}^{-\mathrm{i}\phi}) \end{pmatrix} \quad (6.20)$$

式中:t、r 分别为分束器的透射(传输)振幅和反射(耦合)振幅。需要注意的是,式(6.20)中光波第一次经过分束器和第二次经过分束器的传输矩阵是不同的,这与上述对输出场编号的定义有关。

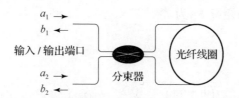

图 6.4 2×2 耦合器和光纤线圈构成的 Sagnac 干涉仪

按经典理论,如果端口 1 的输入场为 a_1,端口 2 没有输入场($a_2=0$),则从端口 1 输出的顺时针光波,两次通过分束器时,先经历一次透射(传输)过程再经历一次耦合过程;从端口 1 输出的逆时针光波,两次通过分束器时,先经历一次耦合过程再经历一次透射(传输)过程。两束反向传播光波各经历了一次耦合和一次传输,累积相位差为零,经典干涉输出必为中心明纹$(1+\mathrm{e}^{-\mathrm{i}\phi})$形式;这个端口称为互易性端口。互易性光路结构确保两束反向传播光波经过光纤耦合器时历经的耦合相移和传输相移相等,从而使干涉信号的固有累加相移抵消为零,是 Sagnac 干涉仪与其他光纤干涉仪(如 M-Z 干涉仪)的区别所在,也是传统光纤陀螺具有较高相位检测灵敏度的主要原因。

而从端口 2 输出的顺时针光波,两次通过分束器时,两次经历透射(传输)过程;而从端口 2 输出的逆时针光波,两次通过分束器时,两次经历耦合过程,这意

味着即使陀螺静止,两束反向传播光波之间也存在一个 2ψ 弧度的累积相位差,经典干涉输出必为 $(1+\mathrm{e}^{-\mathrm{i}(\phi+2\psi)})$ 形式;对于理想无损耗分束器,$2\psi=\pi$,干涉输出为中心暗纹 $(1-\mathrm{e}^{-\mathrm{i}\phi})$ 形式。传统光纤陀螺能够检测 10^{-8} rad 的微小相位,这意味着这个 π 弧度的相位差也应具有相同量级的稳定性。但实际中分束器存在插入损耗,且插入损耗和分光比通常是不稳定的,受环境温度、振动等的影响很大,因而,当从端口 1 输入、端口 2 输出时,两束反向传播光路因存在 2ψ 相位,这个输出端口称为非互易性端口,这会在相位测量时产生较大的误差或漂移[1]。

总之,经典 Sagnac 干涉仪通常采用单端口输入、单端口输出,其输入/输出共用一个端口,以确保建立一种互易性光路结构。

6.2.2 量子纠缠 Sagnac 干涉仪的光学互易性

6.2.2.1 非理想量子纠缠 Sagnac 干涉仪的传输矩阵

在量子纠缠 Sagnac 干涉仪中,通常需要两个输入端口和两个输出端口,以便实现二阶符合计数。实际中,为了实现输入模式和输出模式的有效分离,可以采用含两个环行器的量子纠缠 Sagnac 干涉仪结构,如图 6.5 所示。下面分析这种量子纠缠 Sagnac 干涉仪的互易性。

非理想分束器传输矩阵 S_{BS} 取式 (6.13) 的形式时,由式 (6.20) 得到非理想 Sagnac 干涉仪的传输矩阵 S_{SI} 为

$$S_{\mathrm{SI}} = \begin{pmatrix} S_{11} & S_{12} \\ S_{21} & S_{22} \end{pmatrix}$$

$$= \begin{pmatrix} \mathrm{e}^{\mathrm{i}\psi}(1+\mathrm{e}^{-\mathrm{i}\phi})\sqrt{\left(\dfrac{1-\alpha_{\mathrm{S}}}{2}\right)^2 - \varepsilon^2} & \mathrm{e}^{\mathrm{i}(2\psi)}\left(\dfrac{1-\alpha_{\mathrm{S}}}{2}-\varepsilon\right)+\mathrm{e}^{-\mathrm{i}\phi}\left(\dfrac{1-\alpha_{\mathrm{S}}}{2}+\varepsilon\right) \\ \left(\dfrac{1-\alpha_{\mathrm{S}}}{2}+\varepsilon\right)+\mathrm{e}^{-\mathrm{i}\phi}\mathrm{e}^{\mathrm{i}(2\psi)}\left(\dfrac{1-\alpha_{\mathrm{S}}}{2}-\varepsilon\right) & \mathrm{e}^{\mathrm{i}\psi}(1+\mathrm{e}^{-\mathrm{i}\phi})\sqrt{\left(\dfrac{1-\alpha_{\mathrm{S}}}{2}\right)^2 - \varepsilon^2} \end{pmatrix}$$

(6.21)

进而有

$$\begin{cases} S_{11} = \mathrm{e}^{\mathrm{i}\psi}(1+\mathrm{e}^{-\mathrm{i}\phi})\sqrt{\left(\dfrac{1-\alpha_{\mathrm{S}}}{2}\right)^2 - \varepsilon^2}; & S_{12} = \mathrm{e}^{\mathrm{i}(2\psi)}\left(\dfrac{1-\alpha_{\mathrm{S}}}{2}-\varepsilon\right)+\mathrm{e}^{-\mathrm{i}\phi}\left(\dfrac{1-\alpha_{\mathrm{S}}}{2}+\varepsilon\right) \\ S_{21} = \left(\dfrac{1-\alpha_{\mathrm{S}}}{2}+\varepsilon\right)+\mathrm{e}^{-\mathrm{i}\phi}\mathrm{e}^{\mathrm{i}(2\psi)}\left(\dfrac{1-\alpha_{\mathrm{S}}}{2}-\varepsilon\right); & S_{22} = \mathrm{e}^{\mathrm{i}\psi}(1+\mathrm{e}^{-\mathrm{i}\phi})\sqrt{\left(\dfrac{1-\alpha_{\mathrm{S}}}{2}\right)^2 - \varepsilon^2} \end{cases}$$

(6.22)

由于存在损耗,式 (6.21) 的非理想 Sagnac 干涉仪的传输矩阵不是幺正矩阵,但忽略高阶误差项 ε^2,提取与插入损耗有关的系数 $(1-\alpha_{\mathrm{S}})/2$ 后,式 (6.21)

仍具有幺正性质。鉴于系数$(1-\alpha_S)/2$与非理想Sagnac干涉仪的互易性无关，在进行量子分析时暂时可以略去。

量子纠缠光纤陀螺仪采用光的非经典态和二阶符合光强关联探测实现干涉相位测量的量子增强，非经典光量子态大都可以用光子数态本征矢表征，或者表示为光子数态的线性叠加，因此，下面通过分析不同双模光子数态输入情况下图6.5所示Sagnac光纤干涉仪二阶符合关联光强的非互易误差，探究各种光输入态对量子纠缠光纤陀螺仪光学互易性的影响。

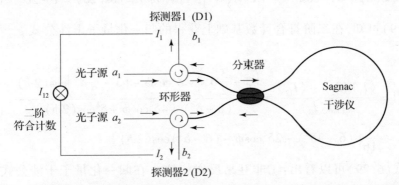

图6.5 采用双环形器有效分离输入模式和输出模式的量子纠缠Sagnac干涉仪

6.2.2.2 对称输入的情况

以比较简单的双模对称光子数态$|22\rangle$输入为例。由式(6.21)可知，在海森堡图像中，算符a_1、a_2经过非理想Sagnac干涉仪的演变b_1、b_2为

$$\begin{cases} b_1 = \left[e^{i\psi}(1+e^{-i\phi})\sqrt{\left(\frac{1-\alpha_S}{2}\right)^2-\varepsilon^2}\right]a_1 + \left[e^{i(2\psi)}\left(\frac{1-\alpha_S}{2}-\varepsilon\right)+e^{-i\phi}\left(\frac{1-\alpha_S}{2}+\varepsilon\right)\right]a_2 \\ b_2 = \left[\left(\frac{1-\alpha_S}{2}+\varepsilon\right)+e^{-i\phi}e^{i(2\psi)}\left(\frac{1-\alpha_S}{2}-\varepsilon\right)\right]a_1 + \left[e^{i\psi}(1+e^{-i\phi})\sqrt{\left(\frac{1-\alpha_S}{2}\right)^2-\varepsilon^2}\right]a_2 \end{cases}$$

(6.23)

忽略高阶项ε^2，计算端口1、2的输出平均光子数$\langle I_1\rangle$、$\langle I_2\rangle$和两端口的二阶符合计数$\langle I_{12}\rangle$为

$$\langle I_1\rangle = \langle b_1^\dagger b_1\rangle = \langle 22|b_1^\dagger b_1|22\rangle = (1-\alpha_S)^2[2+\cos\phi+\cos(\phi+2\psi)]$$

(6.24)

$$\langle I_2\rangle = \langle b_2^\dagger b_2\rangle = \langle 22|b_2^\dagger b_2|22\rangle = (1-\alpha_S)^2[2+\cos\phi+\cos(\phi-2\psi)]$$

(6.25)

$$\langle I_{12}\rangle = \langle b_1^\dagger b_2^\dagger b_2 b_1\rangle = \langle 22|b_1^\dagger b_2^\dagger b_2 b_1|22\rangle = \frac{1}{2}(1-\alpha_S)^4\{[9+5\cos(2\psi)+\cos(4\psi)]+[10+10\cos(2\psi)]\cos\phi+[4+\cos(2\psi)]\cos(2\phi)\}$$

(6.26)

当 $\alpha_s = 0$ 时,$2\psi = \pi$,式(6.24)、式(6.25)和式(6.26)变为

$$\begin{cases} \langle I_1 \rangle = \langle I_2 \rangle = 2 \\ \langle I_{12} \rangle = \dfrac{5}{2} + \dfrac{3}{2}\cos(2\phi); \quad g_{12}^{(2)} = \dfrac{3}{8} - \dfrac{3}{8}\cos(2\phi) \end{cases} \quad (6.27)$$

这与第 4 章讨论的光子数态 $|22\rangle$ 输入时 Sagnac 干涉仪的输出特性一致。

当 $\alpha_s \neq 0$ 时,$2\psi \neq \pi$,此时令 $2\psi = \pi - \delta$,则有

$$\cos(2\psi) = -\cos\delta \approx -\left(1 - \dfrac{1}{2}\delta^2\right); \quad \cos(4\psi) = \cos(2\delta) = 1 - 2\delta^2 \quad (6.28)$$

由式(4.9)可知,在二阶符合计数基础上获得的归一化量子干涉公式 $g_{12}^{(2)}$ 可以表示为

$$g_{12}^{(2)} = \dfrac{\langle I_1 \rangle \langle I_2 \rangle - \langle I_{12} \rangle}{\langle I_1 \rangle \langle I_2 \rangle} \approx \dfrac{\left(3 - \dfrac{3}{2}\delta^2\right) - \delta^2\cos\phi - \left(3 - \dfrac{1}{2}\delta^2\right)\cos(2\phi)}{(8 - \delta^2) + 4\delta^2\cos\phi + \delta^2\cos(2\phi)} \quad (6.29)$$

$$\approx \dfrac{1}{16}[(6 - 3\delta^2) - 2\delta^2\cos\phi - (6 - \delta^2)\cos(2\phi)]$$

由式(6.29)可以看出:①非互易反射相位 ψ 在归一化量子干涉公式 $g_{12}^{(2)}$ 中将激发一阶干涉项($\cos\phi$),这会劣化二阶符合计数($\cos2\phi$)项的提取,对光子纠缠光纤陀螺仪的影响是增加零偏不稳定性,但这是一个高阶误差,对陀螺仪性能影响较小,可以忽略;②与纠缠增强($\cos2\phi$)项有关的分量是稳定的,2ψ 没有寄生在 $\cos2\phi$ 的相位中。这说明,对于对称双模光子数态输入,采用双环形器的量子纠缠 Sagnac 干涉仪是一个互易性光路结构,不受非互易反射相位 2ψ 的影响。

给定分束器插入损耗和分束比,δ 是一个固定值,但分束器的插入损耗和分束比常常随环境(如温度、振动等)变化。考虑偏置相位 $\phi \to \Phi_0 + \phi$,$\Phi_0 = \pi/4$,测量微小 ϕ 时,分束器不理想引起的相位漂移为

$$\Delta\phi = \dfrac{3 + \sqrt{2}}{12}\delta^2 \quad (6.30)$$

式中:$\Delta\phi$ 是 δ 的二阶小量,可以忽略。

对称光子数态输入的典型光源是双模压缩态。双模压缩态的特点是,如果知道模式 a_1 中 n 个光子,无须进行实验探测模式 a_2,也能得出模式 a_2 中同样有 n 个光子。

6.2.2.3 非对称输入的情况

以比较简单的双模对称光子数态 $|21\rangle$ 输入为例。忽略高阶项 ε^2,利用式(6.23),计算端口 1、2 的输出平均光子数 $\langle I_1 \rangle$、$\langle I_2 \rangle$ 和两端口的二阶符合计数 $\langle I_{12} \rangle$ 分别为

$$\langle I_1 \rangle = \langle 21 | b_1^\dagger b_1 | 21 \rangle = (1-\alpha_S)^2 \left\{ (1+\cos\phi) + \frac{1}{2}[1+\cos(\phi+2\psi)] \right\}$$
(6.31)

$$\langle I_2 \rangle = \langle 21 | b_2^\dagger b_2 | 21 \rangle = (1-\alpha_S)^2 \left\{ \frac{1}{2}(1+\cos\phi) + [1+\cos(\phi-2\psi)] \right\}$$
(6.32)

$$\langle I_{12} \rangle = \langle 21 | b_1^\dagger b_2^\dagger b_2 b_1 | 21 \rangle$$
$$= \frac{1}{4}(1-\alpha_S)^4 \begin{bmatrix} [9+\cos(4\psi)+5\cos(2\psi)] + \\ [2\cos(\phi+2\psi)+10\cos\phi+8\cos(2\psi)\cos\phi] + \\ [\cos(2\phi+2\psi)+4\cos(2\phi)] \end{bmatrix}$$
(6.33)

当 $\alpha_S = 0$ 时，$2\psi = \pi$，式(6.31)、式(6.32)和式(6.33)变为

$$\begin{cases} \langle I_1 \rangle = \frac{3}{2} + \frac{1}{2}\cos\phi, \quad \langle I_2 \rangle = \frac{3}{2} - \frac{1}{2}\cos\phi \\ \langle I_{12} \rangle = \frac{5}{4} + \frac{3}{4}\cos(2\phi); \quad g_{12}^{(2)} = \frac{7-7\cos(2\phi)}{17-\cos(2\phi)} \end{cases}$$
(6.34)

这是光子数态 $|21\rangle$ 输入情况的理想结果。

当 $\alpha_s \neq 0$ 时，$2\psi \neq \pi$，此时令 $2\psi = \pi - \delta$，则利用式(6.28)，近似有

$$\begin{cases} \cos(\phi+2\psi) = \cos(2\psi)\cos\phi - \sin(2\psi)\sin\phi \approx -\left(1-\frac{1}{2}\delta^2\right)\cos\phi - \delta\sin\phi \\ \cos(\phi-2\psi) = \cos(2\psi)\cos\phi + \sin(2\psi)\sin\phi \approx -\left(1-\frac{1}{2}\delta^2\right)\cos\phi + \delta\sin\phi \\ \cos(2\phi+2\psi) = \cos(2\psi)\cos(2\phi) - \sin(2\psi)\sin(2\phi) \approx -(1-2\delta^2)\cos(2\phi) - \delta\sin(2\phi) \end{cases}$$
(6.35)

在二阶符合计数基础上获得的归一化量子干涉公式 $g_{12}^{(2)}$ 可以表示为

$$g_{12}^{(2)} \approx \frac{\left(\frac{7}{2} - \frac{9}{4}\delta^2\right) - \frac{1}{2}\delta^2\cos\phi + 5\delta\sin\phi - \left(\frac{7}{2} - \frac{3}{4}\delta^2\right)\cos(2\phi) + \frac{5}{2}\delta\sin(2\phi)}{\left(\frac{17}{2} - 2\delta^2\right) + \frac{9}{2}\delta^2\cos\phi + 3\delta\sin\phi - \left(\frac{1}{2} - \frac{5}{4}\delta^2\right)\cos(2\phi) + \frac{1}{2}\delta\sin(2\phi)}$$
$$\approx \frac{1}{8}\left[\left(\frac{7}{2} - \frac{9}{4}\delta^2\right) - \frac{1}{2}\delta^2\cos\phi + 5\delta\sin\phi - \left(\frac{7}{2} - \frac{3}{4}\delta^2\right)\cos(2\phi) + \frac{5}{2}\delta\sin(2\phi)\right]$$
(6.36)

同理，考虑偏置相位 $\phi \to \Phi_0 + \phi$，$\Phi_0 = \pi/4$，测量微小 ϕ 时，分束器不理想引起的相位漂移为

$$\Delta\phi = \frac{5(1+\sqrt{2})}{14}\delta$$
(6.37)

这里，$\Delta\phi$ 是 δ 的一阶小量，会引起较大的非互易误差。因此对于非对称光子数

态输入,量子纠缠 Sagnac 干涉仪将是一个非互易性光路结构。广义地讲,如果两个端口的输入态是完全不同的量子态,则必然也是一个非互易性光路,典型例子如压缩态 + 相干态输入 $|r,\alpha\rangle$。

6.2.3 NOON 态 Sagnac 干涉仪的光学互易性

这里以 4O04 态为例,研究 NOON 态量子纠缠光纤陀螺仪的光路互易性。

6.2.3.1 4004 态 Sagnac 干涉仪对应的输入态

由于 4004 态不是 Sagnac 的输入态,是经过分束器后的生成态,因而可以采用分束器算符的逆演变导出 4004 态对应的理想输入态:

$$|\psi_{in}\rangle = \frac{1}{\sqrt{2}} U_{BS1}^\dagger (|40\rangle + |04\rangle) = \frac{1}{2\sqrt{2}}(|40\rangle - \sqrt{6}|22\rangle + |04\rangle) \quad (6.38)$$

式中:U_{BS1} 为理想分束器传输矩阵 S_{BS1} 对应的幺正算符。利用式(3.29)和式(3.38),有

$$U_{BS1}^\dagger |40\rangle = U_{BS1}^\dagger \frac{a_1^{\dagger 4}}{\sqrt{4!}} |00\rangle = \frac{1}{\sqrt{4!}} (U_{BS1}^\dagger a_1^\dagger U_{BS1})^4 |00\rangle$$

$$= \frac{1}{\sqrt{4!}} \cdot \left(\frac{1}{\sqrt{2}}a_1^\dagger - \frac{i}{\sqrt{2}}a_2^\dagger\right)\left(\frac{1}{\sqrt{2}}a_1^\dagger - \frac{i}{\sqrt{2}}a_2^\dagger\right)\left(\frac{1}{\sqrt{2}}a_1^\dagger - \frac{i}{\sqrt{2}}a_2^\dagger\right)\left(\frac{1}{\sqrt{2}}a_1^\dagger - \frac{i}{\sqrt{2}}a_2^\dagger\right) |00\rangle$$

$$= \frac{1}{\sqrt{4!}} \cdot \frac{1}{4}(a_1^\dagger a_1^\dagger a_1^\dagger a_1^\dagger - 4i a_1^\dagger a_1^\dagger a_1^\dagger a_2^\dagger - 6 a_1^\dagger a_1^\dagger a_2^\dagger a_2^\dagger + 4i a_1^\dagger a_2^\dagger a_2^\dagger a_2^\dagger + a_2^\dagger a_2^\dagger a_2^\dagger a_2^\dagger) |00\rangle$$

$$= \frac{1}{\sqrt{4!}} \cdot \frac{1}{4}(\sqrt{4!}|40\rangle - 4i\sqrt{3!}\sqrt{1!}|31\rangle - 6\sqrt{2!}\sqrt{2!}|22\rangle$$

$$+ 4i\sqrt{3!}\sqrt{1!}|13\rangle + \sqrt{4!}|04\rangle)$$

$$= \frac{1}{4}(|40\rangle - 2i|31\rangle - \sqrt{6}|22\rangle + 2i|13\rangle + |04\rangle) \quad (6.39)$$

$$U_{BS1}^\dagger |04\rangle = U_{BS1}^\dagger \frac{a_2^{\dagger 4}}{\sqrt{4!}} |00\rangle = \frac{1}{\sqrt{4!}} (U_{BS1}^\dagger a_2^\dagger U_{BS1})^4 |00\rangle$$

$$= \frac{1}{\sqrt{4!}} \cdot \left(-\frac{i}{\sqrt{2}}a_1^\dagger + \frac{1}{\sqrt{2}}a_2^\dagger\right)\left(-\frac{i}{\sqrt{2}}a_1^\dagger + \frac{1}{\sqrt{2}}a_2^\dagger\right)\left(-\frac{i}{\sqrt{2}}a_1^\dagger + \frac{1}{\sqrt{2}}a_2^\dagger\right)\left(-\frac{i}{\sqrt{2}}a_1^\dagger + \frac{1}{\sqrt{2}}a_2^\dagger\right) |00\rangle$$

$$= \frac{1}{\sqrt{4!}} \cdot \frac{1}{4}(a_1^\dagger a_1^\dagger a_1^\dagger a_1^\dagger + 4i a_1^\dagger a_1^\dagger a_1^\dagger a_2^\dagger - 6 a_1^\dagger a_1^\dagger a_2^\dagger a_2^\dagger - 4i a_1^\dagger a_2^\dagger a_2^\dagger a_2^\dagger + a_2^\dagger a_2^\dagger a_2^\dagger a_2^\dagger) |00\rangle$$

$$= \frac{1}{\sqrt{4!}} \cdot \frac{1}{4}(\sqrt{4!}|40\rangle + 4i\sqrt{3!}\sqrt{1!}|31\rangle - 6\sqrt{2!}\sqrt{2!}|22\rangle -$$

$$4i\sqrt{3!}\sqrt{1!}|13\rangle + \sqrt{4!}|04\rangle)$$

$$= \frac{1}{4}(|40\rangle + 2i|31\rangle - \sqrt{6}|22\rangle - 2i|13\rangle + |04\rangle) \quad (6.40)$$

由式(6.38)可以看出,4004 态对应的输入态是 3 个光子数态 $|40\rangle$、$|22\rangle$ 和 $|04\rangle$ 的线性叠加,其中,$|40\rangle$ 和 $|04\rangle$ 是双模非对称光子数态,$|22\rangle$ 为对称光子数态。

6.2.3.2 4004 态非理想 Sagnac 干涉仪的二阶符合光强

对于采用 4004 态的非理想 Sagnac 干涉仪,由式(6.22)可知,端口 1 的平均输出光子数 $\langle I_1 \rangle$ 为

$$\begin{aligned}\langle I_1 \rangle &= \langle \psi_{\text{in}} | b_1^\dagger b_1 | \psi_{\text{in}} \rangle = \frac{1}{8} \langle 40 | S_{11}^* S_{11} a_1^\dagger a_1 | 40 \rangle + \frac{3}{4} \langle 22 | S_{11}^* S_{11} a_1^\dagger a_1 | 22 \rangle + \\ &\quad \frac{1}{8} \langle 04 | S_{12}^* S_{12} a_2^\dagger a_2 | 04 \rangle + \frac{3}{4} \langle 22 | S_{12}^* S_{12} a_2^\dagger a_2 | 22 \rangle \\ &= (1 - \alpha_S)^2 [2 + \cos\phi + \cos(\phi + 2\psi)] \end{aligned} \qquad (6.41)$$

同理,端口 2 的平均输出光子数 $\langle I_2 \rangle$ 为

$$\begin{aligned}\langle I_2 \rangle &= \langle \psi_{\text{in}} | b_2^\dagger b_2 | \psi_{\text{in}} \rangle = \frac{1}{8} \langle 40 | S_{21}^* S_{21} a_1^\dagger a_1 | 40 \rangle + \frac{3}{4} \langle 22 | S_{21}^* S_{21} a_1^\dagger a_1 | 22 \rangle + \\ &\quad \frac{1}{8} \langle 04 | S_{22}^* S_{22} a_2^\dagger a_2 | 04 \rangle + \frac{3}{4} \langle 22 | S_{22}^* S_{22} a_2^\dagger a_2 | 22 \rangle \\ &= (1 - \alpha_S)^2 [2 + \cos\phi + \cos(\phi - 2\psi)] \end{aligned}$$

$$(6.42)$$

而两个端口的二阶符合关联光强 $\langle I_{12} \rangle$ 为

$$\begin{aligned}\langle I_{12} \rangle &= \langle \psi_{\text{in}} | b_1^\dagger b_2^\dagger b_2 b_1 | \psi_{\text{in}} \rangle \\ &= \frac{1}{8} \langle 40 | S_{11}^* S_{21}^* S_{21} S_{11} a_1^\dagger a_1^\dagger a_1 a_1 | 40 \rangle + \frac{3}{4} \langle 22 | S_{11}^* S_{21}^* S_{21} S_{11} a_1^\dagger a_1^\dagger a_1 a_1 | 22 \rangle - \\ &\quad \frac{\sqrt{6}}{8} \langle 40 | S_{11}^* S_{21}^* S_{22} S_{12} a_1^\dagger a_1^\dagger a_2 a_2 | 22 \rangle - \frac{\sqrt{6}}{8} \langle 22 | S_{11}^* S_{21}^* S_{22} S_{12} a_1^\dagger a_1^\dagger a_2 a_2 | 04 \rangle + \\ &\quad \frac{3}{4} \langle 22 | S_{12}^* S_{22}^* S_{21} S_{12} a_1^\dagger a_2^\dagger a_2 a_2 | 22 \rangle + \frac{3}{4} \langle 22 | S_{11}^* S_{21}^* S_{22} S_{11} a_1^\dagger a_2^\dagger a_2 a_1 | 22 \rangle + \\ &\quad \frac{3}{4} \langle 22 | S_{12}^* S_{21}^* S_{21} S_{12} a_2^\dagger a_1^\dagger a_1 a_2 | 22 \rangle + \frac{3}{4} \langle 22 | S_{12}^* S_{21}^* S_{22} S_{11} a_2^\dagger a_1^\dagger a_2 a_1 | 22 \rangle - \\ &\quad \frac{\sqrt{6}}{8} \langle 04 | S_{12}^* S_{22}^* S_{21} S_{11} a_2^\dagger a_2^\dagger a_1 a_1 | 22 \rangle - \frac{\sqrt{6}}{8} \langle 22 | S_{12}^* S_{22}^* S_{21} S_{11} a_2^\dagger a_2^\dagger a_1 a_1 | 40 \rangle + \\ &\quad \frac{1}{8} \langle 04 | S_{12}^* S_{22}^* S_{22} S_{12} a_2^\dagger a_2^\dagger a_2 a_2 | 04 \rangle + \frac{3}{4} \langle 22 | S_{12}^* S_{22}^* S_{22} S_{12} a_2^\dagger a_2^\dagger a_2 a_2 | 22 \rangle \\ &= \frac{3}{4}(1 - \alpha_S)^4 \{(1 + \cos\phi)^2 + [1 + \cos(\phi - 2\psi)] \cdot [1 + \cos(\phi + 2\psi)]\} + \\ &\quad \frac{3}{2}(1 - \alpha_S)^4 (1 + \cos\phi)[1 + \cos\phi\cos(2\psi)] \end{aligned}$$

$$(6.43)$$

忽略高阶项 ε^2，其中有

$$\langle 40 | S_{11}^* S_{21}^* S_{21} S_{11} a_1^\dagger a_1^\dagger a_1 a_1 | 40 \rangle = 3(1-\alpha_S)^4 (1+\cos\phi)[1+\cos(\phi-2\psi)] \tag{6.44}$$

$$\langle 22 | S_{11}^* S_{21}^* S_{21} S_{11} a_1^\dagger a_1^\dagger a_1 a_1 | 22 \rangle = \frac{1}{2}(1-\alpha_S)^4 (1+\cos\phi)[1+\cos(\phi-2\psi)] \tag{6.45}$$

$$\langle 40 | S_{11}^* S_{21}^* S_{22} S_{12} a_1^\dagger a_1^\dagger a_2 a_2 | 22 \rangle = \langle 22 | S_{11}^* S_{21}^* S_{22} S_{12} a_1^\dagger a_1^\dagger a_2 a_2 | 04 \rangle$$
$$= \frac{\sqrt{6}}{2}(1-\alpha_S)^4 (1+\cos\phi)\left[\cos\phi + \cos(2\psi) - \frac{4\mathrm{i}\varepsilon}{1-\alpha_S}\sin\phi\right] \tag{6.46}$$

$$\langle 22 | S_{11}^* S_{22}^* S_{21} S_{12} a_1^\dagger a_2^\dagger a_1 a_2 | 22 \rangle = (1-\alpha_S)^4 (1+\cos\phi)$$
$$\left[\cos\phi + \cos(2\psi) - \frac{4\mathrm{i}\varepsilon}{1-\alpha_S}\sin(2\psi)\right] \tag{6.47}$$

$$\langle 22 | S_{11}^* S_{22}^* S_{22} S_{11} a_1^\dagger a_2^\dagger a_2 a_1 | 22 \rangle = (1-\alpha_S)^4 (1+\cos\phi)^2 \tag{6.48}$$

$$\langle 22 | S_{12}^* S_{21}^* S_{21} S_{12} a_2^\dagger a_1^\dagger a_1 a_2 | 22 \rangle = (1-\alpha_S)^4 [1+\cos(\phi-2\psi)][1+\cos(\phi+2\psi)] \tag{6.49}$$

$$\langle 22 | S_{12}^* S_{21}^* S_{22} S_{11} a_2^\dagger a_1^\dagger a_2 a_1 | 22 \rangle = (1-\alpha_S)^4 (1+\cos\phi)$$
$$\left[\cos\phi + \cos(2\psi) + \frac{4\mathrm{i}\varepsilon}{1-\alpha_S}\sin(2\psi)\right] \tag{6.50}$$

$$\langle 04 | S_{12}^* S_{22}^* S_{21} S_{11} a_2^\dagger a_2^\dagger a_1 a_1 | 22 \rangle = \langle 22 | S_{12}^* S_{22}^* S_{21} S_{11} a_2^\dagger a_2^\dagger a_1 a_1 | 40 \rangle$$
$$= \frac{\sqrt{6}}{2}(1-\alpha_S)^4 (1+\cos\phi)\left[\cos\phi + \cos(2\psi) + \frac{4\mathrm{i}\varepsilon}{1-\alpha_S}\sin\phi\right] \tag{6.51}$$

$$\langle 22 | S_{12}^* S_{22}^* S_{22} S_{12} a_2^\dagger a_2^\dagger a_2 a_2 | 22 \rangle = \frac{1}{2}(1-\alpha_S)^4 (1+\cos\phi)[1+\cos(\phi+2\psi)] \tag{6.52}$$

$$\langle 04 | S_{12}^* S_{22}^* S_{22} S_{12} a_2^\dagger a_2^\dagger a_2 a_2 | 04 \rangle = 3(1-\alpha_S)^4 (1+\cos\phi)[1+\cos(\phi+2\psi)] \tag{6.53}$$

进而，采用非理想分束器的 4004 态 Sagnac 干涉仪的归一化 $g_{12}^{(2)}$ 为

$$g_{12}^{(2)} = \frac{\frac{1}{8}[9+\cos(4\psi)+2\cos(2\psi)]+\cos\phi[1+\cos(2\psi)]+\frac{1}{4}\cos\phi[1+\cos(2\psi)]}{[2+\cos\phi+\cos(\phi-2\psi)][2+\cos\phi+\cos(\phi+2\psi)]} \tag{6.54}$$

当 $\phi=0, 2\psi=\pi$ 时，$g_{12}^{(2)}=1/4$，这正是采用理想分束器的 4004 态的结果。

6.2.3.3 4004 态 Sagnac 干涉仪的互易性分析

由于 NOON 态 Sagnac 干涉仪的二阶符合计数内奇、偶光子数的量子增强干

涉信息互补,不能通过 $g_{12}^{(2)}$ 考察采用非理想分束器的 4004 态 Sagnac 干涉仪的互易性。鉴于互易性由输入光子数态的对称性引起,这里分别计算与 $|40\rangle$ 和 $|04\rangle$ 两个非对称光子数态输入有关的二阶符合关联光强[4]。

由式(6.43)~式(6.53),仅与 $|40\rangle$ 和 $|04\rangle$ 输入态有关的二阶符合光强为

$$\langle I_{12}^{|40\rangle} \rangle = (1-\alpha_S)^4(1+\cos\phi) \cdot$$

$$\left\{3[1+\cos(\phi-2\psi)]+\frac{\sqrt{6}}{2}\left[\cos\phi+\cos(2\psi)-\frac{4i\varepsilon}{1-\alpha_s}\sin\phi\right]\right\} \quad (6.55)$$

$$\langle I_{12}^{|04\rangle} \rangle = (1-\alpha_S)^4(1+\cos\phi) \cdot$$

$$\left\{3[1+\cos(\phi+2\psi)]+\frac{\sqrt{6}}{2}\left[\cos\phi+\cos(2\psi)+\frac{4i\varepsilon}{1-\alpha_s}\sin\phi\right]\right\} \quad (6.56)$$

利用三角函数运算,$\langle I_{12}^{|40\rangle} \rangle$ 和 $\langle I_{12}^{|04\rangle} \rangle$ 分别含有 $\cos(2\phi-2\psi)$ 和 $\cos(2\phi+2\psi)$ 的非互易量子增强二阶干涉项,但对于它们的和:

$$\langle I_{12}^{|40\rangle} \rangle + \langle I_{12}^{|04\rangle} \rangle = 6(1-\alpha_S)^4\left\{1+[1+\cos(2\psi)]\cos\phi+\frac{1}{2}\cos(2\psi)[1+\cos(2\phi)]\right\}$$

$$(6.57)$$

非互易相位 2ψ 未寄生在量子增强 Sagnac 相移的余弦项 $\cos(2\phi)$ 中。这说明,通过理想分束器后能够生成理想 NOON 态的输入态组合,在第一次经过非理想 Sagnac 干涉仪的(非理想)分束器后,尽管生成的 NOON 态非理想(含其他态),但第二次经过(非理想)分束器后,对二阶关联光强 $\langle I_{12} \rangle$ 来说,量子增强项 (2ϕ) 中不含与 (2ψ) 有关的寄生相移,这说明,基于 NOON 态的光子纠缠光纤陀螺仪,由于其输入态组合包含等概率 $|40\rangle$、$|04\rangle$ 形式的非对称光子数态的叠加,理论上仍是一个互易性光路。

总之,在量子纠缠 Sagnac 光纤干涉仪中,光纤耦合器耦合光束相对传输光束的相位 ψ 与光纤耦合器的插入损耗和分光比有关,而插入损耗和分光比随环境(如温度、振动)的变化导致相位 ψ 存在不稳定性。本章运用散射矩阵模型对非理想 Sagnac 光纤干涉仪的研究表明,采用对称输入态,量子纠缠光纤陀螺的双端口输入/输出光路结构仍然具有互易性;而对于非对称的输入态,相位 ψ 寄生到量子增强的 Sagnac 相移中,产生一种不能忽略的非互易误差。幸运的是,尽管 NOON 态的输入态含有非对称的光子数态分量,对采用双环行器的非理想 Sagnac 光纤干涉仪来说仍是一个互易性光路。上述分析对于量子纠缠光纤陀螺仪非经典光子源的选型具有参考意义。

参考文献

[1] 张桂才. 光纤陀螺原理与技术[M]. 北京:国防工业出版社,2008.

[2] PIETZSCH J. Scattering matrix analysis of 3 × 3 fiber couplers[J]. Journal of Lightwave Technology, 1989, 7(2): 303 – 307.
[3] 张靖华. 损耗对光纤耦合器输出相位差的影响[J]. 光纤与电缆及其应用技术, 1999, 12(6): 17 – 21.
[4] 张桂才, 冯菁, 马林. 光子纠缠光纤陀螺仪的光路互易性分析[J]. 导航与控制, 2022, 21(1): 92 – 98.

第7章 偏振纠缠光纤陀螺仪原理分析

2019年,奥地利科学院和维也纳量子科学与技术中心的Fink团队首次采用共线Ⅱ型频率简并自发参量向下转换(SPDC)过程产生的正交偏振纠缠光子对作为光子源,构建偏振纠缠光纤陀螺仪样机,实现了突破散粒噪声极限的Sagnac相移的测量[1]。尽管该实验方案理论上仅比传统光纤陀螺仪精度高出$\sqrt{2}$倍,在大光子数情况下远未达到海森堡极限,但仍被认为是向Sagnac干涉仪的终极性能限制迈出了重要一步,对于量子纠缠光纤陀螺仪这一前沿技术的探索具有里程碑意义。本章首先阐述偏振纠缠光子源的制备,然后以Fink的光路结构为例,阐述了偏振纠缠光纤陀螺仪的工作原理,推导了光纤线圈感生双折射引起的偏振非互易性误差。在此基础上,提出了具有偏振互易性的量子纠缠光纤陀螺仪的光路设计。

7.1 偏振纠缠光子源的制备

偏振纠缠光子源一般通过非线性光学效应制备,如自发参量向下转换(二阶非线性效应)和四波混频(三阶非线性效应)等过程。这里主要讨论自发参量向下转换过程[2-3],利用量子力学光和物质相互作用的哈密顿算符来描述这个过程。

7.1.1 Ⅰ型自发参量向下转换过程

自发参量向下转换(SPDC)过程需要向具有二阶极化率的晶体发射一个泵浦光束。适当选择晶向,在非线性晶体的输出端将产生光子对,由于历史原因,一个称为信号(Signal)光子,一个称为闲置(Idler)光子。Ⅰ型SPDC过程的相互作用哈密顿算符H_I可以简化为

$$H_I = i\hbar(\Gamma^* a_s a_i - \Gamma a_s^\dagger a_i^\dagger) \quad (7.1)$$

式中:Γ是一个耦合参数,为复数,与晶体长度、二阶非线性极化率$\chi^{(2)}$和泵浦光束的场振幅等有关;a_s、$a_s^\dagger$是信号光子的湮灭算符和产生算符;a_i、$a_i^\dagger$是闲置光子的湮灭算符和产生算符。

在Ⅰ型 SPDC 中,通过选择双折射晶体和为泵浦、信号、闲置光子选取不同的偏振来满足相位匹配。对于信号和闲置光子具有相同频率和波矢的情形,哈密顿算符可表示为下列形式:

$$H_1 = i\hbar \frac{1}{2}(\Gamma^* a^2 - \Gamma a'^2) \tag{7.2}$$

式中:a 是Ⅰ型 SPDC 辐射模式的光子湮灭算符;$a^\dagger$ 是光子产生算符。依照相位匹配条件:泵浦光子是非寻常(e)光起偏,辐射光子对即信号光子和闲置光子均为寻常(o)光起偏;辐射光子对具有相同的偏振,且与泵浦光子的偏振垂直,辐射光子对的频率为泵浦光子的一半;辐射光子对的波矢与泵浦波矢共线(3 个光子波矢在一个平面内)。这种情况称为频率简并共线Ⅰ型 SPDC 过程。在强光束和高参量增益情况下,频率简并共线Ⅰ型 SPDC 过程将产生一个光束,即单模压缩态。第 2 章已讨论过,单模压缩态作为一种光量子态,具有不同寻常的非经典性,如 90°相差场分量(算符)的噪声压缩等。

还有一种更普遍的Ⅰ型 SPDC 过程,辐射光子对也即信号光子和闲置光子与泵浦不共线(见图 7.1),但沿同轴的不同锥体传播,椎体开放角依赖于信号光子和闲置光子的频率。如果它们频率不相同,具有较低频率的光子将沿较大的圆锥辐射。晶体光轴 ζ 与泵浦波矢之间的角度 θ 定义了给定频率的光子的辐射角度。(尤其是,对于某个角度 θ,可使处于简并频率的信号光子和闲置光子沿泵浦辐射,即上面讲到的频率简并共线Ⅰ型 SPDC 的情形。)

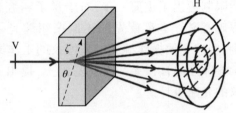

图 7.1 非共线Ⅰ型 SPDC

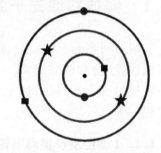

图 7.2 圆锥截面显示的不同传播方向的信号/闲置光子对(同一个光子对的标记相同)

在非简并情况下,信号光子和闲置光子位于不同圆锥,信号光子和闲置光子的传播方向分别位于泵浦光子传播方向的两侧。这样,有多种方式选取信号光子和闲置光子的传播方向,如图 7.2 所示,圆心为泵浦传播方向。五角形标记为频率简并非共线Ⅰ型 SPDC 过程产生的光子对(光子对的光子在同一圆周上)。其能量守恒和动量守恒满足:

$$\boldsymbol{k}_p = \boldsymbol{k}_s + \boldsymbol{k}_i; \quad \omega_p = \omega_s + \omega_i \tag{7.3}$$

式中:$\boldsymbol{k}_p$、$\boldsymbol{k}_s$、$\boldsymbol{k}_i$ 分别为泵浦光子、信号光子和闲置光子的波矢;ω_p、ω_s、ω_i 分别为泵浦光子、信号光子和闲置光子的频率。式(7.3)也称为相位匹配条件。常见的二阶非线性晶体有 KDP(KD_2PO_4)和 BBO(BaB_2O_4)。

假定信号光子和闲置光子的初始态均为真空态,对于频率简并非共线Ⅰ型

SPDC,二阶非线性晶体输出端产生的输出态 $|\psi\rangle$ 满足薛定谔方程:

$$i\hbar\frac{d|\psi\rangle}{dt}=H_I|\psi\rangle; \quad |\psi(0)\rangle=|0_s0_i\rangle \tag{7.4}$$

将式(7.1)的 H_I 代入,式(7.4)的解为

$$|\psi\rangle=e^{-i\frac{H_I}{\hbar}t_{int}}|0_s0_i\rangle=e^{(\Gamma^*a_sa_i-\Gamma a_s^\dagger a_i^\dagger)t_{int}}|0_s0_i\rangle \tag{7.5}$$

式中:t_{int} 为相互作用时间。设 $\Gamma t_{int}=\xi$,ξ 称为参量增益,将式(7.5)中的指数函数展成泰勒级数,对于低参量增益($|\xi|\ll 1$),只取前两项泰勒级数,则输出态 $|\psi\rangle$ 可以化为

$$\begin{aligned}|\psi\rangle&=e^{(\xi^*a_sa_i-\xi a_s^\dagger a_i^\dagger)}|0_s0_i\rangle\\&=\left[1+(\xi^*a_sa_i-\xi a_s^\dagger a_i^\dagger)+\frac{1}{2!}(\xi^*a_sa_i-\xi a_s^\dagger a_i^\dagger)^2\right]|0_s0_i\rangle\\&=\left(1-\frac{1}{2}|\xi|^2\right)|0_s0_i\rangle-\xi|1_s1_i\rangle+\xi^2|2_s2_i\rangle\approx-\xi|1_s1_i\rangle\end{aligned} \tag{7.6}$$

式中:$|2_s2_i\rangle$ 态是 $|\xi|$ 的高阶项,生成概率很低,可以忽略。所以,低参量增益时,非共线I型SPDC过程产生概率为 $|\xi|^2$ 的光子对,对应着双模光子数态 $|11\rangle$。这里,双模表示非共线的两个(空间模式)光子。

在高参量增益($|\xi|\gg 1$)情况下,令复数 $\xi=re^{i\varphi}$,r、φ 均为正实数,则有

$$e^{-i\frac{H_I}{\hbar}t_{int}}=e^{(\xi^*a_sa_i-\xi a_s^\dagger a_i^\dagger)}=e^{r(e^{-i\varphi}a_sa_i-e^{i\varphi}a_s^\dagger a_i^\dagger)} \tag{7.7}$$

此时 $e^{-iH_It_{int}/\hbar}$ 即双模压缩态的幺正演变算符 $S(r)$ 见式(2.154)。即高参量增益情况下,频率简并非共线I型SPDC过程对应的输出态即双模压缩态,r 为压缩振幅,φ 为压缩相位。

同理可以证明,对于频率简并共线I型SPDC,二阶非线性晶体输出端产生的输出态 $|\psi\rangle$ 满足薛定谔方程:

$$i\hbar\frac{d|\psi\rangle}{dt}=H_I|\psi\rangle; \quad |\psi(0)\rangle=|0\rangle \tag{7.8}$$

由式(7.2)的相互作用哈密顿算符 H_I,式(7.8)的解为

$$|\psi\rangle=e^{-i\frac{H_I}{\hbar}t_{int}}|0\rangle=e^{\frac{1}{2}(\Gamma^*a^2-\Gamma a^{\dagger 2})t_{int}}|0\rangle=e^{\frac{1}{2}(\xi^*a^2-\xi a^{\dagger 2})}|0\rangle \tag{7.9}$$

对于低参量增益($|\xi|\ll 1$),只取前两项泰勒级数,则输出态 $|\psi\rangle$ 可以化为

$$\begin{aligned}|\psi\rangle&=e^{\frac{1}{2}(\xi^*a^2-\xi a^{\dagger 2})}|0\rangle=\left[1+\frac{1}{2}(\xi^*a^2-\xi a^{\dagger 2})+\frac{1}{2!}\frac{1}{2^2}(\xi^*a^2-\xi a^{\dagger 2})^2\right]|0\rangle\\&=\left(1-\frac{1}{4}|\xi|^2\right)|0\rangle-\frac{1}{\sqrt{2}}\xi|2\rangle+\frac{\sqrt{6}}{4}\xi^2|4\rangle\approx-\frac{1}{\sqrt{2}}\xi|2\rangle\end{aligned}$$

$$\tag{7.10}$$

所以,低参量增益时,共线I型SPDC过程产生概率为 $|\xi|^2/2$ 的双光子,对应着单模光子数态 $|2\rangle$。这里,单模表示共线的双光子(处于同一个空间模式中)。

在高参量增益情况下,有

$$e^{-\frac{H_I}{\hbar}t_{int}} = e^{\frac{1}{2}(\xi^* a^2 - \xi a^{\dagger 2})} = e^{\frac{r}{2}(e^{-i\varphi}a^2 - e^{i\varphi}a^{\dagger 2})} \quad (7.11)$$

也就是说,此时 $e^{-iH_I t_{int}/\hbar}$ 即单模压缩态的幺正演变算符 $S(r)$ 见式(2.84)。即高参量增益情况下,频率简并共线 I 型 SPDC 过程对应着单模压缩态。

7.1.2 II 型自发参量向下转换过程

I 型 SPDC 过程的信号光子和闲置光子是同向偏振,未涉及偏振纠缠问题。正交偏振的纠缠光子对通过 II 型自发参量向下转换过程产生。简单起见,假定晶体所取的方向使这两个线偏振光子恰沿水平和垂直方向。

7.1.2.1 共线 II 型自发参量向下转换

共线 II 型频率简并 SPDC 的哈密顿算符取下列形式:

$$H_{II} = i\hbar(\Gamma^* a_H a_V - \Gamma a_H^\dagger a_V^\dagger) \quad (7.12)$$

式中:假定信号光子和闲置光子的偏振态分别是水平(H)和垂直(V)线偏振,两个光子的其他参数(如波长和波矢方向)相同,则 a_H、$a_H^\dagger$ 分别为水平偏振光子的湮灭算符和产生算符,a_V、$a_V^\dagger$ 分别为垂直偏振光子的湮灭算符和产生算符。

假定信号模式和闲置模式的初始态均为真空态,对于频率简并共线 II 型 SPDC,二阶非线性晶体输出端产生的输出态 $|\psi\rangle$ 满足薛定谔方程:

$$i\hbar \frac{d|\psi\rangle}{dt} = H_{II}|\psi\rangle; \quad |\psi(0)\rangle = |0_H 0_V\rangle \quad (7.13)$$

由式(7.12)的相互作用哈密顿算符 H_{II},式(7.13)的解可表示为

$$|\psi\rangle = e^{-\frac{H_{II}}{\hbar}t_{int}}|0_H 0_V\rangle = e^{(\Gamma^* a_H a_V - \Gamma a_H^\dagger a_V^\dagger)t_{int}}|0_H 0_V\rangle = e^{(\xi^* a_H a_V - \xi a_H^\dagger a_V^\dagger)}|0_H 0_V\rangle \quad (7.14)$$

将式(7.13)中的指数函数展成泰勒级数,对于低参量增益($|\xi| \ll 1$),只取前两项泰勒级数,则输出态 $|\psi\rangle$ 可以化为

$$|\psi\rangle = e^{(\xi^* a_H a_V - \xi a_H^\dagger a_V^\dagger)}|0_H 0_V\rangle$$

$$= \left[1 + (\xi^* a_H a_V - \xi a_H^\dagger a_V^\dagger) + \frac{1}{2!}(\xi^* a_H a_V - \xi a_H^\dagger a_V^\dagger)^2\right]|0_H 0_V\rangle$$

$$= \left(1 - \frac{1}{2}|\xi|^2\right)|0_H 0_V\rangle - \xi|1_H 1_V\rangle + \xi^2|2_H 2_V\rangle \approx -\xi|1_H 1_V\rangle \quad (7.15)$$

式中:$|\xi|$ 的高阶项生成概率很低,可以忽略。所以,低参量增益时,共线 II 型 SPDC 过程产生概率为 $|\xi|^2$ 的正交偏振光子对,对应的态矢量为 $|1_H 1_V\rangle$。

7.1.2.2 非共线 II 型自发参量向下转换

非共线 II 型 SPDC 过程如图 7.3 所示。SPDC 不仅沿泵浦波矢方向也沿其他方向辐射光子对。尤其是,即使对于频率简并($\omega_s = \omega_i = \omega_p/2$)的信号和闲置光子,SPDC 也可能是非共线的:在这种情形下,两个生成光子的波矢并不与泵浦

波矢平行,寻常(o)光子和非寻常(e)光子沿两个不同的圆锥辐射,相对含有入射泵浦波矢和光轴的平面彼此倾斜(图7.3)。这些圆锥沿两条线交叉,图中分别记为 A 和 B。交叉线 A 方向辐射的光子既有可能是 o 光的水平(H)偏振,也有可能是 e 光的垂直(V)偏振;如果 A 方向辐射的光子是 o 光 H 偏振,则 B 方向辐射的光子必定是 e 光 V 偏振,反之亦然。这种情形下沿 A、B 方向产生的是正交偏振的纠缠光子对。由于横向波矢匹配条件 $\Delta k_x = \Delta k_y = 0$,两个光子应总是关于泵浦对称。哈密顿算符因而写成两个哈密顿算符之和:

$$H_{\mathrm{II}} = i\hbar[\Gamma^*(a_{AH}a_{BV} + e^{-i\beta}a_{AV}a_{BH}) - \Gamma(a_{AH}^\dagger a_{BV}^\dagger + e^{i\beta}a_{AV}^\dagger a_{BH}^\dagger)] \quad (7.16)$$

式中:相位 β 依赖于非线性晶体中泵浦光子、信号光子和闲置光子的相位延迟;湮灭算符和产生算符中的下标 A、B 表示辐射方向;H、V 表示偏振方向。

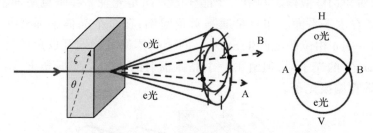

图 7.3 利用非共线 II 类 SPDC 产生的偏振纠缠态

假定信号模式和闲置模式的初始态均为真空态,对于频率简并非共线 II 型 SPDC,二阶非线性晶体输出端产生的输出态 $|\psi\rangle$ 满足薛定谔方程:

$$i\hbar \frac{d|\psi\rangle}{dt} = H_{\mathrm{II}}|\psi\rangle; \quad |\psi(0)\rangle = |0_{AH}0_{BV}0_{AV}0_{BH}\rangle \quad (7.17)$$

由式(7.16)的相互作用哈密顿算符 H_{II},式(7.17)的解为

$$|\psi\rangle = e^{-\frac{H_{\mathrm{II}}}{i\hbar}t_{int}} |0_{AH}0_{BV}0_{AV}0_{BH}\rangle$$

$$= e^{[\Gamma^*(a_{AH}a_{BV} + e^{-i\beta}a_{AV}a_{BH}) - \Gamma(a_{AH}^\dagger a_{BV}^\dagger + e^{i\beta}a_{AV}^\dagger a_{BH}^\dagger)]t_{int}} |0_{AH}0_{BV}0_{AV}0_{BH}\rangle$$

$$= e^{[\xi^*(a_{AH}a_{BV} + e^{-i\beta}a_{AV}a_{BH}) - \xi(a_{AH}^\dagger a_{BV}^\dagger + e^{i\beta}a_{AV}^\dagger a_{BH}^\dagger)]} |0_{AH}0_{BV}0_{AV}0_{BH}\rangle \quad (7.18)$$

将式(7.18)中的指数函数展成泰勒级数,对于低参量增益($|\xi| \ll 1$),假定 $\beta = 0$,只取前两项泰勒级数,则输出态 $|\psi\rangle$ 可以化为

$$|\psi\rangle = \begin{bmatrix} 1 + [\xi^*(a_{AH}a_{BV} + a_{AV}a_{BH}) - \xi(a_{AH}^\dagger a_{BV}^\dagger + a_{AV}^\dagger a_{BH}^\dagger)] + \\ \frac{1}{2!}[\xi^*(a_{AH}a_{BV} + a_{AV}a_{BH}) - \xi(a_{AH}^\dagger a_{BV}^\dagger + a_{AV}^\dagger a_{BH}^\dagger)]^2 \end{bmatrix} |0_{AH}0_{BV}0_{AV}0_{BH}\rangle$$

$$= (1 - |\xi|^2)|0_{AH}0_{BV}0_{AV}0_{BH}\rangle - \xi(|1_{AH}1_{BV}0_{AV}0_{BH}\rangle + |0_{AH}0_{BV}1_{AV}1_{BH}\rangle) +$$

$$\xi^2(|2_{AH}2_{BV}0_{AV}0_{BH}\rangle + |1_{AH}1_{BV}1_{AV}1_{BH}\rangle + |0_{AH}0_{BV}2_{AV}2_{BH}\rangle))$$

$$\approx -\xi(|1_{AH}1_{BV}0_{AV}0_{BH}\rangle + |0_{AH}0_{BV}1_{AV}1_{BH}\rangle)$$

$$(7.19)$$

式中：$|\xi|$ 的高阶项生成概率很低，可以忽略。所以，低参量增益时，非共线 II 型 SPDC 过程产生概率为 $|\xi|^2$ 的正交偏振纠缠光子对，对应的态矢量为 $|1_{AH}1_{BV}\rangle$ 和 $|1_{AV}1_{BH}\rangle$ 的叠加态。

图 7.3 所示的情形是最一般的情况。随着光轴和泵浦波矢之间的角度 θ 变化，圆锥变得较大或较小。（尤其是，对于一个特定角度 θ，它们沿一条直线相切，该直线与泵浦波矢共线，这得到 7.1.2.1 节描述的共线简并 II 型 SPDC。）

除了图 7.3 所示的非共线 II 类 SPDC 方案，还有获得偏振纠缠态的另一种实验方案。在后者中，两个非线性晶体，切向满足图 7.1 的 I 类相位匹配，先后放置在同一个泵浦光束中（图 7.4）。圆周上的横线和竖线分别表示 H 和 V 偏振，泵浦为对角（D）偏振。其中一个晶体的方向是光轴 ζ 在垂直平面，另一个晶体的光轴 ζ 在水平平面。如果泵浦是对角起偏，在每个晶体中都有非寻常偏振分量，通过 e→oo 相位匹配产生 SPDC。两个晶体都沿相同开放角的圆锥辐射简并频率为 $\omega_p/2$ 的光子对，但由第一个晶体辐射的是水平偏振光子，第二个晶体辐射的是垂直偏振光子。

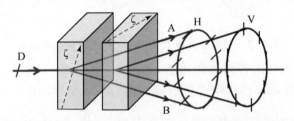

图 7.4　通过两个同步非共线 I 类 SPDC 过程的偏振纠缠态的生成

现在考虑辐射进两个方向 A 和 B 的信号光子和闲置光子。第一个晶体给出的相互作用哈密顿算符 H_1 可以写为

$$H_1 = i\hbar(\Gamma^* a_{AH} a_{BH} - \Gamma a_{AH}^\dagger a_{BH}^\dagger) \tag{7.20}$$

式中：a_{AH}、$a_{AH}^\dagger$ 是光束 A 的水平偏振模式中的光子湮灭算符和产生算符；a_{BH}、$a_{BH}^\dagger$ 是光束 B 的水平偏振模式中的光子湮灭算符和产生算符。其时，第二个晶体的相互作用哈密顿算符 H_2 为

$$H_2 = i\hbar(\Gamma^* a_{AV} a_{BV} - \Gamma a_{AV}^\dagger a_{BV}^\dagger) \tag{7.21}$$

式中：a_{AV}、$a_{AV}^\dagger$ 是光束 A 的垂直起偏模式中的光子湮灭算符和产生算符；a_{BV}、$a_{BV}^\dagger$ 是光束 B 的垂直起偏模式中的光子湮灭算符和产生算符。

由于两个 SPDC 光子源是被共同的激光束相干泵浦，总的哈密顿算符 H 是两个哈密顿算符 H_1 和 H_2 的和，其中两个哈密顿算符之间有一个常数相位 β。这个相位 β 归因于泵浦光子和参量向下转换辐射光子的相位延迟。因而总的哈密顿算符 H_{II} 为

第7章 偏振纠缠光纤陀螺仪原理分析

$$H_{II} = H_1 + e^{i\beta}H_2$$
$$= i\hbar[\Gamma^*(a_{AH}a_{BH} + e^{i\beta}a_{AV}a_{BV}) - \Gamma(a_{AH}^\dagger a_{BH}^\dagger + e^{i\beta}a_{AV}^\dagger a_{BV}^\dagger)] \tag{7.22}$$

假定信号模式和闲置模式的初始态均为真空态,图7.4所示双晶体SPDC过程产生的输出态 $|\psi\rangle$ 满足薛定谔方程:

$$i\hbar\frac{d|\psi\rangle}{dt} = H_{II}|\psi\rangle; \quad |\psi(0)\rangle = |0_{AH}0_{BH}0_{AV}0_{BV}\rangle \tag{7.23}$$

由式(7.22)的相互作用哈密顿算符 H_{II},式(7.23)的解为

$$|\psi\rangle = e^{-i\frac{H_{II}}{\hbar}t_{int}}|0_{AH}0_{BH}0_{AV}0_{BV}\rangle$$
$$= e^{[\Gamma^*(a_{AH}a_{BH} + e^{i\beta}a_{AV}a_{BV}) - \Gamma(a_{AH}^\dagger a_{BH}^\dagger + e^{i\beta}a_{AV}^\dagger a_{BV}^\dagger)]t_{int}}|0_{AH}0_{BH}0_{AV}0_{BV}\rangle$$
$$= e^{[\xi^*(a_{AH}a_{BH} + e^{i\beta}a_{AV}a_{BV}) - \xi(a_{AH}^\dagger a_{BH}^\dagger + e^{i\beta}a_{AV}^\dagger a_{BV}^\dagger)]}|0_{AH}0_{BH}0_{AV}0_{BV}\rangle \tag{7.24}$$

将式(7.24)中的指数函数展成泰勒级数,对于低参量增益($|\xi|\ll 1$),假定 $\beta = 0$,只取前两项泰勒级数,则输出态 $|\psi\rangle$ 可以化为

$$|\psi\rangle = \begin{bmatrix} 1 + [\xi^*(a_{AH}a_{BH} + a_{AV}a_{BV}) - \xi(a_{AH}^\dagger a_{BH}^\dagger + a_{AV}^\dagger a_{BV}^\dagger)] + \\ \frac{1}{2!}[\xi^*(a_{AH}a_{BH} + a_{AV}a_{BV}) - \xi(a_{AH}^\dagger a_{BH}^\dagger + a_{AV}^\dagger a_{BV}^\dagger)]^2 \end{bmatrix}|0_{AH}0_{BH}0_{AV}0_{BV}\rangle$$
$$= (1 - |\xi|^2)|0_{AH}0_{BH}0_{AV}0_{BV}\rangle - \xi(|1_{AH}1_{BH}0_{AV}0_{BV}\rangle + |0_{AH}0_{BH}1_{AV}1_{BV}\rangle) +$$
$$\xi^2(|2_{AH}2_{BH}0_{AV}0_{BV}\rangle + |1_{AH}1_{BH}1_{AV}1_{BV}\rangle + |0_{AH}0_{BH}2_{AV}2_{BV}\rangle)$$
$$\approx -\xi(|1_{AH}1_{BH}0_{AV}0_{BV}\rangle + |0_{AH}0_{BH}1_{AV}1_{BV}\rangle) \tag{7.25}$$

式中:$|\xi|$ 的高阶项生成概率很低,可以忽略,所以,低参量增益时,图7.4所示双晶体SPDC过程产生概率为 $|\xi|^2$ 的正交偏振纠缠光子对,对应的态矢量为 $|1_{AH}1_{BH}\rangle$ 和 $|1_{AV}1_{BV}\rangle$ 的叠加态。

在光束B中放置一个成45°角的二分之一波片(HWP),45°HWP的传输矩阵为 $S_{HWP}^{45°}$:

$$S_{HWP}^{45°} = \begin{pmatrix} 0 & 1 \\ 1 & 0 \end{pmatrix} \tag{7.26}$$

其作用是将 a_{BH} 变为 a_{BV},将 a_{BV} 变为 a_{BH},由此,式(7.22)变为

$$H_{II} = i\hbar[\Gamma^*(a_{AH}a_{BV} + a_{AV}a_{BH}) - \Gamma(a_{AH}^\dagger a_{BV}^\dagger + a_{AV}^\dagger a_{BH}^\dagger)] \tag{7.27}$$

这与式(7.16)的哈密顿算符 H_{II} 一致。

图7.4两个I型SPDC过程串联的II型SPDC方案比图7.3的II型SPDC方案更有效[2],这是因为:首先,它包含许多A和B方向;其次,在许多晶体中,I型SPDC具有较高的有效极化率;最后,该方案在操作上也较简单。

总之,无论是I型SPDC还是II型SPDC过程,都仅能产生成对的光子。成

对光子产生的概率依赖于耦合参数 $\varGamma$，它用二阶非线性极化率、泵浦光场振幅和晶体长度标定。相互作用弱或者强，依赖于耦合参数 $\varGamma$ 的幅值。考虑常用的频率简并情形，对于低参量增益 I 型 SPDC 过程来说，共线产生光子数态 $|2\rangle$，非共线产生光子数态 $|11\rangle$；对于高参量增益 I 型 SPDC 过程来说，共线产生单模压缩态，非共线产生双模压缩态。对于 II 型 SPDC 过程来说，低参量增益产生共线或非共线的正交偏振纠缠光子对，而高参量增益将导致偏振压缩。7.2 节将主要讨论采用正交偏振纠缠光子对的光纤陀螺仪的工作原理。

7.2 偏振纠缠光纤陀螺仪的原理和偏振互易性分析

7.2.1 采用频率简并共线 II 型 SPDC 光子源的光纤陀螺光路结构

2019 年奥地利科学院和维也纳量子科学与技术中心的 Fink 研究团队在《物理学新刊》(*New Journal of Physics*) 上报道的量子增强光纤陀螺仪原理样机，是量子纠缠光纤陀螺仪首次由理论研究进入实验测量，并获得了突破散粒噪声极限的测试结果。Fink 采用的光路结构见图 7.5，它由 3 部分组成：正交偏振的纠缠光子源、Sagnac 干涉仪和二阶符合探测装置[1]。

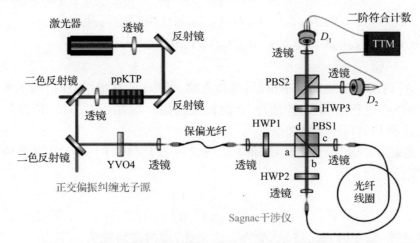

图 7.5　采用正交偏振偶光子对的量子纠缠光纤陀螺仪光路结构

正交偏振纠缠光子源基于共线 II 型自发参量向下转换(SPDC)过程，如图 7.5 所示，一个波长为 405nm 的连续波激光器入射到一个周期性极化的二阶非线性 ppKTP 晶体上。泵浦激光器发出的光子在晶体内通过自发参量向下转换过程(SPDC)转换成成对的、具有水平偏振(H)和垂直偏振(V)的信号光子和闲置光子，信号和闲置光子对具有相同的频率(波长为 810nm)并沿同一个方向传播。用两个二色反射镜实现泵浦光子与向下转换光子的分离。信号光子和闲置光子随后通过微透镜耦合进一段偏振保持单模光纤(Polarization Maintaining Fiber,PMF)中。ppKTP晶体的双折射导致两个正交偏振的向下转换光子之间产生相位延迟。为了产生具有两个无差别光子的 NOON 态,采用一个附加的钕掺杂原钒酸钇(Nd:YVO4)晶体补偿这种偏振相关的时间延迟。同时,双折射晶体的长度选择还可以进一步补偿后续 PMF 的双折射。

Sagnac 光纤干涉仪由一个偏振分束器(PBS1)、单模光纤线圈和两个二分之一波片(HWP1 和 HWP2)组成。二阶符合探测装置包括一个二分之一波片(HWP3)和另一个偏振分束器(PBS2)、两个单光子分辨率探测器(D1 和 D2)以及相应的二阶符合计数电子装置。

下面,结合图 7.5 所示态矢量和算符经过各个光学元件的演变,进一步描述偏振分束器和二分之一波片的量子传输特性和偏振纠缠光纤陀螺仪的工作原理。

7.2.2 采用频率简并共线 II 型 SPDC 光子源的光纤陀螺中态矢量和算符的演变

考虑图 7.5 所示的光路结构,分析偏振纠缠光纤陀螺仪中态矢量和场算符的演变。对于采用正交偏振纠缠光子对的 Sagnac 干涉仪,存在 4 个传播模式:在光纤线圈中沿顺时针方向(CW)传播的水平(H)偏振模式、垂直(V)偏振模式和沿逆时针方向(CCW)传播的水平(H)偏振模式、垂直(V)偏振模式。因而需要采用 4×4 传输矩阵描述偏振纠缠光纤陀螺仪中场算符和态矢量的演变。

7.2.2.1 偏振纠缠光纤陀螺的输入态和输入算符

如图 7.5 所示,偏振纠缠光纤陀螺仪的输入态是共线 II 型自发参量向下转换(SPDC)产生的一对频率简并正交偏振纠缠光子,记为 $|1_{H1}1_{V1}\rangle$,与这对正交偏振纠缠光子对应的湮灭算符用 a_{H1}、a_{V1} 表示。这个正交偏振光子对经过一个 22.5° 二分之一波片(HWP1),形成水平(H)和垂直(V)偏振的叠加态,进入偏振分束器 PBS1 的输入端口 a。偏振分束器为四端口器件,有两个输入端口和两个输出端口,每个端口可以传输水平和垂直两个正交偏振模式。PBS1 的输入端口 d 没有光子入射,可以认为是空端,即真空态 $|0_{H2}0_{V2}\rangle$ 输入,与之对应的湮灭算符用 a_{H2}、a_{V2} 表示。这样,偏振纠缠光纤陀螺仪的四模式输入态矢量可以表示为

$$|\psi_{in}\rangle = |1_{H1}1_{V1}0_{H2}0_{V2}\rangle \tag{7.28}$$

7.2.2.2 偏振分束器 PBS1 端口 a、d 的输入态矢量和算符

图 7.5 中的 22.5° 二分之一波片 HWP1 的作用是将水平(H)和垂直(V)的两个正交偏振的态矢量投影到对角(D)和反对角(A)两个正交偏振基矢上,形成另外两个正交偏振模式,湮灭算符可以用 a_D、a_A 表示,如图 7.6 所示。投影到

对角和反对角基矢上的态矢量是水平(H)和垂直(V)偏振的叠加态,经过偏振分束器 PBS1,产生 2002 最大偏振纠缠态。

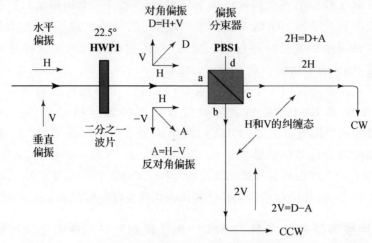

图 7.6　22.5°二分之一波片 HWP1 和偏振分束器 PBS1 组合在一起相当于一般干涉仪中的量子分束器功能

任意波片(Wave Plate,WP)的琼斯矩阵可以表示

$$S_{WP} = \begin{pmatrix} \cos\delta + i \cdot \sin\delta\cos(2\theta) & i \cdot \sin\delta\sin(2\theta) \\ i \cdot \sin\delta\sin(2\theta) & \cos\delta - i \cdot \sin\delta\cos(2\theta) \end{pmatrix} \quad (7.29)$$

式中:2δ 是波片的相位延迟,θ 是旋转角度。式(7.29)或可写为[4]

$$S_{WP} = \begin{pmatrix} e^{i\delta}\cos^2\theta + e^{-i\delta}\sin^2\theta & 2i \cdot \sin\theta\cos\theta\sin\delta \\ 2i \cdot \sin\theta\cos\theta\sin\delta & e^{-i\delta}\cos^2\theta + e^{i\delta}\sin^2\theta \end{pmatrix} \quad (7.30)$$

对于理想的二分之一波片(Half-Wave Plate,HWP),当 $2\delta = \pi$、$\theta = 22.5°$时,琼斯矩阵为

$$S_{HWP} = \frac{i}{\sqrt{2}} \begin{pmatrix} 1 & 1 \\ 1 & -1 \end{pmatrix} \quad (7.31)$$

虚部单位 i 是一个全局相位因子,通常可以忽略,因而有

$$S_{HWP} = \begin{pmatrix} \frac{1}{\sqrt{2}} & \frac{1}{\sqrt{2}} \\ \frac{1}{\sqrt{2}} & -\frac{1}{\sqrt{2}} \end{pmatrix} \quad (7.32)$$

偏振分束器 PBS1 的量子分析模型如图 7.7 所示(在下面的分析中,我们假定算符不带撇号"'"为 PBS1 端口的输入算符,带撇号"'"为 PBS1 端口的输出算符,态矢量亦是如此)。模式(算符)a_{H1}、a_{V1}经过第一个二分之一波片 HWP1

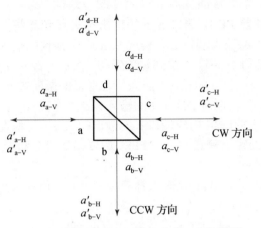

图 7.7　偏振分束器 PBS1 的量子分析模型

到达 PBS1 的端口 a，真空态模式（算符）a_{H2}、a_{V2} 直接到达 PBS1 的端口 d。PBS1 端口 d 和端口 a 的正交偏振模式的输入算符分别记为 a_{d-H}、a_{d-V} 和 a_{a-H}、a_{a-V}，它们与 a_{H1}、a_{V1}、a_{H2}、a_{V2} 的关系用一个 4×4 传输矩阵 S_{in} 联系起来：

$$\begin{pmatrix} a_{d-H} \\ a_{d-V} \\ a_{a-H} \\ a_{a-V} \end{pmatrix} = S_{in} \begin{pmatrix} a_{H1} \\ a_{V1} \\ a_{H2} \\ a_{V2} \end{pmatrix} \tag{7.33}$$

式中：传输矩阵 S_{in} 为

$$S_{in} = \begin{pmatrix} 0 & 0 & 1 & 0 \\ 0 & 0 & 0 & 1 \\ \dfrac{1}{\sqrt{2}} & \dfrac{1}{\sqrt{2}} & 0 & 0 \\ \dfrac{1}{\sqrt{2}} & -\dfrac{1}{\sqrt{2}} & 0 & 0 \end{pmatrix} \tag{7.34}$$

这样，PBS1 端口 d、a 的输入态矢量 $|\psi_{(d,a)}\rangle$ 为

$$|\psi_{(d,a)}\rangle = U_{in}|\psi_{in}\rangle = (U_{in} a_{H1}^\dagger U_{in}^\dagger)(U_{in} a_{V1}^\dagger U_{in}^\dagger)|0_{H1}0_{V1}0_{H2}0_{V2}\rangle$$

$$= \left(\dfrac{1}{\sqrt{2}} a_{H2}^\dagger + \dfrac{1}{\sqrt{2}} a_{V2}^\dagger\right)\left(\dfrac{1}{\sqrt{2}} a_{H2}^\dagger - \dfrac{1}{\sqrt{2}} a_{V2}^\dagger\right)|0_{H1}0_{V1}0_{H2}0_{V2}\rangle$$

$$= \dfrac{1}{\sqrt{2}}(|0_{d-H}0_{d-V}2_{a-H}0_{a-V}\rangle - |0_{d-H}0_{d-V}0_{a-H}2_{a-V}\rangle) \tag{7.35}$$

式中：U_{in} 是与传输矩阵 S_{in} 对应的幺正演变算符。注意，式（7.35）中输出态矢量

下标的改变,反映了态矢量演变与算符演变的一致性。

7.2.2.3 偏振分束器 PBS1 端口 b、c 的输出态矢量和算符

如前所述,PBS1 的输入端口 a、d 构成 Sagnac 干涉仪的输入端口。根据偏振分束器的传输特性,端口 a 的输入模式(算符)a_{a-H}、a_{a-V} 经过 PBS1,水平偏振模式 a_{a-H} 到达端口 c,构成端口 c 的输出模式 a'_{c-H},垂直偏振模式 a_{a-V} 到达端口 b,构成端口 b 的输出模式 a'_{b-V};同理,端口 d 的输入模式(算符)a_{d-H}、a_{d-V} 经过 PBS1,水平偏振模式 a_{d-H} 到达端口 b,构成端口 b 的输出模式 a'_{b-H},垂直偏振模式 a_{d-V} 到达端口 c,构成端口 c 的输出模式 a'_{c-V}。PBS1 的输出端口 b 和 c,分别与 Sagnac 干涉仪光纤线圈的两端连接。

综上所述,PBS1 端口 d、a 的输入算符 a_{d-H}、a_{d-V} 和 a_{a-H}、a_{a-V} 与端口 b、c 的输出算符 a'_{b-H}、a'_{b-V} 和 a'_{c-H}、a'_{c-V} 的关系为

$$\begin{pmatrix} a'_{b-H} \\ a'_{c-V} \\ a'_{c-H} \\ a'_{b-V} \end{pmatrix} = S_{\text{PBS1}} \begin{pmatrix} a_{d-H} \\ a_{d-V} \\ a_{a-H} \\ a_{a-V} \end{pmatrix} \tag{7.36}$$

式中:

$$S_{\text{PBS1}} = \begin{pmatrix} 1 & 0 & 0 & 0 \\ 0 & 1 & 0 & 0 \\ 0 & 0 & 1 & 0 \\ 0 & 0 & 0 & 1 \end{pmatrix} \tag{7.37}$$

式中:S_{PBS1} 为偏振分束器 PBS1 的传输矩阵,是一个标准的 4×4 单位矩阵,显然也是一个幺正变换矩阵。PBS1 端口 b 的输出算符 a'_{b-H}、a'_{b-V} 为光纤线圈的 CCW 模式,端口 c 的输出算符 a'_{c-H}、a'_{c-V} 为光纤线圈的 CW 模式。

经过 PBS1 进入光纤线圈的态矢量也即端口 b、c 的输出态矢量 $|\psi'_{(b,c)}\rangle$ 为

$$\begin{aligned} |\psi'_{(b,c)}\rangle &= U_{\text{PBS1}} |\psi_{(d,a)}\rangle \\ &= \frac{1}{\sqrt{2}} (U_{\text{PBS1}} |0_{d-H} 0_{d-V} 2_{a-H} 0_{a-V}\rangle - U_{\text{PBS1}} |0_{d-H} 0_{d-V} 0_{a-H} 2_{a-V}\rangle) \\ &= \frac{1}{2} [(U_{\text{PBS1}} a^{\dagger}_{a-H} U^{\dagger}_{\text{PBS1}})^2 |0_{d-H} 0_{d-V} 0_{a-H} 0_{a-V}\rangle - (U_{\text{PBS1}} a^{\dagger}_{a-V} U^{\dagger}_{\text{PBS1}})^2 \\ &\quad |0_{d-H} 0_{d-V} 0_{a-H} 0_{a-V}\rangle] \\ &= \frac{1}{2} (a^{\dagger 2}_{a-H} |0_{d-H} 0_{d-V} 0_{a-H} 0_{a-V}\rangle - a^{\dagger 2}_{a-V} |0_{d-H} 0_{d-V} 0_{a-H} 0_{a-V}\rangle) \\ &= \frac{1}{\sqrt{2}} (|0_{b'-H} 0_{c'-V} 2_{c'-H} 0_{b'-V}\rangle - |0_{b'-H} 0_{c'-V} 0_{c'-H} 2_{b'-V}\rangle) \end{aligned} \tag{7.38}$$

式中:U_{PBS1} 是与传输矩阵 S_{PBS1} 对应的幺正演变算符。式(7.38)是一个正交偏振的 2002 最大纠缠态,可以表示为两个顺时针水平偏振光子和两个逆时针垂直偏

振光子的叠加态：$(|2_{cw-H}\rangle - |2_{ccw-V}\rangle)/\sqrt{2}$。这意味着，顺时针模式总是水平偏振光子，逆时针模式总是垂直偏振光子。

7.2.2.4 经过光纤线圈再次到达 PBS1 的态矢量和算符

假定 Sagnac 相移 ϕ 等效在 CCW 光路中。将相移器和光纤线圈中的二分之一波片 HWP2 的作用综合考虑。CW 光波模式 a'_{c-H}、a'_{c-V} 经过光纤线圈和 HWP2（$\theta = 22.5°$）的传输矩阵为

$$S_{HWP2}^{cw} = \begin{pmatrix} \dfrac{1}{\sqrt{2}} & \dfrac{1}{\sqrt{2}} \\ \dfrac{1}{\sqrt{2}} & -\dfrac{1}{\sqrt{2}} \end{pmatrix} \tag{7.39}$$

而逆时针（CCW）光波模式 a'_{b-H} 和 a'_{b-V} 经过 HWP2（$\theta = 180° - 22.5°$）和光纤线圈的传输矩阵为

$$S_{HWP2}^{ccw} = e^{-i\phi} \begin{pmatrix} \dfrac{1}{\sqrt{2}} & -\dfrac{1}{\sqrt{2}} \\ -\dfrac{1}{\sqrt{2}} & -\dfrac{1}{\sqrt{2}} \end{pmatrix} = \begin{pmatrix} \dfrac{e^{-i\phi}}{\sqrt{2}} & -\dfrac{e^{-i\phi}}{\sqrt{2}} \\ -\dfrac{e^{-i\phi}}{\sqrt{2}} & -\dfrac{e^{-i\phi}}{\sqrt{2}} \end{pmatrix} \tag{7.40}$$

因此，CW 光波和 CCW 光路从偏振分束器 PBS1 的 c、b 两点经过光纤线圈分别传播到 b、c 两点的算符演变为

$$\begin{pmatrix} a_{b-H} \\ a_{b-V} \\ a_{c-H} \\ a_{c-V} \end{pmatrix} = S_{HWP2}^{\phi} \begin{pmatrix} a'_{b-H} \\ a'_{c-V} \\ a'_{c-H} \\ a'_{b-V} \end{pmatrix} \tag{7.41}$$

式中：a_{b-H}、a_{b-V} 为 CW 光波经过光纤线圈到达 PBS1 端口 b 的输入（模式）算符；a_{c-H}、a_{c-V} 为 CCW 光波经过光纤线圈到达 PBS1 端口 c 的输入（模式）算符，S_{HWP2}^{ϕ} 为光纤线圈（含相移器和 HWP2）的等效传输矩阵，它由 S_{HWP2}^{cw} 和 S_{HWP2}^{CCW} 组合而成，可以表示为

$$S_{HWP2}^{\phi} = \begin{pmatrix} 0 & \dfrac{1}{\sqrt{2}} & \dfrac{1}{\sqrt{2}} & 0 \\ 0 & -\dfrac{1}{\sqrt{2}} & \dfrac{1}{\sqrt{2}} & 0 \\ \dfrac{e^{-i\phi}}{\sqrt{2}} & 0 & 0 & -\dfrac{e^{-i\phi}}{\sqrt{2}} \\ -\dfrac{e^{-i\phi}}{\sqrt{2}} & 0 & 0 & -\dfrac{e^{-i\phi}}{\sqrt{2}} \end{pmatrix} \tag{7.42}$$

其对应的幺正演变算符用 U_{HWP2}^{ϕ} 表示。

经过光纤线圈到达 PBS1 的 b、c 两点的态矢量（PBS1 端口 b、c 的输入态矢量）为

$$|\psi_{(b,c)}\rangle = U_{HWP2}^{\phi} |\psi'_{(b,c)}\rangle$$

$$= \frac{1}{\sqrt{2}} U_{HWP2}^{\phi} |0_{b'-H} 0_{c'-V} 2_{c'-H} 0_{b'-V}\rangle - \frac{1}{\sqrt{2}} U_{HWP2}^{\phi} |0_{b'-H} 0_{c'-V} 0_{c'-H} 2_{b'-V}\rangle$$

$$= \frac{1}{2}(U_{HWP2}^{\phi} a'^{\dagger}_{c-H} U_{HWP2}^{\phi\dagger})^2 |0_{b'-H} 0_{c'-V} 0_{c'-H} 0_{b'-V}\rangle -$$

$$\frac{1}{2}(U_{HWP2}^{\phi} a'^{\dagger}_{b-V} U_{HWP2}^{\phi\dagger})^2 |0_{b'-H} 0_{c'-V} 0_{c'-H} 0_{b'-V}\rangle$$

$$= \frac{1}{4}(a'^{\dagger}_{b-H} + a'^{\dagger}_{c-V})^2 |0_{b'-H} 0_{c'-V} 0_{c'-H} 0_{b'-V}\rangle -$$

$$\frac{1}{4} e^{-i2\phi} (a'^{\dagger}_{c-H} + a'^{\dagger}_{b-V})^2 |0_{b'-H} 0_{c'-V} 0_{c'-H} 0_{b'-V}\rangle$$

$$= \frac{1}{4}(\sqrt{2}|2_{b-H} 0_{b-V} 0_{c-H} 0_{c-V}\rangle + 2|1_{b-H} 1_{b-V} 0_{c-H} 0_{c-V}\rangle + \sqrt{2}|0_{b-H} 2_{b-V} 0_{c-H} 0_{c-V}\rangle) -$$

$$\frac{1}{4} e^{-i2\phi} (\sqrt{2}|0_{b-H} 0_{b-V} 2_{c-H} 0_{c-V}\rangle + 2|0_{b-H} 0_{b-V} 1_{c-H} 1_{c-V}\rangle + \sqrt{2}|0_{b-H} 0_{b-V} 0_{c-H} 2_{c-V}\rangle)$$

(7.43)

7.2.2.5 偏振分束器 PBS1 端口 d、a 的输出态矢量和算符

利用 PBS1 的传输矩阵，端口 d、a 的输出算符演变为

$$\begin{pmatrix} a'_{d-H} \\ a'_{a-V} \\ a'_{a-H} \\ a'_{d-V} \end{pmatrix} = S_{PBS1} \begin{pmatrix} a_{b-H} \\ a_{b-V} \\ a_{c-H} \\ a_{c-V} \end{pmatrix} = \begin{pmatrix} 1 & 0 & 0 & 0 \\ 0 & 1 & 0 & 0 \\ 0 & 0 & 1 & 0 \\ 0 & 0 & 0 & 1 \end{pmatrix} \begin{pmatrix} a_{b-H} \\ a_{b-V} \\ a_{c-H} \\ a_{c-V} \end{pmatrix}$$

(7.44)

这样，PBS1 端口 d、a 的输出态矢量 $|\psi'_{(d,a)}\rangle$ 为

$$|\psi'_{(d,a)}\rangle = U_{PBS1} |\psi_{(b,c)}\rangle$$

$$= U_{PBS1} \frac{1}{4}(\sqrt{2}|2_{b-H} 0_{b-V} 0_{c-H} 0_{c-V}\rangle + 2|1_{b-H} 1_{b-V} 0_{c-H} 0_{c-V}\rangle +$$

$$\sqrt{2}|0_{b-H} 2_{b-V} 0_{c-H} 0_{c-V}\rangle) - U_{PBS1} \frac{1}{4} e^{-i2\phi} (\sqrt{2}|0_{b-H} 0_{b-V} 2_{c-H} 0_{c-V}\rangle +$$

$$2|0_{b-H} 0_{b-V} 1_{c-H} 1_{c-V}\rangle + \sqrt{2}|0_{b-H} 0_{b-V} 0_{c-H} 2_{c-V}\rangle)$$

$$= \frac{1}{2\sqrt{2}}(|2_{d'-H} 0_{a'-V} 0_{a'-H} 0_{d'-V}\rangle + |0_{d'-H} 2_{a'-V} 0_{a'-H} 0_{d'-V}\rangle) +$$

$$\frac{1}{2}(|1_{d'-H} 1_{a'-V} 0_{a'-H} 0_{d'-V}\rangle - e^{-i2\phi} |0_{d'-H} 0_{a'-V} 1_{a'-H} 1_{d'-V}\rangle) -$$

$$e^{-i2\phi} \frac{1}{2\sqrt{2}}(|0_{d'-H} 0_{a'-V} 2_{a'-H} 0_{d'-V}\rangle + |0_{d'-H} 0_{a'-V} 0_{a'-H} 2_{d'-V}\rangle)$$

(7.45)

第 7 章 偏振纠缠光纤陀螺仪原理分析

结合式(7.44),有

$$U_{\text{PBS1}}|2_{b-H}0_{b-V}0_{c-H}0_{c-V}\rangle = \frac{1}{\sqrt{2}}(U_{\text{PBS1}}a_{b-H}^{\dagger}U_{\text{PBS1}}^{\dagger})^2|0_{b-H}0_{b-V}0_{c-H}0_{c-V}\rangle$$

$$= \frac{1}{\sqrt{2}}a_{b-H}^{\dagger 2}|0_{b-H}0_{b-V}0_{c-H}0_{c-V}\rangle = |2_{d'-H}0_{a'-V}0_{a'-H}0_{d'-V}\rangle$$

(7.46)

$$U_{\text{PBS1}}|1_{b-H}1_{b-V}0_{c-H}0_{c-V}\rangle = (U_{\text{PBS1}}a_{b-H}^{\dagger}U_{\text{PBS1}}^{\dagger})(U_{\text{PBS1}}a_{b-V}^{\dagger}U_{\text{PBS1}}^{\dagger})|0_{b-H}0_{b-V}0_{c-H}0_{c-V}\rangle$$

$$= a_{b-H}^{\dagger}a_{b-V}^{\dagger}|0_{b-H}0_{b-V}0_{c-H}0_{c-V}\rangle = |1_{d'-H}1_{a'-V}0_{a'-H}0_{d'-V}\rangle$$

(7.47)

$$U_{\text{PBS1}}|0_{b-H}2_{b-V}0_{c-H}0_{c-V}\rangle = \frac{1}{\sqrt{2}}(U_{\text{PBS1}}a_{b-V}^{\dagger}U_{\text{PBS1}}^{\dagger})^2|0_{b-H}0_{b-V}0_{c-H}0_{c-V}\rangle$$

$$= \frac{1}{\sqrt{2}}a_{b-V}^{\dagger 2}|0_{b-H}0_{b-V}0_{c-H}0_{c-V}\rangle = |0_{d'-H}2_{a'-V}0_{a'-H}0_{d'-V}\rangle$$

(7.48)

$$U_{\text{PBS1}}|0_{b-H}0_{b-V}2_{c-H}0_{c-V}\rangle = \frac{1}{\sqrt{2}}(U_{\text{PBS1}}a_{c-H}^{\dagger}U_{\text{PBS1}}^{\dagger})^2|0_{b-H}0_{b-V}0_{c-H}0_{c-V}\rangle$$

$$= \frac{1}{\sqrt{2}}a_{c-H}^{\dagger 2}|0_{b-H}0_{b-V}0_{c-H}0_{c-V}\rangle = |0_{d'-H}0_{a'-V}2_{a'-H}0_{d'-V}\rangle$$

(7.49)

$$U_{\text{PBS1}}|0_{b-H}0_{b-V}1_{c-H}1_{c-V}\rangle = (U_{\text{PBS1}}a_{c-H}^{\dagger}U_{\text{PBS1}}^{\dagger})(U_{\text{PBS1}}a_{c-V}^{\dagger}U_{\text{PBS1}}^{\dagger})|0_{b-H}0_{b-V}0_{c-H}0_{c-V}\rangle$$

$$= a_{c-H}^{\dagger}a_{c-V}^{\dagger}|0_{b-H}0_{b-V}0_{c-H}0_{c-V}\rangle = |0_{d'-H}0_{a'-V}1_{a'-H}1_{d'-V}\rangle$$

(7.50)

$$U_{\text{PBS1}}|0_{b-H}0_{b-V}0_{c-H}2_{c-V}\rangle = \frac{1}{\sqrt{2}}(U_{\text{PBS1}}a_{c-V}^{\dagger}U_{\text{PBS1}}^{\dagger})^2|0_{b-H}0_{b-V}0_{c-H}0_{c-V}\rangle$$

$$= \frac{1}{\sqrt{2}}a_{c-V}^{\dagger 2}|0_{b-H}0_{b-V}0_{c-H}0_{c-V}\rangle = |0_{d'-H}0_{a'-V}0_{a'-H}2_{d'-V}\rangle$$

(7.51)

由式(7.45)的输出态 $|\psi'_{(d,a)}\rangle$ 可以看出,若在 PBS1 的输出端口 d 和输出端口 a 各放置一个光探测器,则端口 d 和端口 a 的二阶符合计数为

$$\langle I_{(d,a)}\rangle = \left|\frac{1}{2}\right|^2 + \left|e^{-i2\phi}\frac{1}{2}\right|^2 = \frac{1}{2}$$

(7.52)

由于 $|\psi'_{(d,a)}\rangle$ 中的态矢量分量 $|1_{d'-H}1_{a'-V}0_{a'-H}0_{d'-V}\rangle$ 分别在输出端口 d 和输出端口 a 呈现的光子 $1_{d'-H}$ 和 $1_{a'-V}$ 均来自顺时针光波,而态分量 $e^{-i2\phi}|0_{d'-H}0_{a'-V}1_{a'-H}1_{d'-V}\rangle$ 分

别在输出端口 d 和输出端口 a 呈现的光子 $1_{d'-V}$ 和 $1_{a'-H}$ 均来自逆时针光波,因此端口 d 和端口 a 的二阶符合计数不存在量子增强的 Sagnac 干涉相位信息。实际上,用 CW 和 CCW 标记输出光量子态,式(7.45)还可以写成:

$$
\begin{aligned}
|\psi'_{(d,a)}\rangle = & \frac{1}{2\sqrt{2}}(|2_{d'-H-cw}0_{a'-V-cw}0_{a'-H-ccw}0_{d'-V-ccw}\rangle + \\
& |0_{d'-H-cw}2_{a'-V-cw}0_{a'-H-ccw}0_{d'-V-ccw}\rangle) + \\
& \frac{1}{2}(|1_{d'-H-cw}1_{a'-V-cw}0_{a'-H-ccw}0_{d'-V-ccw}\rangle - \\
& e^{-i2\phi}\frac{1}{2}|0_{d'-H-cw}0_{a'-V-cw}1_{a'-H-ccw}1_{d'-V-ccw}\rangle) - \\
& e^{-i2\phi}\frac{1}{2\sqrt{2}}(|0_{d'-H-cw}0_{a'-V-cw}2_{a'-H-ccw}0_{d'-V-ccw}\rangle + \\
& |0_{d'-H-cw}0_{a'-V-cw}0_{a'-H-ccw}2_{d'-V-ccw}\rangle)
\end{aligned}
\tag{7.53}
$$

此外,由式(7.53)可以更容易看出,在任意一个单独的输出端口 d 或者端口 a,均含有顺时针和逆时针(携带量子增强 Sagnac 相移 2ϕ)的态矢量分量。因此,可以在其中一个输出端口(如端口 d,因为端口 a 已经作为偏振纠缠光子对的输入端口,实际中不便用于输出端口),设置另一对二分之一波片和偏振分束器的组合(HWP3 和 PBS2),构成 Sagnac 干涉仪的量子输出分束器,从而实现量子增强的干涉测量。

7.2.2.6　端口 d 的输出态矢量到达探测器 D1、D2

图 7.8 给出了对输出态矢量进行二阶符合探测的光学结构。22.5° 二分之一波片 HWP3 和偏振分束器 PBS2 构成正交偏振纠缠光纤陀螺仪的输出分束器,D1 和 D2 是放置在分束器两个输出端口的光探测器。只考虑 PBS1 端口 d 的输出态 $|\psi'_{(d)}\rangle$,式(7.45)可以写成:

$$
\begin{aligned}
|\psi'_{(d)}\rangle = & \frac{1}{2\sqrt{2}}(|2_{d'-H}0_{d'-V}\rangle - e^{-i2\phi}|0_{d'-H}2_{d'-V}\rangle) + \\
& \frac{1}{2}(|1_{d'-H}0_{d'-V}\rangle - e^{-i2\phi}|0_{d'-H}1_{d'-V}\rangle)
\end{aligned}
\tag{7.54}
$$

为了清晰起见,将端口 d 的输出态 $|\psi'_{(d)}\rangle$ 作为偏振分束器 PBS2 的输入态,围绕 PBS2,重新定义算符 $a_{d'-H}$、$a_{d'-V}$ 为 b_{H1}、b_{V1}。如图 7.8 所示,PBS2 的另一个真空态输入端口用场算符 b_{H2}、b_{V2} 表示,PBS2 的输出模式到达探测器 D_1 和 D_2,算符

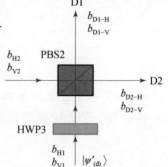

图 7.8　输出态矢量经过偏振分束器 PBS2 到达探测器 D1 和 D2

第7章 偏振纠缠光纤陀螺仪原理分析

分别记为 b_{D1-H}、b_{D1-V} 和 b_{D2-H}、b_{D2-V}。真空态模式 b_{H2}、b_{V2} 直接到达 PBS2 的一个输入端口，输出态 $|\psi'_{(d)}\rangle$ 的模式 (b_{H1}, b_{V1}) 经过二分之一波片 HWP3 到达 PBS2 的另一个输入端口。用 4 个模式表示 PBS2 的输入态矢量 $|\psi\rangle$ 为

$$|\psi\rangle = \frac{1}{2\sqrt{2}}(|2_{H1}0_{V1}0_{H2}0_{V2}\rangle - e^{-i2\phi}|0_{H1}2_{V1}0_{H2}0_{V2}\rangle) + \frac{1}{2}(|1_{H1}0_{V1}0_{H2}0_{V2}\rangle - e^{-i2\phi}|0_{H1}1_{V1}0_{H2}0_{V2}\rangle) \tag{7.55}$$

输入算符 b_{H1}、b_{V1} 和 b_{H2}、b_{V2} 与 PBS2 输出算符 b_{D1-H}、b_{D1-V}、b_{D2-H}、b_{D2-V} 的关系为

$$\begin{pmatrix} b_{D2-H} \\ b_{D1-V} \\ b_{D1-H} \\ b_{D2-V} \end{pmatrix} = S_{PBS2}S_{out}\begin{pmatrix} b_{H1} \\ b_{V1} \\ b_{H2} \\ b_{V2} \end{pmatrix} = S_{out}\begin{pmatrix} b_{H1} \\ b_{V1} \\ b_{H2} \\ b_{V2} \end{pmatrix} \tag{7.56}$$

式中：

$$S_{PBS2} = \begin{pmatrix} 1 & 0 & 0 & 0 \\ 0 & 1 & 0 & 0 \\ 0 & 0 & 1 & 0 \\ 0 & 0 & 0 & 1 \end{pmatrix}, \quad S_{out} = \begin{pmatrix} 0 & 0 & 1 & 0 \\ 0 & 0 & 0 & 1 \\ \frac{1}{\sqrt{2}} & \frac{1}{\sqrt{2}} & 0 & 0 \\ \frac{1}{\sqrt{2}} & -\frac{1}{\sqrt{2}} & 0 & 0 \end{pmatrix} \tag{7.57}$$

态矢量 $|\psi\rangle$ 经过 HWP3 和 PBS2 达到 D1、D2 的演变为 $|\psi_{(D1,D2)}\rangle$：

$$|\psi_{(D1,D2)}\rangle = U_{PBS2}U_{out}|\psi\rangle = \frac{1}{2\sqrt{2}}U_{out}(|2_{H1}0_{V1}0_{H2}0_{V2}\rangle - e^{-i2\phi}|0_{H1}2_{V1}0_{H2}0_{V2}\rangle) +$$

$$\frac{1}{2}U_{out}(|1_{H1}0_{V1}0_{H2}0_{V2}\rangle - e^{-i2\phi}|0_{H1}1_{V1}0_{H2}0_{V2}\rangle)$$

$$= \frac{1}{4\sqrt{2}}(1 - e^{-i2\phi})(|2_{D1-H}0_{D1-V}0_{D2-H}0_{D2-V}\rangle +$$

$$|0_{D1-H}0_{D1-V}0_{D2-H}2_{D2-V}\rangle) + \frac{1}{4}(1 + e^{-i2\phi})|1_{D1-H}0_{D1-V}0_{D2-H}1_{D2-V}\rangle +$$

$$\frac{1}{2\sqrt{2}}(1 - e^{-i2\phi})|1_{D1-H}0_{D1-V}0_{D2-H}0_{D2-V}\rangle + \frac{1}{2\sqrt{2}}(1 + e^{-i2\phi})$$

$$|0_{D1-H}0_{D1-V}0_{D2-H}1_{D2-V}\rangle \tag{7.58}$$

式中：U_{out} 是与传输矩阵 S_{out} 对应的幺正演变算符。并有

$$U_{\text{out}}|2_{H1}0_{V1}0_{H2}0_{V2}\rangle = \frac{1}{\sqrt{2}}(U_{\text{out}}b_{H1}^{\dagger}U_{\text{out}}^{\dagger})^2|0_{H1}0_{V1}0_{H2}0_{V2}\rangle$$

$$= \frac{1}{2\sqrt{2}}(b_{H2}^{\dagger}+b_{V2}^{\dagger})^2|0_{H1}0_{V1}0_{H2}0_{V2}\rangle$$

$$= \frac{1}{2}(|2_{D1-H}0_{D1-V}0_{D2-H}0_{D2-V}\rangle + |0_{D1-H}0_{D1-V}0_{D2-H}2_{D2-V}\rangle) +$$

$$\frac{1}{\sqrt{2}}|1_{D1-H}0_{D1-V}0_{D2-H}1_{D2-V}\rangle \tag{7.59}$$

$$U_{\text{out}}|0_{H1}2_{V1}0_{H2}0_{V2}\rangle = \frac{1}{\sqrt{2}}(U_{\text{out}}b_{V1}^{\dagger}U_{\text{out}}^{\dagger})^2|0_{H1}0_{V1}0_{H2}0_{V2}\rangle$$

$$= \frac{1}{2\sqrt{2}}(b_{H2}^{\dagger}-b_{V2}^{\dagger})^2|0_{H1}0_{V1}0_{H2}0_{V2}\rangle$$

$$= \frac{1}{2}(|2_{D1-H}0_{D1-V}0_{D2-H}0_{D2-V}\rangle + |0_{D1-H}0_{D1-V}0_{D2-H}2_{D2-V}\rangle) -$$

$$\frac{1}{\sqrt{2}}|1_{D1-H}0_{D1-V}0_{D2-H}1_{D2-V}\rangle \tag{7.60}$$

$$U_{\text{out}}|1_{H1}0_{V1}0_{H2}0_{V2}\rangle = (U_{\text{out}}b_{H1}^{\dagger}U_{\text{out}}^{\dagger})|0_{H1}0_{V1}0_{H2}0_{V2}\rangle = \frac{1}{\sqrt{2}}(b_{H2}^{\dagger}+b_{V2}^{\dagger})|0_{H1}0_{V1}0_{H2}0_{V2}\rangle$$

$$= \frac{1}{\sqrt{2}}(|1_{D1-H}0_{D1-V}0_{D2-H}0_{D2-V}\rangle + |0_{D1-H}0_{D1-V}0_{D2-H}1_{D2-V}\rangle) \tag{7.61}$$

$$U_{\text{out}}|0_{H1}1_{V1}0_{H2}0_{V2}\rangle = (U_{\text{out}}b_{V1}^{\dagger}U_{\text{out}}^{\dagger})|0_{H1}0_{V1}0_{H2}0_{V2}\rangle = \frac{1}{\sqrt{2}}(b_{H2}^{\dagger}-b_{V2}^{\dagger})|0_{H1}0_{V1}0_{H2}0_{V2}\rangle$$

$$= \frac{1}{\sqrt{2}}(|1_{D1-H}0_{D1-V}0_{D2-H}0_{D2-V}\rangle - |0_{D1-H}0_{D1-V}0_{D2-H}1_{D2-V}\rangle) \tag{7.62}$$

7.2.2.7 采用共线 II 型 SPDC 光子源的偏振纠缠光纤陀螺的量子干涉

由式(7.58)可知,到达探测器 D1 的平均光子数(光强)$\langle I_{D1}\rangle$为

$$\langle I_{D1}\rangle = \left|\frac{1}{4\sqrt{2}}(1-e^{-i2\phi})\right|^2 \times 2 + \left|\frac{1}{4}(1+e^{-i2\phi})\right|^2 \times 1 + \left|\frac{1}{2\sqrt{2}}(1-e^{-i2\phi})\right|^2 \times 1$$

$$= \frac{1}{2} - \frac{1}{4}\cos2\phi \tag{7.63}$$

到达探测器 D2 的平均光子数(光强)$\langle I_{D2}\rangle$为

$$\langle I_{D2}\rangle = \left|\frac{1}{4\sqrt{2}}(1-\mathrm{e}^{-\mathrm{i}2\phi})\right|^2 \times 2 + \left|\frac{1}{4}(1+\mathrm{e}^{-\mathrm{i}2\phi})\right|^2 \times 1 + \left|\frac{1}{2\sqrt{2}}(1+\mathrm{e}^{-\mathrm{i}2\phi})\right|^2 \times 1$$

$$= \frac{1}{2} + \frac{1}{4}\cos 2\phi \tag{7.64}$$

两个探测器的总光子数为

$$\langle I_{D1}\rangle + \langle I_{D2}\rangle = 1 \tag{7.65}$$

套用式(4.16),则式(7.63)有

$$\eta = 1, V = 1/2, N = N' = 2$$

因而

$$V_{\mathrm{th}} = \frac{N}{\eta N'^2} = \frac{1}{2} = V \tag{7.66}$$

说明尽管式(7.63)和式(7.64)的干涉余弦项中含有 2ϕ,但 $V_{\mathrm{th}} = V$ 的事实表明,经典干涉光强 $\langle I_{D1}\rangle$ 或 $\langle I_{D2}\rangle$ 仍是散粒噪声极限。

而探测器 D1、D2 的二阶符合计数 $\langle I_{(D1,D2)}\rangle$ 为

$$\langle I_{(D1,D2)}\rangle = \left|\frac{1}{4}(1+\mathrm{e}^{-\mathrm{i}2\phi})\right|^2 \times 1 \times 1 = \frac{1}{8}(1+\cos 2\phi) \tag{7.67}$$

得到归一化量子干涉公式 $g_{12}^{(2)}$ 为

$$g_{12}^{(2)} = 1 - \frac{\langle I_{(D1,D2)}\rangle}{\langle I_{D1}\rangle\langle I_{D2}\rangle} = \frac{\cos^2 2\phi + 2\cos 2\phi - 2}{\cos^2 2\phi - 4} \approx 0.4226 - 0.6188\cos 2\phi \tag{7.68}$$

图 7.9 给出了式(7.68)的归一化量子干涉曲线(虚线为近似拟合的余弦曲线)。依据式(4.16)突破散粒噪声极限的判据公式,则式(7.68)有:$\eta = 0.8452$,$V = 1.4643$,$N = N' = 2$。因而

$$V_{\mathrm{th}} = \frac{N}{\eta N'^2} \approx 0.59 \tag{7.69}$$

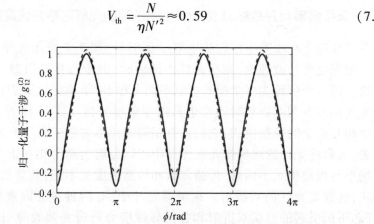

图 7.9 采用共线正交偏振光子对的量子纠缠光纤陀螺仪的量子干涉 $g_{12}^{(2)} \sim \phi$ 曲线

满足 $V > V_{\text{th}}$,因而式(7.68)已经突破散粒噪声极限,其相位不确定性 $\Delta\phi$ 近似为

$$\Delta\phi = \frac{1}{2} \cdot \frac{\sqrt{0.8452}}{0.8452} = \frac{1}{1.84} \tag{7.70}$$

也可以采用基于菲舍尔信息的 CRB 极限评估偏振纠缠光纤陀螺仪的相位检测灵敏度。对式(7.58)的输出态 $|\psi_{(D1,D2)}\rangle$ 求 ϕ 的微商,得到:

$$|\dot{\psi}_{(D1,D2)}\rangle = \frac{i}{2\sqrt{2}}e^{-i2\phi}|2_{D1-H}0_{D1-V}0_{D2-H}0_{D2-V}\rangle + \frac{i}{2\sqrt{2}}e^{-i2\phi}|0_{D1-H}0_{D1-V}0_{D2-H}2_{D2-V}\rangle -$$

$$\frac{i}{2}e^{-i2\phi}|1_{D1-H}0_{D1-V}0_{D2-H}1_{D2-V}\rangle +$$

$$\frac{i}{\sqrt{2}}e^{-i2\phi}|1_{D1-H}0_{D1-V}0_{D2-H}0_{D2-V}\rangle - \frac{i}{\sqrt{2}}e^{-i2\phi}|0_{D1-H}0_{D1-V}0_{D2-H}1_{D2-V}\rangle$$

$$\tag{7.71}$$

进而有

$$\langle\dot{\psi}_{(D1,D2)}|\dot{\psi}_{(D1,D2)}\rangle = \frac{3}{2}; \quad \langle\dot{\psi}_{(D1,D2)}|\psi_{(D1,D2)}\rangle = \frac{3i}{4} \tag{7.72}$$

将式(7.72)代入式(5.1),量子菲舍尔信息 F_Q 为

$$F_Q = 4(\langle\dot{\psi}_{(D1,D2)}|\dot{\psi}_{(D1,D2)}\rangle - |\langle\dot{\psi}_{(D1,D2)}|\psi_{(D1,D2)}\rangle|^2) = \frac{15}{4} \tag{7.73}$$

由式(5.3)可知,最小相位不确定性为

$$(\Delta\phi)_{\text{CRB}} = \frac{1}{\sqrt{F_Q}} = \frac{1}{\sqrt{15/4}} \approx \frac{1}{1.94} \tag{7.74}$$

这比式(7.70)的结果更准确,说明基本达到 2002 态量子纠缠光纤陀螺仪的海森堡极限。

7.2.3 采用频率简并共线 II 型 SPDC 光子源的光纤陀螺的偏振互易性分析

下面分析光纤线圈中存在感生双子折射时,图 7.5 所示光路结构的偏振互易性。根据经典导波理论,光在光纤中传输时,由于边界的限制,光场的解是不连续的。每一个解称为一个模式。从字面上理解,单模光纤只能传播一个模式。讨论光纤的偏振和双折射时通常也只限于单模光纤。实际上,单模光纤可以传播两个相互正交的偏振模式,它们具有相同的传播常数。另一方面,由于光纤的不完美,入射进光纤的线偏振光在光纤中可以分解为两个相互正交的偏振,它们除了场形与理想模式不同外,传播常数和传播速度也不同,其总的偏振沿光纤长度变化,这就是光纤的双折射。在单模光纤中,有两种主要因素引起(线)双折射:纤芯不圆引起的形状双折射和各向异性应力通过光弹效应引起的应力双折射。双折射效应通常还与温度等环境变化有关。尽管局域感生双折射的绝对值

很小,但其效应沿光纤长度累积。假定感生双折射是静态(固定)的,这种静态双折射理论上对相同偏振的顺时针和逆时针光波之间的 Sagnac 相移不会产生非互易的相位误差。但在变化的环境条件下,光纤线圈的感生双折射是不可预测的,在经典 Sagnac 光纤干涉仪中引起非互易性偏振误差和噪声[4]。

下面分析单模光纤中的这种感生双折射对量子纠缠 Sagnac 干涉仪偏振互易性的影响。由式(7.38)可知,22.5°二分之一波片 HWP1 和偏振分束器 PBS1 组合在一起相当于一般量子干涉仪中的分束器功能,共线型 SPDC 正交偏振光子对经过这两个光学元件,变成一个正交偏振的 2002 最大纠缠态,光纤线圈的输入态可以表示为两个 CW 水平偏振光子和两个 CCW 垂直偏振光子的叠加态:

$$|\psi_{\text{coil}}\rangle = \frac{1}{\sqrt{2}}(|2_{\text{cw-H}}\rangle - |2_{\text{ccw-V}}\rangle) \tag{7.75}$$

由于顺时针光波和逆时针光波的偏振相互正交,这使得顺时针的 H 偏振光子和逆时针的 V 偏振光子之间产生一个感生双折射引起的非互易相位误差:

$$\phi_B = \frac{2\pi}{\lambda}\Delta n_b L \tag{7.76}$$

式中:λ 是正交偏振光子的频率;L 是光纤长度;Δn_b 是沿线圈的感生线双折射的平均值。感生线双折射的琼斯传输矩阵可以表示为

$$S_B = \begin{pmatrix} 1 & 0 \\ 0 & e^{-i\phi_B} \end{pmatrix} \tag{7.77}$$

如前所述,假定 Sagnac 相移等效在逆时针光路中,HWP2 位于光纤线圈的 CCW 光路初始位置,则式(7.38)中 CW 光波模式 a'_{c-H}、a'_{c-V} 经过光纤线圈和 HWP2($\theta=22.5°$)的传输矩阵式(7.39)变为

$$S_{\text{HWP2}}^{\text{cw}} = \begin{pmatrix} \frac{1}{\sqrt{2}} & \frac{1}{\sqrt{2}} \\ \frac{1}{\sqrt{2}} & -\frac{1}{\sqrt{2}} \end{pmatrix}\begin{pmatrix} 1 & 0 \\ 0 & e^{-i\phi_B} \end{pmatrix} = \begin{pmatrix} \frac{1}{\sqrt{2}} & \frac{1}{\sqrt{2}}e^{-i\phi_B} \\ \frac{1}{\sqrt{2}} & -\frac{1}{\sqrt{2}}e^{-i\phi_B} \end{pmatrix} \tag{7.78}$$

同理,CCW 光波模式 a'_{b-H} 和 a'_{b-V} 经过光纤线圈和 HWP2($\theta=180°-22.5°$)的传输矩阵式(7.40)变为

$$S_{\text{HWP2}}^{\text{ccw}} = e^{-i\phi}\begin{pmatrix} 1 & 0 \\ 0 & e^{-i\phi_B} \end{pmatrix}\begin{pmatrix} \frac{1}{\sqrt{2}} & -\frac{1}{\sqrt{2}} \\ -\frac{1}{\sqrt{2}} & -\frac{1}{\sqrt{2}} \end{pmatrix} = \begin{pmatrix} \frac{e^{-i\phi}}{\sqrt{2}} & -\frac{e^{-i\phi}}{\sqrt{2}} \\ -\frac{e^{-i(\phi+\phi_B)}}{\sqrt{2}} & -\frac{e^{-i(\phi+\phi_B)}}{\sqrt{2}} \end{pmatrix} \tag{7.79}$$

因而,考虑式(7.78)和式(7.79),CW 光波和 CCW 光路从偏振分束器 PBS1 的 c、b 两点经过光纤线圈分别传播到 b、c 两点的算符演变为

$$\begin{pmatrix} a_{b-H} \\ a_{b-V} \\ a_{c-H} \\ a_{c-V} \end{pmatrix} = S_{HWP2}^{\phi}(\phi,\phi_B) \begin{pmatrix} a'_{b-H} \\ a'_{c-V} \\ a'_{c-H} \\ a'_{b-V} \end{pmatrix} \tag{7.80}$$

式中:$S_{HWP2}^{\phi}(\phi,\phi_B)$是光纤线圈(含相移器和HWP2)的等效传输矩阵,可以表示为

$$S_{HWP2}^{\phi}(\phi,\phi_B) = \begin{pmatrix} 0 & \dfrac{e^{-i\phi_B}}{\sqrt{2}} & \dfrac{1}{\sqrt{2}} & 0 \\ 0 & -\dfrac{e^{-i\phi_B}}{\sqrt{2}} & \dfrac{1}{\sqrt{2}} & 0 \\ \dfrac{e^{-i\phi}}{\sqrt{2}} & 0 & 0 & -\dfrac{e^{-i\phi}}{\sqrt{2}} \\ -\dfrac{e^{-i(\phi+\phi_B)}}{\sqrt{2}} & 0 & 0 & -\dfrac{e^{-i(\phi+\phi_B)}}{\sqrt{2}} \end{pmatrix} \tag{7.81}$$

其对应的幺正演变算符用 $U_{HWP2}^{\phi}(\phi,\phi_B)$ 表示。

进而,光纤线圈存在感生双折射时,经过光纤线圈到达 PBS1 的 b、c 两点的态矢量式(7.43)此时变为

$$\begin{aligned} |\psi_{(b,c)}\rangle &= U_{HWP2}^{\phi}|\psi'_{(b,c)}\rangle \\ &= \frac{1}{2\sqrt{2}}|2_{b-H}0_{b-V}0_{c-H}0_{c-V}\rangle + \frac{1}{2}|1_{b-H}1_{b-V}0_{c-H}0_{c-V}\rangle + \\ &\quad \frac{1}{2\sqrt{2}}|0_{b-H}2_{b-V}0_{c-H}0_{c-V}\rangle - \frac{1}{2\sqrt{2}}e^{-i2\phi}|0_{b-H}0_{b-V}2_{c-H}0_{c-V}\rangle - \\ &\quad \frac{1}{2}e^{-i(2\phi+\phi_B)}|0_{b-H}0_{b-V}1_{c-H}1_{c-V}\rangle - \\ &\quad \frac{1}{2\sqrt{2}}e^{-i(2\phi+2\phi_B)}|0_{b-H}0_{b-V}0_{c-H}2_{c-V}\rangle \end{aligned} \tag{7.82}$$

态矢量 $|\psi_{(b,c)}\rangle$ 经过偏振分束器 PBS1 到达端口 d、a,演变为 $|\psi'_{(d,a)}\rangle$:

$$\begin{aligned} |\psi'_{(d,a)}\rangle &= U_{PBS1}|\psi_{(b,c)}\rangle \\ &= \frac{1}{2\sqrt{2}}|2_{d'-H}0_{a'-V}0_{a'-H}0_{d'-V}\rangle + \frac{1}{2}|1_{d'-H}1_{a'-V}0_{a'-H}0_{d'-V}\rangle + \\ &\quad \frac{1}{2\sqrt{2}}|0_{d'-H}2_{a'-V}0_{a'-H}0_{d'-V}\rangle - \frac{1}{2\sqrt{2}}e^{-i2\phi}|0_{d'-H}0_{a'-V}2_{a'-H}0_{d'-V}\rangle - \\ &\quad \frac{1}{2}e^{-i(2\phi+\phi_B)}|0_{d'-H}01_{a'-H}1_{d'-V}\rangle - \frac{1}{2\sqrt{2}}e^{-i(2\phi+2\phi_B)}|0_{d'-H}0_{a'-V}0_{a'-H}2_{d'-V}\rangle \end{aligned}$$

$$\tag{7.83}$$

第7章 偏振纠缠光纤陀螺仪原理分析

只考虑 PBS1 端口 d 的输出态 $|\psi'_{(d)}\rangle$，式(7.83)可以写成：

$$|\psi'_{(d)}\rangle = \frac{1}{2\sqrt{2}}[\,|2_{d'-H}0_{d'-V}\rangle - e^{-i(2\phi+2\phi_B)}|0_{d'-H}2_{d'-V}\rangle] +$$

$$\frac{1}{2}[\,|1_{d'-H}0_{d'-V}\rangle - e^{-i(2\phi+\phi_B)}|0_{d'-H}1_{d'-V}\rangle] \tag{7.84}$$

与前面图 7.8 的处理一样，将端口 d 的输出态 $|\psi'_{(d)}\rangle$ 作为偏振分束器 PBS2 的输入态，围绕 PBS2，重新定义算符 $a_{d'-H}$、$a_{d'-V}$ 为 b_{H1}、b_{V1}，PBS2 的另一个真空态输入端口用算符 b_{H2}、b_{V2} 表示，PBS2 的输出模式到达探测器 D1 和 D2，算符分别记为 b_{D1-H}、b_{D1-V} 和 b_{D2-H}、b_{D2-V}。真空态模式 b_{H2}、b_{V2} 直接到达 PBS2 的一个输入端口，态 $|\psi'_{(d)}\rangle$ 的模式(b_{H1}、b_{V1})经过二分之一波片 HWP3 到达 PBS2 的另一个输入端口。重新用 4 个模式表示 PBS2 的输入态矢量 $|\psi\rangle$ 为

$$|\psi\rangle = \frac{1}{2\sqrt{2}}[\,|2_{H1}0_{V1}0_{H2}0_{V2}\rangle - e^{-i(2\phi+2\phi_B)}|0_{H1}2_{V1}0_{H2}0_{V2}\rangle] +$$

$$\frac{1}{2}[\,|1_{H1}0_{V1}0_{H2}0_{V2}\rangle - e^{-i(2\phi+\phi_B)}|0_{H1}1_{V1}0_{H2}0_{V2}\rangle] \tag{7.85}$$

参照式(7.58)的推导，PBS2 的输入态矢量 $|\psi\rangle$ 经过二分之一波片和偏振分束器组合(HWP3 和 PBS2)到达探测器 D1、D2 的态矢量的演变为

$$|\psi_{(D1,D2)}\rangle = \frac{1}{4\sqrt{2}}[1 - e^{-i(2\phi+2\phi_B)}](\,|2_{D1-H}0_{D1-V}0_{D2-H}0_{D2-V}\rangle +$$

$$|0_{D1-H}0_{D1-V}0_{D2-H}2_{D2-V}\rangle) + \frac{1}{4}[1 + e^{-i(2\phi+2\phi_B)}]\,|1_{D1-H}0_{D1-V}0_{D2-H}1_{D2-V}\rangle +$$

$$\frac{1}{2\sqrt{2}}[1 - e^{-i(2\phi+\phi_B)}]\,|1_{D1-H}0_{D1-V}0_{D2-H}0_{D2-V}\rangle +$$

$$\frac{1}{2\sqrt{2}}[1 + e^{-i(2\phi+\phi_B)}]\,|0_{D1-H}0_{D1-V}0_{D2-H}1_{D2-V}\rangle \tag{7.86}$$

探测器 D1、D2 的二阶符合计数 $\langle I_{(D1,D2)}\rangle$ 变为

$$\langle I_{(D1,D2)}\rangle = \left|\frac{1}{4}[1 + e^{-i(2\phi+2\phi_B)}]\right|^2 \times 1 \times 1 = \frac{1}{8}[1 + \cos(2\phi + 2\phi_B)] \tag{7.87}$$

在采用共线型正交偏振光子源的量子纠缠光纤陀螺中，顺时针的 H 光子和逆时针的 V 光子的偏振相互正交，由式(7.87)可以看出，光纤线圈感生双折射引起的相位误差 ϕ_B 以量子增强形式寄生在 Sagnac 相移中。换句话说，采用频率简并共线 II 型偏振纠缠光子源的量子 Sagnac 干涉仪，是一种偏振非互易性光路结构，当光纤线圈存在感生双折射时，会严重削弱量子纠缠光纤陀螺的相位检测灵敏度。采用特殊制造的低双折射单模光纤，可以在一定程度上减少这种非互

易性误差,但对于高精度偏振纠缠光纤陀螺来说,重要的是要建构一种偏振互易性光路结构。

7.2.4 采用频率简并非共线Ⅱ型SPDC光子源的光纤陀螺中态矢量和算符的演变

根据光子源制备的不同,Ⅱ型SPDC过程产生的正交偏振偶光子对可以是共线的,如7.2.3节讨论的情况,也可以是非共线的,如图7.10所示。信号光子经保偏的光学环形器到达偏振分束器PBS1的端口d,闲置光子直接进入PBS1的端口a;如果信号光子为H偏振,则从PBS1的端口b输出,此时闲置光子必定为V偏振,也将从PBS1的端口b输出;两个光子均沿逆时针光路传播。反之亦然,如果信号光子为V偏振,则两个光子均从端口c输出,沿顺时针光路传播。下面具体分析图7.10所示的采用非共线Ⅱ型SPDC光子源的偏振纠缠光纤陀螺仪中态矢量和场算符的演变。

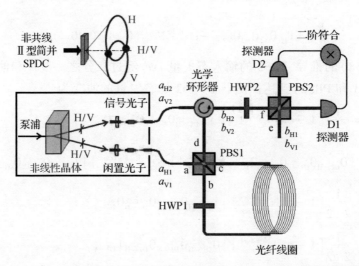

图7.10 采用非共线Ⅱ型SPDC光子源的量子纠缠光纤陀螺的光路结构

7.2.4.1 偏振分束器PBS1端口a、d的输入态矢量和算符

非共线Ⅱ型简并SPDC过程产生的正交偏振双光子对的态矢量可以表示为

$$|\psi_{in}\rangle = \frac{1}{\sqrt{2}}(|1_{H2}0_{V2}0_{H1}1_{V1}\rangle + |0_{H2}1_{V2}1_{H1}0_{V1}\rangle) \tag{7.88}$$

式中:信号光子的正交偏振场算符为 a_{H2}、a_{V2},入射进PBS1的端口d;闲置光子的正交偏振场算符为 a_{H1}、a_{V1},入射进PBS1的端口a。偏振分束器PBS1输入端口d、a的输入算符和输入态矢量 $|\psi_{(d,a)}\rangle$ 分别为

第 7 章 偏振纠缠光纤陀螺仪原理分析

$$\begin{pmatrix} a_{d-H} \\ a_{d-V} \\ a_{a-H} \\ a_{a-V} \end{pmatrix} = \begin{pmatrix} a_{H2} \\ a_{V2} \\ a_{H1} \\ a_{V1} \end{pmatrix} \quad (7.89)$$

$$|\psi_{(d,a)}\rangle = \frac{1}{\sqrt{2}}(|1_{d-H}0_{d-V}0_{a-H}1_{a-V}\rangle + |0_{d-H}1_{d-V}1_{a-H}0_{a-V}\rangle)$$

式中：a_{a-H}、a_{a-V} 为端口 a 的正交偏振输入场算符；a_{d-H}、a_{d-V} 为端口 d 的正交偏振输入场算符。

7.2.4.2 偏振分束器 PBS1 端口 b、c 的输出态矢量和算符

仍沿用前面的定义，无撇号代表偏振分束器端口的输入算符，有撇号代表端口输出算符。则 PBS1 的 b、c 端口的输出场算符为

$$\begin{pmatrix} a'_{b-H} \\ a'_{c-V} \\ a'_{c-H} \\ a'_{b-V} \end{pmatrix} = S_{PBS1} \begin{pmatrix} a_{d-H} \\ a_{d-V} \\ a_{a-H} \\ a_{a-V} \end{pmatrix} = \begin{pmatrix} 1 & 0 & 0 & 0 \\ 0 & 1 & 0 & 0 \\ 0 & 0 & 1 & 0 \\ 0 & 0 & 0 & 1 \end{pmatrix} \begin{pmatrix} a_{d-H} \\ a_{d-V} \\ a_{a-H} \\ a_{a-V} \end{pmatrix} \quad (7.90)$$

进而，b、c 端口的输出态矢量 $|\psi'_{(b,c)}\rangle$ 为

$$\begin{aligned}
|\psi'_{(b,c)}\rangle &= U_{PBS1}|\psi_{(d,a)}\rangle \\
&= \frac{1}{\sqrt{2}}[(U_{PBS1}a^\dagger_{d-H}U^\dagger_{PBS1})(U_{PBS1}a^\dagger_{a-V}U^\dagger_{PBS1})|0_{d-H}0_{d-V}0_{a-H}0_{a-V}\rangle + \\
&\quad (U_{PBS1}a^\dagger_{d-V}U^\dagger_{PBS1})(U_{PBS1}a^\dagger_{a-H}U^\dagger_{PBS1})|0_{d-H}0_{d-V}0_{a-H}0_{a-V}\rangle] \\
&= \frac{1}{\sqrt{2}}(|1_{b'-H}0_{c'-V}0_{c'-H}1_{b'-V}\rangle + |0_{b'-H}1_{c'-V}1_{c'-H}0_{b'-V}\rangle) \quad (7.91)
\end{aligned}$$

$|\psi'_{(b,c)}\rangle$ 即为光纤线圈的输入态，还可以用 CW 和 CCW 标记为

$$|\psi'_{(b,c)}\rangle = \frac{1}{\sqrt{2}}[|1_{cw-H}0_{cw-V}0_{cw-H}1_{cw-V}\rangle + |0_{cw-H}1_{cw-V}1_{cw-H}0_{cw-V}\rangle] \quad (7.92)$$

可以看出，正交偏振的信号光子和闲置光子或者均在 CW 光路中，或者均在 CCW 光路中，光纤线圈的态矢量是两个态的叠加态。

7.2.4.3 经过光纤线圈到达 PBS1 端口 b、c 的输入态矢量和算符

和以前的处理一样，假定 Sagnac 相移 ϕ 等效在 CCW 光路中，光纤线圈中的二分之一波片 HWP1 位于逆时针光路的起始端。将相移器和光纤线圈中 HWP1 的作用综合考虑。光纤线圈的四算符演变及传输矩阵 S^ϕ_{HWP1} 与式(7.41)、式(7.42)相同，态矢量 $|\psi'_{(b,c)}\rangle$ 经过光纤线圈到达 b、c 端口演变为

$$|\psi_{(b,c)}\rangle = U_{HWP1}^{\phi}|\psi'_{(b,c)}\rangle$$

$$= \frac{1}{\sqrt{2}}(U_{HWP1}^{\phi}a_{b-H}^{'\dagger}U_{HWP1}^{\phi\dagger})(U_{HWP1}^{\phi}a_{b-V}^{'\dagger}U_{HWP1}^{\phi\dagger})|0_{b'-H}0_{c'-V}0_{c'-H}0_{b'-V}\rangle +$$

$$\frac{1}{\sqrt{2}}(U_{HWP1}^{\phi}a_{c-V}^{'\dagger}U_{HWP1}^{\phi\dagger})(U_{HWP1}^{\phi}a_{c-H}^{'\dagger}U_{HWP1}^{\phi\dagger})|0_{b'-H}0_{c'-V}0_{c'-H}0_{b'-V}\rangle$$

$$= e^{-2i\phi}\frac{1}{\sqrt{2}}\left(\frac{1}{\sqrt{2}}a_{c-H}^{'\dagger} - \frac{1}{\sqrt{2}}a_{b-V}^{'\dagger}\right)\left(-\frac{1}{\sqrt{2}}a_{c-H}^{'\dagger} - \frac{1}{\sqrt{2}}a_{b-V}^{'\dagger}\right)|0_{b'-H}0_{c'-V}0_{c'-H}0_{b'-V}\rangle +$$

$$\frac{1}{\sqrt{2}}\left(\frac{1}{\sqrt{2}}a_{b-H}^{'\dagger} - \frac{1}{\sqrt{2}}a_{c-V}^{'\dagger}\right)\left(\frac{1}{\sqrt{2}}a_{b-H}^{'\dagger} + \frac{1}{\sqrt{2}}a_{c-V}^{'\dagger}\right)|0_{b'-H}0_{c'-V}0_{c'-H}0_{b'-V}\rangle$$

$$= -e^{-2i\phi}\frac{1}{2}|0_{b-H}0_{b-V}2_{c-H}0_{c-V}\rangle + e^{-2i\phi}\frac{1}{2}|0_{b-H}0_{b-V}0_{c-H}2_{c-V}\rangle +$$

$$\frac{1}{2}|2_{b-H}0_{b-V}0_{c-H}0_{c-V}\rangle - \frac{1}{2}|0_{b-H}2_{b-V}0_{c-H}0_{c-V}\rangle \tag{7.93}$$

7.2.4.4 偏振分束器 PBS1 端口 d、a 的输出态矢量和算符

经过光纤线圈到达 b、c 端口的态矢量 $|\psi_{(b,c)}\rangle$ 再次通过 PBS1,演变为端口 d、a 的输出态矢量 $|\psi'_{(d,a)}\rangle$。利用式(7.44)的算符传输矩阵,有

$$|\psi'_{(d,a)}\rangle = U_{PBS1}|\psi_{(b,c)}\rangle$$

$$= e^{-2i\phi}\frac{1}{2\sqrt{2}}[(U_{PBS1}a_{c-V}^{\dagger}U_{PBS1}^{\dagger})^2 - (U_{PBS1}a_{c-H}^{\dagger}U_{PBS1}^{\dagger})^2]|0_{b-H}0_{b-V}0_{c-H}0_{c-V}\rangle +$$

$$\frac{1}{2\sqrt{2}}[(U_{PBS1}a_{b-H}^{\dagger}U_{PBS1}^{\dagger})^2 - (U_{PBS1}a_{b-V}^{\dagger}U_{PBS1}^{\dagger})^2]|0_{b-H}0_{b-V}0_{c-H}0_{c-V}\rangle$$

$$= e^{-2i\phi}\frac{1}{2}[|0_{d'-H}0_{a'-V}0_{a'-H}2_{d'-V}\rangle - |0_{d'-H}0_{a'-V}2_{a'-H}0_{d'-V}\rangle] +$$

$$\frac{1}{2}[|2_{d'-H}0_{a'-V}0_{a'-H}0_{d'-V}\rangle - |0_{d'-H}2_{a'-V}0_{a'-H}0_{d'-V}\rangle] \tag{7.94}$$

由式(7.94)可以看出,在采用非共线 II 型 SPDC 光子源的偏振纠缠光纤陀螺仪的光路结构中,偏振分束器 PBS1 输出端口 a 和输出端口 d 的二阶符合计数为零。

7.2.4.5 端口 d 的输出态矢量到达探测器 D1、D2

只考虑端口 d 的输出态矢量,式(7.94)简化为

$$|\psi'_{(d)}\rangle = \frac{1}{2}|2_{d'-H}0_{d'-V}\rangle + e^{-2i\phi}\frac{1}{2}|0_{d'-H}2_{d'-V}\rangle \tag{7.95}$$

如图 7.11 所示,重新定义场算符 $a_{d'-H}$、$a_{d'-V}$ 为 b_{H2}、b_{V2},b_{H2}、b_{V2} 经过一个 22.5°二分之一波片 HWP2 到达相对偏振分束器 PBS2 端口 f。真空输入态的场算符为 b_{H1}、b_{V1},直接到达 PBS2 端口 e。仍用 4 个模式表示 PBS2 的输入态矢量 $|\psi\rangle$,

则有

$$|\psi\rangle = \frac{1}{2}|0_{H1}0_{V1}2_{H2}0_{V2}\rangle + e^{-2i\phi}\frac{1}{2}|0_{H1}0_{V1}0_{H2}2_{V2}\rangle \qquad (7.96)$$

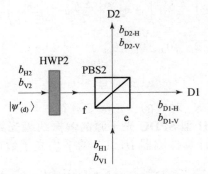

图 7.11　输出态经过二分之一波片 HWP2 和偏振分束器 PBS2 到达探测器 D1 和 D2

算符 b_{H2}、b_{V2} 和 b_{H1}、b_{V1} 与偏振分束器 PBS2 端口 e、f 的输入算符 b_{e-H}、b_{e-V}、b_{f-H}、b_{f-V} 的关系为

$$\begin{pmatrix} b_{e-H} \\ b_{e-V} \\ b_{f-H} \\ b_{f-V} \end{pmatrix} = \begin{pmatrix} 0 & 0 & 1 & 0 \\ 0 & 0 & 0 & 1 \\ \frac{1}{\sqrt{2}} & \frac{1}{\sqrt{2}} & 0 & 0 \\ \frac{1}{\sqrt{2}} & -\frac{1}{\sqrt{2}} & 0 & 0 \end{pmatrix} \begin{pmatrix} b_{H2} \\ b_{V2} \\ b_{H1} \\ b_{V1} \end{pmatrix} \qquad (7.97)$$

输入算符 b_{H1}、b_{V1} 和 b_{H2}、b_{V2} 与 PBS2 输出算符 b_{D1-H}、b_{D1-V}、b_{D2-H}、b_{D2-V} 的关系为

$$\begin{pmatrix} b_{D2-H} \\ b_{D1-V} \\ b_{D1-H} \\ b_{D2-V} \end{pmatrix} = \boldsymbol{S}_{PBS2}\begin{pmatrix} b_{e-H} \\ b_{e-V} \\ b_{f-H} \\ b_{f-V} \end{pmatrix} = \boldsymbol{S}_{out}\begin{pmatrix} b_{H2} \\ b_{V2} \\ b_{H1} \\ b_{V1} \end{pmatrix} \qquad (7.98)$$

式中：

$$\boldsymbol{S}_{PBS2} = \begin{pmatrix} 1 & 0 & 0 & 0 \\ 0 & 1 & 0 & 0 \\ 0 & 0 & 1 & 0 \\ 0 & 0 & 0 & 1 \end{pmatrix} \quad \boldsymbol{S}_{out} = \begin{pmatrix} 0 & 0 & 1 & 0 \\ 0 & 0 & 0 & 1 \\ \frac{1}{\sqrt{2}} & \frac{1}{\sqrt{2}} & 0 & 0 \\ \frac{1}{\sqrt{2}} & -\frac{1}{\sqrt{2}} & 0 & 0 \end{pmatrix} \qquad (7.99)$$

输入态矢量 $|\psi\rangle$ 经过 HWP2 和 PBS2 达到探测器 D1、D2 的态矢量演变为

$$|\psi_{(D1,D2)}\rangle = U_{out}|\psi\rangle$$

$$= \frac{1}{2\sqrt{2}}(U_{out}b_{H2}^{\dagger}U_{out}^{\dagger})^2|0_{H1}0_{V1}0_{H2}0_{V2}\rangle + e^{-2i\phi}\frac{1}{2\sqrt{2}}(U_{out}b_{V2}^{\dagger}U_{out}^{\dagger})^2|0_{H1}0_{V1}0_{H2}0_{V2}\rangle$$

$$= \frac{1}{2\sqrt{2}}\left[\left(\frac{1}{\sqrt{2}}b_{H1}^{\dagger} + \frac{1}{\sqrt{2}}b_{V1}^{\dagger}\right)^2 + e^{-2i\phi}\left(\frac{1}{\sqrt{2}}b_{H1}^{\dagger} - \frac{1}{\sqrt{2}}b_{V1}^{\dagger}\right)^2\right]|0_{H1}0_{V1}0_{H2}0_{V2}\rangle$$

$$= \frac{1}{4}(1+e^{-2i\phi})|2_{D1-H}0_{D2-V}0_{D2-H}0_{D1-V}\rangle + \frac{1}{4}(1+e^{-2i\phi})|0_{D1-H}2_{D2-V}0_{D2-H}0_{D1-V}\rangle +$$

$$\frac{1}{2\sqrt{2}}(1-e^{-2i\phi})|1_{D1-H}1_{D2-V}0_{D2-H}0_{D1-V}\rangle \tag{7.100}$$

式中:U_{out}是与传输矩阵S_{out}对应的幺正演变算符。

7.2.4.6 采用非共线Ⅱ型SPDC光子源的偏振纠缠光纤陀螺的量子干涉

由式(7.100)可以计算探测器D1、D2的平均光子数(光强)$\langle I_{D1}\rangle$、$\langle I_{D2}\rangle$为

$$\langle I_{D1}\rangle = \langle I_{D2}\rangle = \left|\frac{1}{4}(1+e^{i2\phi})\right|^2 \times 2 + \left|\frac{1}{2\sqrt{2}}(1-e^{i2\phi})\right|^2 \times 1 = \frac{1}{2} \tag{7.101}$$

两个探测器的总输出光子数为

$$\langle I_{D1}\rangle + \langle I_{D2}\rangle = 1 \tag{7.102}$$

而探测器D1和D2的二阶符合计数$I_{(D1,D2)}$为

$$\langle I_{(D1,D2)}\rangle = \left|\frac{1}{2\sqrt{2}}(1-e^{i2\phi})\right|^2 \times 1 \times 1 = \frac{1}{4}(1-\cos2\phi) \tag{7.103}$$

归一化量子干涉为

$$g_{12}^{(2)} = 1 - \frac{\langle I_{(D1,D2)}\rangle}{\langle I_{D1}\rangle\langle I_{D2}\rangle} = \cos2\phi \tag{7.104}$$

对$|\psi_{(D1,D2)}\rangle$求ϕ的微商:

$$|\dot\psi_{(D1,D2)}\rangle = -\frac{i}{2}e^{-i2\phi}|2_{D1-H}0_{D2-V}0_{D2-H}0_{D1-V}\rangle - \frac{i}{2}e^{-i2\phi}|0_{D1-H}2_{D2-V}0_{D2-H}0_{D1-V}\rangle +$$

$$\frac{i}{\sqrt{2}}e^{-i2\phi}|1_{D1-H}1_{D2-V}0_{D2-H}0_{D1-V}\rangle \tag{7.105}$$

进而得到:

$$\langle\dot\psi_{(D1,D2)}|\dot\psi_{(D1,D2)}\rangle = 1; \quad \langle\dot\psi_{(D1,D2)}|\psi_{(D1,D2)}\rangle = \frac{i}{2} \tag{7.106}$$

量子菲舍尔信息F_Q计算为

$$F_Q = 4(\langle\dot\psi_{(D1,D2)}|\dot\psi_{(D1,D2)}\rangle - |\langle\dot\psi_{(D1,D2)}|\psi_{(D1,D2)}\rangle|^2) = 3 \tag{7.107}$$

因而,理想情况下的相位不确定性为

$$\Delta\phi = \frac{1}{\sqrt{F_Q}} = \frac{1}{\sqrt{3}} \tag{7.108}$$

式(7.108)已经突破散粒噪声极限。

7.2.5 采用频率简并非共线Ⅱ型SPDC光子源的光纤陀螺的偏振互易性分析

在图7.10中,考虑式(7.76)和式(7.77)的感生线双折射,同样假定Sagnac

相移等效在逆时针光路中，HWP2 位于光纤线圈的逆时针光路初始位置，则 CW 光波和 CCW 光路从偏振分束器 PBS1 的 c、b 两点经过光纤线圈分别传播到 b、c 两点的算符演变为

$$\begin{pmatrix} a_{c-H} \\ a_{c-V} \\ a_{b-H} \\ a_{b-V} \end{pmatrix} = S_{HWP1}^{\phi}(\phi, \phi_B) \begin{pmatrix} a'_{c-H} \\ a'_{b-V} \\ a'_{b-H} \\ a'_{c-V} \end{pmatrix} \quad (7.109)$$

式中：$S_{HWP1}^{\phi}(\phi, \phi_B)$ 为光纤线圈（含相移器和 HWP2 以及感生双折射）的四算符传输矩阵，可以表示为

$$S_{HWP1}^{\phi}(\phi, \phi_B) = \begin{pmatrix} 0 & -\dfrac{e^{-i\phi}}{\sqrt{2}} & \dfrac{e^{-i\phi}}{\sqrt{2}} & 0 \\ 0 & -\dfrac{e^{-i(\phi+\phi_B)}}{\sqrt{2}} & -\dfrac{e^{-i(\phi+\phi_B)}}{\sqrt{2}} & 0 \\ \dfrac{1}{\sqrt{2}} & 0 & 0 & \dfrac{e^{-i\phi_B}}{\sqrt{2}} \\ \dfrac{1}{\sqrt{2}} & 0 & 0 & -\dfrac{e^{-i\phi_B}}{\sqrt{2}} \end{pmatrix} \quad (7.110)$$

其对应的幺正演变算符用 U_{HWP1}^{ϕ} 表示。

进而，存在感生双折射时，式(7.91)的态矢量 $|\psi'_{(b,c)}\rangle$ 经过光纤线圈再次到达 PBS1 的端口 b、c 时演变为

$$\begin{aligned}
|\psi_{(b,c)}(\phi,\phi_B)\rangle &= U_{HWP1}^{\phi} |\psi'_{(b,c)}\rangle \\
&= \frac{1}{\sqrt{2}} \big[(U_{HWP1}^{\phi} a'^{\dagger}_{b-H} U_{HWP1}^{\phi\dagger})(U_{HWP1}^{\phi} a'^{\dagger}_{b-V} U_{HWP1}^{\phi\dagger}) |0_{b'-H} 0_{c'-V} 0_{c'-H} 0_{b'-V}\rangle + \\
&\quad (U_{HWP1}^{\phi} a'^{\dagger}_{c-V} U_{HWP1}^{\phi\dagger})(U_{HWP1}^{\phi} a'^{\dagger}_{c-H} U_{HWP1}^{\phi\dagger}) |0_{b'-H} 0_{c'-V} 0_{c'-H} 0_{b'-V}\rangle \big] \\
&= e^{-2i\phi} \frac{1}{\sqrt{2}} \left(\frac{1}{\sqrt{2}} a'^{\dagger}_{c-H} - \frac{e^{-i\phi_B}}{\sqrt{2}} a'^{\dagger}_{b-V} \right) \left(-\frac{1}{\sqrt{2}} a'^{\dagger}_{c-H} - \frac{e^{-i\phi_B}}{\sqrt{2}} a'^{\dagger}_{b-V} \right) \\
&\quad |0_{b'-H} 0_{c'-V} 0_{c'-H} 0_{b'-V}\rangle + \frac{1}{\sqrt{2}} \left(\frac{e^{-i\phi_B}}{\sqrt{2}} a'^{\dagger}_{b-H} - \frac{e^{-i\phi_B}}{\sqrt{2}} a'^{\dagger}_{c-V} \right) \\
&\quad \left(\frac{1}{\sqrt{2}} a'^{\dagger}_{b-H} + \frac{1}{\sqrt{2}} a'^{\dagger}_{c-V} \right) |0_{b'-H} 0_{c'-V} 0_{c'-H} 0_{b'-V}\rangle \\
&= -e^{-2i\phi} \frac{1}{2} |0_{b-H} 0_{b-V} 2_{c-H} 0_{c-V}\rangle + e^{-i(2\phi+2\phi_B)} \frac{1}{2} |0_{b-H} 0_{b-V} 0_{c-H} 2_{c-V}\rangle + \\
&\quad e^{-i\phi_B} \frac{1}{2} |2_{b-H} 0_{b-V} 0_{c-H} 0_{c-V}\rangle - e^{-i\phi_B} \frac{1}{2} |0_{b-H} 2_{b-V} 0_{c-H} 0_{c-V}\rangle
\end{aligned}$$

$$(7.111)$$

态矢量 $|\psi_{(b,c)}(\phi,\phi_B)\rangle$ 通过 PBS1，演变为端口 d、a 的输出态矢量 $|\psi'_{(d,a)}(\phi,\phi_B)\rangle$：

$$|\psi'_{(d,a)}(\phi,\phi_B)\rangle = U_{PBS1}|\psi_{(b,c)}(\phi,\phi_B)\rangle$$

$$= -e^{-2i\phi}\frac{1}{2}|2_{a'-H}0_{d'-V}0_{d'-H}0_{a'-V}\rangle + e^{-i(2\phi+2\phi_B)}\frac{1}{2}|0_{a'-H}0_{d'-V}0_{d'-H}2_{a'-V}\rangle + e^{-i\phi_B}\frac{1}{2}|0_{a'-H}0_{d'-V}2_{d'-H}0_{a'-V}\rangle -$$

$$e^{-i\phi_B}\frac{1}{2}|0_{a'-H}0_{d'-V}0_{d'-H}0_{a'-V}\rangle \tag{7.112}$$

只关注偏振分束器 PBS1 端口 d 的输出态矢量，式(7.112)简化为

$$|\psi'_{(d)}(\phi,\phi_B)\rangle = e^{-i\phi_B}\frac{1}{2}|2_{d'-H}0_{d'-V}\rangle + e^{-i(2\phi+2\phi_B)}\frac{1}{2}|0_{d'-H}2_{d'-V}\rangle \tag{7.113}$$

如图 7.11 所示，重新定义场算符 $a_{d'-H}$、$a_{d'-V}$ 为 b_{H2}、b_{V2}，b_{H2}、b_{V2} 经过一个 22.5° 二分之一波片 HWP2 到达相对偏振分束器 PBS2 端口 f。真空输入态的场算符为 b_{H1}、b_{V1}，直接到达 PBS2 端口 e，则 PBS2 的输入态矢量 $|\psi(\phi,\phi_B)\rangle$ 可以表示为

$$|\psi(\phi,\phi_B)\rangle = e^{-i\phi_B}\frac{1}{2}|0_{H1}0_{V1}2_{H2}0_{V2}\rangle + e^{-i(2\phi+2\phi_B)}\frac{1}{2}|0_{H1}0_{V1}0_{H2}2_{V2}\rangle \tag{7.114}$$

由式(7.98)、式(7.99)可知，输入态矢量 $|\psi(\phi,\phi_B)\rangle$ 经过 HWP2 和 PBS2 达到探测器 D1、D2 的态矢量演变为

$$|\psi_{(D1,D2)}(\phi,\phi_B)\rangle = U_{out}|\psi(\phi,\phi_B)\rangle$$

$$= e^{-i\phi_B}\frac{1}{2}U_{out}|0_{H1}0_{V1}2_{H2}0_{V2}\rangle + e^{-i(2\phi+2\phi_B)}\frac{1}{2}U_{out}|0_{H1}0_{V1}0_{H2}2_{V2}\rangle$$

$$= \frac{e^{-i\phi_B}}{2\sqrt{2}}(U_{out}b_{H2}^{\dagger}U_{out}^{\dagger})^2|0_{H1}0_{V1}0_{H2}0_{V2}\rangle + \frac{e^{-i(2\phi+2\phi_B)}}{2\sqrt{2}}(U_{out}b_{V2}^{\dagger}U_{out}^{\dagger})^2|0_{H1}0_{V1}0_{H2}0_{V2}\rangle$$

$$= \frac{1}{2\sqrt{2}}\left[e^{-i\phi_B}\left(\frac{1}{\sqrt{2}}b_{H1}^{\dagger}+\frac{1}{\sqrt{2}}b_{V1}^{\dagger}\right)^2 + e^{-i(2\phi+2\phi_B)}\left(\frac{1}{\sqrt{2}}b_{H1}^{\dagger}-\frac{1}{\sqrt{2}}b_{V1}^{\dagger}\right)^2\right]|0_{H1}0_{V1}0_{H2}0_{V2}\rangle$$

$$= \frac{1}{4}[e^{-i\phi_B}+e^{-i(2\phi+2\phi_B)}](|2_{D1-H}0_{D2-V}0_{D2-H}0_{D1-V}\rangle + |0_{D1-H}2_{D2-V}0_{D2-H}0_{D1-V}\rangle) +$$

$$\frac{1}{2\sqrt{2}}[e^{-i\phi_B}-e^{-i(2\phi+2\phi_B)}]|1_{D1-H}1_{D2-V}0_{D2-H}0_{D1-V}\rangle \tag{7.115}$$

因此，探测器 D1、D2 的二阶符合计数 $\langle I_{(D1,D2)}\rangle$ 为

$$\langle I_{(D1,D2)}\rangle = \left|\frac{1}{2\sqrt{2}}[e^{-i\phi_B}-e^{-i(2\phi+2\phi_B)}]\right|^2 = \frac{1}{4}[1-\cos(2\phi+\phi_B)] \tag{7.116}$$

由式(7.116)可以看出，在采用非共线 II 型 SPDC 光子源的量子纠缠光纤陀螺仪中，光纤线圈感生双折射引起的相位误差 ϕ_B 以经典形式（而非量子增强形

式)寄生在 Sagnac 相移中,图 7.10 所示的非共线型偏振纠缠光纤陀螺仍是一种偏振非互易性光路结构,对量子纠缠光纤陀螺的相位检测灵敏度产生重要影响。

7.2.6 量子纠缠光纤陀螺的偏振互易性光路设计

针对采用非共线Ⅱ型 SPDC 光子源的偏振纠缠光纤陀螺仪,我们提出了一种偏振互易性光路设计[5],见图 7.12。信号光子(场算符为 a_{H2}、a_{V2})通过一个 45°的二分之一波片,其线偏振方向变得与闲置光子相同,再经保偏的光学环形器到达保偏分束器(保偏耦合器)的端口 d;闲置光子(场算符为 a_{H1}、a_{V1})经保偏的光学环形器可以直接进入保偏分束器的端口 a。与场算符 a_{H2}、a_{V2} 和 a_{H1}、a_{V1} 对应的输入态 $|\psi_{in}\rangle$ 为

$$|\psi_{in}\rangle = \frac{1}{\sqrt{2}}(|1_{H2}0_{V2}0_{H1}1_{V1}\rangle + |0_{H2}1_{V2}1_{H1}0_{V1}\rangle) \quad (7.117)$$

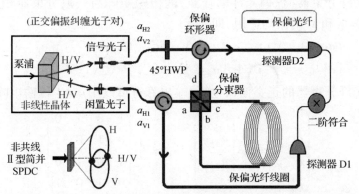

图 7.12 采用非共线Ⅱ型 SPDC 光子源的量子纠缠光纤陀螺仪的偏振互易性光路设计

由式(7.29)可知,45°二分之一波片的传输矩阵见式(7.26)。信号光子的场算符 a_{H2}、a_{V2} 通过 45°二分之一波片后变为

$$\begin{pmatrix} a_{d-H} \\ a_{d-V} \end{pmatrix} = S_{HWP}^{45°} \begin{pmatrix} a_{H2} \\ a_{V2} \end{pmatrix} = \begin{pmatrix} 0 & 1 \\ 1 & 0 \end{pmatrix} \begin{pmatrix} a_{H2} \\ a_{V2} \end{pmatrix} \quad (7.118)$$

这样,保偏光纤分束器端口 d 和端口 a 的正交偏振模式的输入算符 a_{d-H}、a_{d-V} 和 a_{a-H}、a_{a-V},与 a_{H1}、a_{V1}、a_{H2}、a_{V2} 的关系可以用一个 4×4 传输矩阵 S_{in} 联系起来:

$$\begin{pmatrix} a_{d-H} \\ a_{d-V} \\ a_{a-H} \\ a_{a-V} \end{pmatrix} = S_{in} \begin{pmatrix} a_{H2} \\ a_{V2} \\ a_{H1} \\ a_{V1} \end{pmatrix}; \quad S_{in} = \begin{pmatrix} 0 & 1 & 0 & 0 \\ 1 & 0 & 0 & 0 \\ 0 & 0 & 1 & 0 \\ 0 & 0 & 0 & 1 \end{pmatrix} \quad (7.119)$$

保偏光纤分束器端口 d 和端口 a 的输入态 $|\psi_{(d,a)}\rangle$ 为

$$|\psi_{(d,a)}\rangle = U_{in}|\psi_{in}\rangle = \frac{1}{\sqrt{2}} U_{in}(|1_{H2}0_{V2}0_{H1}1_{V1}\rangle + |0_{H2}1_{V2}1_{H1}0_{V1}\rangle)$$

$$= \frac{1}{\sqrt{2}} [(U_{in}a_{H2}^{\dagger}U_{in}^{\dagger})(U_{in}a_{V1}^{\dagger}U_{in}^{\dagger})|0_{H2}0_{V2}0_{H1}0_{V1}\rangle + (U_{in}a_{V2}^{\dagger}U_{in}^{\dagger})(U_{in}a_{H1}^{\dagger}U_{in}^{\dagger})$$

$$|0_{H2}0_{V2}0_{H1}0_{V1}\rangle]$$

$$= \frac{1}{\sqrt{2}}(a_{V2}^{\dagger}a_{V1}^{\dagger}|0_{H2}0_{V2}0_{H1}0_{V1}\rangle + a_{H2}^{\dagger}a_{H1}^{\dagger}|0_{H2}0_{V2}0_{H1}0_{V1}\rangle)$$

$$= \frac{1}{\sqrt{2}}(|1_{d-H}0_{d-V}1_{a-H}0_{a-V}\rangle + |0_{d-H}1_{d-V}0_{a-H}1_{a-V}\rangle) \qquad (7.120)$$

式中：U_{in} 是与传输矩阵 S_{in} 对应的幺正演变算符。这样，保偏光纤分束器(保偏光纤耦合器)的输入态 $|\psi_{(d,a)}\rangle$ 是两个相同偏振方向的双光子数态(两个双模 H 偏振光子数态 $|1_{d-H}1_{a-H}\rangle$ 和两个双模 V 偏振光子数态 $|1_{d-V}1_{a-V}\rangle$)的叠加态。

保偏光纤分束器(保偏光纤耦合器)的传输矩阵与一般分束器相同，该传输矩阵对 H 偏振和 V 偏振均适用，即

$$\begin{pmatrix} a'_{b-H} \\ a'_{c-H} \end{pmatrix} = \frac{1}{\sqrt{2}} \begin{pmatrix} 1 & i \\ i & 1 \end{pmatrix} \begin{pmatrix} a_{d-H} \\ a_{a-H} \end{pmatrix}; \quad \begin{pmatrix} a'_{b-V} \\ a'_{c-V} \end{pmatrix} = \frac{1}{\sqrt{2}} \begin{pmatrix} 1 & i \\ i & 1 \end{pmatrix} \begin{pmatrix} a_{d-V} \\ a_{a-V} \end{pmatrix} \qquad (7.121)$$

因而保偏光纤分束器的正交偏振输入/输出算符可以用 4×4 传输矩阵表示为

$$\begin{pmatrix} a'_{b-H} \\ a'_{b-V} \\ a'_{c-H} \\ a'_{c-V} \end{pmatrix} = S_{BS} \begin{pmatrix} a_{d-H} \\ a_{d-V} \\ a_{a-H} \\ a_{a-V} \end{pmatrix}, \quad S_{BS} = \frac{1}{\sqrt{2}} \begin{pmatrix} 1 & 0 & i & 0 \\ 0 & 1 & 0 & i \\ i & 0 & 1 & 0 \\ 0 & i & 0 & 1 \end{pmatrix} \qquad (7.122)$$

保偏光纤分束器的输出态即进入光纤线圈的态矢量 $|\psi'_{(b,c)}\rangle$ 为

$$|\psi'_{(b,c)}\rangle = U_{BS}|\psi_{(d,a)}\rangle$$

$$= \frac{1}{\sqrt{2}} [(U_{BS}a_{d-H}^{\dagger}U_{BS}^{\dagger})(U_{BS}a_{a-H}^{\dagger}U_{BS}^{\dagger})|0_{d-H}0_{d-V}0_{a-H}0_{a-V}\rangle +$$

$$(U_{BS}a_{d-V}^{\dagger}U_{BS}^{\dagger})(U_{BS}a_{a-V}^{\dagger}U_{BS}^{\dagger})|0_{d-H}0_{d-V}0_{a-H}0_{a-V}\rangle]$$

$$= \frac{1}{2\sqrt{2}} [(a_{d-H}^{\dagger} + ia_{a-H}^{\dagger})(ia_{d-H}^{\dagger} + a_{a-H}^{\dagger})|0_{d-H}0_{d-V}0_{a-H}0_{a-V}\rangle +$$

$$(a_{d-V}^{\dagger} + ia_{a-V}^{\dagger})(ia_{d-V}^{\dagger} + a_{a-V}^{\dagger})|0_{d-H}0_{d-V}0_{a-H}0_{a-V}\rangle]$$

$$= \frac{i}{2}(|2_{b'-H}0_{b'-V}0_{c'-H}0_{c'-V}\rangle + |0_{b'-H}0_{b'-V}2_{c'-H}0_{c'-V}\rangle) +$$

$$\frac{i}{2}(|0_{b'-H}2_{b'-V}0_{c'-H}0_{c'-V}\rangle + |0_{b'-H}0_{b'-V}0_{c'-H}2_{c'-V}\rangle)$$

$$(7.123)$$

写成 CW 和 CCW 标记,则为

$$|\psi'_{(b,c)}\rangle = |\psi_{(cw,ccw)}\rangle = \frac{i}{2}(|2_{ccw-H}0_{ccw-V}0_{cw-H}0_{cw-V}\rangle + |0_{ccw-H}0_{ccw-V}2_{cw-H}0_{cw-V}\rangle) +$$

$$\frac{i}{2}(|0_{ccw-H}2_{ccw-V}0_{cw-H}0_{cw-V}\rangle + |0_{ccw-H}0_{ccw-V}0_{cw-H}2_{cw-V}\rangle) \quad (7.124)$$

假定 Sagnac 相移等效在逆时针光路中,考虑光纤线圈的感生双折射时,利用式(7.77),则有

$$\begin{pmatrix}a_{b-H}\\a_{b-V}\end{pmatrix}=\begin{pmatrix}1&0\\0&e^{-i\phi_B}\end{pmatrix}\begin{pmatrix}a'_{c-H}\\a'_{c-V}\end{pmatrix}; \quad \begin{pmatrix}a_{c-H}\\a_{c-V}\end{pmatrix}=e^{-i\phi}\begin{pmatrix}1&0\\0&e^{-i\phi_B}\end{pmatrix}\begin{pmatrix}a'_{b-H}\\a'_{b-V}\end{pmatrix} \quad (7.125)$$

因而,CW 光波和 CCW 光路从保偏分束器的 c、b 两点经过光纤线圈分别传播到 b、c 两点的算符演变为

$$\begin{pmatrix}a_{b-H}\\a_{b-V}\\a_{c-H}\\a_{c-V}\end{pmatrix}=S_B^{\phi}\begin{pmatrix}a'_{b-H}\\a'_{b-V}\\a'_{c-H}\\a'_{c-V}\end{pmatrix} \quad (7.126)$$

式中:S_B^{ϕ} 为光纤线圈的等效传输矩阵,可以表示为

$$S_B^{\phi}=\begin{pmatrix}0&0&1&0\\0&0&0&e^{-i\phi_B}\\e^{-i\phi}&0&0&0\\0&e^{-i(\phi+\phi_B)}&0&0\end{pmatrix} \quad (7.127)$$

其对应的幺正演变算符用 U_B^{ϕ} 表示。进而,光纤线圈存在感生双折射时,经过光纤线圈的态矢量式(7.124)演变为

$$|\psi_{(b,c)}\rangle = U_B^{\phi}|\psi'_{(b,c)}\rangle = \frac{i}{2\sqrt{2}}[(U_B^{\phi}a'^{\dagger}_{b-H}U_B^{\phi\dagger})^2+(U_B^{\phi}a'^{\dagger}_{c-H}U_B^{\phi\dagger})^2]|0_{b'-H}0_{b'-V}0_{c'-H}0_{c'-V}\rangle +$$

$$\frac{i}{2\sqrt{2}}[(U_B^{\phi}a'^{\dagger}_{b-V}U_B^{\phi\dagger})^2+(U_B^{\phi}a'^{\dagger}_{c-V}U_B^{\phi\dagger})^2]|0_{b'-H}0_{b'-V}0_{c'-H}0_{c'-V}\rangle$$

$$=\frac{i}{2}|2_{b-H}0_{b-V}0_{c-H}0_{c-V}\rangle+\frac{i}{2}e^{-i2\phi}|0_{b-H}0_{b-V}2_{c-H}0_{c-V}\rangle+$$

$$\frac{i}{2}e^{-i2\phi_B}|0_{b-H}2_{b-V}0_{c-H}0_{c-V}\rangle+\frac{i}{2}e^{-i(2\phi+2\phi_B)}|0_{b-H}0_{b-V}0_{c-H}2_{c-V}\rangle$$

$$(7.128)$$

经过光纤线圈的场算符 a_{b-H}、a_{b-V}、a_{c-H}、a_{c-V} 从保偏分束器的端口 d、a 输出,输出算符满足:

$$\begin{pmatrix} a'_{d-H} \\ a'_{d-V} \\ a'_{a-H} \\ a'_{a-V} \end{pmatrix} = S_{BS} \begin{pmatrix} a_{b-H} \\ a_{b-V} \\ a_{c-H} \\ a_{c-V} \end{pmatrix} \qquad (7.129)$$

式中:4×4 传输矩阵 S_{BS} 由式(7.122)给出。这样,态矢量 $|\psi_{(b,c)}\rangle$ 经过保偏分束器到达端口 d、a 的输出态矢量 $|\psi'_{(d,a)}\rangle$ 为

$$\begin{aligned}
|\psi'_{(d,a)}\rangle &= U_{BS}|\psi_{(b,c)}\rangle \\
&= \frac{i}{2\sqrt{2}}[(U_{BS}a^{\dagger}_{b-H}U^{\dagger}_{BS})^2 + e^{-i2\phi}(U_{BS}a^{\dagger}_{c-H}U^{\dagger}_{BS})^2]|0_{b-H}0_{b-V}0_{c-H}0_{c-V}\rangle + \\
&\quad \frac{i}{2\sqrt{2}}[e^{-i2\phi_B}(U_{BS}a^{\dagger}_{b-V}U^{\dagger}_{BS})^2 + e^{-i(2\phi+2\phi_B)}(U_{BS}a^{\dagger}_{c-V}U^{\dagger}_{BS})^2]|0_{b-H}0_{b-V}0_{c-H}0_{c-V}\rangle \\
&= \frac{i}{4}(1-e^{-i2\phi})(|2_{d'-H}0_{d'-V}0_{a'-H}0_{a'-V}\rangle - |0_{d'-H}0_{d'-V}2_{a'-H}0_{a'-V}\rangle) + \\
&\quad \frac{i}{4}e^{-i2\phi_B}(1-e^{-i2\phi})(|0_{d'-H}0_{d'-V}0_{a'-H}2_{a'-V}\rangle - |0_{d'-H}2_{d'-V}0_{a'-H}0_{a'-V}\rangle) - \\
&\quad \frac{1}{2\sqrt{2}}(1+e^{-i2\phi})(e^{-i2\phi_B}|0_{d'-H}1_{d'-V}0_{a'-H}1_{a'-V}\rangle + |1_{d'-H}0_{d'-V}1_{a'-H}0_{a'-V}\rangle)
\end{aligned}$$

$$(7.130)$$

输出态矢量 $|\psi'_{(d,a)}\rangle$ 在探测器 D1、D2 的平均光强为

$$\langle I_{(D1)}\rangle = \langle I_{(D2)}\rangle = 2\left|\frac{i}{4}(1-e^{-i2\phi})\right|^2 + 2\left|\frac{i}{4}e^{-i2\phi_B}(1-e^{-i2\phi})\right|^2 + 2\left|\frac{1}{2\sqrt{2}}(1+e^{-i2\phi})\right|^2 = 1 \qquad (7.131)$$

二阶符合计数为

$$\langle I_{(D1,D2)}\rangle = \left|\frac{1}{2\sqrt{2}}e^{-i2\phi_B}(1+e^{-i2\phi})\right|^2 + \left|\frac{1}{2\sqrt{2}}(1+e^{-i2\phi})\right|^2 = \frac{1}{2}(1+\cos 2\phi) \qquad (7.132)$$

因而得到归一化量子干涉公式:

$$g^{(2)}_{12} = 1 - \frac{\langle I_{(D1,D2)}\rangle}{\langle I_{D1}\rangle\langle I_{D2}\rangle} = \frac{1}{2}(1-\cos 2\phi) \qquad (7.133)$$

式(7.133)显示,这是一个典型的海森堡极限量子干涉,而且不存在任何偏振非互易性相位误差,说明图 7.12 所示的采用非共线 II 型 SPDC 光子源的量子纠缠光纤陀螺仪是一种偏振互易性光路设计。

下面考虑图 7.12 所示的光路设计中去掉 45°二分之一波片的情况。在这种

情况下,式(7.117)的输入态 $|\psi_{in}\rangle$ 即保偏光纤分束器端口 d 和端口 a 的态矢量为

$$|\psi_{(d,a)}\rangle = \frac{1}{\sqrt{2}}(|1_{d-H}0_{d-V}0_{a-H}1_{a-V}\rangle + |0_{d-H}1_{d-V}1_{a-H}0_{a-V}\rangle) \quad (7.134)$$

保偏光纤分束器的输出态即进入光纤线圈的态矢量 $|\psi'_{(b,c)}\rangle$ 为

$$|\psi'_{(b,c)}\rangle = U_{BS}|\psi_{(d,a)}\rangle$$

$$= \frac{i}{\sqrt{2}}(|1_{b'-H}1_{b'-V}0_{c'-H}0_{c'-V}\rangle + |0_{b'-H}0_{b'-V}1_{c'-H}1_{c'-V}\rangle) \quad (7.135)$$

利用式(7.127),光纤线圈存在感生双折射时,式(7.135)的态矢量经过光纤线圈后演变为

$$|\psi_{(b,c)}\rangle = U_B^\phi |\psi'_{(b,c)}\rangle = \frac{i}{\sqrt{2}}(U_B^\phi a'^\dagger_{b-H} U_B^{\phi\dagger})(U_B^\phi a'^\dagger_{b-V} U_B^{\phi\dagger})|0_{b'-H}0_{b'-V}0_{c'-H}0_{c'-V}\rangle +$$

$$\frac{i}{\sqrt{2}}(U_B^\phi a'^\dagger_{c-H} U_B^{\phi\dagger})(U_B^\phi a'^\dagger_{c-V} U_B^{\phi\dagger})|0_{b'-H}0_{b'-V}0_{c'-H}0_{c'-V}\rangle$$

$$= \frac{i}{\sqrt{2}}[e^{-i(2\phi+\phi_B)}a'^\dagger_{c-H}a'^\dagger_{c-V} + e^{-i\phi_B}a'^\dagger_{b-H}a'^\dagger_{b-V}]|0_{b'-H}0_{b'-V}0_{c'-H}0_{c'-V}\rangle$$

$$= \frac{i}{\sqrt{2}}e^{-i(2\phi+\phi_B)}|0_{b-H}0_{b-V}1_{c-H}1_{c-V}\rangle + \frac{i}{\sqrt{2}}e^{-i\phi_B}|1_{b-H}1_{b-V}0_{c-H}0_{c-V}\rangle$$

$$(7.136)$$

又由式(7.129)可知,态矢量 $|\psi_{(b,c)}\rangle$ 从保偏分束器端口 d、a 的输出态矢量 $|\psi'_{(d,a)}\rangle$ 为

$$|\psi'_{(d,a)}\rangle = U_{BS}|\psi_{(b,c)}\rangle = \frac{i}{\sqrt{2}}e^{-i(2\phi+\phi_B)}(U_{BS}a^\dagger_{c-H}U^\dagger_{BS})(U_{BS}a^\dagger_{c-V}U^\dagger_{BS})|0_{b-H}0_{b-V}0_{c-H}0_{c-V}\rangle +$$

$$\frac{i}{\sqrt{2}}e^{-i\phi_B}(U_{BS}a^\dagger_{b-H}U^\dagger_{BS})(U_{BS}a^\dagger_{b-V}U^\dagger_{BS})|0_{b-H}0_{b-V}0_{c-H}0_{c-V}\rangle$$

$$= \frac{i}{\sqrt{2}}e^{-i(2\phi+\phi_B)}\left(\frac{i}{\sqrt{2}}a^\dagger_{b-H}+\frac{1}{\sqrt{2}}a^\dagger_{c-H}\right)\left(\frac{i}{\sqrt{2}}a^\dagger_{b-V}+\frac{1}{\sqrt{2}}a^\dagger_{c-V}\right)|0_{b-H}0_{b-V}0_{c-H}0_{c-V}\rangle +$$

$$\frac{i}{\sqrt{2}}e^{-i\phi_B}\left(\frac{1}{\sqrt{2}}a^\dagger_{b-H}+\frac{i}{\sqrt{2}}a^\dagger_{c-H}\right)\left(\frac{1}{\sqrt{2}}a^\dagger_{b-V}+\frac{i}{\sqrt{2}}a^\dagger_{c-V}\right)|0_{b-H}0_{b-V}0_{c-H}0_{c-V}\rangle$$

$$= \frac{i}{2\sqrt{2}}e^{-i\phi_B}(1-e^{-i2\phi})(|1_{d'-H}1_{d'-V}0_{a'-H}0_{a'-V}\rangle - |0_{d'-H}0_{d'-V}1_{a'-H}1_{a'-V}\rangle) -$$

$$\frac{1}{2\sqrt{2}}e^{-i\phi_B}(1+e^{-i2\phi})(|1_{d'-H}0_{d'-V}0_{a'-H}1_{a'-V}\rangle + |0_{d'-H}1_{d'-V}1_{a'-H}0_{a'-V}\rangle)$$

$$(7.137)$$

输出态矢量 $|\psi'_{(d,a)}\rangle$ 在探测器 D1、D2 的平均光强为

$$\langle I_{(D1)}\rangle = \langle I_{(D2)}\rangle = \left|\frac{i}{2\sqrt{2}}e^{-i\phi_B}(1-e^{-i2\phi})\right|^2 \times 2 + \left|\frac{1}{2\sqrt{2}}e^{-i\phi_B}(1+e^{-i2\phi})\right|^2 \times 2 = 1 \tag{7.138}$$

二阶符合计数为

$$\langle I_{(D1,D2)}\rangle = \left|\frac{1}{2\sqrt{2}}e^{-i\phi_B}(1+e^{-i2\phi})\right|^2 \times 2 = \frac{1}{2}(1+\cos2\phi) \tag{7.139}$$

因而得到归一化量子干涉公式:

$$g_{12}^{(2)} = 1 - \frac{\langle I_{(D1,D2)}\rangle}{\langle I_{D1}\rangle\langle I_{D2}\rangle} = \frac{1}{2}(1-\cos2\phi) \tag{7.140}$$

这仍是一个理想的海森堡极限量子干涉。这说明,图 7.12 所示的光路设计中去掉 45°二分之一波片后仍然是一个偏振互易性光路。

总之,Fink 团队的实验结果表明,采用光的非经典态可以提高光纤陀螺的精度。但是采用偏振纠缠光子对作为光子源,理论上仅比具有相同输入光功率的传统光纤陀螺仪精度提高 $\sqrt{2}$ 倍。因此,这样的光子源方案与传统光纤陀螺仪(光功率远远大于非经典光子源)相比还不具备竞争力。以中等精度的经典光纤陀螺为例,采用大约 $10\mu W$ 的光功率,对应着每秒 $N = 80 \times 10^{12}$ 个光子的速率(为 1550nm 时),对应的相位不确定性 $\Delta\phi = 1/\sqrt{N} \approx 10^{-7}\mathrm{rad}$。而 Fink 实验的光子速率为 100×10^3,受限于探测器效率随计数率的增加而下降。本章的分析还表明,偏振纠缠光纤陀螺可能存在光纤线圈感生双折射引起的偏振非互易性。因此,需要研发先进的光强关联探测器技术和更亮的光子源,采用偏振互易性光路设计,才有可能发挥量子纠缠光纤陀螺仪的精度潜力。

参考文献

[1] FINK M, STEINLECHNER F, HANDSTEINER J. Entanglement-Enhanced optical gyroscope [J]. New Journal of Physics, 2019, 21(5): 053010.

[2] CHEKHOVA M, BANZER P. Polarization of light in classical, quantum and nonlinear optics [M]. Berlin: Walter de Gruyter GmbH, 2021.

[3] KLYSHKO D N, Photons and nonlinear optics [M]. Moscow: Gordon and Breach Science Publishers, 1988.

[4] 张桂才. 光纤陀螺原理与技术[M]. 北京:国防工业出版社,2008.

[5] 张桂才,冯菁,马林,等. 量子纠缠光纤陀螺的态演变和偏振互易性分析[J]. 中国惯性技术学报,2023,31(8): 969-978.

第8章 量子纠缠光纤陀螺仪发展前景和面临的技术挑战

随着量子通信、量子计算、量子传感技术的快速发展，人类正加速迈进量子信息时代[1-2]。量子传感利用量子态的演变和探测实现对外界环境中物理量的高灵敏度检测，可以将测量精度从经典的散粒噪声极限推至海森堡极限，是传感器领域的变革性技术[3]。目前，原子钟、原子磁力仪、原子重力仪等量子传感器方面的研究已取得丰硕成果，在科学研究、国防建设中开始发挥重要应用[4]。量子技术的发展也给惯性技术升级带来契机。冷原子干涉陀螺仪、核磁共振陀螺仪等新概念和新机理的量子惯性技术已成为惯性导航领域的重要研究方向[5-6]。奥地利科学院和维也纳量子科学与技术中心的 Fink 研究团队在 2019 年首次报道了量子纠缠光纤陀螺仪原理样机，并给出了突破散粒噪声极限的测量结果，"量子纠缠"这一量子力学的奇异特性开始引起惯性技术业界的关注。量子纠缠光纤陀螺仪作为量子增强光学传感器和量子惯性传感器，在精密测量、定位和导航领域具有突出的战略需求和重要应用。尽管如此，量子纠缠光纤陀螺仪的发展现状与其他量子陀螺仪的情况相似，研制进展较为缓慢，目前仍处于前沿技术探索阶段。本书第3、4、5章运用量子光学理论对量子纠缠光纤陀螺仪态矢量和算符的动力学演变、各种非经典光量子态的输出特性和相位检测灵敏度评估方法等给出了较完整的数学描述，同时，第6、7章将经典光纤陀螺的光学互易性理论首次引入量子纠缠光纤陀螺仪的原理分析中，从理论和工程设计两方面探讨了量子纠缠光纤陀螺仪的技术实现途径。研究表明，要实现优于经典光纤陀螺的实际精度，量子纠缠光纤陀螺仪须满足 4 个条件：非经典光子源（具备理论上的海森堡极限灵敏度潜力）、光子数足够大（光功率要求）、双端口对称输入态（互易性要求）以及合适的强度关联探测方案等。下面结合量子干涉测量技术的发展现状，简要概括一下量子纠缠光纤陀螺仪发展面临的诸多技术挑战。

8.1 非经典光子源的制备

量子纠缠光纤陀螺仪必须采用非经典光源，非经典光量子态可以降低干涉仪中的量子涨落。已经证明,非经典光子源如双模光子数态、双模压缩态以及NOON态等对称输入光量子态在量子干涉测量中都具备海森堡极限的相位检测灵敏度潜力。大光子数(大功率)非经典光子源仍是量子纠缠光纤陀螺仪面临的首要技术挑战,没有足够大的光子数就无法实现超越传统光纤陀螺仪的相位检测灵敏度。当前报道的量子纠缠干涉仪的海森堡极限相位测量精度都是在给定有限光子数 N 的条件下与经典干涉仪的结果进行比较,展现的仅是量子增强现象,而远未实现超越传统光纤陀螺仪实际性能的相位检测精度。

非经典光子源的制备和应用已有大量文献报道,大多采用自发参量向下转换(SPDC)或其他非线性光学过程来制备。从文献调研的情况来看,当前技术还很难制备平均光子数非常大的非经典光子源。以压缩态的制备历史为例[7],它由 Slusher 等在 1985 年首次通过三阶非线性过程产生,之后 Wu 等在 1986 年采用简并参量过程(二阶非线性)实现。压缩的世界纪录是加州理工学院 Kimble 团队自 1992 年至 2006 年报道的 -6dB(压缩指标定义为 $\log(e^{-2r})$,r 为压缩振幅)创造的。这个记录 14 年没有被打破,因而有一个时期 -6dB 被学界认定为一个物理极限。而 Suzuki 团队勇敢地尝试提高压缩水平,最终在 2006 年实现 -7dB 压缩,由此开始了世界范围内高压缩水平的竞赛:2007 年,Suzuki 团队成功实现了 -9dB 压缩;2008 年,Schnabel 的团队报道了 -10dB 压缩;2013 年,国际上有两个研究小组报道了 -13dB 压缩($r=1.5$)。尽管如此,目前在稳定的光学结构中可实现的最大双模压缩仍在 -20dB 以内,这对于将精度目标设定为超越传统光纤陀螺仪的量子纠缠光纤陀螺仪来说,光子数水平是远远不够的。

此外,被称为最大路径纠缠态的 NOON 光量子态,涉及不同传播路径的叠加,即在 Sagnac 干涉仪中,所有 N 个光子全部沿其中一条光路传播,或全部沿另一条光路传播。最简单的例子是双模光子数态 $|11\rangle$ 经过理想 50∶50 分束器后自然呈现的 2002 态:两个光子分别从分束器两个输入端口入射,却一起出现在分束器的一个输出端口或另一个输出端口,见式(4.47),不存在每个输出端口出现一个光子的情况。这种最大路径纠缠态代表一种纯的 N 光子相干,对两个干涉光路之间的微小相移最敏感,可以很容易实现海森堡极限的相位检测精度[8]。但光子数较大的 NOON 态却很难像 2002 态那样用简单的光学元件产生,需要采用非线性器件如工作在非线性区域的四波混频器件制备,这使得 NOON 态的制备比较复杂且生成概率低[9]。这方面的研究以及采用其他方法获得大光子数非经典态的研究一直在持续中。

8.2 量子干涉探测方案的优化

相位的精确确定是量子测量理论的主题。第5章着眼于各种非经典的输入态,评估了Sagnac干涉仪的相位检测能力,第6章则研究了输入态对Sagnac干涉仪光路互易性的影响。研究表明,对称输入的双模非经典光量子态具有光学互易性和海森堡极限的相位检测灵敏度潜力。此外,在Sagnac光纤干涉仪中,采用上述适当的双模输入态,两个输入模式在一个分束器上混合,然后分成两束沿不同的光路传播,并最终通过同一个分束器产生两个输出模式,量子干涉测量需要在两个输出模式上对某一可观测量联合测量(二阶干涉或强度关联),才能对干涉仪两个干涉光路的相位差进行最佳估计。但是,正如第4章所述,在干涉仪的其中一个输出端口,光子数为偶数和光子数为奇数的输出态在二阶符合计数中的高阶量子增强相位信息通常是互补的,这导致二阶符合强度关联探测方案一般只展现两倍(2ϕ)的量子增强信息,对于大光子数输入而言,尽管突破了散粒噪声极限,实际上远未达到海森堡极限。因此,除了制备大光子数的非经典光子源,优化量子干涉测量的强度关联探测方案或探索其他探测技术,有效提取量子增强的干涉相位信息,也是量子纠缠光纤陀螺仪面临的重大技术挑战。

此外,高阶符合探测方案虽然可以获得超相位分辨率(干涉条纹加倍),但需要增加分束器,且生成概率低,难以实现超相位灵敏度(突破标准量子极限)。另外,高阶符合探测还需要大量光探测器,不具有实用性。采用极性测量(测量其中一个输出端的光子数的奇偶性),能否实现量子纠缠光纤陀螺仪探测方案的优化[9],需要进一步研究。

更重要的是,需要研制出满足大光子数强度关联的高效光探测器。

8.3 相位偏置以及与被测相位无关的量子增强干涉测量

第5章评估量子纠缠光纤陀螺仪相位检测灵敏度时,我们发现,有些测量和估计方案需要施加相位偏置。其他光学干涉仪如M-Z干涉仪,可以很容易在其中一个臂上施加任意的静态相位偏置。而对于Sagnac干涉仪而言,两束干涉光波共用一个光路,无法施加静态偏置相位。所以传统光纤陀螺仪采用相位调制方法进行动态偏置,通过相位置零闭环反馈方法工作在信噪比最佳的工作点上,并确保了相位测量精度与被测相位有关。对于光子纠缠光纤陀螺仪来说,如何施加或是否必要施加相位偏置,需要根据实际方案深入进行研究。

另外,许多量子干涉测量方案的$1/N$的海森堡极限相位检测灵敏度仅限于

在 $\phi=0$ 附近才能获得。如何实现与 ϕ 无关的海森堡极限量子干涉测量,也是量子纠缠光纤陀螺仪需要考虑的技术问题。

8.4 量子纠缠 Sagnac 光纤干涉仪退相干模型的研究

第 5 章对量子纠缠光纤陀螺仪相位检测灵敏度评估方法的讨论,基于理想的 Sagnac 光纤干涉仪。实际中量子纠缠光纤陀螺仪的相位检测灵敏度还需要考虑 Sagnac 光纤干涉仪的退相干效应。退相干模型包括三种效应:光子损耗、相位扩散和条纹清晰度不理想。退相干模型研究的是量子增强干涉测量中各类误差或噪声对相位检测灵敏度的劣化[10],以及采用更复杂的光量子态或采用自适应测量方案在多大程度上能避免退相干效应。NOON 态对光子损耗非常敏感,单个光子的损耗可能使两个干涉光路中的多光子相干完全随机化。相位扩散由干涉仪中每个传播光子的光程随机变化引起,是一种集体性相位噪声。在变化的环境条件下,偏振纠缠光纤陀螺中单模光纤线圈的感生双折射是不可预测的,其引起的偏振非互易性可能对应退相干效应的相位扩散模型。

最后值得说明的是,量子纠缠光纤陀螺仪前沿技术的研发离不开国家的重视和支持,需要从战略发展规划层面布局量子纠缠传感领域的前沿技术,重视量子增强光纤传感器核心器件的技术研发和基础工艺研究,尽快突破高精度惯性导航专用的量子器件制备和量子探测等关键技术。

参考文献

[1] 唐川,房俊民,王立娜,等. 量子信息技术发展态势与规划分析[J]. 世界科技研究与发展,2017,39(5):448-456.

[2] 郭光灿,张昊,王琴. 量子信息技术发展概况[J]. 南京邮电大学学报(自然科学版),2017,37(3):1-14.

[3] 蒿巧利,赵晏强,李印结. 全球量子传感发展态势分析[J]. 世界科技研究与发展,2022,44(1):59-68.

[4] 林君,嵇艳鞠,赵静,等. 量子地球物理深部探测技术及装备发展战略研究[J]. 中国工程科学,2022,24(4):156-166.

[5] 赵砚池,程建华,赵琳. 惯性导航系统陀螺仪的发展现状与未来展望[J]. 导航与控制,2020,19(4-5):189-196.

[6] 阮驰,张昌昌,尹飞,等. 光纤光子纠缠增强陀螺的现状与认知[J]. 导航与控制,2021,20(4):15-26.

[7] FURUSAWA A. Quantun states of light [M]. Berlin:Springer Press,2015.

[8] DOWLING J P. Quantum optical metrology – the lowdown on higt – NOON states [J]. Contemporary Physics, 2008, 49(2): 125 – 143.

[9] CHIRUVELLI A, LEE H. Parity measurements in quantum optical metrology [J]. Journal of Modern Optics, 2011, 58(11): 945 – 953.

[10] DOBRZANSKI R D, JARZYNA M, KOLODYNSKI J. Quantum limits in optical interferometry [J]. Quantum Physics, 2018, 16(8): 1 – 39.